高等职业学校"十四五"规划药学类及中医药类专业新形态一体化特色教材

供中药学、中药材生产与加工、中药制药等专业使用

药用植物识别技术

主　编　张建海　刘歆韵　赵　华

副主编　黄　辉　高新征　王向平

编　者　(按姓氏笔画排序)

王向平(洛阳市洛龙区农林技术推广站)

刘歆韵(铁岭卫生职业学院)

李雨嫣(湖南食品药品职业学院)

肖　寒(铁岭卫生职业学院)

张建海(重庆三峡医药高等专科学校)

陈岱琪(广东岭南现代技师学院)

周晓旭(重庆三峡医药高等专科学校)

赵　华(辽宁医药职业学院)

高新征(海南医学院)

黄　辉(永州职业技术学院)

臧艺玫(北京城市学院)

华中科技大学出版社

中国·武汉

内容简介

本书为高等职业学校"十四五"规划药学类及中医药类专业新形态一体化特色教材。

本书分为六个项目,包括初识药用植物、药用植物宏观识别、药用植物的微观构造识别、药用植物分类识别、药用植物资源调查和实训指导。除实训指导外,其余项目均有学习目标、小结、目标检测栏目,有助于加深学生对理论知识的理解,体现了高职高专课程教学的有效性。

本书可供中药学、中药材生产与加工、中药制药等专业使用。

图书在版编目(CIP)数据

药用植物识别技术/张建海,刘歆韵,赵华主编.—武汉:华中科技大学出版社,2022.12(2024.1重印)
ISBN 978-7-5680-8942-5

Ⅰ.①药… Ⅱ.①张… ②刘… ③赵… Ⅲ.①药用植物-识别-高等职业教育-教材 Ⅳ.①Q949.95

中国版本图书馆 CIP 数据核字(2022)第 243735 号

药用植物识别技术　　　　　　　　　　　　　　　张建海　刘歆韵　赵　华　主编
Yaoyong Zhiwu Shibie Jishu

策划编辑:史燕丽

责任编辑:张　琴

封面设计:原色设计

责任校对:曾　婷

责任监印:周治超

出版发行:华中科技大学出版社(中国·武汉)　　　电话:(027)81321913
　　　　　武汉市东湖新技术开发区华工科技园　　　邮编:430223

录　　排:华中科技大学惠友文印中心

印　　刷:武汉市洪林印务有限公司

开　　本:889mm×1194mm　1/16

印　　张:15.25

字　　数:470千字

版　　次:2024年1月第1版第2次印刷

定　　价:69.90元

高等职业学校"十四五"规划药学类及中医药类专业新形态一体化特色教材编委会

网络增值服务

使用说明

欢迎使用华中科技大学出版社医学资源网 yixue.hustp.com

1 教师使用流程

（1）登录网址：http://yixue.hustp.com （注册时请选择教师用户）

注册 > 登录 > 完善个人信息 > 等待审核

（2）审核通过后，您可以在网站使用以下功能：

下载教学资源　　建立课程　　　管理学生　　　布置作业　查询学生学习记录等

教师

2 学员使用流程

（建议学员在PC端完成注册、登录、完善个人信息的操作）

（1）PC 端操作步骤

① 登录网址：http://yixue.hustp.com （注册时请选择普通用户）

注册 > 登录 > 完善个人信息

② 查看课程资源：（如有学习码，请在个人中心－学习码验证中先验证，再进行操作）

选择课程

首页课程 > 课程详情页 > 查看课程资源

（2）手机端扫码操作步骤

手机扫码 → 登录 → 查看数字资源

注册

为深入贯彻《国家职业教育改革实施方案》(简称"职教 20 条")、《国务院关于加快发展现代职业教育的决定》、《关于加强高职高专教育教材建设的若干意见》等文件精神,落实国务院关于教材建设的决策部署,落实高职中医药类专业教学标准在各院校落地实施,深化职业教育"三教"(教师、教材、教法)改革,更好地培养适应行业企业需求的复合型、创新型高素质技术技能人才,完成"双高计划"建设中"打造技术技能人才培养高地"的首要任务,切实做到专业设置与行业需求对接、课程内容与职业标准对接、教学过程与生产过程对接、毕业证书与职业资格证书对接、职业教育与终身学习对接,编者按照高等职业学校"十四五"规划中医药类专业培养目标,在行指委专家的指导下,确立本课程的教学内容并编写了本教材。

药用植物识别技术是中药学类专业一门重要的基础课程,具有理论性、实践性、直观性、灵活性等特点。本教材共分为六个项目,分别介绍了初识药用植物、药用植物宏观识别、药用植物的微观构造识别、药用植物分类识别、药用植物资源调查及实训指导,除实训指导外,其余项目均有学习目标、小结、目标检测栏目,有助于加深学生对理论知识的理解,体现了高职高专课程教学的有效性。

本教材编写的分工:项目一、项目四任务六被子植物的特征至十字花科由张建海编写;项目二任务一至任务三由刘歆韵编写;项目二任务四至任务五由李雨嫣编写;项目三任务一至任务二由黄辉编写;项目三任务三至任务五由赵华编写;项目四任务一至任务三由肖寒编写;项目四任务四至任务五由陈岱琪编写;项目四任务六景天科至伞形科由高新征编写;项目四任务六合瓣花亚纲杜鹃花科至菊科由周晓旭编写;项目四任务六单子叶植物泽泻科至兰科由臧艺玫编写;项目五由王向平编写;被子植物门分科检索表由张建海和王向平编写;臧艺玫编写部分的图片由杜宝玉、王军、石标、李京生提供。实训分属于学习项目。

本教材的编写得到了重庆三峡医药高等专科学校各级领导和参编单位领导的大力支持,在此深表感谢;教材编写参考了历版《药用植物学》《药用植物识别技术》等教材,在此对所参考教材的全体编者深表敬意和谢意;本教材引用和借鉴了许多专家、学者的研究成果及论著,限于体例,未标注,在此一并表示衷心感谢。

由于编者水平有限,书中可能有不妥之处,在此殷切期望使用本教材的读者提出宝贵意见,以便修订,不胜感激。

编　者

目录

初识药用植物

学习目标

知识目标:
1. 掌握药用植物、药用植物识别技术概念,掌握药用植物识别技术的主要任务。
2. 熟悉药用植物的发展历史及资源分布。

技能目标:
1. 能准确说出药用植物识别的概念和主要任务。
2. 能准确识别不同年代的本草书籍。

素质目标:
培养学生严谨治学、精益求精的工作态度和良好的热爱自然、保护生态环境的理念。

任务一　药用植物识别技术的性质与任务

一、药用植物识别技术的基本概念

自然界中植物种类繁多,约有 50 万种,很多都是食品和药品的主要来源。药用植物是指具有预防、治疗疾病作用和对人体有保健功能的植物。

药用植物识别技术是利用植物学的知识和方法来研究药用植物的一门技术。基本内容分为药用植物微观识别、药用植物宏观识别、药用植物分类识别等内容。

二、药用植物识别技术的主要任务

药用植物识别技术是中药学类专业学生必修的一门重要的专业基础课。其主要任务如下。

(一) 鉴定中药基源,确保用药安全

我国药用植物资源丰富,种类繁多,全国各地用药历史和用药习惯存在差异,因此导致用药习惯与药材名称存在差异,从而出现同名异物、同物异名现象比较普遍。如中药贯众,在全国同名的"贯众"植物多达 50 种。中药大黄的植物来源为掌叶大黄、药用大黄和唐古特大黄,而河套大黄、天山大黄及土大黄等由于功效差异,不能作大黄使用。因此,根据《中华人民共和国药典》或其他相关文献,在科学研究及中药采集、种植、购销过程中,运用植物形态解剖学、分类学及相关的科学技术手段准确鉴定中药原植物基源,明确真伪,以确保中药材生产、科研和临床使用的安全。

(二) 调查药用植物资源,合理利用和开发新药

我国气候多样,药用资源丰富,据全国中药资源普查统计,有药用记载的植物、动物、矿物共计 12694 种,其中植物为 11020 种,占总数的 87%。我国的植物资源分布不均匀,东北地区气候寒冷,主要分布有人参、五味子、细辛等;内蒙古、甘肃等地区气候干燥,主要分布有黄芪、甘草、当归等;河南素有"四大怀药"之称的地黄、牛膝、山药、菊花;云南、贵州、四川地区气候湿润,产量较大,主要有黄连、

川党参、川芎、三七、天麻等;此外,还有宁夏的枸杞、安徽的芍药、山西的党参、青海的大黄、浙江的浙贝母等,都在全国享誉盛名。

在当今社会经济飞速发展时期,世界各地都在利用植物资源开发研制新药、保健品和食品,特别是药食两用的植物资源。如屠呦呦从黄花蒿 *Artemisia annua* L. 中分离到高效抗疟成分青蒿素,从而开发形成治疗疟疾的新药;从红豆杉科红豆杉属多种植物的茎皮、根皮及枝叶中可得到具有抗肿瘤作用的紫杉醇等。几十年的成果表明,利用现代化的科学技术手段,发挥中医药的优势,调查药用植物资源,弄清其种类和分布,探究这些资源的功用、利用现状、重点品种的蕴藏量以及濒危程度与科学保护方法,可为制定药材生产规划,合理开发利用与保护药用植物资源提供科学依据。

三、药用植物识别技术的学习方法

药用植物识别技术是中药学、中药材生产与加工、中草药栽培与加工、中药制药及相关专业的基础课程,是基于理论性、实践性、直观性、灵活性为一体的课程,该课程学习内容与中药鉴定技术、中药化学实用技术、药用植物栽培技术、中药学等课程密切相关,因此,学好药用植物识别技术尤为重要。首先,在学习时坚持理论联系实际,重视实验操作与野外教学,利用各种机会到大自然中去,提高对药用植物识别技术这门课程的学习兴趣;其次,运用现代化的技术手段,如数码相机、数码显微镜等,进行系统比较、纵横联系、综合分析,认真细致地观察药用植物的内外构造、异同点,增强对药用植物的全面认识;再次,借助于图书馆、网络资源等相关资源,加强知识的拓展学习。

总之,要综合利用所学的药用植物的知识,结合实际,培养学生解决实际问题的能力和保护植物资源、热爱自然的意识,为今后从事相关的工作奠定良好的基础。

任务二 药用植物识别的发展简史

一、我国古代药用植物识别的发展

我国药用植物的发展历史悠久,早在《诗经》就有所记载。我国劳动人民在生产、生活实践中不断发现和总结利用植物进行防病治病的知识,并形成知识体系,著成了不同时代的本草学著作。现将我国历代本草简介如下(表 1-1)。

表 1-1 我国历代主要本草简介

书 名	作者	年 代	说 明
《神农本草经》	不详	公元 1~2 世纪	我国第一部药物学专著。记载药物 365 种,分上、中、下三品。其中植物药 237 种
《本草经集注》	陶弘景	南北朝时期梁代	收载药物 730 种,多为植物药
《新修本草》(《唐本草》)	苏敬等	唐代	被称为我国第一部药典,收载药物 844 种
《证类本草》(《经史证类备急本草》)	唐慎微	宋代	由《嘉佑本草》与《图经本草》合并而成,载药 1746 种,为最早最完备的药学著作
《本草纲目》	李时珍	明代	收载药物 1892 种。是我国本草史上的一部巨著,曾被外国人称为中国植物志
《植物名实图考》《植物名实图考长编》	吴其濬	清代	收载植物 2552 种,是一部植物论述的专著,附有精确的绘图及植物的形色、性味、用途和产地、生长环境等描述

二、我国近现代药用植物识别的发展

新中国成立以前,1857 年,由李善兰和英国人 A. Williamson 合作编译的《植物学》在上海出版,是

我国介绍西方近代植物科学的第一部书籍。1934年,《中国植物学杂志》在北平创刊。1936年,浙江医药专科学校报社和上海正定公司出版了韩士淑编译的第一部中文《药用植物学》教科书。

新中国成立以后,党和国家十分重视中医药与天然药物的研究和人才的培养,在各地先后设立了中医药大学、中药学院(系)和药用植物教学与研究机构,在各医(药)科大学的药学专业和中医药大学的中药专业开设了《药用植物学》课程,出版了全国规划统编教材,培养了大批药用植物研究人才,开展药用植物研究工作。在国家和广大中医药学工作者的努力下,许多重要的专著出版,比如《中国药用植物志》《中药志》《中药大辞典》《中华本草》《全国中草药汇编》等。《中华人民共和国药典》是国家的药品法典,它规定了药品的基源、质量要求和检验方法,是中药鉴定的法定依据。这些著作是我国中药和药用植物学研究和发展的成果,可作为我们学习、工作和研究的参考文献。

随着生物科学的迅速发展,药用植物识别取得了许多新的成果,特别是细胞工程、基因工程等技术的应用,推动了药用植物识别技术的发展。另外,药用植物识别技术与中药鉴定学、中药化学、药用植物栽学、中药资源学等学科相互联系、相互渗透,使药用植物识别技术增加了新的内容,从而推动了中医药学的飞速发展。

任务三 我国药用植物资源分布与保护

我国药用植物资源极为丰富,主要包括藻类、菌类、地衣类、蕨类、裸子和被子植物等类群。按照我国气候特点、土壤和植被类型,以及药用植物的自然地理分布特点,我国大致可分为八大药用植物区。

一、我国药用植物资源分布

(一)东北药用植物区

东北药用植物区包括大兴安岭地区、长白山地区和松辽平原地区,是我国"关药"的主产区,拥有许多优质的药材,代表的药用植物有人参、关黄柏、刺五加、五味子、桔梗、地榆、黄芪、关龙胆等。本区是我国种植人参的主要产地。

(二)华北药用植物区

华北药用植物区有辽东、山东低地丘陵地区,黄淮海平原及辽河下游平原地区,以及黄土高原三个主要产地区。本区所产药材有"怀药"和"北药"之称。本区分布着较多的药用植物,代表的药用植物有地黄、杏仁、金银花、黄芪、党参、山药、怀牛膝、山楂、菊花、北沙参、远志、知母、黄芩、连翘、北苍术、玉竹等。

(三)华中药用植物区

本区是我国道地药材"浙药""淮药""南药"的主产区。包括长江中下游平原地区、江南山地丘陵地区和南岭山地地区。代表的药用植物有浙贝母、姜黄、栀子、白芍、茯苓、延胡索、菊花、葛根、牡丹皮、白术、乌药、半夏等。

(四)西南药用植物区

本区药用植物资源种类多、数量大、质量优,是道地药材"川药""云药""贵药"产区。主要的植物区有秦巴山地区、四川盆地地区、贵州高原地区、云南高原地区,盛产的药用植物有茯苓、厚朴、猪苓、天麻、半夏、川续断、天冬门等。"川药"代表有川麦冬、川附子、黄连、川乌、川独活、川党参、川麻黄、厚朴、黄柏等;"贵药"代表有半夏、天麻、天冬、黄精、杜仲、吴茱萸、通草等;"云药"代表有云木香、云苓、雪莲花、雪灵芝、红景天、云黄连、金鸡纳、重楼、云天麻、三七等。

(五)华南药用植物区

华南药用植物区是"广药"主产区,主要药用植物有檀香、沉香、儿茶、阳春砂、安息香、槟榔、益智仁、肉桂、广藿香等。

（六）内蒙古药用植物区

本区药用植物资源分布广，产量大，主产黄芪、防风、赤芍、黄芩、麻黄、知母、甘草、远志、桔梗、郁李仁、苍术、柴胡等，是"蒙药"主产地。

（七）西北药用植物区

本区由于位于干旱地区，药用植物资源较少，重要的药用植物有甘草、麻黄、锁阳、伊贝母、新疆紫草、枸杞、红花、罗布麻、大叶白麻、大黄、姜活等。

（八）青藏高原药用植物区

本区是高原药材主产区，是道地"藏药"主产区。名贵的药用植物较多，野生种类多，蕴藏量丰富，有川贝母、冬虫夏草、天麻、羌活等，所特有的高原药材有藏茵陈、塔黄、雪灵芝等。

在我国八大行政区域中，西南和中南地区药用种类最丰富，占全国总数的50%～60%，各省、市（区）的中药资源种类为3000～4000种，最多达5000多种。华东和西北地区药用植物约占全国的30%，东北和华北地区约占10%。高原和山地分布多于丘陵区，丘陵区又多于平原区。

二、我国药用植物资源保护

虽然我国药用植物资源丰富，但是由于过度采挖、大面积采伐森林、开垦草地、过度放牧、城市扩张占地等原因，许多原生植被被破坏，许多野生药用植物资源急剧减少。因此，保护野生植物资源，恢复自然生态成为当下重点任务。

为了保护野生药用植物资源，国家颁布了一系列相关的法律法规。国务院在1987年10月30日颁布了我国第一部中药资源保护专业性法规《野生药材资源保护管理条例》。国家医药管理局会同国务院野生动物、植物管理部门及有关专家依据该条例的规定共同制订出第一批《国家重点保护野生药材物种名录》，共分三级：一级为濒临灭绝状态的稀有珍贵野生药材物种（简称一级保护野生药材物种），二级为分布区域缩小、资源处于衰竭状态的重要野生药材物种（简称二级保护野生药材物种），三级为资源严重减少的主要常用野生药材物种（简称三级保护野生药材物种）。此外，还有《中华人民共和国森林法》《中华人民共和国森林法实施条例》《中华人民共和国自然保护区条例》《国家重点保护植物名录》《中国植物红皮书》《中国生物多样性保护行动》等。

因此，我们将继续坚守生态优先、绿色发展理念，增强保护资源意识，把保护药用植物资源放在重要战略地位上。建立药用植物为主的自然保护区，建立珍稀濒危药用植物园，利用现代细胞工程、基因工程等生物技术开展扩繁药用部位或大量提取次生代谢产物的研究工作。

（张建海）

小结

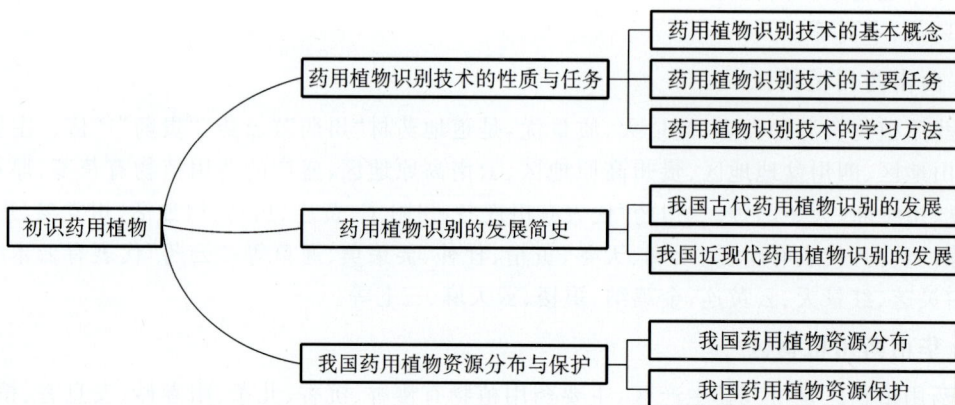

→ **目标检测**

习题答案

一、单选题

1. 我国现存的第一部记载药物的专著是（　　　）。

A.《本草纲目》　B.《神农本草经》　C.《伤寒论》　D.《证类本草》　E.《新修本草》

2. 下列被认为是我国历史上第一部药典，也是世界上最早的一部药典的著作是（　　　）。

A.《神农本草经》　B.《新修本草》　C.《本草纲目》　D.《农政全书》　E.《证类本草》

3.《新修本草》的作者是（　　　）。

A. 葛洪　　　　　B. 赵学敏　　　　C. 李时珍　　　　D. 陶弘景　　　　E. 苏敬等

4. 下列哪项是唐朝编著的书籍？（　　　）

A.《黄帝内经》　B.《齐民要术》　C.《新修本草》　D.《本草纲目》　E.《本草经集注》

二、名称解释

1. 药用植物　2. 药用植物识别技术

三、简答题

1. 什么是药用植物和药用植物识别技术？

2. 学习药用植物识别技术的主要任务有哪些？

药用植物宏观识别

知识目标：

1. 掌握药用植物根、茎、叶、花、果实、种子的形态特征和类型；花冠及花序的类型。

2. 熟悉药用植物根、茎、叶的变态类型；花的组成，雄蕊、雌蕊、胎座及胚珠类型；果实的形态和构造。

3. 了解药用植物花程式，叶形、叶脉的类型，果实的发育以及种子的类型。

技能目标：

能识别药用植物根、茎、叶、花、果实和种子的形态和类型。

素质目标：

1. 培养学生严谨治学、精益求精的工作态度及团结协作的工作作风。

2. 培养学生热爱自然、保护生态环境的理念。

任务一　根的宏观认知

识别药用植物
形态与类型 1

由植物不同组织构成，具有一定外部形态和微观结构，执行一定生理功能的结构部分，称为植物器官。植物的器官包括根、茎、叶、花、果实和种子。种子植物的器官通常分为两类：一类为营养器官，一般包括根、茎、叶；另一类为繁殖器官，包括花、果实和种子。各种器官在植物生命活动中相互依存，在形态结构和生理功能等方面密切联系，甚至转化。

根一般是植物体生长在地面以下的营养器官，具有向地性、向湿性和背光性。根是植物适应陆地生活，在进化过程中逐渐形成的重要器官，它从土壤中吸收水分和无机盐等供给植物，同时还有输导、固着、合成养分、储藏和繁殖等功能。根类药材是植物药的主要来源，如人参、黄芪、当归、防风、板蓝根等均是以植物的根为入药部位的中药材。

一、根的形态与类型

根通常呈圆柱形或圆锥形，生长在土壤中，向下逐渐变细，并向周围伸出分枝，形成复杂的根系。如中药材白芍和黄芪是圆柱形的根（图 2-1）。中药材白芷和黄芩是圆锥形的根（图 2-2）。根的形态除了圆柱形和圆锥形外，还有圆球形、块状等多种形态。根由于在地下生长，细胞中不含叶绿体，无节和节间，无定芽。

（一）根的类型

1. 定根　种子萌发时，首先突破种皮的是胚根。由胚根细胞的分裂和伸长所形成的向下垂直生长的根称为主根，有时也称直根或初生根。主根多呈圆柱形或圆锥形。主根生长达到一定长度，由侧面一定部位生出的分枝，称为侧根。侧根和主根一般形成适当的角度，侧根生长到一定长度时，还会生出次一级的侧根。在主根、各级侧根上还能生出细小的分枝，称为纤维根。主根、侧根和纤维根均

1.白芍　　　　　　　　　　　　　2.黄芪

图 2-1　白芍和黄芪药材形态

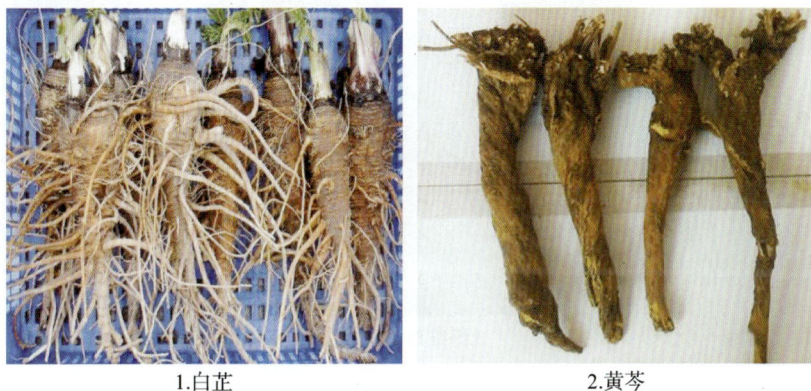

1.白芷　　　　　　　　　　　　　2.黄芩

图 2-2　白芷和黄芩药材形态

是直接或间接由胚根发育而来,有固定的生长部位,习惯称为定根。

2. 不定根　有些植物的根不是直接或间接由胚根发育形成,而是从植物茎、叶或其他部位生出来的,这些根的产生无固定生长部位,统称不定根。如玉米近地面茎节处生出具有增强茎的支持作用的根,柳枝条或虾蟆海棠叶插入土中所生出的根,以及人参、砂仁根茎上生出的根,都是不定根(图 2-3)。

知识链接

　　栽培植物时除了利用繁殖器官——种子繁殖植物新个体外,还经常利用植物的枝条、叶、地下茎等能够产生不定根的习性,进行扦插、压条等繁殖植物的新个体,同样可以保持植物种质特征的稳定与延续。

(二) 根系的类型

　　根系是指植物地下部分根的总和。按形态不同将根系分为两种基本类型,即直根系和须根系(图 2-4)。

1. 直根系　由明显而发达的主根和各级侧根组成的根系,称为直根系。直根系主根一般比较粗大,垂直向下生长,主根上面产生的侧根较细小。直根系一般入土较深,一般双子叶植物和裸子植物的根系是直根系,如人参、甘草、蒲公英等的根系。

2. 须根系　有些植物的根系主根不发达或早期枯萎,从茎的基部节上生长出许多长短、粗细相仿的不定根,簇生成须状,没有主次之分。凡是无明显主根和侧根区分的根系,或根系全部由不定根和它的分枝组成,长短、粗细相近,无主次之分,呈现须状的根系,称为须根系。一般须根系入土较浅,多数单子叶植物的根系属于须根系,如葱、大蒜、百合、龙胆的根系。

A.人参　　　　　B.虾蟆海棠　　　　　C.砂仁

1.主根　2.侧根　　　　3.纤维根　　　　4.不定根

图 2-3　根的类型

A.直根系　　　　　B.须根系　　　　1.主根　2.侧根

图 2-4　根系

二、变态根的类型

有许多植物为了适应生活环境的变化,在长期进化过程中,其根的形态、构造和生理功能发生了一些变异,而且这些变异形成后具有遗传性。这种具有可遗传性的变异根称为变态根。这些变态根常见的主要有以下几种类型(图 2-5、图 2-6)。

1. 储藏根　根的一部分或全部因储藏营养物质而呈现肉质肥大状,这样的根称为储藏根。依据形态不同,储藏根又分成以下四种。

(1) 圆锥根:主根肥大,呈圆锥形,如胡萝卜、黄芩、白芷等。

(2) 圆柱根:主根肥大,呈圆柱形,如黄芪、菘蓝、丹参等。

(3) 圆球根:主根肥大,呈圆球形,如红萝卜。

(4) 块根:块根由不定根或侧根发育而成,一株植物可形成多个块根,与前几种储藏根不同,块根的外形往往不规则,而且在其膨大处上端没有茎和胚轴。如百部就是由不定根形成的块根,附子是由侧根形成的块根。

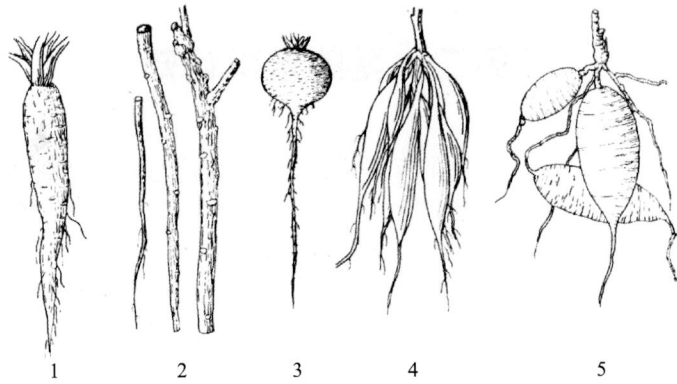

图 2-5 储藏根的类型
1.圆锥根 2.圆柱根 3.圆球根 4.块根(纺锤状) 5.块根(块状)

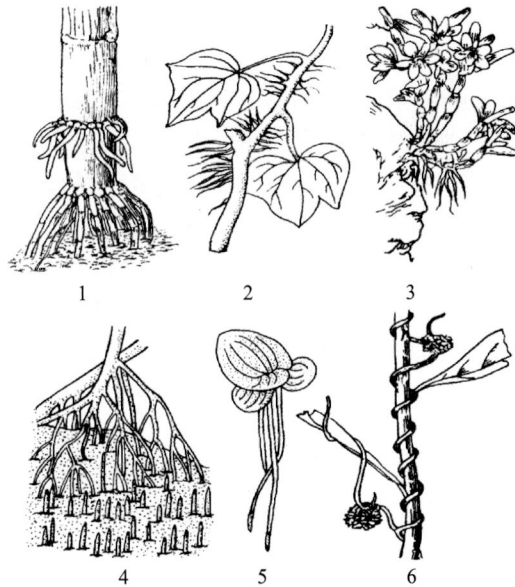

图 2-6 变态根的类型
1.支持根 2.攀援根 3.气生根 4.呼吸根 5.水生根 6.寄生根

2. 支持根 在接近地面的茎节上生出不定根,深入土中,以增强植物茎的支持力量,这种根称为支持根,如玉米、高粱、薏苡等。

3. 气生根 从茎上产生的不深入土壤而暴露在空气中的不定根称为气生根。气生根具有在潮湿空气中吸收和储藏水分的功能,多见于热带植物,如吊兰、榕树、石斛等。

4. 攀援根 攀援植物在地上茎干上生出许多不定根,以使植物能攀附于石壁、墙垣、树干或其他物体上,这种根称为攀援根,如常春藤、爬墙虎、海风藤等。

5. 水生根 水生植物的根呈须状,生于水中,这种根称为水生根,如浮萍、睡莲等。

6. 呼吸根 有些生长在湖沼或热带海滩地带的植物,由于植株部分被淤泥淹没,呼吸十分困难,因而有部分根垂直向上生长,暴露于空气中进行呼吸,这种根称为呼吸根,如红树、池杉等。

7. 寄生根 一些寄生植物产生的不定根不是插入土中,而是伸入寄主体内吸收水分和营养物质,维持自身生活,这种根称为寄生根。根据寄生植物对寄主的依赖情况将其分为全寄生植物和半寄生植物:体内不含叶绿体,不能自制养料,完全依赖吸收寄主体内的养分维持生活的,称为全寄生植物,如菟丝子、列当等;植物本身含有叶绿体,可以自制部分养料,同时依靠寄生根吸收寄主体内养分的,称为半寄生植物,如桑寄生、槲寄生等。

任务二　茎的宏观认知

茎是植物的营养器官之一,起源于种子中幼胚的胚芽,有时还加上部分下胚轴。通常生长在地面上,具有背地性。茎的主要功能是输导和支持;此外,很多植物的茎可以储存养料和水分;有些植物的茎可以进行营养繁殖。中药中以茎入药的较多,如木通、鸡血藤、沉香等。

一、茎的形态

茎在外形上通常呈圆柱形;但也有一些植物的茎比较特别,如薄荷、益母草等唇形科植物的茎呈方形;莎草的茎呈三棱形;仙人掌的茎呈扁平状等。茎的中心一般为实心,但也有一些植物的茎是空心的,如芹菜、南瓜等。

茎上着生叶的部位称节,两节之间的部分为节间。各种植物的节间的长短相差很大,如竹、玉米的节间长达几十厘米,而蒲公英的节间还不到 1 mm。有的植物的茎节膨大,如牛膝;有的缢缩,如藕。茎节上着生叶和芽,而根上则无节、节间、芽及叶,这是根和茎外形上的主要区别。在叶着生处,叶柄和茎的夹角处称叶腋,茎枝的顶端生有顶芽,能不断向上生长,叶腋部位具有腋芽,腋芽陆续发育,产生了茎的分枝。芽是植物枝、花或花序尚未发育的原始体。木本植物叶子脱落后在茎上留下的痕迹称为叶痕;托叶脱落后在茎上留下的痕迹称为托叶痕;包被芽的芽鳞片脱落后在茎上所留下的痕迹称为芽鳞痕;茎枝表面隆起呈裂隙状的小孔称皮孔(图 2-7)。

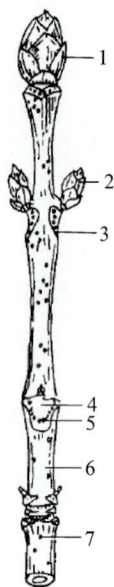

图 2-7　茎的外形

1.顶芽　2.腋芽　3.节　4.叶痕
5.维管束痕　6.节间　7.皮孔

知识链接

根据不同的分类标准,芽可以分为以下不同的类型。

1. 依据芽的生长位置　分为定芽和不定芽。定芽是指有一定生长位置的芽,如顶芽、腋芽等;不定芽指无一定生长位置的芽,如节间、根、叶等处。根上生芽如甘薯、蒲公英、榆等,叶上生芽如秋海棠、落地生根,茎或创伤切口生芽如桑、柳等。

2. 依据芽的性质　分叶芽、花芽、混合芽。叶芽发育成枝和叶,故又称枝芽;花芽发育成花或花序;混合芽能同时发育成枝叶、花及花序,如苹果、梨等。

3. 依据芽鳞的有无　分为鳞芽和裸芽。鳞芽有芽鳞包被,如杨、柳、樟、桑等,又称被芽;裸芽无芽鳞包被,多见于草本植物。

4. 依据芽的活动能力　分为活动芽和休眠芽。活动芽是指正常发育的芽,当年形成并且当年萌发或次年萌发;休眠芽(潜伏芽)则长期保持休眠,只有在适当时候才打破休眠,恢复生长,如天麻的芽。

二、茎的类型

(一) 按茎的质地分类

1. 木质茎　茎质地坚硬,木质部发达。具有木质茎的植物称为木本植物,根据其性状的不同,又可分为以下类型。

(1) 乔木:植株高大,一般高度在 5 m 以上,主干明显,下部少分枝,如杜仲、厚朴等。

(2) 灌木:植株矮小,一般高度在 5 m 以下,主干不明显,在基部分枝成丛生枝干,如小檗、连翘等。灌木中高度 1 m 以下的,称小灌木,如六月雪。植株外形与灌木相似,但其茎基部木质而多年生,上部多为草质而入冬枯死,称亚灌木或半灌木,如草麻黄、牡丹等。

(3) 木质藤本:茎细长,木质坚硬,常缠绕或攀附他物向上生长,如葡萄、木通、鸡血藤等。

2. 草质茎　茎质地较柔软,木质部不发达。具有草质茎的植物称为草本植物,根据其生长年限和性状的不同,又可分为以下类型。

(1) 一年生草本:植物在一年内完成其生命周期,即开花结果后全株枯死,如红花、马齿苋等。

(2) 二年生草本:植物在二年内完成其生命周期,即种子在第一年萌发,只进行营养生长,第二年才开花结果,然后全株枯死,如菘蓝、萝卜等。

(3) 多年生草本:植物生长发育过程超过二年的称多年生草本。其中地上部分每年都枯萎死亡,而地下部分仍保持生命力,能再长新苗的称宿根草本,如人参、黄连、七叶一枝花、天南星等;而植物地上部分多年不枯死而保持常绿的称常绿草本,如麦冬、万年青等。

(4) 草质藤本:茎细长,草质柔弱,常缠绕或攀附他物而生长的称草质藤本,如党参、丝瓜、扁豆、牵牛等。

3. 肉质茎　茎质地柔软多汁,肉质肥厚,如芦荟、垂盆草、仙人掌等。

(二) 按茎的生长习性分类

1. 直立茎　茎直立于地面上生长,不依附于他物,如厚朴、紫苏等。

2. 缠绕茎　茎细长,依靠茎本身缠绕他物,呈螺旋状向上生长,如五味子呈顺时针(从右到左)方向缠绕;牵牛呈逆时针(从左到右)方向缠绕;何首乌则无一定规律。

3. 攀援茎　茎细长,不能直立,而是以卷须、不定根等特有的结构攀附他物向上生长,如栝楼、葡萄、常春藤等。

4. 匍匐茎　茎平卧在地上生长,在节处生有不定根长入地下,如甘薯、连钱草、草莓等。

5. 平卧茎　茎平卧在地上生长,节处不产生不定根,如蒺藜、地锦、马齿苋等(图2-8)。

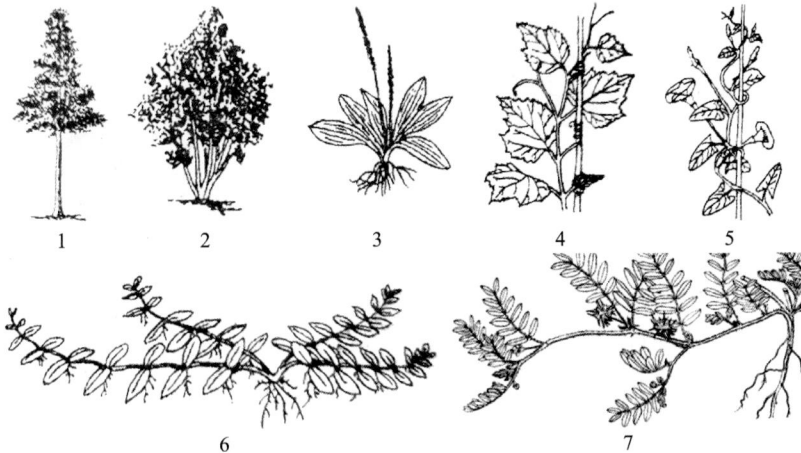

图 2-8　茎的类型
1.乔木　2.灌木　3.草本　4.攀援茎　5.缠绕茎　6.匍匐茎　7.平卧茎

三、变态茎的类型

茎的变态种类很多,可分为地下变态茎和地上变态茎两大类。

(一) 地下变态茎

地下茎和根类似,但仍具有茎的特征,其上有节和节间,退化的鳞叶及顶芽、侧芽等,可与根相区分。常见的类型如图2-9。

1. 根茎　外形似根,常横卧地下,但有明显的节和节间,节上具退化的鳞片叶,具有顶芽和侧芽,并常生有不定根,如姜、藕、黄精、鱼腥草、白茅、苍术等。

2. 块茎　肉质肥厚,呈不规则的块状,节间缩短,节向下凹陷如眼窝,芽生其中但并不明显,鳞片

11

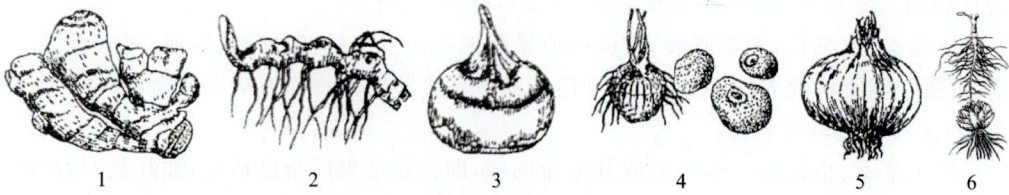

图 2-9　地下变态茎

1.根茎(姜)　2.根茎(藕)　3.球茎(荸荠)　4.块茎(半夏)　5.鳞茎(洋葱)　6.鳞茎(百合)

叶退化或早落,如天麻、半夏、马铃薯等。

3. 鳞茎　整体呈球形或扁球形,鳞茎缩短成扁平状或圆盘状的鳞茎盘,其上着生有许多肉质肥厚的鳞片叶,鳞叶腋内生有腋芽,鳞茎盘基部长有不定根。又根据其外部有无干膜质的鳞叶将其分为有被鳞茎和无被鳞茎。有被鳞茎如蒜、洋葱等;无被鳞茎如百合、贝母等。

4. 球茎　茎肉质肥大,呈球状,节和节间明显,节上生有膜质鳞片叶,顶芽发达,腋芽常生于球茎上半部,基部常生有不定根,如荸荠、慈姑等。

(二) 地上变态茎

地上变态茎常见的有以下几种(图 2-10)。

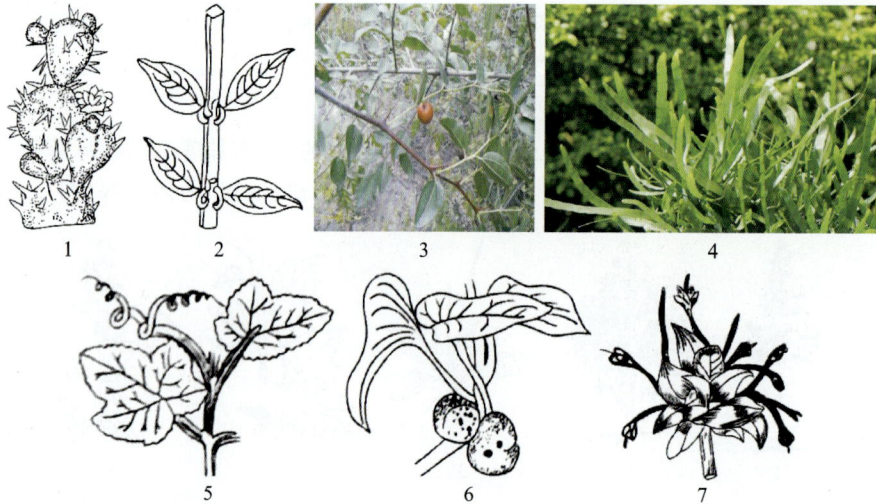

图 2-10　地上变态茎

1.叶状茎(仙人掌)　2.钩状茎(钩藤)　3.刺状茎(山楂)　4.叶状茎(竹节蓼)

5.茎卷须(葡萄)　6.小块茎(山药)　7.小鳞茎(洋葱花序)

1. 叶状茎　茎变成绿色的扁平叶状或针叶状,而正常的叶则退化为膜质鳞片状、线状或刺状,如仙人掌、竹节蓼等。

2. 刺状茎(枝刺)　有些植物的侧枝特化为刺状结构,坚硬锐利。不分枝的刺,如山楂;分枝的刺,如皂荚。枝刺生于叶腋,可与刺状叶相区别。

3. 钩状茎　通常弯曲呈钩状,粗短坚硬,无分枝,位于叶腋,如钩藤。

4. 茎卷须　常见于攀援植物,茎变成分枝或不分枝的卷须,生于叶腋或与花枝的位置相当,如葡萄、栝楼等。

5. 小块茎和小鳞茎　为较小的块茎或鳞茎结构,通常由腋芽或不定芽发育而成,具繁殖作用。小鳞茎较常见于百合科植物,如卷丹的叶腋、洋葱花序中常形成小鳞茎;山药的叶腋、半夏的叶柄常产生小块茎。

6. 假鳞茎　附生的兰科植物茎,其基部肉质膨大,呈块状或球状的部分,称假鳞茎,如石豆兰、石仙桃、羊耳蒜等。

任务三　叶的宏观认知

叶是植物进行光合作用、气体交换和蒸腾作用的重要器官。叶主要着生于茎节处,绿色片状,通常含有大量叶绿素。许多植物的叶,如枇杷叶、番泻叶、大青叶、艾叶、桑叶等都是常用的中药。叶的形态是多种多样的,其对于药用植物的识别鉴定具有十分重要的意义。

一、叶的组成与形态

(一)叶的组成

典型植物的叶主要由叶片、叶柄、托叶三部分组成(图2-11)。同时具备此三部分的叶,称完全叶,如玫瑰、桃等植物的叶;缺乏叶片、叶柄和托叶中任意一个或两个部分的叶则称为不完全叶,如石竹、女贞等植物的叶。

1. 叶片　叶片是叶的主要组成部分,通常为薄的绿色扁平体。叶片的顶端称叶端或叶尖,基部称叶基,周边称叶缘,贯穿于叶片内部的维管束则为叶脉。

2. 叶柄　叶柄是叶片与茎的联系部分,其上端与叶片相连,下端着生在茎上。一般呈类圆柱形、半圆柱形或稍扁平,上面多有沟槽。有的植物叶柄基部有膨大的关节,称叶枕,如含羞草;有些植物的叶柄基部或叶柄全部扩大形成鞘状,称为叶鞘,如前胡、当归、白芷等伞形科植物;有的植物叶片退化,而叶柄变态成叶片状,以代替叶片的功能,如台湾相思树。

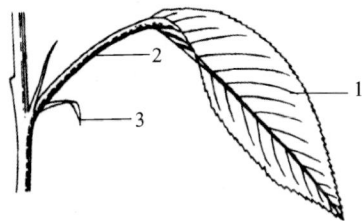

图2-11　叶的组成
1.叶片　2.叶柄　3.托叶

此外,有的植物不具叶柄,叶片基部包茎,称抱茎叶,如抱茎苦荬菜;叶基愈合,被茎所贯穿,称贯穿叶或穿茎叶,如元宝草。

3. 托叶　为叶柄基部或叶柄两侧或腋部所着生的细小绿色或膜质片状物。托叶通常先于叶片长出,并于早期起保护幼叶和芽的作用。托叶的形状多种多样,有的托叶很大,呈叶片状,如豌豆、贴梗海棠等;有的托叶与叶柄愈合成翅状,如玫瑰、蔷薇、月季;有的托叶细小呈线状,如桑、梨;有的托叶变成卷须,如菝葜;有的托叶呈刺状,如刺槐;有的托叶的形状和大小与叶片几乎一样,只是托叶的腋内无腋芽,如茜草;有的托叶联合成鞘状,并包围于茎节的基部,称托叶鞘,如何首乌、虎杖等蓼科植物。

(二)叶的形态

1. 叶片的全形　叶形指叶片的外形或基本轮廓。叶片的形状主要根据叶片长度和宽度的比例以及最宽处的位置来确定(图2-12)。常见的叶片形状有针形、线形、披针形、椭圆形、卵形、心形、肾形、圆形、菱形、盾形等(图2-13)。

叶片的形状和大小变化很大,随植物种类而异,甚至在同一植株上有时也有差异。但一般同一种植物叶片的形状是比较稳定的,在分类学上常作为鉴别植物的依据。

2. 叶端　叶片的顶端称作叶端,常见的形状有渐尖、急尖、钝形、截形、短尖、骤尖、微缺、倒心形等(图2-14)。

3. 叶基的形状　常见的形状有钝形、心形、楔形、耳形、渐狭、偏斜形、箭形、戟形、抱茎、穿茎等(图2-15)。

4. 叶缘的形状　叶片的边缘称作叶缘,常见的叶缘形状有全缘、波状、牙齿状、锯齿状、圆齿状等(图2-16)。

5. 叶片的分裂　叶片边缘裂开成较深的缺口,称为叶裂。根据裂口的深度不同,可将裂口分为以

最宽处近叶的基部 最宽处在叶的中部 最宽处在叶的顶端	长阔相等（或长比阔大得很少）	长比阔大 $1^{1/2}$～2倍	长比阔大 3～4倍	长比阔大 5倍以上
	阔卵形	卵形	披针形	线形
	圆形	阔椭圆形	长椭圆形	剑形
	倒阔卵形	倒卵形	倒披针形	

图 2-12　叶形的基本分类

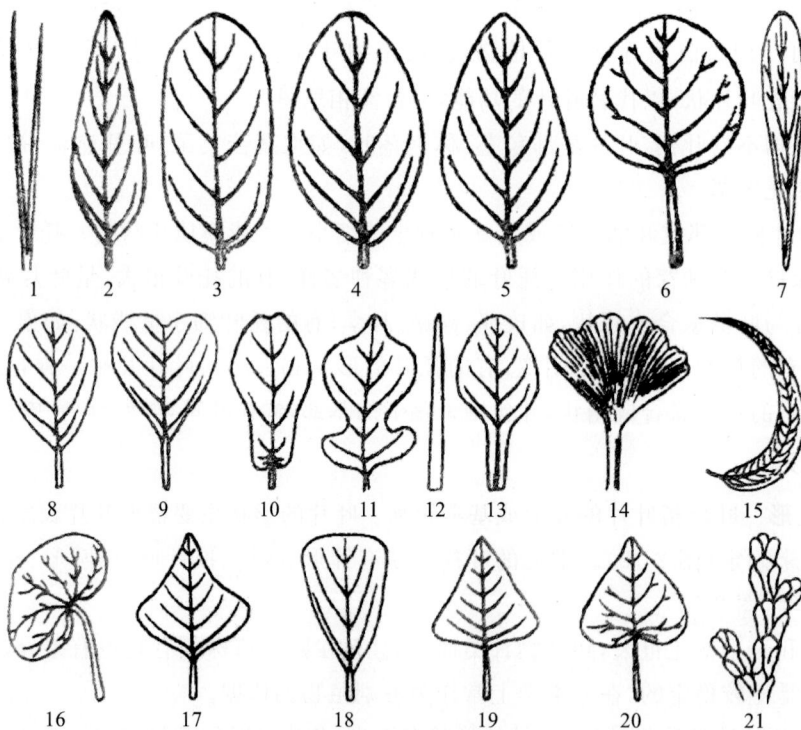

图 2-13　叶片的全形

1.针形　2.披针形　3.矩圆形　4.椭圆形　5.卵形　6.圆形　7.倒披针形

8.倒卵形　9.倒心形　10、11.提琴形　12.线形　13.匙形　14.扇形

15.镰形　16.肾形　17.菱形　18.楔形　19.三角形　20.心形　21.鳞形

下三种(图 2-17)。

（1）浅裂：裂口深度不及或约达整个叶片宽度的四分之一。

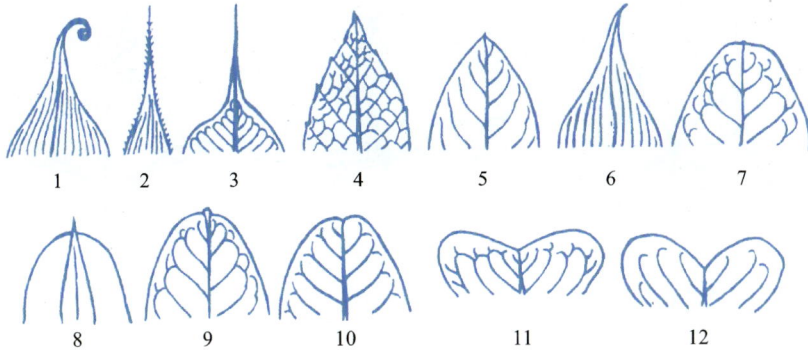

图 2-14　叶端的形态

1.卷须状　2.芒尖　3.尾尖　4.渐尖　5.急尖　6.骤尖　7.钝形　8.凸尖　9.微凸　10.微凹　11.微缺　12.倒心形

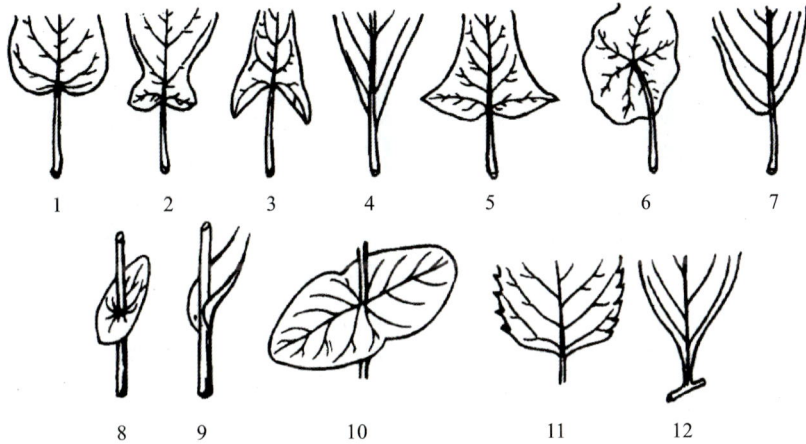

图 2-15　叶基的形状

1.心形　2.耳形　3.箭形　4.楔形　5.戟形　6.盾形　7.歪斜　8.穿茎　9.抱茎　10.合生穿茎　11.截形　12.渐狭

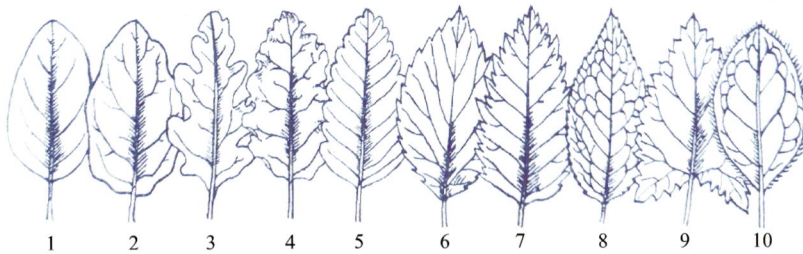

图 2-16　叶缘的形态

1.全缘　2.浅波状　3.深波状　4.皱波状　5.圆齿状　6.锯齿状　7.重锯齿状　8.细锯齿状　9.牙齿状　10.睫毛状

（2）深裂：裂口深度超过整个叶片宽度的四分之一。

（3）全裂：裂口深度几乎达到叶片的中脉或叶柄顶部。

叶的裂片通常有一定的排列方式，呈羽状排列的称羽状分裂；呈掌状排列的称掌状分裂；如果裂片为三片，则称三出分裂。有些植物的叶片具有大小深浅不规则的裂片，统称为缺刻，如菊叶。

6.叶片的质地

（1）肉质：叶片肥厚多汁，如芦荟、马齿苋、景天等的叶。

（2）革质：叶片稍厚，比较坚韧，略似皮革，上面常有光泽，如枇杷、夹竹桃的叶。

（3）草质：叶片薄而柔软，如薄荷、藿香、商陆等的叶。

（4）膜质：叶片薄而半透明，如半夏等的叶。

7.叶脉　叶脉是贯穿于叶肉的维管束，主要起支持和疏导作用。叶脉在叶片中的分布形式称为

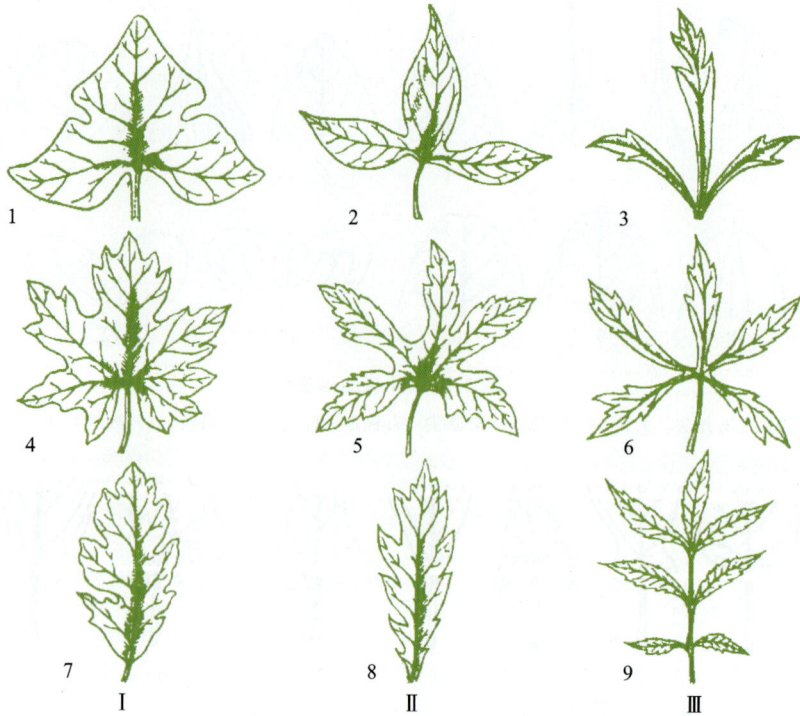

图 2-17 叶片的分裂

Ⅰ.浅裂　Ⅱ.深裂　Ⅲ.全裂

1.三出浅裂　2.三出深裂　3.三出全裂　4.掌状浅裂　5.掌状深裂　6.掌状全裂　7.羽状浅裂　8.羽状深裂　9.羽状全裂

脉序,脉序一般可分为以下三种类型(图 2-18)。

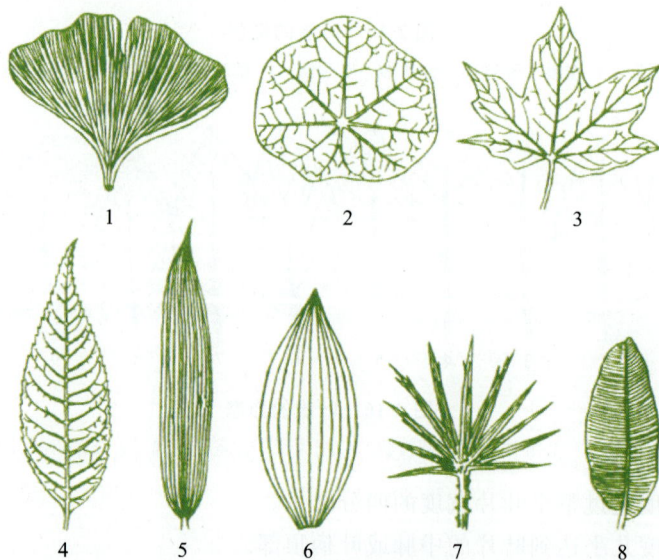

图 2-18 叶脉类型

1.分叉状脉　2、3.掌状网状脉　4.羽状网脉　5.直出平行脉　6.弧形脉　7.射出平行脉　8.横出平行脉

　　(1)网状脉:具有明显的主脉,由主脉分出许多侧脉,侧脉再分出细脉,彼此连接成网状,是大多数双子叶植物的脉序。网状脉序可以分为羽状网脉和掌状网脉两种类型。

　　①羽状网脉:侧脉由中脉的两侧分出,呈羽状排列,细脉则仍呈网状,称为羽状网脉,如枇杷、桃、李等植物的叶。

　　②掌状网脉:侧脉自中脉的基部分出,形如掌状,细脉仍连成网状,称为掌状网脉,如蓖麻、南瓜、

向日葵等植物的叶。

（2）平行脉：叶脉多呈平行或近于平行分布，是大多数单子叶植物的脉序。可以分为如下类型。

①直出平行脉：中脉和侧脉自叶片基部发出，彼此平行，直达叶端，称为直出平行脉，如水稻、小麦、麦冬等植物的叶。

②弧状平行脉：叶脉不交织成网状，主脉一条，纵长明显，侧脉自叶片下部分出，并略呈弧状，平行而直达先端，称为弧状平行脉，如铃兰、玉竹等植物的叶。

③羽状平行脉：侧脉自中脉两侧发出，彼此平行，直达叶缘，称为羽状平行脉，如芭蕉、美人蕉等植物的叶。

④射出平行脉：各叶脉自叶片基部射出呈扇形排列，称为射出平行脉，如棕榈、蒲葵等植物的叶。

（3）二叉分枝状脉：叶脉为二叉分枝状，即一条叶脉分出大小相近的两条分枝，在同一叶上可以有好几级分枝，常见于蕨类植物，裸子植物中的银杏亦具有这种脉序。

二、单叶与复叶

（一）单叶

一个叶柄上只着生一叶片的叶称单叶，如厚朴、女贞等。

（二）复叶

一叶柄上着生两个以上叶片的叶称复叶，如五加、合欢等。复叶的叶柄称为总叶柄，着生在茎或枝条上。总叶柄上着生叶片的轴状部分称叶轴。复叶上的各叶片，称为小叶，其叶柄称小叶柄。

根据小叶的数目和在叶轴上排列的方式不同，可将复叶分为以下几种类型（图 2-19）。

图 2-19　复叶类型
1.羽状三出复叶　2.掌状三出复叶　3.掌状复叶　4.奇数羽状复叶
5.偶数羽状复叶　6.二回羽状复叶　7.三回羽状复叶　8.单身复叶

1. 羽状复叶　叶轴较长，多数小叶在叶轴的两侧排列成羽毛状。可以分为如下几种。

（1）奇数羽状复叶：若羽状复叶上小叶的数目为单数，则称奇（单）数羽状复叶，如槐、苦参、蔷薇等的叶。

（2）偶数羽状复叶：若羽状复叶上小叶的数目为双数，则称偶数羽状复叶，如决明、落花生、皂荚等的叶。

（3）二回羽状复叶：若羽状复叶的叶轴作一次羽状分枝，形成许多侧生小叶轴，在每一小侧轴上又形成羽状复叶，则称为二回羽状复叶，如合欢、云实、含羞草的叶。

（4）三回羽状复叶：若羽状复叶的叶轴作二次分枝，在最后的分枝上又形成羽状复叶，则形成三回羽状复叶，如南天竹、苦楝等的叶。

2. 掌状复叶　三片以上的小叶着生在极度缩短的叶轴顶端，小叶的排列呈掌状展开，如人参、五加等的叶。

3. 三出复叶　叶轴上着生有三片小叶。如果三片小叶无叶柄或叶柄是等长的，则称为掌状三出复叶，如酢浆草、半夏等的叶；如果顶端小叶柄较长，则称为羽状三出复叶，如大豆、胡枝子的叶。

4. 单身复叶　叶轴上只具1叶片，是一种特殊形态的复叶；可能是由三出复叶两侧的小叶退化成翼状形成，其顶生小叶与叶轴连接处，具一明显的关节，如酸橙、柑橘、柚等的叶。

具单叶的小枝和羽状复叶之间有时易混淆，识别时首先要弄清叶轴和小枝的区别。第一，叶轴的先端没有顶芽，而小枝的先端有顶芽；第二，小叶的腋内没有腋芽，仅在总叶柄的腋内有，而小枝上每一单叶的腋内均有腋芽；第三，复叶上的小叶与叶轴成一平面，而小枝上的单叶与小枝常成一定角度；第四，复叶脱落时，整个复叶由总叶柄处脱落，或小叶先脱落，然后叶轴连同总叶柄一起脱落，而小枝一般不脱落，只有叶脱落。

三、叶序

叶在茎或枝上的排列方式及次序称为叶序。常见的叶序有下列四种（图2-20）。

图 2-20　叶序类型
1.互生　2.对生　3.轮生　4.簇生　5.基生

1. 互生叶序　在茎的每一节上只生有一片叶子，它们交互着生，各叶成螺旋状排列在茎上，如桃、桑等。

2. 对生叶序　茎的每一节上有相对而生的两片叶子，如丁香、薄荷等。

3. 轮生叶序　茎的每一节上着生有三片或三片以上的叶子，排列成轮状，如夹竹桃、直立百部、轮叶沙参等。

4. 簇生叶序　两片以上的叶子着生在节间极度缩短的茎上，密集成簇状，如银杏、枸杞、落叶松等。

此外，有些植物的茎极为短缩，节间不明显，其叶如同从根上生出而呈莲座状，称基生叶，如蒲公英、车前等。

四、叶的变态

叶也和根、茎一样，受环境条件的影响而有各种变态（图2-21）。常见的变态叶有下列几种。

1. 苞片　生于花或花序下面的变态叶，称苞片。围于花序基部的一至多层苞片合称总苞片；花序中每朵小花的花柄上或花的花萼下较小的苞片称小苞片。苞片的形状多与普通叶不同，常较小，呈绿色，但也有形大而呈各种颜色的，如鱼腥草花序下的总苞片呈白色花瓣状。

2. 鳞叶　叶特化或退化成鳞片状，称为鳞叶。有的鳞叶呈肥厚肉质，能储藏营养物质，如百合、贝

图 2-21 叶的变态

1.叶卷须(菝葜) 2.叶卷须(豌豆) 3.叶刺(小檗) 4.叶刺(刺槐) 5.鳞叶(风信子) 6.捕虫叶(猪笼草)

母、洋葱等鳞茎上的肉质鳞叶；有的鳞叶呈很薄的膜质，如麻黄。

3. 叶卷须 叶全部或一部分变为卷须，借以攀援他物。如豌豆的卷须是由羽状复叶上部的小叶变态而成；菝葜的卷须是由托叶变态而成。

4. 叶刺 由叶片或托叶变态成坚硬的刺状，起保护作用或适应干旱环境，如刺槐、仙人掌等。

5. 捕虫叶 即叶片形成囊状或瓶状等捕虫结构，表面有大量能分泌消化液的腺毛或腺体，当昆虫触及时，立即自动闭合，将昆虫捕获，分泌的消化液将昆虫消化并吸收，如捕蝇草、茅膏菜、猪笼草。

（刘歆韵）

任务四 花的宏观认知

识别药用植物
形态与类型 2

花是种子植物特有的繁殖器官，通过开花、传粉、受精过程形成果实或种子，执行生殖功能，繁衍后代。种子植物花的特化程度有所不同。其中裸子植物的花比较原始，无花被，单性，集成雄球花和雌球花；而被子植物的花则高度进化，构造较复杂。一般有花植物是指被子植物，通常所述的花，指被子植物的花。

花由花芽发育而成，是一种节间极度缩短、适应生殖的变态短枝。花梗和花托相当于枝的部分，花萼、花冠、雄蕊群、雌蕊群则相当于叶的部分。花的形态和构造随植物种类不同而有差异，但它的形态构造特征较其他器官稳定、变异较小，植物在长期进化过程中发生的变化，也往往从花的构造方面有所反映。因此，掌握花的特征，对于植物分类研究、中药材的原植物鉴定等具有重要意义。以花入药的中药有很多，如金银花、丁香、辛夷等是以花蕾入药，槐花、洋金花等以开放的花入药，蒲黄、松花粉以花粉入药，菊花、旋覆花等以花序入药。

一、花的组成和形态

典型的被子植物花一般是由花梗、花托、花萼、花冠、雄蕊群和雌蕊群六部分组成。其中，雄蕊群和雌蕊群由于具生殖功能，是花中最重要的部分。花萼和花冠合称为花被，具有保护和引诱昆虫传粉等作用。花梗和花托主要起支持作用。典型的被子植物花如图 2-22 所示。

图 2-22 模式花的组成

（一）花梗

花梗又称花柄，是花与茎枝或花轴相连接的部分，通常呈柱状，绿色。花梗的长短、粗细常因植物种类不同而有差异。

（二）花托

花托是花梗顶端稍膨大的部分，花的其他部分按一定的方式着生在花托上。花托一般呈平坦或稍突起的圆顶状，花托的特殊形状见表2-1。

表 2-1　花托的特殊形状

花托的特殊形状	示例植物
圆柱状	厚朴、荷花、玉兰
圆锥状	草莓
倒圆锥状	莲
凹陷呈杯状	金樱子、蔷薇
花托顶部形成肉质增厚部分，并可分泌蜜汁，称花盘	柑橘
花托在雌蕊群基部向上延伸成一柱状体，称雌蕊柄	落花生
花托在花冠以内的部分延伸成一柱状体，称雌雄蕊柄	西番莲

（三）花被

由花萼和花冠两部分组成。当花萼和花冠形态、颜色相似不易区分时，则统称为花被，如百合、黄精等的花。

1. 花萼　为花的最外一轮或最下一轮，通常为绿色，常比内轮的花瓣小。构成花萼的片状体称萼片，常以3～5枚为多见。常见的花萼类型见表2-2、图2-23。

表 2-2　常见的花萼类型

花萼类型	萼片特点	示例植物
离生萼	萼片彼此完全分离	野老鹳草
合生萼	萼片多少彼此连合，其连合部分称萼筒或萼管，分离部分称萼齿或萼裂片	曼陀罗
宿存萼	果期花萼仍存在并随果实一起增大	柿、茄
早落萼	花开放前花萼即脱落	虞美人
瓣状萼	萼片大而鲜艳似花瓣状	乌头、铁线莲
副萼	花萼外方有一轮绿色似萼片的苞片	木槿、草莓
冠毛	多数菊科植物的花萼细裂成毛状	蒲公英、大吴风草
距	合生萼的萼筒向外延长成管状或囊状的突起	凤仙花

图 2-23　常见的花萼类型

1.离生萼(野老鹳草)　2.合生萼(曼陀罗)　3.宿存萼(柿)　4.副萼(木芙蓉)　5.冠毛(蒲公英)　6.距(凤仙花)

2. 花冠　为花的第二轮，是所有花瓣的统称。花冠通常大于花萼，质较薄，颜色各异，但绿色较少见。花冠的各瓣完全彼此分离者称离瓣花冠，如桃、杏、洋槐等。花瓣多少彼此连合者称合瓣花冠，其连合部分称花冠筒或花冠管，分离部分称花冠齿或花冠裂片，如牵牛、辣椒等。花瓣基部延长成管状或囊状亦称距,如紫花地丁、延胡索等。

花瓣形状、大小的变化使整个花冠呈现出特定的形状,各花冠形状往往成为不同类别植物所独有的特征。常见的花冠类型见表 2-3 和图 2-24。

表 2-3　常见的花冠类型

花 冠 类 型	花 冠 特 点	示例植物
蔷薇形花冠	花瓣 5 枚,离生,雄蕊多数,形成辐射对称的花	桃
十字形花冠	花瓣 4 枚,离生,排列呈十字形	油菜
蝶形花冠	花瓣 5 枚,分离,排列成蝶形。最上一枚花瓣最大,称旗瓣;侧面两枚较小,称翼瓣;最下面的两枚下缘稍合生而状如龙骨,习称龙骨瓣	白车轴草
钟状花冠	花冠筒宽而稍短,上部扩大成一钟形	桔梗
辐状花冠	花冠筒短,裂片由基部向四周扩展,形如车轮状	枸杞、茄
管状花冠	花瓣合生,花冠管细长,花冠裂片沿花冠管方向伸出	大吴风草
舌状花冠	花瓣基部连合呈一短筒,上部向一侧延伸成扁平舌状	蒲公英
高脚碟状花冠	花冠下部细长呈管状,上部水平展开呈碟状,整体呈高脚碟状	丁香、长春花
漏斗状花冠	花冠筒较长,自下向上逐渐扩大,上部外展呈漏斗状	打碗花
坛状花冠	花冠合生,靠下部膨大成圆形或椭圆形,上部收缩成一短颈,顶部裂片向外展	小叶南烛、蓝莓
唇形花冠	花冠下部合生成管状,上部向一边张开稍呈二唇形,上面(后面)两裂片多少合生为上唇,下面(前面)三裂片为下唇	益母草、丹参

图 2-24　常见的花冠类型

1.蔷薇形花冠(桃花)　2.十字形花冠(油菜花)　3.蝶形花冠(蚕豆)　4.钟状花冠(桔梗)

5.辐状花冠(茄)　6、7.管状与舌状花冠(大吴风草)　8.高脚碟状花冠(长春花)

9.漏斗状花冠(蕹菜花)　10.唇形花冠(丹参)

3. 花被卷叠式　花被各片之间的排列形式及关系。它在花蕾即将绽开期尤为明显,由于植物种类不同,其卷叠式也不一样,常见有以下几种。见表 2-4 和图 2-25。

表 2-4　花被卷叠式类型

类　　型	特　　点	示例植物
镊合状	花被各片的边彼此接触排成一圈	桔梗
a.内向镊合	花被各片的边缘微向内弯	沙参
b.外向镊合	花被各片的边缘微向外弯	蜀葵

续表

类 型	特 点	示例植物
旋转状	花被各片彼此以一边重叠成回旋形式	夹竹桃、黄栀子
覆瓦状	花被片边缘彼此覆盖，但其中一片完全在外面，一片完全在内面	山茶
重覆瓦状	在覆瓦状排列的花被片中，有2片全在内，2片全在外	野蔷薇、桃、杏

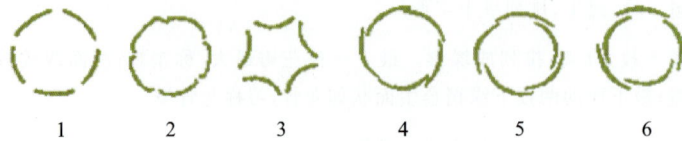

图 2-25 花被卷叠式类型
1.镊合状 2.内向镊合状 3.外向镊合状 4.旋转状 5.覆瓦状 6.重覆瓦状

（四）雄蕊群

雄蕊群是一朵花中所有雄蕊的总称，位于花被的内方，着生于花托或花冠上。雄蕊的数目随植物种类不同而异，通常与花瓣同数或为其倍数。

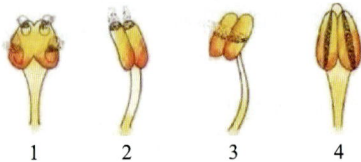

图 2-26 花药裂开方式
1.瓣裂 2.孔裂 3.横裂 4.纵裂

1. 雄蕊的组成 典型的雄蕊由花丝和花药两部分组成。

（1）花丝：为下部细长的柄状部分，其粗细、长短因植物种类而异，如合欢花的花丝特别长，细辛的花丝特别短小。

（2）花药：为花丝顶端膨大的囊状体，通常由4个或2个花粉囊（药室）组成，分为两半，中间为药隔。花粉囊内产生许多花粉，花粉成熟后，花药以各种方式自行裂开，散出花粉粒。见表2-5和图2-26。

表 2-5 花药裂开方式

裂开方式	特 点	示例植物
纵裂	花粉囊沿纵轴裂1缝，花粉粒从缝中散出	水稻、百合
瓣裂	花粉囊上形成1～4个向外展开的小瓣，成熟时，小瓣盖向上掀起，花粉粒散出	香樟、淫羊藿
孔裂	花粉囊顶部开一小孔，花粉由小孔散出	茄、杜鹃
横裂	花粉囊沿中部横裂1缝，花粉粒从缝中散出	蜀葵、木槿等

花药在花丝上的着生方式有多种。见表2-6和图2-27。

表 2-6 花药着生方式

着药方式	特 点	示例植物
丁字着药	花丝顶端与花药背面的一点相连，整个雄蕊犹如丁字形	百合、卷丹、水稻
个字着药	药室基部张开，上面着生于花丝顶上，连成个字状	泡桐、地黄
广歧着药	药室完全分离成一直线，并着生于花丝顶端	益母草、薄荷
全着药	花药全部着生在花丝上	紫玉兰
基着药	花药基部着生于花丝的顶端	樟、茄
背着药	花药的背部着生于花丝上	杜鹃、马鞭草

2. 雄蕊的类型 花中雄蕊的数目、长短、连合、分离及排列等状况会随植物种类不同而异，常见的有以下几种类型，见表2-7和图2-28。

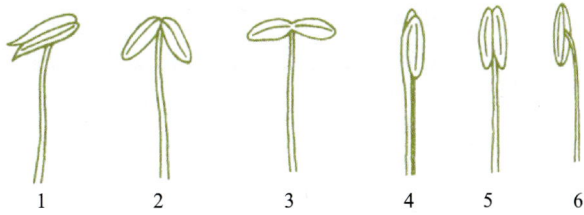

图 2-27　花药着生方式
1.丁字着药　2.个字着药　3.广歧着药　4.全着药　5.基着药　6.背着药

表 2-7　雄蕊的类型

雄蕊类型	雄蕊特点	示例植物
离生雄蕊	雄蕊多数或定数,花丝和花药均分离	杜鹃、桃
四强雄蕊	雄蕊 6 枚,分离,其中 4 枚较长,2 枚较短	油菜、萝卜
二强雄蕊	雄蕊 4 枚,分离,其中 2 枚较长,2 枚较短	泡桐、紫苏
冠生雄蕊	雄蕊花丝与花冠结合,而花药与花冠分离	泡桐、钩藤
聚药雄蕊	雄蕊的花药连合成筒状,花丝分离	红花、蒲公英
单体雄蕊	雄蕊的花丝连合成 1 束,呈筒状,花药分离	木槿、朱槿
二体雄蕊	雄蕊的花丝连合成 2 束,花药分离	
	有的雄蕊 10 枚,9 枚连合,1 枚分离,如豆科植物	甘草、蚕豆
	有的雄蕊 6 枚,每 3 枚连合,成为 2 束	紫堇、延胡索
多体雄蕊	雄蕊多数,花丝连合成数束,花药分离	金丝桃、元宝草

图 2-28　雄蕊的类型
1.离生雄蕊(桃)　2.四强雄蕊(油菜)　3.二强雄蕊/冠生雄蕊(泡桐)
4.聚药雄蕊(大吴风草)　5.单体雄蕊(木芙蓉)　6.二体雄蕊(白车轴草)　7.多体雄蕊(金丝桃)

(五) 雌蕊群

雌蕊群是一朵花中所有雌蕊的总称,位于花的中央或花托顶部。

1. 雌蕊的组成　雌蕊由子房、花柱、柱头三部分组成,见表 2-8。

表 2-8　雌蕊的组成

雌蕊的组成	特征
子房	雌蕊基部膨大的部分,常呈椭圆形、卵圆形或其他形状。子房的外部为子房壁,子房壁内的空腔为子房室,子房室内着生胚珠
花柱	连接子房与柱头的细长部分,也是雄蕊中花粉进入子房的通道。花柱的粗细长短随不同植物而异,如玉米的花柱细长如丝,莲的花柱很短,罂粟、木通则无花柱。有的植物的花柱插生于纵向分裂的子房基部,称花柱基生,如益母草、丹参等唇形科植物。另有少数植物的雄蕊与花柱合生成一柱状体,称合蕊柱,如马兜铃、白及等
柱头	位于花柱的顶端,是承受花粉的地方,通常膨大或扩展成各种形状:头状、盘状、星状、羽毛状、分枝状等,其表面多不平滑,并有分泌黏液的功能,有利于花粉的固着与萌发

2. 雌蕊群的类型　雌蕊是由心皮构成的,心皮是一种适应生殖的变态叶。心皮的边缘相当于叶缘部分,当心皮卷合形成雌蕊时,其边缘的合缝线称腹缝线,心皮的背部相当于中脉线的部分称背缝线,胚珠常着生于腹缝线上。见图2-29。常依据腹缝线和背缝线的数目来判定组成雌蕊的心皮数目。雌蕊群的类型根据组成雌蕊的心皮数目可分为以下几种,见表2-9和图2-30。

表2-9　雌蕊群的类型

类　　型	特　　点
单雌蕊	一个心皮构成的雌蕊。有的植物一朵花中仅具有一个单雌蕊,如桃、杏等
离生心皮雌蕊	有些植物一朵花内生多数离生的单雌蕊,又称离生心皮雌蕊,如八角茴香、草莓等
复雌蕊	由两个以上的心皮彼此联合构成的雌蕊,又称合生心皮雌蕊,如百合、柑橘等

图2-29　心皮(变态叶)形成雌蕊的示意图

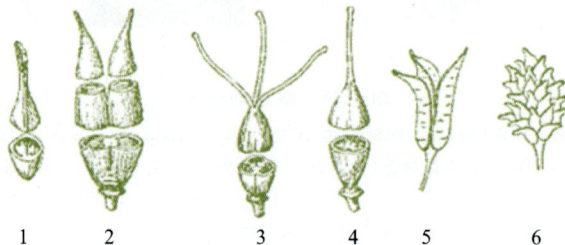

图2-30　雌蕊群的类型

1.单雌蕊　2.二心皮复雌蕊　3.三心皮复雌蕊　4.复雌蕊　5.离生心皮雌蕊(三心皮)　6.离生心皮雌蕊(多心皮)

3. 子房的位置与花位　子房的位置是根据子房与花托的愈合程度来确定的;而花位则是指花被及雄蕊的着生位置,常以其着生点与子房的位置关系来确定。子房的位置与花位常见有以下几种,见表2-10和图2-31。

表2-10　常见的子房位置与花位

子房位置	子房特点与花位	示例植物
子房上位 (下位花或 周位花)	子房仅底部与花托相连。花托扁平或突起,花被和雄蕊群均着生于子房下方的花托上,这种花称下位花	百合、油菜
	若花托凹陷呈杯状,子房着生于杯状花托的中央,但不与花托愈合,花被和雄蕊群着生于杯状花托边缘,这种花称周位花	桃、杏

续表

子 房 位 置	子房特点与花位	示 例 植 物
子房半下位 （周位花）	子房下半部与凹陷花托愈合，上半部外露。花被和雄蕊群着生于花托的边缘，这种花称周位花	党参、桔梗
子房下位 （上位花）	子房全部生于凹陷的花托内，并与花托完全愈合。花被和雄蕊群着生于子房上方的花托边缘，这种花称上位花	梨、栝楼

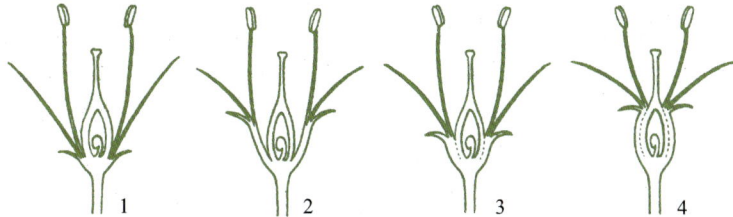

图 2-31　常见的子房位置与花位

1.子房上位（下位花）　2.子房上位（周位花）　3.子房半下位（周位花）　4.子房下位（上位花）

4. 子房的室数　子房室的数目由心皮数及其结合状态而定。单雌蕊的子房只有 1 室。合生雌蕊的子房可以是 1 室（各个心皮彼此在边缘连合而不向子房室内伸展），也可以是多室（各个心皮向内卷入，在中心连合形成与心皮数相等的子房室数）；还可以是假多室的（有的子房室可能被假隔膜完全或不完全地分隔，如十字花科、唇形科植物等）。

5. 胎座　胚珠在子房内着生的部位称胎座。常见的胎座有下列几种类型，见表 2-11 和图 2-32。判断胎座类型可通过对子房或果实做横切或纵切来观察。

表 2-11　常见的胎座类型

胎 座 类 型	特　　点	示 例 植 物
边缘胎座	由 1 个心皮构成 1 室，胚珠着生在腹缝线上	扁豆、甘草
侧膜胎座	由 2 至多心皮连合构成 1 室，胚珠着生在腹缝线上	南瓜、栝楼
中轴胎座	由 2 至多心皮连合构成 2 至多室，各心皮边缘向子房中央伸入形成一个中轴，胚珠着生于中轴上	百合、桔梗
特立中央胎座	由 2 至多心皮连合构成 1 室，子房室的隔膜及中轴上部均消失，胚珠着生于残留的中轴周围	石竹、报春花
基生胎座	由 1 至多心皮连合构成 1 室，胚珠着生于子房室底部	大黄
顶生胎座	由 1 至多心皮连合构成 1 室，胚珠着生（悬挂）于子房室顶部，又称悬垂胎座	桑、樟

图 2-32　常见的胎座类型

1.侧膜胎座　2.中轴胎座　3.特立中央胎座　4.边缘胎座　5.顶生胎座　6.基生胎座

6. 胚珠　胚珠着生在子房内的胎座上，常为椭圆状或近球状，受精后发育成种子。其数目与植物种类有关。详见图 2-33。

（1）胚珠的结构：胚珠通过一短柄（即珠柄）与子房相连接，维管束即从胎座通过珠柄进入胚珠。胚珠最外面为珠被，大多数被子植物的珠被分为外珠被和内珠被两层，也有 1 层珠被或无珠被的（如禾本科植物的胚珠）。珠被在胚珠的顶端不完全连合而留下 1 小孔，称珠孔。珠被内方称珠心，由薄

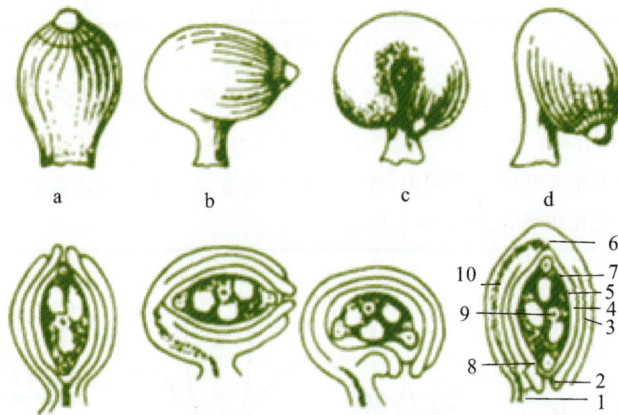

图 2-33　胚珠的结构与类型
a.直生胚珠　b.横生胚珠　c.弯生胚珠　d.倒生胚珠
1.珠柄　2.珠孔　3.珠被　4.珠心　5.胚囊　6.合点　7.反足细胞　8.卵细胞和助细胞　9.极核细胞　10.珠脊

壁细胞组成,是胚珠的重要部分。珠心中央发育形成胚囊,被子植物的成熟胚囊一般有 8 个细胞,靠近珠孔处有 1 个卵细胞和 2 个助细胞,与珠孔相反的一端有 3 个反足细胞,中央有 2 个极核细胞,或此二核融合而成中央细胞。珠被、珠心基部和珠柄汇合处称合点,是维管束进入胚囊的通道。

(2)胚珠的类型:胚珠在生长时,由于珠柄、珠被和珠心各部分生长速度不同,使珠孔、合点与珠柄的相对位置各异,常形成下列类型,见表 2-12。

表 2-12　胚珠的类型

类　型	特　点	示 例 植 物
直生胚珠	胚珠各部分生长速度均一,胚珠直立,珠柄在下,珠孔在上,珠柄、合点和珠孔在一条直线上	蓼科植物
横生胚珠	胚珠因一侧生长较快,另一侧生长较慢,胚珠横向弯曲,合点、珠心、珠孔呈一直线,并与珠柄垂直	锦葵科、玄参科、茄科中的某些植物
弯生胚珠	胚珠下半部的生长比较均匀,但上半部一侧生长较快,另一侧生长较慢,生长快的一侧向生长慢的一侧弯曲,因此珠孔弯向珠柄,整个胚珠呈肾形	十字花科、豆科中的某些植物
倒生胚珠	胚珠一侧生长快,另一侧生长慢,使胚珠向生长慢的一侧弯转 180°,胚珠倒置,合点在上,珠孔靠近珠柄,珠柄很长,并与一侧珠被愈合,形成一条明显的纵脊,称珠脊	大多数被子植物的胚珠类型,如蓖麻、杏、百合等

二、花的类型

被子植物的花在长期演化过程中各部分发生了不同程度的变化,形成了花不同的类型,一般可以按下述几方面来分类。见表 2-13 至表 2-17。

表 2-13　依花的组成是否完整分类

类　型	特　点	示 例 植 物
完全花	花萼、花冠、雄蕊和雌蕊均有的花	桔梗、桃
不完全花	花萼、花冠、雄蕊和雌蕊中缺少一部分或几部分的	桑、南瓜

表 2-14　依花中有无花萼与花冠分类

类　型	特　点	示 例 植 物
重被花	同时具有花萼与花冠的花称重被花。重被花又可分为单瓣花(花冠只由 1 轮花瓣组成的花,如桃)和重瓣花(花冠由数轮花瓣组成,如碧桃、月季等栽培植物)	栝楼、党参

续表

类 型	特 点	示例植物
单被花	仅有花萼而无花冠(此时的萼片常称花被片)或花萼、花冠难以区别的花称单被花。单被花的花被可为1轮也可为多轮,但其颜色、形态常无区别,一般呈各种鲜艳的颜色,如玉兰为白色,白头翁为紫色等	百合、广玉兰
无被花	花被不存在的花称无被花或裸花。这种花常具苞片	杜仲、柳、杨

表 2-15　依花中有无雄蕊和雌蕊分类

类 型	特 点	示例植物
两性花	一朵花中既有雄蕊群又有雌蕊群的花	牡丹、桃
单性花	一朵花中仅有雄蕊群或仅有雌蕊群的花 仅有雄蕊群的花称雄花;仅有雌蕊群的花称雌花	
雌雄同株或单性同株	同株植物既有雌花又有雄花或只有雄花或只有雌花	南瓜、蓖麻
雌雄异株或单性异株	雌花和雄花分别存于同种异株植物上 一种植物同时存在两性花与单性花的现象称花杂性	栝楼、银杏
杂性同株	两性花和单性花存在于同株植物上	朴树
杂性异株	两性花与单性花分别生在不同植株上	葡萄、臭椿
无性花	花中雄蕊和雌蕊均退化或发育不全	绣球花序周围的花

表 2-16　依花冠的对称方式分类

类 型	特 点	示例植物
辐射对称花/整齐花	花被(主要指花冠)形状一致,大小相似,有2个以上对称面	桃、桔梗
两侧对称花/不整齐花	花被形状、大小有较大差异,仅有1个对称面	益母草
不对称花/不整齐花	无对称面的花	美人蕉

表 2-17　根据传播花粉的媒介分类

类 型	特 点	示例植物
风媒花	借风传粉的花,多为单性花、单被花或无被花,花粉量大,柱头面大,有黏质	玉米、杨、柳等
虫媒花	借昆虫传粉的花,传粉的昆虫有蜜蜂、蝴蝶、蛾子、蚂蚁、甲虫等。虫媒花多为两性花,内有蜜腺,具香味,花冠颜色鲜艳,花粉量少,但是花粉粒大而黏,能粘在昆虫身上	兰科植物中的花、桃、苹果等
鸟媒花	借助鸟类传粉的花	某些凌霄属植物花
水媒花	借助水传粉的花	金鱼藻、黑藻等一些水生植物

三、花序

有些植物的花单独一朵生在茎枝顶端或叶腋部位,这种花称为单生花,如玉兰、木槿等。但多数植物的花是按照特定的模式集生于特殊的总花梗上,这种有规律的花的排列模式称为花序。花序下部的梗称为花序梗,花序梗向上延伸成为花序轴,花序轴可以不分枝或再分枝。花序上的花称为小花,每朵小花的梗称为小花梗。小花梗和总花梗下部常有小型的变态叶,分别称为小苞片和总苞片。无叶的总花梗称花葶。根据花在花序轴上的排列方式、小花开放顺序以及在开花期花序轴能否不断生长等,花序可分为如下类型。

(一)无限花序(总状花序类)

在开花期内,花序轴顶端继续向上生长,产生新的花蕾,开放顺序是花序轴基部的花先开放,然后向顶端依次开放,或由边缘向中心开放,这类花序称无限花序。根据花序轴及小花的特点,无限花序又可分为以下类型。详见表2-18和图2-34。

表2-18 无限花序的类型

花序类型	花序特点	示例植物
总状花序	花序轴细长,轴上着生许多花梗近等长的小花	油菜、荠菜
穗状花序	似总状花序,但小花具短梗或无梗	知母、车前
葇荑花序	似穗状花序,但花序轴柔软下垂,其上着生许多无梗的单性小花,花开放后整个花序脱落	柳、构树
肉穗花序	似穗状花序,但花序轴肉质肥大,呈棒状,其上密生许多无梗的单性小花,在花序外面常具一大型苞片,称佛焰苞,故又称佛焰花序,是天南星科植物的主要特征	半夏、花烛
伞房花序	似总状花序,但花梗不等长,下部的长,向上逐渐缩短,整个花序的小花几乎排在同一平面上	山楂、苹果
伞形花序	花序轴缩短,在总花梗顶端着生许多花梗近等长的小花,排列似张开的伞	刺五加、人参、韭菜
头状花序	花序轴极度缩短膨大呈盘状或头状,其上密生许多无梗小花,下面或周围常有苞片密集成的总苞	菊、一年蓬
隐头花序	花序轴肉质膨大而向下凹,凹陷的内壁上着生许多无梗的单性小花	无花果、榕树

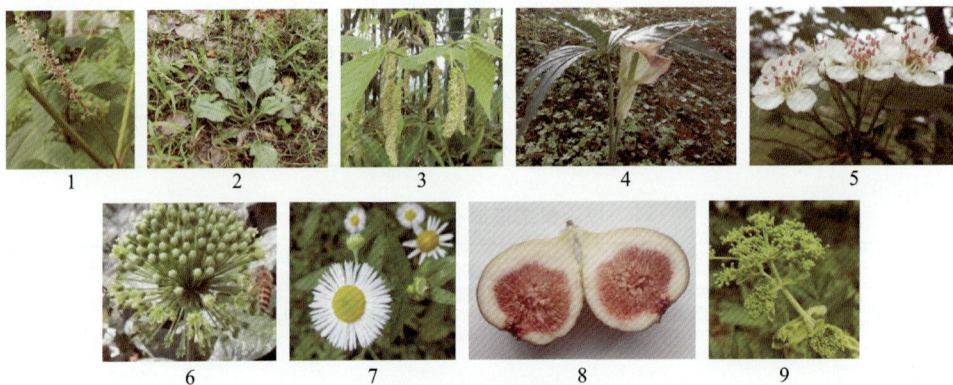

图2-34 无限花序的类型
1.总状花序(商陆) 2.穗状花序(车前) 3.葇荑花序(构树)
4.肉穗花序(天南星) 5.伞房花序(山楂) 6.伞形花序(三七)
7.头状花序(一年蓬) 8.隐头花序(无花果) 9.复伞形花序(白芷)

以上各种花序的花序轴均不分枝,但也有一些无限花序的花轴分枝,常见的有复总状花序和复伞形花序。复总状花序是在长的花序轴上分生许多小枝,每小枝各成一总状花序,整个花序呈圆锥状,故又称圆锥花序,如女贞、槐。复伞形花序是花序轴作伞状分枝,每分枝为一伞形花序,如柴胡、白芷等伞形科植物的花序。此外,还有复穗状花序(如小麦、香附)和复伞房花序(如花楸属植物)等。

(二)有限花序(聚伞花序类)

和无限花序相反,花序轴顶端由于顶花先开放而不能继续生长,只能在顶花下面产生侧轴,小花由上而下或由内向外依次开放,这样的花序称有限花序。根据花序轴上分枝等情况又可将有限花序分为以下类型。详见表2-19和图2-35。

表 2-19　有限花序的类型

花序类型	花序特点	示例植物
单歧聚伞花序	花序轴顶生1花,先开放,在它下面产生1侧轴,其长度超过主轴,其顶端又生1花,依此方式连续分枝开花	
a.螺旋状聚伞花序	花序轴下分枝均向同一侧生出而呈螺旋状	紫草、峨眉附地菜
b.蝎尾状聚伞花序	分枝左、右交替生出,呈蝎尾状排列	唐菖蒲、姜、射干
二歧聚伞花序	花序轴顶生1花,先开放,在其下方2侧同时各生出1等长的侧轴,每1侧轴再以同样方式继续开放和分枝	石竹、麦蓝菜
多歧聚伞花序	花序轴顶生1花,先开放,其下方同时产生数个侧轴,侧轴常比主轴长,各侧轴又形成小的聚伞花序。若花轴下生有杯状总苞,则称为杯状聚伞花序(大戟花序)	泽漆、甘遂
轮伞花序	聚伞花序生于对生叶的叶腋或花序轴上的总苞里,呈轮状排列	薄荷、益母草

图 2-35　有限花序的类型
1.螺旋状聚伞花序(香雪兰)　2.蝎尾状聚伞花序(蝎尾蕉)
3.二歧聚伞花序(球序卷耳)　4.多歧聚伞花序(泽漆)　5.轮伞花序(益母草)

(三) 混合花序

有些植物在花序轴上生有两种不同类型的花序,称混合花序。如紫丁香、葡萄的花序,花序的主轴无限生长,但第二次分枝和末枝则呈聚伞花序式,故又称聚伞圆锥花序。

四、花程式

为简化对花的文字描述,利用字母、数字、符号表明花各部分的组成、排列、位置以及相互关系的公式称花程式。基本书写原则如下。

1. 以字母代表花的各部　一般用花各部拉丁词的第一个字母的大写表示:P 表示花被,K 表示花萼,C 表示花冠,A 表示雄蕊群,G 表示雌蕊群。

2. 以数字表示花各部的数目　数字写在代表字母的右下方,若花各部分有定数,则用相应的阿拉伯数字表示,0 表示缺失或退化,若数目超过 10 个或数目不定用"∞"表示;雌蕊群右下角有三个数字,分别表示心皮数、子房室数、每室胚珠数,并用":"隔开。

3. 用符号表示花的其他特征　"⚥"表示两性花;"♀"表示雌花;"♂"表示雄花。"＊"或"⊗"表示辐射对称花;"↑"或"·|·"表示两侧对称花。各部分的数字加"( )"表示连合;数字之间加"＋"表示排列的轮数。在 G 的上方或下方加"—"表示子房位置,如"$\underline{G}$"表示子房上位;"$\overline{G}$"表示子房下位;"$\overline{\underline{G}}$"表示子房半下位。

4. 花程式的书写及举例　花程式的书写顺序是花的性别、对称情况、花各部分(从外部到内部依次介绍 P(K、C)、A、G 等的情况)。举例说明如下。

(1) 豌豆花:$⚥ ↑ K_{(5)} C_5 A_{(9)+1} \underline{G}_{(1:1:∞)}$

表示其为两性花;两侧对称;萼片 5 枚,合生;花瓣 5 枚,分离;雄蕊 10 枚,9 枚合生,1 枚,分离成二体雄蕊;子房上位,1 心皮,1 室,胚珠数目不定。

（2）桑花：♂P_4A_4；♀$P_4\underline{G}_{(2:1:1)}$。

表示其为单性花。雄花：花被片 4 枚,分离;雄蕊 4 枚,分离。雌花：花被片 4 枚,分离;雌蕊子房上位,由 2 心皮合生,1 室,1 个胚珠。

任务五　果实和种子的宏观认知

果实是被子植物所特有的器官。一般由受精后的雌蕊子房或子房连同花的其他部分（如花托或花序轴）发育而成。其结构包括果皮和种子两部分,果皮包被着种子,具有保护和散布种子的作用。中药中有很多来源于植物的果实,如山楂、枸杞子、木瓜、栀子、金樱子、吴茱萸、枳实、五味子等。

种子是由胚珠受精后发育而成,是种子植物重要的繁殖器官。许多植物的种子可供药用,如马钱子可通络止痛,散结消肿;槟榔可杀虫消积,降气行水;苦杏仁可降气止咳,润肠通便等。

一、果实的形态与类型

被子植物的花经过传粉和受精后,花的各部分发生了很大的变化,见图 2-36。

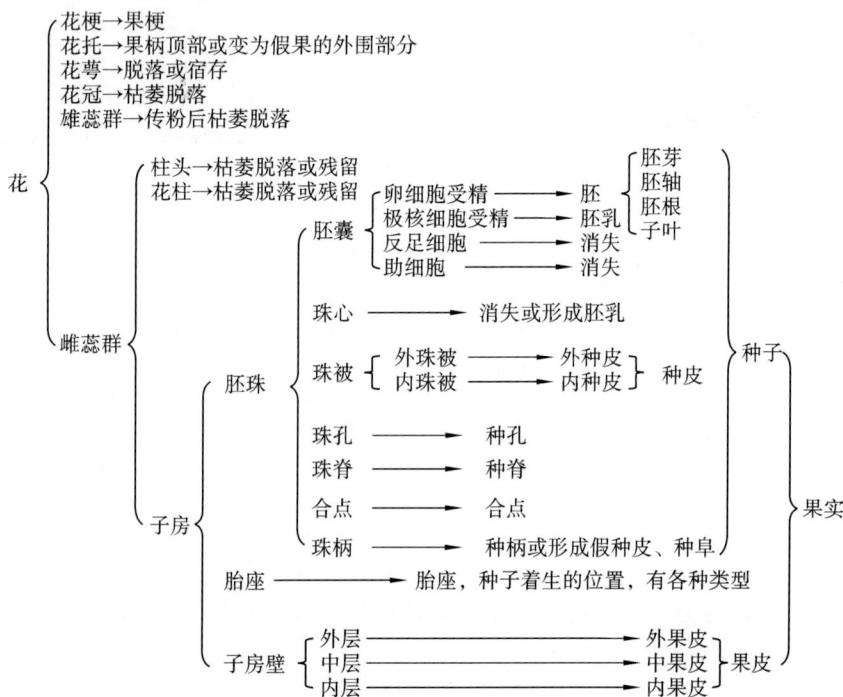

图 2-36　被子植物果实的发育过程

完全由子房发育成的果实称为真果,如桃、杏、枸杞、柿等。有些植物除子房外,花的其他部分如花被、花托或花序轴等也参与形成果实,这种果实称为假果,如苹果、梨等是由下位子房连同花萼筒发育而成的假果,无花果是由膨大的囊状花序轴参与形成的假果,草莓是由膨大的圆锥状的花托参与形成的假果。

（一）果实的构造

假果的构造多种多样,通常所说的果实的构造是指真果的构造。真果的构造如下。

（二）果实的类型

根据果实的来源和果皮性质的不同可将果实分为单果、聚合果和聚花果三大类。

1. 单果　由雌蕊（单雌蕊或复雌蕊）发育成的果实,即一朵花只形成 1 个果实。依据果皮质地不同,分为干果和肉质果。

果实
{
果皮
{
外果皮 是果实的最外层，一般很薄，表面常有各种附属物，如桃有毛茸，曼陀罗有刺，荔枝有瘤突，枫杨有翅

中果皮 是果实的中层，是整个果皮最厚的部分，肉质果的中果皮肉质肥厚，如杏、桃、李等；干果的中果皮在果实成熟时呈干燥膜质或革质，如龙眼、豌豆等

内果皮 是果实的最内层，一般为膜质或木质，如桃、杏等；也有内果皮发生变态，向内长出许多充满汁液的肉质囊状毛，如柚、橘、柠檬等
}

种子
}

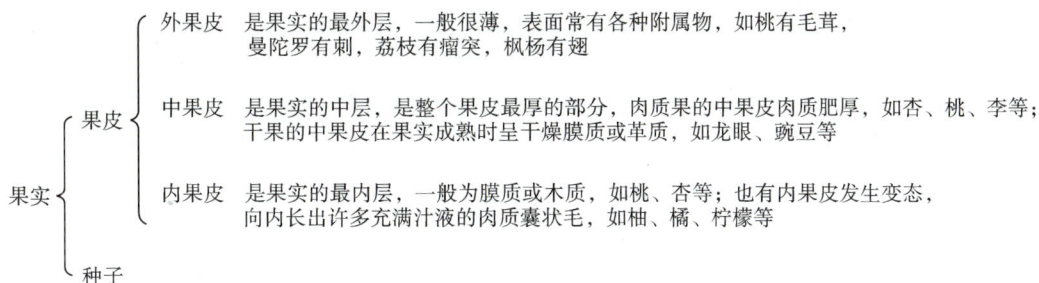

（1）干果：果实成熟后果皮干燥。依据果皮是否开裂，又分为裂果和不裂果（闭果）。

①裂果：果实成熟后果皮干燥开裂，依据开裂方式不同分为多种，见表2-20和图2-37。

表2-20 裂果类型

类 型	特 点
蓇葖果	由单雌蕊发育而成，果实成熟后，沿腹缝线或背缝线一侧开裂，如淫羊藿、白薇等
荚果	由单雌蕊发育而成，成熟后沿腹缝线和背缝线两侧同时开裂。荚果是豆科植物所特有的果实，如白扁豆、绿豆、豌豆等
角果	由2心皮合生的雌蕊发育形成的果实，中间有假隔膜（在形成过程中，由花托伸入2心皮边缘合生处产生的隔膜，称假隔膜），将子房隔成假2室，种子着生在假隔膜两侧，果实成熟后，果皮沿两侧腹缝线自下而上开裂成2片脱落，假隔膜仍留在果柄上。角果是十字花科植物特有的果实。果实细长者称长角果，如油菜、萝卜等；果实短而宽者称短角果，如菘蓝、荠菜等
蒴果	由合生心皮的复雌蕊发育形成的果实，子房1至多室，每室含多数种子。果实成熟后以各种方式开裂。常见开裂方式有瓣裂（果皮沿纵轴方向开裂），如百合、牵牛、紫薇等；孔裂（果实顶端呈小孔状开裂），如罂粟、金鱼草等；盖裂（果实中部呈环状横裂，上部果皮呈帽状脱落），如马齿苋、车前等；齿裂（果实顶端呈齿状开裂），如石竹、麦蓝菜等

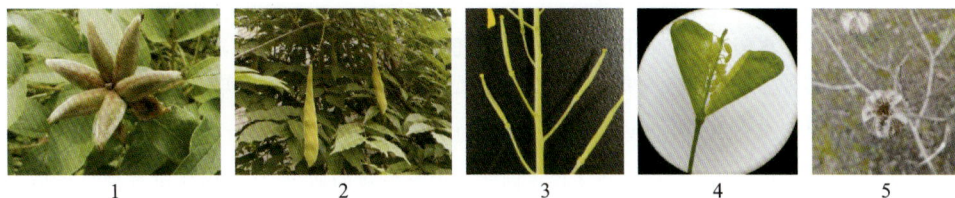

图2-37 单果类干果之裂果

1.蓇葖果（聚合，牡丹） 2.荚果（紫藤） 3.长角果（油菜） 4.短角果（荠菜） 5.蒴果（瓣裂，木芙蓉）

②不裂果（闭果）：果实成熟后，果皮不开裂，或分离成几部分，但种子仍被果皮包住。常分为以下几种类型，见表2-21和图2-38。

表2-21 不裂果类型

类 型	特 点
瘦果	内含1枚种子，成熟时果皮易与种皮分离，如向日葵、红花、蒲公英等
颖果	内含1枚种子，成熟时果皮与种皮愈合，不易分离。颖果是禾本科植物特有的果实，如小麦、玉米、薏苡等
坚果	内含1枚种子，成熟时果皮坚硬。如板栗、栎等的硬壳是果皮，果实外面常有由花序的总苞发育成的壳斗附着于基部。有的坚果特小，无壳斗包围，称小坚果，如益母草、薄荷、紫草等
翅果	内含1枚种子，果皮一端或周边向外延伸成翅状，如杜仲、臭椿、枫杨等

类　型	特　点
胞果	亦称囊果，单粒种子的果实，果皮薄，膨胀疏松地包围种子，与种子极易分离。如青葙、牛膝、地肤等
双悬果	由2心皮合生雌蕊发育形成的果实，成熟后心皮分离成2个分果，双双悬挂在心皮柄上端，心皮柄的基部与果柄相连，每个分果内各含1粒种子。双悬果是伞形科植物特有的果实。如当归、小茴香、蛇床子等

图 2-38　单果类干果之不裂果
1.瘦果(葵花子)　2.颖果(玉米)　3.坚果(板栗)　4.翅果(鸡爪槭)　5.双悬果(小茴香)

　　(2) 肉质果：果皮肉质，多汁，通常具有鲜艳的颜色，成熟时不开裂。具体类型与特点见表2-22和图2-39。

表 2-22　肉质果的类型与特点

类　型	特　点
浆果	外果皮薄，中果皮和内果皮肉质多汁，内含1至多枚种子。如葡萄、枸杞、番茄
核果	外果皮薄，中果皮肉质，内果皮坚硬、木质，形成果核，每核内含1粒种子。如桃、杏
柑果	外果皮较厚，具油室；中果皮与外果皮结合，界限不明显，中果皮疏松，白色海绵状，内具多分枝的维管束(橘络)；内果皮膜质内卷分隔形成数室，每室内壁生有许多肉质多汁的囊状毛，为可食部分。柑果是芸香科柑橘属植物所特有的果实。如橙、橘、柚
瓠果	由3心皮侧膜胎座的下位子房连同花托一起发育而成的假果，花托与外果皮愈合形成较坚韧的果实外层，中果皮、内果皮及胎座均肉质，内含多枚种子，为果实可食用部分。瓠果是葫芦科植物特有的果实。如黄瓜、冬瓜、南瓜、西瓜、栝楼
梨果	由5心皮中轴胎座的下位子房连同花托发育形成的假果，外面肉质可食部分由原来的花托与外、中果皮一起发育而成，其间界限不明显，内果皮坚韧而明显，常5室，每室含种子2枚。如苹果、梨、山楂等蔷薇科苹果亚科植物的果实

图 2-39　单果类肉质果
1.浆果(弥猴桃)　2.核果(枣)　3.柑果(橘)　4.瓠果(黄瓜)　5.梨果(梨)

　　2. 聚合果　在1朵花中，具有许多离生心皮雌蕊，每个离生心皮雌蕊形成1个小果实，许多小果实聚生于同一花托上。根据其上每个小单果类型的不同，聚合果分为以下几种类型，详见表2-23和图2-40。

表 2-23 聚合果的类型和特点

类　　型	特　　点
聚合蓇葖果	许多小蓇葖果聚生在花托上，如厚朴、八角茴香、牡丹等
聚合瘦果	许多小瘦果聚生于突起的花托上，如白头翁、草莓、毛茛等。其中，许多骨质瘦果聚生于凹陷的花托中，称蔷薇果，如金樱子、玫瑰、蔷薇等
聚合核果	许多小核果聚生于突起的花托上，如悬钩子、山莓、华东覆盆子等
聚合浆果	许多小浆果聚生于延长或不延长的花托上，如北五味子、华中五味子等
聚合坚果	许多小坚果嵌生于膨大、海绵状倒三角形的花托中，如莲

图 2-40　聚合果

1.聚合浆果（五味子）　2.聚合核果（山莓）　3.聚合蓇葖果（八角茴香）　4.聚合瘦果（蛇莓）　5.聚合坚果（莲）

3. 聚花果（复果）　由整个花序发育成的果实。常见的有由隐头花序形成的复果，称隐头果（隐花果），如无花果、薜荔等；构树的雌花序为球形头状，聚花果直径为 1.5～3 cm，成熟时呈橙红色，肉质；凤梨（菠萝）多汁的花序轴成为果实的食用部分，花不孕（图 2-41）。

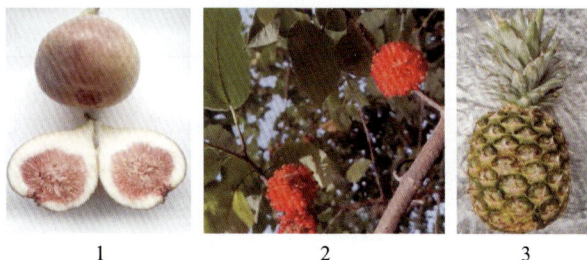

图 2-41　聚花果

1.无花果（隐头果）　2.构树　3.凤梨

二、种子的形态与类型

（一）种子的外形特征

种子的形状、大小、色泽、表面纹理等，随植物种类不同而异。常见的有圆形、椭圆形、肾形、卵形、扁球形、多角形等。大小差异也比较悬殊，较大的有椰子、槟榔等；较小的有菟丝子、葶苈子等；极小的有白及、天麻种子等。种子的颜色因含色素不同，往往呈现不同的颜色或花纹，如绿豆为绿色，白扁豆为白色，赤小豆为红紫色，相思子的一端为红色，另一端为黑色。蓖麻的种子有彩色斑纹，马钱的种子有毛茸，木蝴蝶的种子有翅等。

（二）种子的构造

植物种子虽然表现出多种多样的形态，但结构却基本相同，通常由种皮、胚、胚乳三部分组成。见图 2-42、图 2-43、图 2-44。

1. 种皮　位于种子的外面，有保护胚和胚乳的作用。通常分为两层（但也有一层的，如向日葵、胡桃）：外层一般比较坚韧，称外种皮；内层一般为薄膜状，称内种皮。种皮常有下列构造，见表 2-24。

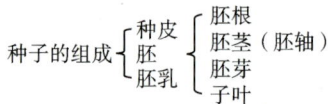

图 2-42 种子的组成

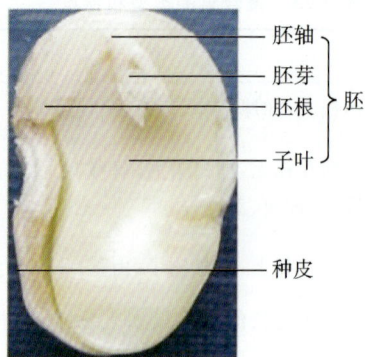

种子的组成 { 种皮 胚 { 胚根 胚茎（胚轴） 胚芽 子叶 } 胚乳 }

图 2-43 双子叶剖面图（植物玉米种子）

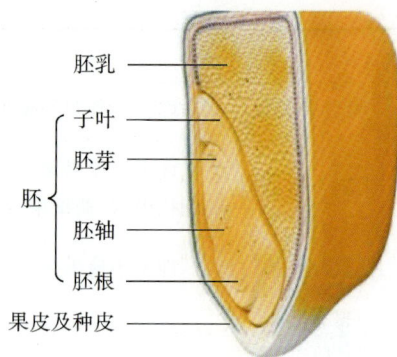

图 2-44 单子叶剖面图（植物菜豆种子）

表 2-24 种皮的构造

序 号	构 造	发 育 特 征
1	种脐	种子成熟后从种柄或胎座上脱落后留下的疤痕，常呈圆形或椭圆形
2	种孔	由胚珠的珠孔发育而成，通常极小。为种子萌发时吸收水分和胚根伸出的部位
3	合点	由胚珠的合点保留发育而成，是种皮中维管束的汇集点
4	种脊	种脐到合点之间隆起的棱脊，由珠脊形成。一般倒生胚珠有长而明显的种脊
5	种阜	种脐附近的海绵状突起，由珠孔旁的外珠被扩展发育而成，具有吸水的作用

2. 胚 由受精卵发育而成，是种子内尚未发育的雏形植物体，由胚根、胚轴（胚茎）、胚芽和子叶四部分组成。见表 2-25。

表 2-25 胚的组成

组 成	特 征
胚根	正对着种孔，种子萌发时，胚根从种孔伸出，将来发育成植物的主根
胚轴	向上生长，成为根与茎的连接部分
胚芽	为胚顶端未发育的地上枝，在种子萌发后发育成植物的地上部分
子叶	为胚吸收养料和储藏养料的器官，在种子萌发后变绿，进行光合作用，通常在真叶长出后枯萎。子叶的数目因植物种类不同而异：双子叶植物有 2 枚子叶，单子叶植物有 1 枚子叶，裸子植物有 2 至多枚子叶

3. 胚乳 由胚珠中的受精极核发育而成。通常位于胚的周围，呈白色，细胞内储藏有丰富的淀粉、蛋白质、脂肪等营养物质。在种子萌发时通过胚乳供给胚发育所需要的养料。有些植物在种子发育成熟后，胚乳的营养物质全部转移并储藏在子叶里，因而此类种子的结构中无单独存在的胚乳，而由较肥厚的子叶代替胚乳。

（三）种子的类型

被子植物的种子，依据种子成熟后是否有胚乳，可分为有胚乳种子和无胚乳种子两类。见表 2-26。

表 2-26 种子的类型

类 型	特 点
有胚乳种子	种子成熟后具有发达的胚乳。根据子叶数目不同，又分为双子叶植物有胚乳种子（如蓖麻、柿等）和单子叶植物有胚乳种子（如小麦、玉米等）两类 种子成熟后无胚乳或仅留一薄层胚乳，这类种子的子叶发达

续表

类　型	特　点
无胚乳种子	根据子叶数目不同，又可分为双子叶植物无胚乳种子（如大豆、南瓜等）和单子叶植物无胚乳种子（如泽泻、慈姑等）两类

（李雨嫣）

➡ 小结

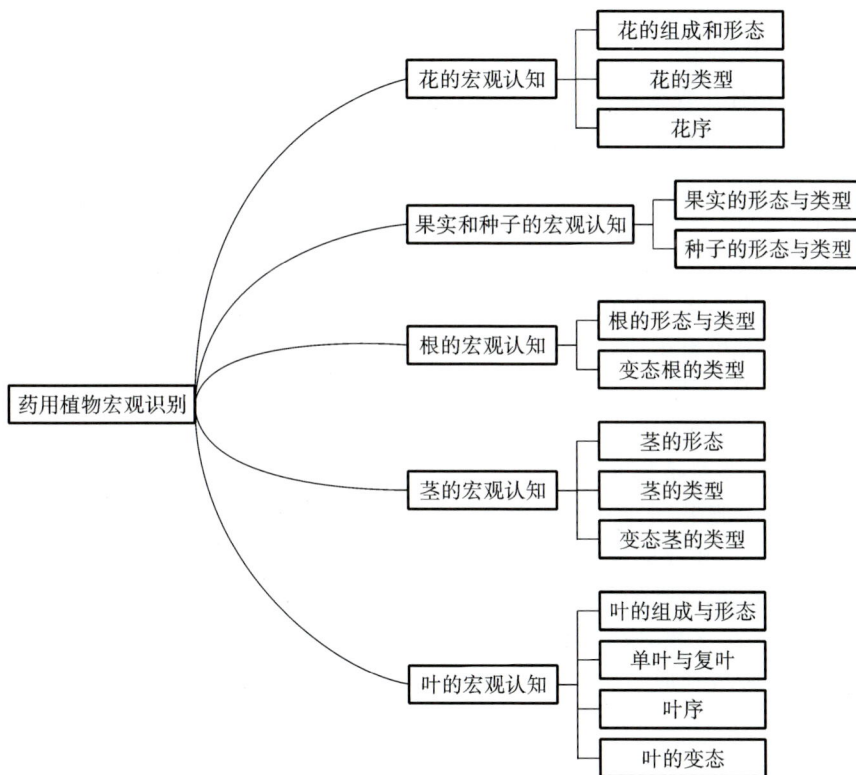

➡ 目标检测

一、单选题

1. 何首乌的药用部分为（　　）。

A. 块根　　　　B. 块茎　　　　C. 球茎　　　　D. 鳞茎　　　　E. 根茎

2. 黄芪、党参的根系属于（　　）。

A. 直根系　　　B. 须根系　　　C. 定根　　　　D. 不定根　　　E. 须根

3. 石斛、榕树的根属于（　　）。

A. 支持根　　　B. 气生根　　　C. 寄生根　　　D. 攀援根　　　E. 水生根

4. 根与茎在外形上最主要的区别是（　　）。

A. 叶痕　　　　B. 皮孔　　　　C. 芽　　　　　D. 节和节间　　E. 形状

5. 连钱草的茎细长，平卧于地面，节上生有不定根，称为（　　）。

A. 缠绕茎　　　B. 平卧茎　　　C. 匍匐茎　　　D. 根状茎　　　E. 直立茎

习题答案

6. 忍冬的茎木质而细长,常缠绕或攀附他物向上生长,称为（　　）。

A. 灌木　　　　B. 亚灌木　　　　C. 木质藤本　　　D. 小灌木　　　　E. 草质藤本

7. 下列入药部分为根状茎的药用植物是（　　）。

A. 人参　　　　B. 黄芪　　　　C. 黄精　　　　D. 甘草　　　　E. 地黄

8. 百合属于哪种变态茎？（　　）

A. 根状茎　　　B. 球茎　　　　C. 块茎　　　　D. 鳞茎　　　　E. 根茎

9. 花中雌蕊由 1 个心皮组成,胚珠着生于腹缝线上,这种胎座为（　　）。

A. 侧膜胎座　　B. 边缘胎座　　C. 基生胎座　　D. 中轴胎座　　E. 特立中央胎座

10. 花序轴细长,其上着生花梗极短或无梗小花的是（　　）花序。

A. 总状　　　　B. 穗状　　　　C. 伞房　　　　D. 伞形　　　　E. 头状

11. 牵牛的花冠类型是（　　）。

A. 钟状　　　　B. 辐状　　　　C. 漏斗状　　　D. 高脚碟状　　E. 蝶形

12. 四强雄蕊共具有几枚雄蕊？（　　）

A. 4 枚　　　　B. 10 枚　　　C. 6 枚　　　　D. 8 枚　　　　E. 12 枚

13. 植物的雌蕊由（　　）组成。

A. 柱头、花柱和子房　　　　　　B. 子房　　　　　　　　　　C. 花药和药丝

D. 花药、花柱和子房　　　　　　E. 柱头

14. 花瓣在花托上呈一轮排列的称（　　）。

A. 单被花　　　B. 单瓣花　　　C. 重被花　　　D. 重瓣花　　　E. 双被花

15. 由一个心皮发育而成,成熟后常沿背缝线和腹缝线两面裂开,该果实为（　　）。

A. 蓇葖果　　　B. 荚果　　　　C. 角果　　　　D. 蒴果　　　　E. 坚果

16. 玉米、薏苡等禾本科植物的果实为（　　）。

A. 坚果　　　　B. 胞果　　　　C. 瘦果　　　　D. 颖果　　　　E. 坚果

17. 八角茴香、厚朴等植物的果实为多数小果聚生在花托上而成为的（　　）。

A. 聚合蓇葖果　B. 聚合瘦果　　C. 聚合坚果　　D. 聚花果　　　E. 聚合颖果

18. 叶片长为宽的 2～3 倍,中部最宽,两侧边缘呈弧形,两端渐狭而圆,此叶形为（　　）。

A. 条形　　　　B. 披针形　　　C. 椭圆形　　　D. 卵形　　　　E. 圆形

19. 叶片边缘具有尖锐的齿,齿端向前,齿的两边不等,此叶缘为（　　）。

A. 牙齿状　　　B. 锯齿状　　　C. 圆齿状　　　D. 波状　　　　E. 皱波状

20. 双子叶植物的脉序一般为（　　）。

A. 分叉脉序　　B. 弧形脉序　　C. 网状脉序　　D. 直出平行脉　E. 侧出平行脉

21. 羽状复叶的叶轴作一次羽状分枝,每一分枝上又形成羽状复叶,该复叶应为（　　）。

A. 一回羽状复叶　　　　　　　　B. 二回羽状复叶　　　　　　C. 三回羽状复叶

D. 三出复叶　　　　　　　　　　E. 掌状复叶

22. 茎枝上的每一节上只生一片复叶,该叶序为（　　）。

A. 互生叶序　　B. 对生叶序　　C. 轮生叶序　　D. 簇生叶序　　E. 聚生叶序

23. 向日葵头状花序下面的变态叶为（　　）。

A. 鳞叶　　　　B. 花被　　　　C. 小苞片　　　D. 总苞片　　　E. 花萼

24. 被子植物受精卵发育成（　　）。

A. 果皮　　　　B. 种皮　　　　C. 胚　　　　　D. 胚乳　　　　E. 种子

25. 无花果属于哪种果实？（　　）

A. 肉果　　　　B. 瓠果　　　　C. 聚花果　　　D. 梨果　　　　E. 核果

二、名词解释

1. 主根　2. 侧根　3. 不定根　4. 直根系　5. 叶序　6. 复叶　7. 匍匐茎　8. 二体雄蕊　9. 四强雄

蕊　10.蝶形花冠　11.唇形花冠　12.复雌蕊　13.两性花　14.头状花序　15.单果　16.聚合果　17.胚

三、简答题

1. 定根与不定根有什么区别？

2. 根系分哪两种类型？二者在形态上有什么区别？

3. 储藏根有哪些类型？各举一例。

4. 茎的外形特征有哪些？

5. 脉序有哪些类型？各举例说明。

6. 常见的花冠类型有哪些？

7. 雄蕊的类型有哪些？

8. 胚珠有哪些类型？

9. 果实的类型有哪些？并各举一例。

10. 种子的结构组成是什么？

药用植物的微观构造识别

知识目标:
1. 掌握植物细胞的原生质体的组成及有关功能。
2. 掌握保护组织、分生组织、机械组织、输导组织等的显微特征。
3. 掌握根、茎、叶的初生构造和次生构造的结构特点。
4. 熟悉根、茎的异常构造和维管束的结构。

技能目标:
1. 能根据永久装片识别药用植物细胞、组织和器官的微观构造。
2. 学会临时装片和粉末制片等制片技术。

素质目标:
1. 培养学生严谨治学、精益求精的工作态度。
2. 培养学生良好的团结协作的工作作风。
3. 培养学生良好的热爱自然、保护生态环境的理念。

任务一　药用植物细胞的基本结构识别

识别植物的
细胞基本结构

　　植物细胞是构成植物体的形态结构和生命活动的基本单位。某些由单细胞构成的低等植物,如衣藻、小球藻以及菌类的生长、发育和繁殖等生命活动,都是在一个细胞内完成的。高等植物的个体,在形成初期也只有一个细胞,在经过细胞的分裂、生长和分化后,形成了许多形态与功能不同的细胞,这些细胞在植物体中相互联系,彼此协作,共同完成植物体的生长发育等复杂的生命活动。

　　植物细胞的形状多样化,常随着植物种类以及在植物体中的部位和功能的不同而有较大差异。单独或排列疏松的细胞多呈球形、类圆形或椭圆形;排列紧密的细胞多呈多角形或其他形状;执行输导功能的细胞(例如输送水分和养料的导管和筛管分子)多为长管状;执行机械支持功能的细胞(如纤维)多为类圆形、纺锤形等,且细胞壁常明显增厚。

　　植物细胞的大小差异较大,直径一般在 $10\sim100\ \mu m$ 之间,无法用肉眼观察到。单细胞植物的细胞较小,常只有几微米;少数植物细胞较大,肉眼能够观察到,如番茄、西瓜的果肉细胞储藏了大量水分和营养物质,直径可达 $1\ mm$,棉花种子上的单细胞毛可长达 $65\ mm$ 左右,苎麻纤维细胞甚至长达 $200\sim550\ mm$,有乳汁植物的无节乳汁管,如橡胶树的乳汁管是长达数米至数十米的分支细胞,但这些细胞在横向直径上仍是很小的。一个细胞的体积大小主要受细胞核所能控制的范围制约,细胞相对表面积大,则有利于物质的交换和转运,同时,在同一植株的不同部位,细胞体积的大小差异与细胞代谢活动及功能相关,此外,细胞的大小还受水肥供应、光照强弱、温度高低和化学试剂等外界条件的影响。

在研究植物细胞的形状、大小及构造时,常需借助于显微镜才能观察清楚。在光学显微镜下观察到的细胞构造,称为植物的显微结构,其计量单位为微米(μm);由于光学显微镜的分辨率大于 0.2 μm,有效放大倍数一般小于 1600 倍,要观察细胞更细微的构造,须应用电子显微镜(分辨率为 0.25 nm),其放大倍数已超过 100 万倍。在电子显微镜下观察到的细胞结构,称为超微结构或亚显微结构,其计量单位为埃(Å,1 μm=10000 Å)。

各种植物细胞的形态构造各异,即使是同一个细胞,在不同的发育阶段,其形态构造也有变化,不同细胞的不同形态结构正是中药品种鉴定的重要依据之一。为了便于教学和研究,在一个细胞里观察细胞全部构造,人为地将各种植物细胞中的主要构造及形态特征集中在一个细胞里加以说明,这个细胞称为典型植物细胞或模式植物细胞。

一个典型的植物细胞在光学显微镜下能观察到的可分为三个部分:外面包围着一层较坚韧的细胞壁;细胞壁内有生命的物质,总称为原生质体,主要包括细胞质、细胞核、质体、线粒体等;此外细胞壁内还含有多种非生命物质,包括被称为后含物的原生质体的代谢产物和一些生理活性物质(图 3-1)。

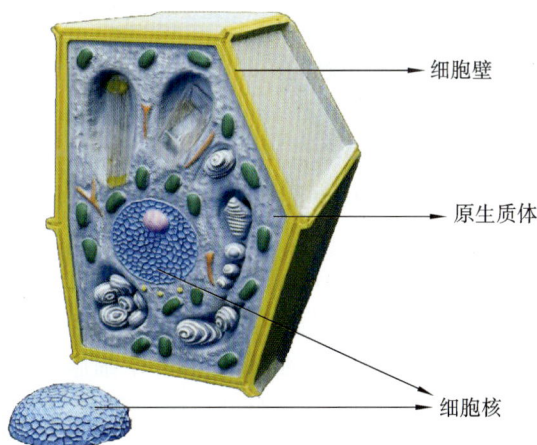

细胞壁

原生质体

细胞核

图 3-1 典型植物细胞的构造

知识链接

1665 年,英国的胡克利用自制的显微镜,观察软木薄片(木栓),发现很多蜂房样的小室,他把这种小室命名为细胞。

1838—1839 年,德国植物学家施莱登和动物学家施旺根据对植物和动物进行大量观察后提出:一切动、植物有机体都由细胞组成;每个细胞是相对独立的单位,既有自己的生命,又与其他细胞共同组成整体生命。他们第一次明确地指出了细胞是有机体结构的基本单位,是生命活动的基本单位,从而建立了细胞学说(cell theory)。恩格斯高度评价了细胞学说,把它与能量守恒和转化定律、生物进化论并列为 19 世纪自然科学的三大发现。细胞学说为生物科学的发展奠定了坚实的基础。

一、原生质体

原生质体是细胞内有生命物质的总称,构成原生质体的主要物质基础是原生质。原生质是生命物质的基础,由于不断进行代谢活动,其组分也在不断变化,最主要的组成成分是以蛋白质和核酸为主的复合物,其中核酸有两类,一类是脱氧核糖核酸(DNA),另一类是核糖核酸(RNA)。DNA 是遗传物质,决定生物体的遗传和变异;RNA 则是把遗传信息传送到细胞质中的中间体,在细胞质中直接影响着蛋白质的产生。此外,原生质中还有水、脂类、有机物、无机盐等其他物质。

原生质体是细胞的主要成分,细胞的一切生命活动都是由原生质体来完成的。原生质体在不断进行代谢活动并进一步分化形成多种复杂的结构,包括细胞质、细胞核、质体、线粒体、高尔基体、核糖核蛋白体(简称为核糖体)、溶酶体等。

(一) 细胞质

细胞质是充满细胞壁和细胞核之间的半透明、半流动、无固定结构的基质,是原生质体的最基本组成部分,主要由蛋白质和类脂组成。在细胞质内还分散着细胞核、质体、线粒体和后含物。

在幼年的植物细胞中,细胞质充满整个细胞,随着细胞的不断生长发育,形成了储藏代谢产物的液泡,并且液泡不断扩大,将细胞质挤向细胞的四周,其外面包围着细胞质膜(质膜),与细胞壁紧贴,细胞质与液泡相接触处的、包围细胞液的膜称为液泡膜,在质膜和液泡膜之间的部分称作中质(基质、胞基质)。

细胞质有自主流动的能力是一种生命现象,它带动其中的细胞器在细胞中做有规则的持续的流动,这种运动称胞质运动,能促进细胞内营养物质的流动,有利于新陈代谢的进行,对于细胞的生长发育、通气和创伤的恢复都有一定的促进作用。在光学显微镜下,可以观察到叶绿体的运动,这是细胞质流动的结果。胞质运动很容易受环境的影响,如温度、光线和化学物质等都可以影响细胞质的运动;邻近细胞受损伤时也容易刺激细胞质运动。

1. 质膜 质膜是指细胞质与细胞壁相接触的一层薄膜,在光学显微镜下不易直接识别,须采用高渗溶液处理后质壁分离时,才能看到原生质体表面一层光滑的薄膜。在电子显微镜下,质膜显示出暗-明-暗的三层结构,中央明带的主要成分是类脂,厚度为 3.5 nm,两侧暗带的主要成分是蛋白质,厚度为 2 nm,这三层结构组成一个单位的膜,称单位膜。

2. 质膜的功能

(1) 具有"选择透性"。质膜对不同物质的通过具有选择性,它能阻止许多有机物从细胞内渗出,又能使水、盐类和其他必需的营养物质从细胞外进入,从而使细胞具有一个合适而稳定的内环境。其选择性与质膜的分子结构密切相关,也因不同的细胞,或同一个细胞的不同部位,或膜结构的差异而有差别。往往随植物的生长发育状况、环境条件和病虫害等的影响而变化。质膜的透性还表现出一种半渗透现象,由于渗透的动能,所有分子不断地运动,并从高浓度区向低浓度区扩散,如质壁分离现象。一些盐类进入细胞的运动是一种物理现象,但一些海藻可以保持体内碘浓度远远高于外界环境。可见物质进出细胞是相当复杂的生理过程。

(2) 具有能量传递与信息传递的功能。质膜上有各种受体蛋白,能感受外界各种化学信息,将信息传递入细胞后,使胞内发生各种生物化学反应和生物学效应,体现出细胞对同种和异种细胞的认识,对自己和异己物质的识别。单细胞植物和高等植物的许多生命活动都需要细胞的识别能力。

(3) 生化反应的重要场所。质膜上具有大量的酶,外界药物和神经介质刺激膜上特异的受体,这种受体主要是蛋白质,受体与药物或激素结合后发生变构现象,改变细胞膜的通透性,进而调节细胞内的各种代谢活动。

(二) 细胞器

细胞器是细胞质中具有特定形态结构和功能的微器官,也称为拟器官或亚结构。其中,细胞核、质体、线粒体与液泡在光镜下即可分辨,其他细胞器一般需借助电子显微镜方可观察。一般认为植物细胞中细胞器分为细胞核、质体、线粒体、内质网、高尔基体、溶酶体、液泡、核糖体等(图3-2)。

1. 细胞核 除细菌和蓝藻外,所有的植物细胞都含有细胞核,细胞核是细胞生命活动的控制中心。通常一个细胞具有一个细胞核,但一些低等植物(如藻类、菌类和被子植物)的乳汁管细胞以及花粉囊绒毡层在成熟期具有双核或多核;维管植物的成熟筛管细胞在早期的发育中是有细胞核的,以后细胞核就消失了。

(1) 形态:细胞核一般呈圆球形、椭圆形、卵圆形,或稍伸长,但有些植物的细胞核呈其他形状,如禾本科植物气孔的保卫细胞呈哑铃形。

细胞核的大小相差很大,其直径一般在 $10\sim20\ \mu m$ 之间,细胞核位于细胞中央,随着细胞的长大

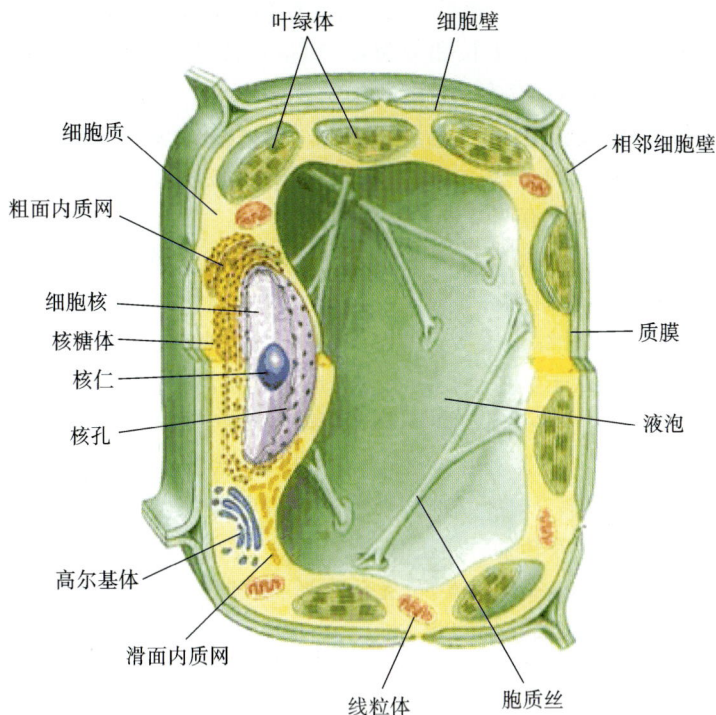

图 3-2 植物细胞内主要成分图解

和中央液泡的形成,细胞核也随之被挤压到细胞的一侧或被线状的细胞质悬挂在细胞的中央,形状也常呈扁球形。在光学显微镜下观察活细胞,因细胞核具有较高折光率而易看到,其内部似呈无色透明、均匀状态,比较黏滞,但经过固定与染色之后,可以看到其复杂的微观结构。

(2)结构:细胞核包括核膜、核仁、核液和染色质。(图 3-3)

①核膜:细胞核外有一层界膜,与细胞质分开(具有明显核膜的生物称为真核生物;无明显核膜的生物称为原核生物,如细菌和蓝藻等)。在光学显微镜下观察,核膜只是一层薄膜。在电子显微镜下观察,它是双层结构的膜(分别称为内膜和外膜,都是由蛋白质和磷脂的双分子层构成)。核膜上有呈均匀或不均匀分布的许多小孔,称为核孔,它是细胞核与细胞质进行物质交换的通道。核孔的开启或关闭与植物的生理状态有着密切的关系。

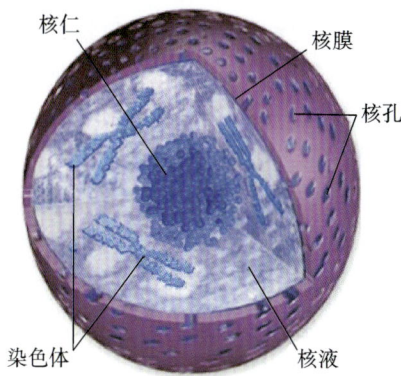

图 3-3 细胞核结构

②核仁:细胞核中折光率更强的小球状体,1 至多个。在电子显微镜下,核仁还呈现出颗粒区、纤维区以及无定形的基质等部分。核仁主要由蛋白质、RNA 所组成,还可能有少量的类脂和 DNA。核仁是核内 RNA 和蛋白质合成的主要场所,与核糖体的形成有关,并且还能传递遗传信息。

③核液:充满核膜内的透明而黏滞性较大的液胶体,其中分散着核仁和染色质。核液的主要成分是蛋白质、RNA 和多种酶,这些物质保证了 DNA 的复制和 RNA 的转录。

④染色质:分散在细胞核液中易被碱性染料(如藏花红、甲基绿)着色的物质。在细胞分裂间期的核中,染色质不明显,或者成为染色深的网状物,称为染色质网。当细胞核进行分裂时,染色质成为一些螺旋状扭曲的染色质丝,进而形成棒状的染色体。不同植物的染色体的数目、形状和大小不相同。但对于同一物种来说,则是相对稳定不变的。染色质主要由 DNA 和蛋白质所组成,还含有 RNA。

(3)功能:由于细胞的遗传物质主要集中在细胞核内,所以细胞核的主要功能是控制细胞的遗传、生长发育和调节细胞内物质代谢。细胞核是遗传物质 DNA 和 RNA 存在、复制和转录的场所,决定蛋白质的合成;控制质体、线粒体中主要酶的形成,从而控制和调节细胞的其他生理活动。细胞失去细胞核,细胞代谢会不正常,不能正常生长和分裂,一切生命活动必将停顿下来,导致细胞死亡。同样,细胞核也不能脱离细胞质而孤立存在。

2. 质体 质体是植物细胞所特有的细胞器,与碳水化合物的合成和储藏有密切关系。在细胞中数目不一,个体比细胞核小,比线粒体大,由蛋白质、类脂等组成。质体分含色素和不含色素两种类型,不含色素的有白色体,含色素的有叶绿体和有色体。

(1)叶绿体:叶绿体广泛存在于植物体内透光的部分,以叶肉中最多,根一般不含叶绿体。叶绿体主要由蛋白质、类脂、RNA 和色素组成,此外还含有与光合作用有关的酶和多种维生素。叶绿体所含的色素均为脂溶性色素,其中以叶绿素居多,且叶绿素是主要的光合色素,它能吸收和利用太阳能,把从空气中吸收的二氧化碳和根从土壤中吸收的水分合成有机物,同时释放氧气,并将光能转化为化学能储藏起来。因此,叶绿体是进行光合作用的质体,是绿色植物制造有机养料的工厂。

(2)有色体:有色体含有胡萝卜素和叶黄素,常呈杆状、针状、圆形、多角形或不规则形,它们常存在于果实、花瓣和植物体的其他部分,使植物体呈现黄色、橙色和橙红色。有色体能积聚淀粉和脂类;在花和果实中具有吸引昆虫传粉及传播种子的作用。

(3)白色体:最小的一类质体,不含色素,呈无色圆形、椭圆形或纺锤形颗粒状。常存在于植物体的储藏细胞中,其功能为合成和储藏淀粉和脂类。

叶绿体、有色体和白色体都是由前质体发育分化而来,在一定条件下,一种质体可以转化为另一种质体。如番茄的子房是白色的,含有的是白色体,当受精发育,暴露在光线中,白色体转化为叶绿体,使幼果呈绿色,果实成熟过程中由绿变红,是叶绿体转化为有色体的结果。

3. 线粒体 线粒体是细胞中碳水化合物、脂肪和蛋白质等物质进行呼吸作用的场所。线粒体的主要化学成分是蛋白质和拟脂。线粒体的功能主要与细胞内的能量转换有关。线粒体呼吸释放的能量,透过膜转运到细胞的其他部分,提供细胞各种代谢的需要,因此被称为"动力工厂"或"能量转换器",此外,线粒体对物质合成、盐类的积累等起着很大的作用。

4. 液泡 液泡是植物细胞特有的细胞器。具有一个大的中央液泡,是成熟的植物生活细胞的显著特征。液泡外被一层膜,称为液泡膜,是有生命的,是原生质体的组成部分。膜内充满细胞液,是细胞新陈代谢过程中产生的混合液,它是无生命的,是非原生质体的组成部分。其中许多成分具有强烈的生理活性,是植物药的有效成分,具有重要的药用价值。液泡膜能将膜内的细胞液与细胞质隔开,且具有特殊的选择透性,能控制膜内外的物质交换,能维持细胞的渗透压和膨胀压,提高细胞的抗旱和抗寒能力。

二、细胞后含物和生理活性物质

细胞内除含有生命的原生质体外,尚有许多非生命物质,一类是后含物,另一类是生理活性物质。

(一)后含物

植物细胞在生活过程中,由于新陈代谢活动而产生的各种非生命物质,统称为后含物。后含物以液体、晶体和非结晶固体形态存在于细胞质和液泡中,其形态和性质随植物的不同而异,其特征是植物类生药显微鉴定和理化鉴定的重要依据。下面介绍几种主要的细胞后含物。

1. 淀粉 淀粉是高分子碳水化合物,是由葡萄糖分子聚合而成的。常以淀粉粒的方式储存在植物根、茎和种子等器官的薄壁细胞中。积累淀粉时先从一处开始,形成淀粉粒的核心称为脐点,然后环绕着脐点有许多明暗相间的同心轮纹,称层纹。淀粉粒多呈圆球形、卵圆形和多角形,脐点的形状有点状、线状、裂隙状、分叉状、星状等,脐点有的位于中央,如小麦、蚕豆等,或偏于一端,如马铃薯、藕等。层纹的明显程度,也因植物种类不同而异。淀粉粒形态上有三种类型:单粒淀粉,只有一个脐点,无数层纹围绕这个脐点;复粒淀粉,具有两个以上的脐点,各脐点分别有各自的层纹环绕;半复粒淀粉,具有两个以上脐点,各自脐点除有本身层纹环绕外,外面还有共同的层纹。不同植物淀粉粒在形态、类型、大小、层纹和脐点等方面各有其特征,因此,淀粉粒的形态特征可作为鉴定中药材的依据之一(图 3-4)。

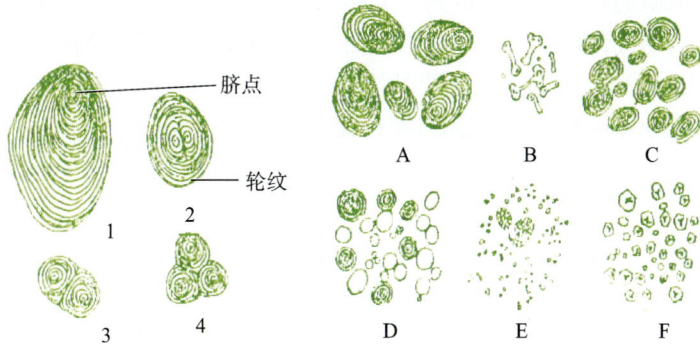

图 3-4 各种淀粉粒

1.单粒淀粉 2.半复粒淀粉 3、4.复粒淀粉
A.马铃薯 B.大戟 C.大豆 D.小麦 E.水稻 F.玉米

淀粉不溶于水,热水中膨胀而糊化,与酸、碱共煮分解为葡萄糖。直链淀粉粒与碘显蓝紫色,支链淀粉粒与碘显紫红色。淀粉粒在偏光显微镜下常显偏光现象,糊化的淀粉粒无偏光现象。

2. 菊糖 菊糖由果糖分子聚合而成,广泛存在于植物组织中,约有 3.6 万种植物中含有菊糖,尤其是菊科、桔梗科和龙胆科部分植物根的薄壁细胞中。植物材料浸于酒精,一周后做成切片,可见类圆形或扇形结晶的菊糖。菊糖遇 25% α-奈酚浓硫酸溶液,显紫红色而溶解(图 3-5)。

3. 蛋白质 植物细胞中的储藏蛋白质是化学性质稳定的无生命物质。以拟晶体(结晶状态)和糊粉粒(无固定形状态)两种方式存在。拟晶体常常是方形,糊粉粒形式复杂。糊粉粒多分布于种子的胚乳或子叶中,有时集中分布在某些特殊的细胞层,特称为糊粉层。蛋白质的化学鉴别:遇碘呈暗黄色;遇硫酸铜加苛性碱水溶液显紫红色(图 3-6)。

4. 脂肪和油滴 脂肪和油滴是由脂肪酸和甘油结合而成的脂,也是植物储藏的一种营养物质,在常温下呈半固体的为脂肪,液体的为油滴。常储藏在种子、胚和分生组织细胞中。脂肪是储藏营养物质最为经济的形式,在氧化时能放出较多的能量。脂肪

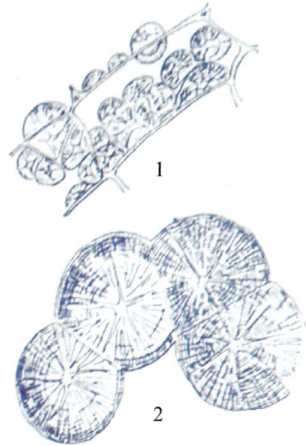

图 3-5 大丽花根内菊糖

1.细胞内的球形结晶
2.单独放大的球形结晶

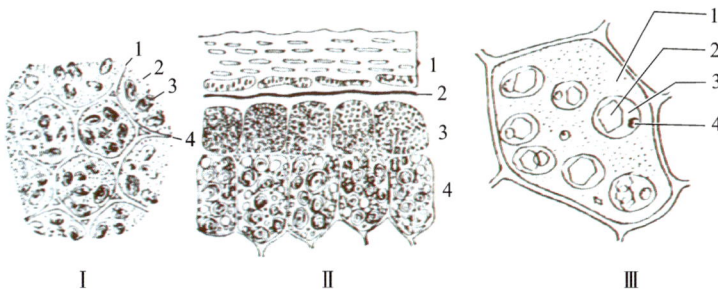

图 3-6 糊粉粒

Ⅰ.豌豆的子叶细胞 1.细胞壁 2.糊粉粒 3.淀粉粒 4.细胞间隙
Ⅱ.小麦颖果外部的构造 1.果皮 2.种皮 3.糊粉粒 4.胚乳细胞
Ⅲ.蓖麻的胚乳细胞 1.糊粉粒 2.蛋白质晶体 3.基质 4.球晶体

和油滴不溶于水,易溶于有机溶剂;遇碱皂化;遇苏丹Ⅲ溶液显橙红色、红色或紫红色;遇四氧化锇显黑色。

5. 晶体　晶体为细胞的代谢产生的废物。大多数是钙盐结晶,主要有草酸钙结晶和碳酸钙结晶。

(1) 草酸钙结晶:植物代谢物草酸与钙盐结合而成,可减少体内过多草酸对细胞的毒害,被储藏在细胞的特殊部分(常在液泡中),常为无色透明晶体。根据形状、大小不同,可分为方晶、针晶、簇晶、砂晶、柱晶(图 3-7)。草酸钙结晶不溶于稀醋酸;加稀盐酸溶解而无气泡产生;遇 20% 硫酸时溶解,形成硫酸钙针状晶体析出。

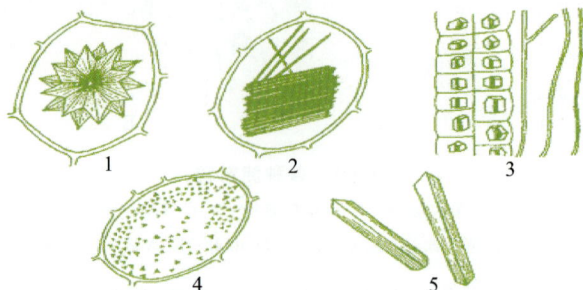

图 3-7　各种草酸钙结晶

1.簇晶(大黄根状茎)　2.针晶(半夏)　3.方晶(甘草)　4.砂晶(牛膝)　5.柱晶(射干)

(2) 碳酸钙结晶:碳酸钙结晶是细胞壁的特殊瘤状突起上聚集了大量的碳酸钙或少量的硅酸钙而形成。通常呈钟乳体存在,又称钟乳体。加醋酸或稀盐酸溶解,产生 CO_2 气泡。

此外,除草酸钙和碳酸钙结晶以外,还有石膏结晶,如柽柳叶;靛蓝结晶,如菘蓝叶;橙皮苷结晶,如吴茱萸;芸香苷结晶,如槐花等。

(二) 生理活性物质

生理活性物质是一类能对细胞内的生化反应和生理活动起调节作用的物质的总称,包括酶、维生素、植物激素和抗生素及植物杀菌素等。

1. 酶　酶是由活细胞产生的具有催化作用的有机物,催化效率极高,大部分为蛋白质,也有极少部分为 RNA。酶的种类很多,具有可逆性,能促使物质分解,也能促使物质合成。酶的作用具有高度专一性,如淀粉酶只作用于淀粉,使淀粉变成麦芽糖,蛋白质只有在蛋白质酶的作用下,才能转化为氨基酸。

2. 维生素　维生素是一类复杂的有机物,常参与酶的形成,调节植物生长、呼吸及物质代谢。现已发现 20 余种维生素,大致可分成脂溶性和水溶性两类。维生素对人类某些疾病的预防和治疗都有很大的作用,园艺上对栽种难以生根的植物用维生素 B_{12} 处理后可以促进不定根的生长。

3. 植物激素　植物激素是一类复杂的调节代谢的有机物质,其量虽微,却对植物生理过程(如细胞分裂和繁殖)产生显著作用。植物激素所执行的功能是辅助的,它不能决定细胞的生长和发育,只能促进生长或影响生长速度。现已知的植物体内产生的植物激素有赤霉素九二零、激动素、脱落酸等。现能人工合成某些类似植物激素作用的物质,如 2,4-D,不同浓度的作用不一样。不同的植物对于激素反应有所不同,如 2,4-D 作为除草剂对单子叶植物无害,但能灭除双子叶植物。

4. 抗生素和植物杀菌素　抗生素指微生物产生的杀死或抑制某些微生物生长的物质,如青霉素、链霉素、赤霉素;植物杀菌素指植物产生的杀菌物质,如蒜辣素、辣椒素。

三、细胞壁

细胞壁是位于细胞膜外的一层较厚、较坚韧并略具弹性的结构,其成分为黏质复合物,有的种类在壁外还具有由多糖类物质组成的荚膜,起保护作用。荚膜本身还可作为细胞的营养物质,在营养缺乏时能被细胞所利用。细胞壁分为三层,即胞间层(中层)、初生壁和次生壁。胞间层是在细胞分裂产生新细胞时形成的,主要化学成分是果胶,有较强的亲水性,能把相邻细胞黏在一起形成组织。初生壁在胞间层两侧,很薄,是在细胞生长增大体积时形成的,所有植物细胞都有,主要化学成分是纤维素、半纤维素和果胶,具有弹性和可塑性。次生壁在初生壁的里面,细胞体积停止增大后形成,较厚,又分为外(S1)、中(S2)、内(S3)三层,在内层里面,有时还可出现一层,主要化学成分是纤维素和大量的木质。有了这样的厚壁,水分和营养物就不能透过。有些植物的次生壁上具瘤层,还分化有特殊结构,如纹孔和瘤状物等。纹孔是细胞间物质流通的区域,而瘤状物则是次生壁里层上的突起。

1. 纹孔 细胞壁形成时,次生壁上未增厚的部分呈凹陷孔状的结构,称为纹孔。其形成有利于细胞间物质交换,有利于水和其他物质的运输。纹孔包括纹孔膜和纹孔腔。纹孔膜是纹孔之间的薄膜,纹孔腔是纹孔膜两侧没有次生壁的腔穴,常呈圆筒形或半球形。相邻两纹孔常在相同部位成对存在,称为纹孔对。纹孔对具有一定的形状和结构,常见的有单纹孔、具缘纹孔和半缘纹孔三种类型(图3-8)。

(1)单纹孔:结构简单,纹孔腔内均匀一致。

(2)具缘纹孔:最明显的特征就是在纹孔周围的次生壁向细胞腔内形成突起,呈拱状,中央有一个小的开口,这种纹孔称为具缘纹孔。突起的为纹孔缘,纹孔缘包围的是纹孔腔,在显微镜下,从正面观察,呈现三个同心圆,只是纹孔腔直径不同。纹孔膜中央特别厚,形成纹孔塞。具缘纹孔常分布于纤维管胞、孔纹导管和管胞中。

(3)半缘纹孔:是由单纹孔和具缘纹孔排列在两侧所形成的,没有纹孔塞,正面观具两个同心圆。粉末观察时很难区分半缘纹孔和具缘纹孔。

2. 胞间连丝 胞间连丝是指通过初生纹孔场的原生质细丝,穿过初生壁上的微细孔眼彼此相联系。有利于细胞间保持生理上的联系。胞间连丝一般不明显,马钱子、柿等由于细胞壁较厚,胞间连丝较为显著,但也需染色处理后观察。

3. 细胞壁的特化 细胞壁的主要化学成分为纤维素,还常有果胶、半纤维素和多糖等,具有韧性和弹性。细胞壁还因为在植物体部位不同,环境影响和适应不同生理功能的需求,常发生各种特殊变化:角质化、矿质化、木栓化、黏液质化和木质化。

(1)角质化:植物细胞产生的脂肪性角质,常在茎、叶或果实的表皮外侧形成一角质层。角质化细胞壁或角质层可防止水分过度蒸发和微生物的侵害,增加对植物微观组织的保护作用。角质层遇苏丹Ⅲ溶液显橘红色。

(2)矿质化:某些植物细胞壁中含有硅质或钙质等,增强了细胞壁的硬度,增加了植物的机械支持能力。如禾本科植物的茎、叶。矿质化细胞的细胞壁能溶于氟化氢,但不溶于醋酸或浓硫酸。

(3)木栓化:细胞壁内增加了脂肪性木栓质的结果,细胞壁不透水也不透气而成为死细胞。木栓化细胞壁遇苏丹Ⅲ溶液显红色。

(4)黏液质化:细胞壁中的纤维素和果胶质等成分发生变化可发生黏液质。车前子、芥菜子、亚麻籽和鼠尾草果实表皮细胞中都具有黏液质化细胞。黏液质化细胞遇玫红酸钠酒精溶液可被染成玫瑰红色;遇钉红试剂可被染成红色。

(5)木质化:细胞壁在附加生长时填充了较多的木质素而变得坚硬。随着木质化细胞壁变得越来越厚,其细胞多趋向于衰老、死亡,如导管、管胞、木纤维、石细胞等。木质化的细胞壁加间苯三酚溶液和浓盐酸,即显红色。

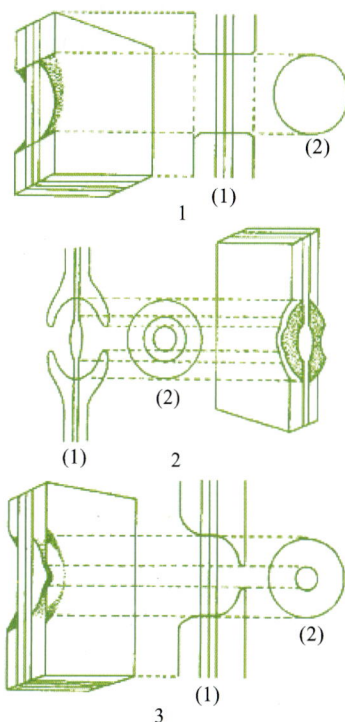

图3-8 纹孔的图解
1.单纹孔 2.具缘纹孔 3.半缘纹孔
(1)切面观 (2)表面观

任务二 植物组织与维管束识别

识别植物组织与维管束

植物在生长发育过程中,细胞经过分生、分化后形成不同的组织。组织是由来源相同、形态结构相似、生理功能相同、彼此密切联系的细胞所组成的细胞群。单细胞的低等植物无组织形成,在这一个细胞内可以行使多种不同的生理功能,其他较复杂的低等植物也没有明显的组织分化。植物进化程度越高,其组织分化越明显,分工越细致,形态结构也越复杂。维管植物的根、茎、叶及种子植物的花、果实和种子等器官都由不同组织构成,每种组织有其独立性,同时又相互协同,共同完成器官的生理功能。

根据形态结构和功能不同通常将植物组织分为分生组织、薄壁组织、保护组织、机械组织、输导组织和分泌组织。不同植物的同一组织通常具有不同的显微特征,对某些易混淆的品种使用组织的显微鉴定是必不可少的。

一、植物组织类型

(一) 分生组织

分生组织是在植物体的一定部位,具有持续或周期性分裂能力的细胞群。分裂所产生的细胞排列紧密,无细胞间隙;细胞壁薄,细胞质浓厚,细胞体积较小,一般呈等径多面体,细胞核大;一小部分仍保持高度分裂的能力,大部分则陆续长大并分化为具有一定形态特征和生理功能的细胞,构成植物体的其他各种组织,使器官得以生长或新生。分生组织是产生和分化其他各种组织的基础,它的活动使植物体不同于动物体和人体,可以终生增长。

在一个成熟的植物胚胎上,胚根和胚芽的顶端都已有顶端分生组织分化,这是植株形成中各种组织和器官的主要来源。由顶端分生组织所包括的原始细胞及其衍生的细胞,从发育上看又称原分生组织。不过也有人认为只有原始细胞才是原分生组织。原分生组织进一步通过细胞分裂和分化,形成初生分生组织,它们在离根或茎的顶端一定距离处,可以区分出原表皮层、基本分生组织和原形成层。随后由初生分生组织分别分化为表皮系统、基本组织和初生维管组织,成为根和茎的初生结构。

原形成层分化成初生维管组织后,继续保留在初生木质部和初生韧皮部之间的分生组织细胞,与由基本薄壁组织恢复分生能力而形成的细胞层,共同构成维管形成层,并在生长季进行活跃的细胞分裂,向内和向外分别分化次生木质部和次生韧皮部,使根和茎不断加粗生长。与此同时,在根的中柱鞘和茎维管组织外方的皮层或和表皮细胞一起转变为木栓形成层,由它向外分化木栓层,向内分化栓内层,共同组成周皮,同样使根和茎不断加粗,以替代表皮,起着保护作用。

分生组织可从两个方面进行分类:根据分生组织性质和来源进行分类;根据分生组织位置进行分类。

1. 根据分生组织性质和来源分类

(1) 原分生组织:由来源于胚、没有任何分化、始终保持分裂能力的胚性细胞——顶端原始细胞及相邻的接近原始的细胞组成的原始细胞层组成。其位于根、茎及分枝顶端的最前部分。当一个原始细胞分裂时,其中一个子细胞继续保持原始细胞的持续分裂能力,维持自身的存在,另一个子细胞经过几次分裂产生许多衍生细胞。

(2) 初生分生组织:由原分生组织衍生的细胞组成。存在于根、茎及其分枝顶端最前方的原分生组织后面。细胞形态上已出现了最初的分化,它们在离根或茎的顶端一定距离处,可区分出原表皮层(由它分化产生植物的表皮系统)、原形成层(由它分化产生植物的初生维管组织)和基本分生组织(由它分化产生植物的基本组织)三部分,但仍具有很强的分裂能力。是由未分化的原分生组织向完全分化的成熟组织过渡的组织类型。

(3) 次生分生组织:由成熟组织细胞,经历生理上和形态上的变化,脱离原来的成熟状态(即脱分化),重新恢复细胞分裂能力而转变成的分生组织。木栓形成层是典型的次生分生组织。这些组织分生的结果形成了次生构造,即次生保护组织和次生维管组织,可使根和茎这两个轴状器官不断加粗生长。

2. 根据分生组织位置分类

(1) 顶端分生组织:位于根、茎及其分枝顶端。它们的活动使根、茎得以伸长,长出侧根、侧枝、新叶和生殖器官。组成顶端分生组织的细胞小而呈等径的多面体,细胞壁薄,细胞核大且位于细胞的中央,细胞质浓厚,液泡小而分散(图3-9)。

(2)侧生分生组织:纵贯根、茎,位于其周围靠近器官边缘的部分,一般为一、二层细胞所构成的圆筒形或带状结构。包括维管形成层(即形成层)和木栓形成层。前者的活动,使植物的根和茎得以不断增粗,后者的活动使长粗的根和茎的表面及受伤的器官的表面形成新的(次生的)保护组织。侧生分生组织主要存于裸子植物和木本双子叶植物。草本双子叶植物和单子叶植物由于缺乏侧生分生组织,故其根和茎没有明显的增粗生长。组成侧生分生组织的细胞与顶端分生组织细胞有明显的区别。例如形成层的细胞多呈长梭形,液泡明显,细胞质不浓厚,其分裂活动往往随季节的变化而有明显的周期性。

(3)居间分生组织

位于成熟组织之间,是顶端分生组织在某些器官中的局部区域的保留。主要存在于多种单子叶植物的茎和叶中。例如,在水稻、小麦等谷类作物茎的节间基部保留有居间分生组织,其活动的结果使茎节急剧伸长,以完成拔节和抽穗。葱、蒜、韭菜的叶子剪去上部还能继续伸长,是因为叶基部居间分生组织活动的结果。花生雌蕊柄基部的居间分生组织的活动,能把开花的子房推入土中。与顶端分生组织和侧生分生组织相比,居间分生组织细胞持续分裂的时间较短,一般分裂一段时间后,所有细胞都转变为成熟组织。

(二)薄壁组织

薄壁组织以细胞具有薄的初生壁而得名,它是一类较不分化的成熟组织。薄壁组织又称营养组织,是由一群具有活的原生质体、初生壁较薄的细胞(薄壁细胞)组成的组织。薄壁组织细胞的形状一般为直径近乎相等的多面体,但也可以分化为星芒、分枝以及臂状等。薄壁组织细胞的形态结构和生理功能特化较少,但在发育上具有较大的可塑性,故在植物体发育过程中,薄壁组织能进一步发育为特化程度更高的组织。

薄壁组织细胞具有潜在的细胞分裂能力,而且在细胞间多具发达的细胞间隙,在一定的外界因素刺激下,细胞能发生反分化,恢复分生能力,转变为分生组织,促使植物的创伤愈合、再生,形成不定根或不定芽。在离体培养的条件下,分离的薄壁组织细胞团,甚至单个细胞,能经培养而长成一棵完整的植株。

薄壁组织主要与植物的营养活动有关,具有同化、储藏、通气和吸收等重要的生理功能,是植物进行光合作用、呼吸作用、储藏养分以及各类代谢物合成和转化的基地,故又有"营养组织"之称。薄壁组织广泛分布在植物体内,占植物体的大部分,主要存在于基质中,如茎、根的皮层和髓部,叶肉、花的各部分以及许多果实的果肉、种子的胚乳等,全部或大部由薄壁组织组成。

薄壁组织分化程度低,具潜在的分生能力。在某些情况下,可转变成分生组织或进一步发展为其他组织,因此对创伤的恢复,不定根、不定芽的产生,扦插繁殖和嫁接成活以及组织培养等具有重要意义。

依据薄壁组织生理功能的不同,通常可将其分为以下几种类型(图3-10)。

1. 基本薄壁组织 基本薄壁组织多分布在根、茎等器官的内部,如皮层和髓等处的起填充作用的薄壁组织。基本薄壁组织的细胞无色,横切面呈圆球或多角状,长与宽的差异不明显,几乎等径,胞内具生活的原生质体,是营养性的生活细胞。在植物体中,基本薄壁组织起填充的作用,因而也称其为填充薄壁组织。

2. 同化薄壁组织 同化薄壁组织因与光合作用关系密切而得名,多存在于植物体表的易受光部位。其特点是细胞内含有叶绿体,能进行光合作用,所以又称绿色薄壁组织。例如植物叶上、下表皮

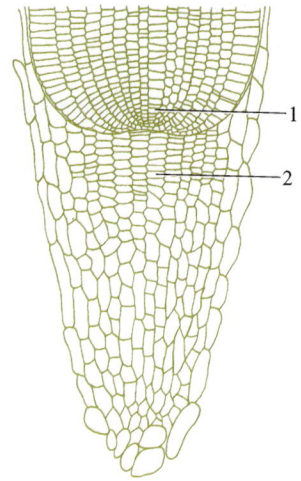

图 3-9 根尖顶端分生组织
1. 根尖生长点　2. 根冠分生组织

47

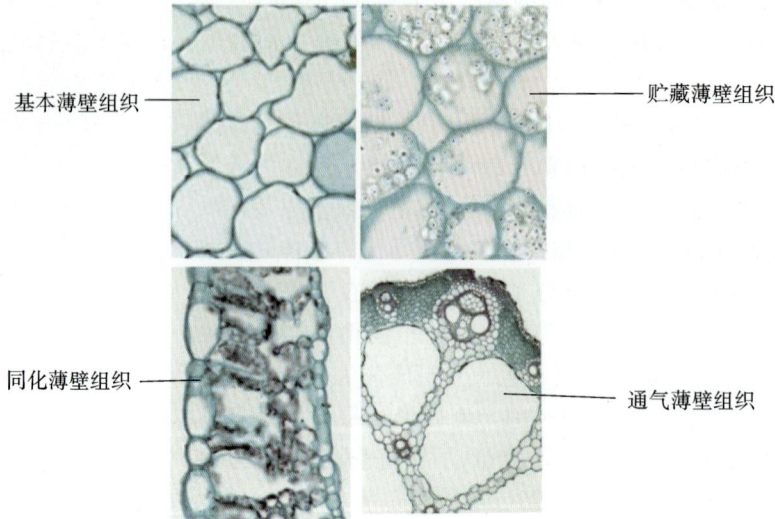

基本薄壁组织

贮藏薄壁组织

同化薄壁组织

通气薄壁组织

图 3-10　薄壁组织类型

之间的叶肉中都含有叶绿体,尤其是靠近上表皮的栅栏组织细胞中,叶绿体更多。叶绿体也存在于皮层中或茎的较内部甚至髓部。在植物幼嫩的部位如绿色的茎、枝条和果实的外部也常具一些同化薄壁组织。在个别具退化叶的植物(如麻黄、天冬)的茎中,其表皮下有数层含叶绿体的薄壁组织细胞代替叶子的同化薄壁组织细胞,常出现明显的液泡化并形成高度的腔室结构,从而有利于进行气体交换。

3. 储藏薄壁组织　储藏薄壁组织是积存植物特殊后含物,如淀粉粒、蛋白质颗粒、拟晶体、脂肪球、油滴以及其他有机物质等的一种组织。主要分布在根、根茎、种子和果实等器官中。甘薯的块根、马铃薯的块茎、豆类种子的子叶及谷类作物籽粒的胚乳中储藏薄壁组织尤为发达。上述后含物一般以溶解状态存在于储藏薄壁组织细胞的细胞液内,有的以液体或固体状态分布于细胞质中,少数后含物还可以细胞壁增厚的状态存在,如马钱子、咖啡和柿子等种子的胚乳细胞,其增厚的细胞壁就是由半纤维素形成的。后含物的储藏部位和组分随植物生理类型的不同而各异,甜菜的肉质根及葱的球茎鳞片细胞液内溶有酰胺、蛋白质和糖;马铃薯块茎和许多其他根状茎的薄壁组织细胞液内溶有酰胺和蛋白质,而在细胞质内则含有淀粉;其他如菜豆、豌豆子叶的薄壁组织细胞或细胞质内则存有蛋白质和淀粉等。

储藏薄壁组织中的物质积累状况随植物生理活动的变化而改变,木本植物的茎和根中,淀粉的沉积随季节而变化,但在块茎、球茎和根状茎等储藏器官中,当储藏物质转移到生长的器官以后,它们的原生质体就死亡。

储藏的后含物中,淀粉的分布广泛存在于皮层、髓、输导组织、肉质叶(鳞茎的鳞片)、根状茎、果实、子叶以及种子胚乳的薄壁组织细胞中。除有机物质外,储藏薄壁组织细胞也储藏无机的矿物质,如草酸钙、碳酸钙、二氧化硅等各种不同种类的结晶体。有些薄壁细胞产生晶体后原生质体仍然保存,有的则在晶体发育后即死亡。

储藏的营养物质主要作为植物本身进一步发育或繁殖后代时的能源,这在种子、块根以及块茎植物的发育中表现尤为明显。常常是幼苗产生后,这些器官中所储藏的物质也随之转化与分解。

4. 吸收薄壁组织　吸收薄壁组织是具有吸收和传导植物体内水分、无机盐及有机养料功能的薄壁组织。根尖的表皮是吸收水分和无机盐的吸收薄壁组织,尤其是根毛区的许多表皮细胞的外壁向外突起形成根毛,更有利于物质的吸收。禾本科植物胚的盾片与胚乳相接处的上皮细胞,是吸收有机养料的吸收组织,在种子萌发时,可吸取胚乳的营养供胚胎生长发育之需。

5. 通气薄壁组织　通气薄壁组织是薄壁细胞间隙很发达以保证空气流通的一类薄壁组织。叶肉中的海绵组织与水生植物(如菖蒲、灯心草等)根、茎的皮层内的通气薄壁组织最为典型。叶肉通气薄壁组织的细胞间隙中,其空气所占的体积为叶肉体积的 7.7%～71.3%。水生被子植物的通气薄壁组织尤其发达,在体内形成一个相互贯通的通气系统,使叶营光合作用而产生的氧气能通过通气系统进入根中。细胞间隙中充满空气可增强水生植物的浮力和支持力。通气薄壁组织的这种结构与功能的统一,是植物长期适应、进化的结果。

通气薄壁组织中,细胞间隙的形成方式有两种。

(1)裂生细胞间隙:由相邻细胞细胞壁的直接连接处彼此裂开或不同程度地分离而形成。细胞分裂面与茎或叶柄的纵轴平行,与初发生的空隙表面垂直,因此这些间隙常为许多细胞所围绕。根、茎的皮层以及叶肉海绵组织中的薄壁细胞间隙都属这一类。在水生植物及单子叶植物,如菖蒲、灯心草、伊乐藻等的茎、叶中,细胞间隙尤为发达。

(2)溶生细胞间隙:主要是由于形成细胞间隙的细胞在生长过程中相继毁坏、自溶,从而出现大的空腔而成。它常见于皮层及髓的囊状或管状组织,如玉米、木贼及莎草科植物的根中。

除了上述几种类型外,还有储水薄壁组织和轴向薄壁组织。20 世纪 60 年代,借助于电子显微镜技术,还发现了一种特化的薄壁组织细胞,称为传递细胞。其细胞壁向胞腔内突入,形成许多指状或鹿角状的不规则突起,使质膜的表面积增加,并且富有胞间连丝,有利于物质的运送传递。这类细胞多分布在植物体内溶质大量集中、短距离运输频繁的部位,如叶脉末端输导组织的周围,成为叶肉和输导组织之间物质运输的桥梁。在生殖器官中,传递细胞常有许多不同的形态。

(三)保护组织

保护组织包被在植物各个器官的表面,由一层或数层细胞构成,保护着植物的微观组织,控制和进行气体交换,防止水分的过分蒸腾,病虫的侵害以及外界机械损伤等。根据来源和结构不同,保护组织又分为初生保护组织(表皮)、次生保护组织(周皮)。

1. 表皮 表皮是包被在植物体幼嫩的根、茎、叶、花、果实的表面或直接接触外界环境的细胞层。一般由单层活细胞组成。不含叶绿体的无色扁平的普通表皮细胞是其基本成分。表皮细胞间往往还有一些其他类型的细胞,如构成气孔的保卫细胞、表皮毛等。

表皮来源于初生分生组织,细胞排列紧密,除气孔外,不存在另外的细胞间隙。表皮细胞外壁较厚,外壁外面一般还有一层角质层,使表皮具有高度不透水性,有效地减少了体内水分的散失,并且在防止病菌入侵和增加机械支持能力方面,也有一定作用。

不同植物,表皮角质层厚度不一。生长在干旱环境下的植物,角质层通常较厚。有些植物器官,如甘蔗的茎,葡萄、苹果、李果实的表面,在角质层外面还被有一层蜡质的"霜",使表面不易浸湿,可防止病菌孢子在它上面萌发。在叶、果实、多数单子叶植物的根和茎上,表皮可长期存在。在具明显加粗生长的器官,如裸子植物和大部分双子叶植物的根和茎,表皮会因器官增粗而破坏脱落。

表皮脱落后,其保护功能由周皮所取代。植物体表面的结构,是选育抗病品种,使用农药和除草剂时需考虑的因素。角质层表面的结构和纹饰,可作为植物分类鉴别的依据之一。

表皮除典型的表皮细胞外,另有几种同类型细胞,如表皮上的气孔器,以及不同类型的毛茸。

(1)气孔:植物体表面不是全部被表皮细胞所覆盖的,在表皮层还有许多孔隙是植物进行气体交换的通道。双子叶植物的孔隙是两个半月形的保卫细胞包围而成,两个保卫细胞凹入的一面是相对的,中间的孔隙即为气孔,气孔连同周围的两个保卫细胞合称气孔器,广义上的气孔包含气孔和气孔器。气孔多分布在叶片和幼嫩的茎枝上,具有控制气体交换和调节水分蒸散的作用。一般来说,双子叶植物的保卫细胞呈肾型;单子叶植物的保卫细胞呈哑铃型。

保卫细胞通常比周围的表皮细胞要小,是生活细胞,有明显的细胞核,并含有叶绿体。一般与表皮细胞相邻的保卫细胞的细胞壁比较薄,其余各处较厚,充分膨胀,气孔拉开,失水则关闭。气孔的张开和关闭都受着外界环境条件(如温度、湿度、光照和二氧化碳浓度)等多种因素影响。不同植物的叶、同一植物不同的叶、同一片叶的不同部位(包括上、下表皮)都有差异,且受客观环境条件的影响(图 3-11)。浮水植物的气孔只在上表皮分布,陆生植物叶片的上、下表皮都可能有分布,一般阳生植物叶下表皮较多,上表皮接受阳光,水分散失快,所以上表皮少。

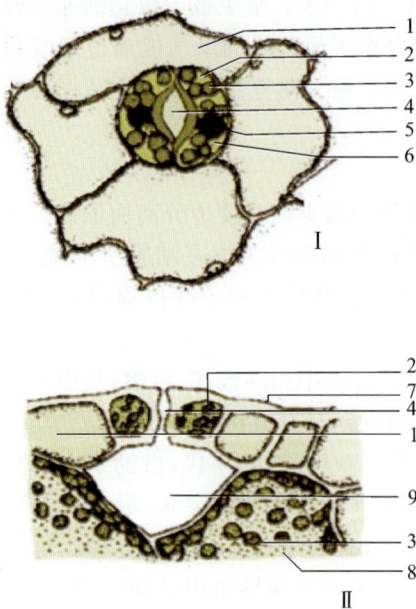

图 3-11 叶的表皮与气孔

Ⅰ.表面观 Ⅱ.切面观

1.表皮细胞 2.保卫细胞 3.叶绿体
4.气孔 5.细胞核 6.细胞质 7.角质层
8.栅栏组织细胞 9.气室

在保卫细胞周围还有一个或多个和表皮细胞形状不同的细胞,称为副卫细胞。根据植物不同的种类,副卫细胞按一定的顺序排列。组成气孔器的保卫细胞和副卫细胞的排列关系称为气孔轴式或气孔类型。双子叶植物常见的气孔轴式如下(图 3-12)。

①不定式(无规则型):气孔周围的副卫细胞数目不定,其大小基本相同,形状与表皮细胞相似。如艾叶、桑叶、枇杷叶等。

②不等式(不等细胞型):气孔周围的副卫细胞有 3~4 个,大小不等,其中 1 个较小。如菘蓝叶等。

③直轴式(横列式):气孔周围有 2 个副卫细胞,但其长轴与保卫细胞和气孔的长轴垂直。如薄荷叶等。

④平轴式(平列式):气孔周围常有 2 个副卫细胞,其长轴与保卫细胞和气孔的长轴平行。如番泻叶等。

⑤环式(辐射型):气孔周围的副卫细胞数目不定,其形状比其他表皮细胞狭小,围绕气孔排列成环状。如茶叶、桉叶等。

单子叶植物的气孔类型也很多,如禾本科和莎草科植物均有其特殊的气孔类型。两个狭长的保卫细胞在膨大时两端成为小球形,好像并排的一对哑铃,中间窄的部分细胞壁特别厚,两端球形部分的细胞壁比较薄,

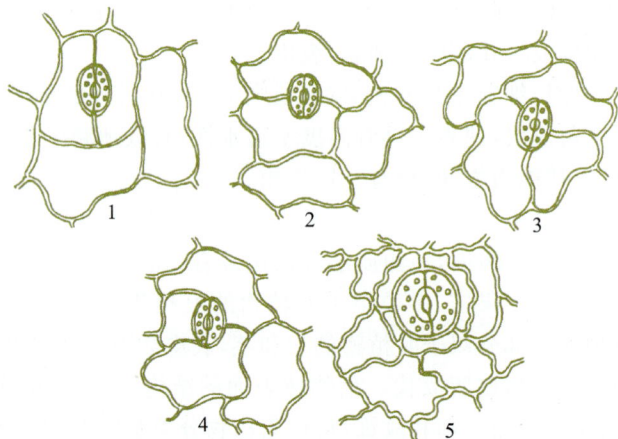

图 3-12 常见的气孔轴式

1.平轴式 2.直轴式 3.不定式 4.不等式 5.环式

当保卫细胞充水时,两端膨胀为球形,气孔开启,当水分减少时,保卫细胞萎缩,气孔关闭或缩小。在保卫细胞两边还有两个平行排列、略呈三角形的副卫细胞,对气孔的开启有辅助作用,如淡竹叶等。

裸子植物的气孔一般都凹入叶表面很深的位置,有时好像挂悬在拱盖上面的副卫细胞之下。裸子植物气孔的类型较多,对裸子植物气孔类型的分类,需要考虑到副卫细胞的来源与关系。

(2)毛茸:毛茸是由表皮细胞向外分化形成的突起附属物,具有保护、分泌物质、减少水分蒸发等作用。根据毛茸的结构和功效分为腺毛和非腺毛。

①腺毛:具分泌作用,由腺头和腺柄两部分组成。腺头为圆球形,由一个或几个分泌细胞组成。具有分泌挥发油、树脂、黏液等物质的功能。腺柄也有单细胞和多细胞之分,如薄荷、车前、洋地黄、曼陀罗等叶上的腺毛。另外,在薄荷等唇形科植物叶片上,还有一种无柄或短柄的腺毛,头部常由 6~8

个细胞组成,呈扁球形,称腺鳞。除此之外,有些腺毛存在于薄壁组织内部的细胞间隙中,称为间隙腺毛,如广藿香。食虫植物的腺毛能分泌特殊的消化液,能将捕捉到的昆虫消化掉(图3-13)。

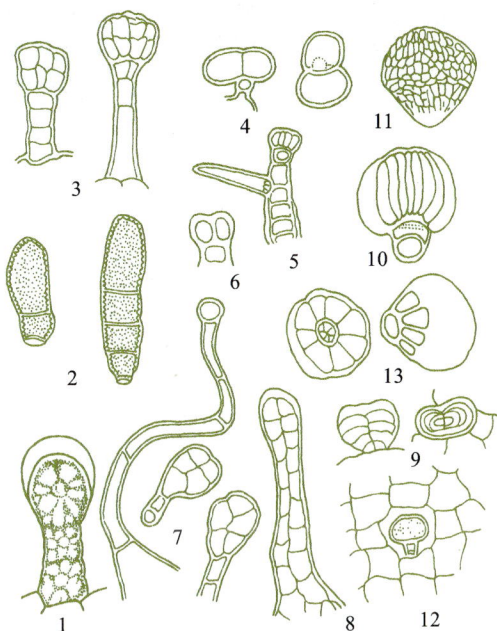

图 3-13 腺毛和腺鳞

1.生活状态的腺毛 2.谷精草 3.金银花 4.密蒙花 5.白泡桐花 6.洋地黄叶 7.洋金花 8.款冬花
9.石胡荽叶 10.凌霄花 11.啤酒花 12.广藿香茎间隙腺毛 13.薄荷叶腺鳞(左,顶面观;右,侧面观)

②非腺毛:由单细胞或多细胞构成,无头、柄之分,顶端通常狭尖,不能分泌物质,单纯起保护作用。

由于组成非腺毛的细胞数目、形状以及分枝情况等不同而有多种类型,常见类型如下(图3-14)。

线状毛:毛茸呈线状,一般由单细胞组成,如忍冬叶、番泻叶。

鳞毛:毛茸的突出部分呈鳞片状或圆形平顶状,如胡颓子叶。

丁字毛:毛茸呈丁字形,如艾叶、菊花叶。

分枝毛:毛茸呈分枝状,如毛蕊花、裸花紫珠叶。

星状毛:毛茸分枝呈星形放射状,如石韦叶和芙蓉叶。

棘毛:壁厚而坚牢,木质化,细胞内有结晶体沉积,如大麻叶。

生于果端,果实传播,如蒲公英。

各种植物具有不同形态的毛茸,这些各具特点的毛茸是鉴定常用的依据之一,但在同一植物甚至同一器官上也存在不同形态的毛茸,如薄荷叶上既有非腺毛又有腺毛。毛茸的存在,加强了植物表面的保护作用,密被的毛茸可不同程度地阻碍阳光的直射,降低温度和气体流通速度,减少水分的蒸发,许多干旱地区植物的表皮常常密被不同类型的毛茸。此外,毛茸还有保护植物免受动物啃食和帮助种子撒播的作用。另外,有的植物花瓣表皮细胞向外突出如乳头状,称为乳头状细胞或乳头状突起。乳头状细胞可以认为是表皮细胞和毛茸之间的中间形式。

2.周皮 周皮是存在于有加粗生长的根和茎的表面的次生保护组织。在根和茎加粗生长时,次生分生组织木栓形成层的细胞进行平周分裂,形成径向排列的细胞列,这些细胞向外分化成木栓层,向内分化成栓内层。木栓层、木栓形成层和栓内层三者合称周皮,代替破坏、脱落的表皮,行使保护功能(图3-15)。

木栓层含有多层排列紧密整齐的木栓细胞,木栓细胞的细胞壁较厚且栓质化(即在细胞壁中积累有丰富的由木栓酸等构成的脂肪性物质)。在细胞壁发育成熟时,原生质体解体死亡,胞腔内充满空气,成为高度不透水、不透气、不导热和耐酸及多种化学品作用的保护层。

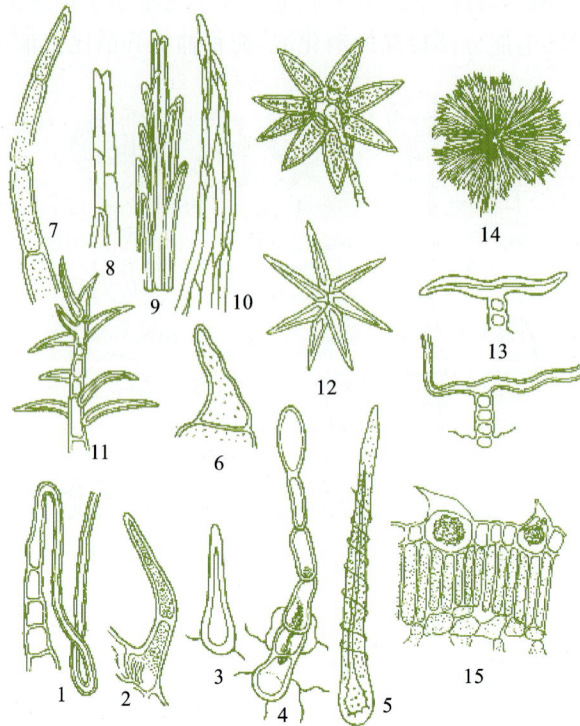

图 3-14　各种非腺毛

1～10 线状毛(1.刺儿菜叶　2.薄荷叶　3.益母草叶　4.蒲公英叶　5.金银花

6.白曼陀罗花　7.洋地黄叶　8.旋覆花　9.款冬花冠毛　10.蓼蓝叶)　11.分枝毛(裸花紫珠叶)

12.星状毛(上:石韦叶,下:芙蓉叶)　13.丁字毛(艾叶)　14.鳞毛(胡颓子叶)　15.棘毛(大麻叶)

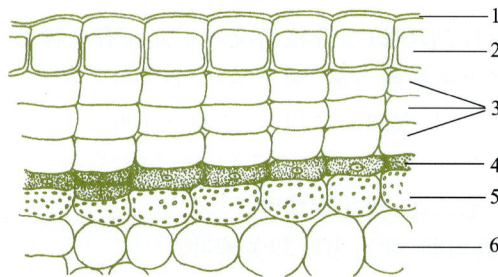

图 3-15　周皮

1.角质层　2.表皮层　3.木栓层　4.木栓形成层　5.栓内层　6.皮层

周皮形成后,周皮下方的活细胞,通过周皮上存在的皮孔与外界进行气体交换。皮孔的形状、色泽、大小及单位面积上的数目因植物种类不同而异,可作为鉴别树种的根据之一。

(四) 机械组织

机械组织在植物体内具有巩固和支持植物体的作用,其共同特点是细胞多为细长形,细胞壁全面或局部增厚。植物的幼苗及器官的幼嫩部分没有机械组织或很不发达,而是依靠细胞内膨压使其保持直立和伸展状态,随着植物的不断生长,才分化出机械组织。根据细胞的结构、形态及细胞壁增厚的方式,机械组织可分为厚角组织和厚壁组织。

1. 厚角组织　厚角组织是初生的机械组织,由生活细胞构成,细胞内含有原生质体,具有一定的分生能力,厚角组织常具有叶绿体,可进行光合作用。从纵切面观察,细胞是细长形的,两端可略呈平截状、斜状或尖形,在横切面,细胞常呈多角形、不规则形等。细胞结构特征是具有不均匀加厚的初生壁,一般在角隅处加厚,也有的在切向壁或靠胞间隙处加厚。细胞壁的主要成分是纤维素和果胶质,不含木质素。厚角组织较柔韧,既有一定的坚韧性,又有可塑性和延伸性,既可支持植物直立,也适应于植物的迅速生长。

厚角组织常存在于草本植物茎和尚未进行次生生长的木质茎中,以及叶片主脉上下两侧、叶柄、花柄的外侧部分,多直接位于表皮下面,或离开表皮只有一层或几层细胞,或成环成束分布,如益母草、薄荷、南瓜等植物茎的棱角处就是厚壁组织集中分布的位置。根内很少形成厚角组织,但如果暴露在空气中,则会有厚角组织。根据厚角组织细胞壁加厚方式的不同,常将厚角组织分为三种类型。

(1)真厚角组织:又称角隅厚角组织,是最普遍存在的一种类型,细胞壁显著加厚的部分发生在几个相邻细胞的角隅处。如薄荷属、曼陀罗属、南瓜属、桑属、榕属、酸模属和蓼属的植物。

(2)板状厚角组织:又称片状厚角组织,细胞壁加厚的部分主要发生在切向壁,如细辛属、大黄属、地榆属、泽兰属、接骨木属的植物。

(3)腔隙厚角组织:具有细胞间隙的厚角组织。细胞壁面对胞间隙部分加厚,如夏枯草属、锦葵属、鼠尾草属、豚草属等植物。

2. 厚壁组织 厚壁组织的细胞都具有全面增厚的次生壁,并且大多数为木质化的细胞壁,壁常较厚,常有明显的层纹和纹孔,细胞腔较小。成熟细胞没有原生质体,称为死亡细胞。根据细胞的形态不同,可以分为纤维和石细胞。

(1)纤维:纤维通常为两端尖斜的长形细胞,具有明显增厚的次生壁,加厚的主要成分是纤维素和木质素,常木质化而坚硬,壁上有少数纹孔,细胞腔小或几乎没有。纤维大多数发生于维管组织中,但在许多植物的基本组织中,如皮层中也可产生纤维细胞。根据纤维在植物体内发生的位置,纤维通常可分为木纤维和木质部外纤维,木质部外纤维也就是常称的韧皮纤维(图3-16)。

①木纤维:主要分布在木质部,为长轴形纺锤状细胞,长度约为1 mm,细胞壁均木质化,细胞腔小,壁上具有不同形状的退化具缘纹孔或裂隙状单纹孔,但仅存在于被子植物的木质部中,而裸子植物的木质部中无木纤维存在。木纤维细胞壁增厚的程度随植物种类和生长部位以及生长时期不同而异。如黄连、大戟、川乌、牛膝等一些木纤维壁较薄,而栗树、栎树的木纤维细胞壁则常强烈增厚。就生长季节来说,春季生长的

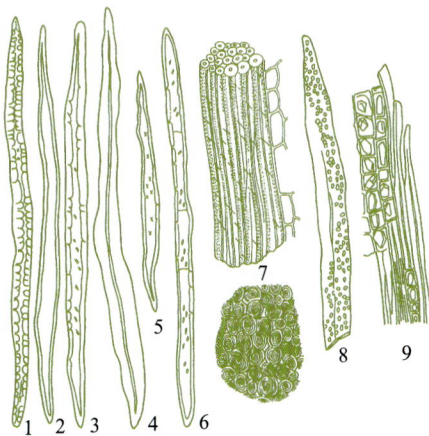

图3-16 各种纤维

1~8.纤维类型(1.五加皮 2.苦木 3.关木通 4.肉桂
5.丹参 6.姜 7.南五味子的嵌晶纤维
8.甘草的晶纤维) 9.纤维束(上,侧面;下,横切面)

木纤维细胞壁比较薄,而秋季生长的木纤维细胞壁较厚。木纤维细胞壁厚而坚硬,增加了植物体的支持和巩固作用,但木纤维的韧性和弹性较差,易折断。在某些植物的次生木质部中,还有一种纤维,通常为木质部中最长细胞,壁厚并具有裂缝式单纹孔,纹孔数目较少,这种纤维称为韧形纤维,如沉香、檀香等木质部中的纤维。

②木质部外纤维:多分布在韧皮部中,细胞壁增厚的成分主要是纤维素,在一些植物的基本组织或皮层等组织中也常存在,如一些单子叶植物特别是禾本科植物的茎中,具较大的韧性,拉力较强,如苎麻、亚麻。

此外,在中药材鉴定中还可以见到以下几种特殊类型。

晶鞘纤维(晶纤维):在纤维束周围薄壁细胞内含有晶体所组成的复合体。有的含有方晶,如甘草、黄柏、葛根等;有的含有簇晶,如石竹、瞿麦等;有的含有石膏结晶,如柽柳等。

分隔纤维:细胞腔中有菲薄横隔膜的纤维,如姜、葡萄属植物的木质部和韧皮部中均有分布。

嵌晶纤维:纤维次生壁外层嵌有一些细小的草酸钙方晶和砂晶,如冷饭团的根和南五味子的根皮中的纤维嵌有方晶,草麻黄茎的纤维嵌有细小的砂晶。

分枝纤维:长梭形纤维,顶端具有明显的分枝,如东北铁线莲根中的纤维。

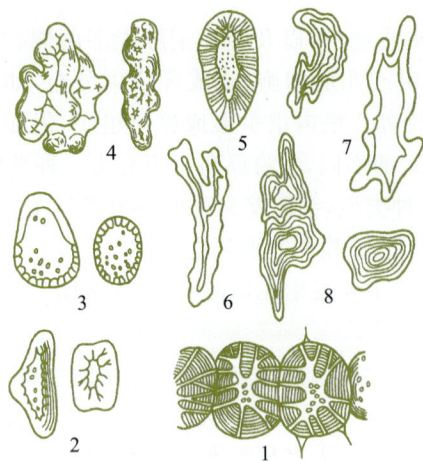

图 3-17　石细胞

1.梨果肉　2.土茯苓　3.苦杏仁　4.川楝子
5.五味子　6.茶叶　7.厚朴　8.黄柏

（2）石细胞：石细胞广泛分布于植物体内,是形状多样并特别硬化的厚壁细胞,多由薄壁细胞的细胞壁强烈增厚分化形成,也有由分生组织活动的衍生细胞所产生。石细胞的种类较多,形状不同,有椭圆形、类圆形、类方形、不规则分枝状、星状、柱状、骨状、毛状等。石细胞的次生壁极度增厚,均木质化,大多数细胞腔极小,细胞成熟后原生质体消失,成为具有坚硬细胞壁的死细胞,有较强的支持作用。石细胞多见于根皮、茎皮、叶柄、果实、果皮和种子中。可单独存在,也可成群存在于薄壁组织中,是药材鉴定依据的重要特征之一。药材鉴定中还有分隔石细胞,石细胞腔内产生薄的横隔膜,如虎杖的根及根茎;嵌晶石细胞,石细胞次生壁外层嵌有非常细小的草酸钙方晶,并稍突出表面,如南五味子根皮、侧柏种子、桑寄生的茎和叶（含方晶）、龙胆根（含砂晶）等（图 3-17）。

（五）输导组织

植物体内的水分、无机盐以及光合作用形成的营养物质,都要在各器官之间输导,在植物长期的进化过程中,高等的蕨类植物、裸子植物、被子植物形成了发达的进化的输导系统,成为维管植物最重要的组织特征。

输导组织是植物体内输送水分和养料的组织。细胞一般呈管状,上下相接,贯穿于整个植物体内。根据构造和运输物质不同分为:木质部中的导管和管胞,主要是由下而上运输水分和溶解于水中的无机盐;韧皮部中的筛管、伴胞和筛胞,主要是由上而下运输有机物质。

1. 导管和管胞　导管和管胞是存在于维管组织木质部中的管状输导细胞。

（1）导管:导管是被子植物中最主要的输导组织,仅少数原始被子植物和一些寄生植物无导管,如金粟兰科、草珊瑚属。少数进化的裸子植物（麻黄）和个别蕨类植物（蕨属）类群有导管存在。导管由一系列长管状或筒状的死细胞（导管分子）彼此相连,横壁溶解成穿孔,成为一个贯通的管状结构。导管长数厘米至数米不等。导管在形成过程中,其木质化的次生壁并不是均匀增厚,而是形成不同的纹理或纹孔。根据导管增厚所形成的纹理不同,常将导管分为下列几种类型（图 3-18）。

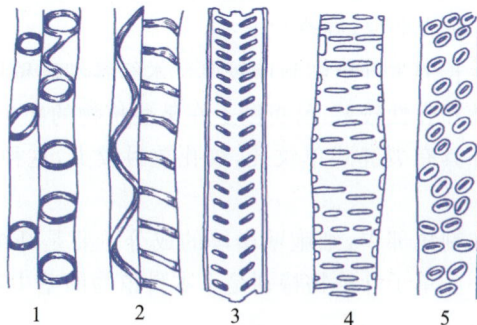

图 3-18　导管的类型

1.环纹导管　2.螺纹导管　3.梯纹导管　4.网纹导管　5.具缘纹孔导管

①环纹导管:导管壁上增厚部分呈环状,导管直径较小,存在于植物幼嫩器官中,如玉蜀黍和凤仙花的幼茎中。

②螺纹导管:导管壁上增厚部分呈螺旋状,导管直径一般较小,存在于植物幼嫩器官中,如"藕断丝连"现象就源于一种常见的螺纹导管。

③梯纹导管:导管壁上增厚部分与未增厚的部分间隔排列呈梯状。多存在于植物器官的成熟

部位。

④网纹导管:导管壁上增厚部分密集交织形成网状,网孔是未增厚的细胞壁,导管直径较大,多存在于植物器官的成熟部位,如大黄的根及根茎等。

⑤孔纹导管:导管壁几乎全面增厚,未增厚的部分为具缘纹孔或单纹孔。导管直径较大,多存在于植物器官的成熟部位,如甘草的根及根茎、蓖麻等。

在实际观察中,经常发现一导管同时存在螺纹和环纹,或螺纹和梯纹等两种以上类型的导管,如南瓜茎的纵切片中常可见到典型的环纹和螺纹存在于同一导管上。另外,还有一些导管呈现出中间类型,如大黄根的粉末中常可见到网纹未增厚的部分横向延长,出现了梯纹和网纹的中间类型。

从导管形成的先后、壁增厚的强弱、运输水分的效能等方面分析,环纹导管、螺纹导管是初生类型,在器官的形成过程中出现较早,多存在于植物体的幼嫩部分,可随植物器官的生长而伸长,以上两种导管一般直径较细,输导能力较差。而网纹导管、孔纹导管是次生类型,在器官中出现较晚,并多存在于器官的成熟部分,壁增厚的面积很大,管壁较坚硬,有很强的机械作用,能抵抗周围组织的压力,保持其输导作用。

导管的长度可常在几厘米至一米,有的藤本植物可长达几米。这种长而贯通的管状结构非常有利于水溶液的运输。随着植物的生长以及导管的产生,一些较早形成的导管常相继失去其功能,并常由于其相邻薄壁细胞膨胀,通过导管壁上未增厚部分或纹孔,侵入导管腔内,形成大小不同的囊状突出物,这种堵塞导管的囊状突起物就称为侵填体。初期,原生质和细胞核等可随着细胞壁的突进而流入其中,后来则有丹宁、树脂等物质填充,这时,植物体内的水溶液运输并不是由单一导管从下直接向上输导,而是经过多条导管曲折向上输导。侵填体的产生对病菌侵害起到一定的防腐作用,其中有些物质是中药有效成分。

(2)管胞:管胞是绝大多数蕨类植物和裸子植物中主要的输导组织,同时具有支持作用。被子植物的叶柄和叶脉的木质部中也有,但含量较少,不起主要作用。每个管胞是一个细胞,呈长管状,细胞口径小,两端斜尖,两端壁上均不形成穿孔。相邻管胞彼此间不能靠端部连接进行输导,而是通过相邻的管胞侧壁上纹孔运输水分,细胞壁次生增厚,并木质化,使细胞内原生体消失而成为死细胞。次生壁增厚也常形成环纹、螺纹、梯纹和孔纹等类型,以梯纹和孔纹较多见。所以导管和管胞在药材粉末的显微鉴别中很难分辨,常采用解离方法将细胞分开,再观察管胞分子形态。

裸子植物的管胞一般长5 mm,在松科、柏科一些植物的管胞上,可见到一种典型的具有纹孔塞的具缘纹孔。此外,在次生木质部中,有一种纤维管胞,在管胞和纤维之间,如沉香、芍药、天门冬、威灵仙、紫草、升麻、钩藤等。

2. 筛管、伴胞和筛胞 筛管、伴胞和筛胞是存在于维管组织韧皮部中的输导组织。

(1)筛管:筛管存在于被子植物的韧皮部中,由筛管分子(组成筛管的每一个管状细胞称为筛管分子)纵向连接而成,是自上而下运输光合作用产生的有机物质(如糖类和其他可溶性有机物等)的管状结构。筛管分子的细胞壁为初生性质,端壁及部分侧壁上有许多小孔,称为筛孔。筛孔通常聚集于稍凹的区域形成筛域,分布有筛域的端壁称为筛板。只有一个筛域的筛板称为单筛板,分布多个筛域的称为复筛板。相连两个筛管分子的原生质形成联络索,通过筛孔彼此相连,使纵连接的筛管分子相互贯通,形成运输同化产物的通道。

筛管分子在发育早期,含有细胞核和液泡,浓厚的细胞质中含有线粒体、高尔基体、内质网、质体和特殊的黏液体。黏液体是筛管分子所特有的具有一定超微结构的蛋白质,称为P-蛋白质。P-蛋白质有纤维状、管状、颗粒状和结晶状等主要形态,在筛管分子分化过程中会发生构型变化。P-蛋白质有ATP酶的活性,可能与物质的运输有关,也有实验证明P-蛋白质对堵塞受伤筛管的筛板有明显作用。

成熟的筛管分子成为特殊的无核细胞,在相当长的时间里仍保持活力。后来,沿着筛孔的四周,围绕联络索而积累胼胝质。胼胝质是一种糖类,水解时产生葡萄糖和糖醛酸,它们在筛孔之间的端壁

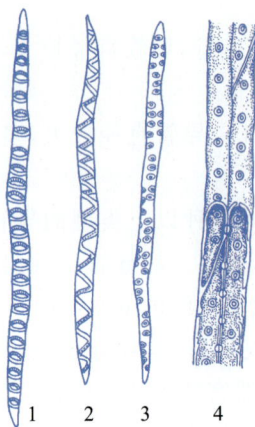

图 3-19　管胞

1.环纹管胞　2.螺纹管胞

3.梯纹管胞　4.孔纹管胞

上逐渐积累加厚,联络索则相应变细。当筛管分子进入休眠状态或衰亡时,胼胝质已成为垫状,沉积在整个筛板上,称为胼胝体。只是暂时处于休眠状态的筛管分子,在次年春季来临时再行恢复活动,胼胝体消溶,联络索重新出现。一般植物的筛管输导组织只有一个生长季,少数植物,如葡萄、椴的筛管可保持二至多年。筛管分子衰亡后输导功能不再恢复,继而被新的具有活力的筛管分子代替(图3-19)。

(2)伴胞:筛管分子的旁侧有一至多个狭长的伴胞。伴胞与筛管分子是由同一个母细胞经过不均等纵裂而来的,其中较小的一个子细胞形成伴胞。伴胞有时还进行横分裂,以致在筛管分子的一侧出现一纵列伴胞。伴胞在横截面上多呈三角形、方形或梯形,细胞核较大,有丰富的细胞器和膜系统,高尔基体、线粒体、粗面内质网和质体都较多,细胞质密度也较大,这些都表明伴胞有很高的代谢活性。伴胞与筛管分子的侧壁之间存在很多的胞间连丝。有些植物的叶脉中的伴胞发育为传递细胞,使筛管分子与伴胞联系更加紧密。同时,由于它们位于筛管分子与叶肉之间,能更高效地传递光合产物。当筛管分子衰老死亡时,伴胞也随之失去功能而死亡。

(3)筛胞:筛胞是蕨类植物和裸子植物运输养料的输导分子。筛胞是单个的狭长的细胞,无伴胞存在,直径较小,两端尖斜,没有特化的筛板,只有存在侧壁上的筛域。筛胞是比较原始的输导有机养料的结构(图 3-20)。

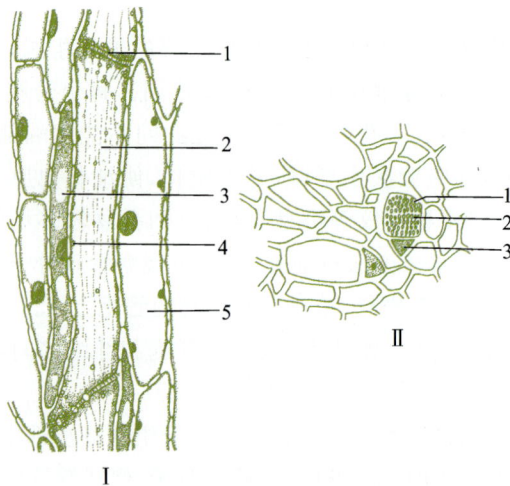

图 3-20　筛管及伴胞

Ⅰ.纵切面　Ⅱ.横切面

1.筛板　2.筛管　3.伴胞　4.白色体　5.韧皮薄壁细胞

（六）分泌组织

分泌组织是由具有分泌作用,能分泌挥发油、树脂、蜜汁、乳汁等的细胞所组成。分泌组织能防止组织腐烂,帮助创伤愈合,免受动物吃食,排除或储积体内废弃物等;可以引诱昆虫,以利于传粉;有许多分泌物可作药用,如乳香、没药、松节油、樟脑、蜜汁、松香以及各种芳香油等;植物的某些科属中常具有一定的分泌组织,因此,它在鉴别上有一定的价值。

根据分泌物是积累在体内还是体外可将分泌组织分为外部分泌组织和内部分泌组织。

1. 外部分泌组织　将分泌物排到体外的分泌结构称为外部分泌结构,大都分布在植物体表面,如腺毛、腺鳞、蜜腺等。

(1)腺毛:腺毛是具有分泌作用的毛茸,由表皮细胞特化而来,通常分为头部和柄部。头部膨大,由1至数个细胞组成。多见于植物的茎、叶、芽鳞、子房、花萼、花冠等部位。另外,还有一种可分泌盐的腺毛,由一个柄细胞和一个基细胞组成,常存在于滨藜属等一些植物的叶表面(图3-21)。

(2)腺鳞:鳞片状的腺毛,头部大而扁平,柄部极短或无,排列成鳞片状。

(3)蜜腺:蜜腺是能分泌蜜汁的腺体,由一层表皮细胞或其下面数层细胞特化而成。位于植物体表面的特定部位。主要分布在虫媒花的花萼、花冠、子房、花柱基部,还存在于叶、托叶、花柄、叶片基部。

在一些盐生植物,如矶松属的一些植物,其茎、叶具有排盐的分泌腺,柽柳属植物的表面具有几个分泌细胞和基部收集细胞组成的泌盐腺。

2. 内部分泌组织　内部分泌组织分布在植物体内,分泌物也积存在体内。根据它们的形态结构和分泌物的不同,可分为分泌细胞、分泌腔、分泌道和乳汁管。

(1)分泌细胞:具有分泌能力的细胞。一般为特化的细胞,通常比周围细胞大,它们并不形成组织,而是以单个细胞或细胞团(列)的形式存在于各种组织中。分泌细胞多呈圆球形、椭圆形、囊状等,常将分泌物积聚于该细胞中,当分泌物充满整个细胞时,细胞也往往木栓化,这时的分泌细胞失去分泌功能,其作用等同于储藏室。由于储藏的分泌物质不同,分泌细胞又可分为:油细胞(含挥发油),如姜、桂皮、菖蒲;黏液细胞,如半夏、玉竹、山药;单宁细胞,如柿;芥子酶细胞,如十字花科、白花菜科植物。

(2)分泌腔:分泌腔也称分泌囊或油室,常发现于柑橘类果皮和叶肉以及桉树树叶中。根据其形成的过程和结构,常可分为两类。

①溶生式分泌腔:分泌细胞的分泌物增多,使细胞本身破裂溶解形成含有分泌物的腔室,腔室周围细胞破碎不完整。如陈皮、橘叶。

②裂(离)生式分泌腔:分泌细胞彼此分离,胞间隙扩大形成腔室,分泌细胞完整地包围着腔室。如金丝桃、漆树、植物的叶片及当归的根。

(3)分泌道:由一些分泌细胞彼此分离形成的一个长管状间隙的腔道。周围分泌细胞成为上皮细胞。上皮细胞产生的分泌物储藏于腔道中。在松柏类和一些木本双子叶植物中可观察到储存有不同分泌物的分泌道,所以又可以根据存有的不同分泌物将其分别命名,如松树中的树脂道,小茴香中的油管,美人蕉中的黏液道或黏液管等。

(4)乳汁管:乳汁管是由一种分泌乳汁的长管状细胞形成,具分枝。构成乳汁管的细胞是生活细胞,细胞质稀薄,液泡里含有大量的乳汁。乳汁具黏滞性,常呈乳白色、黄色或橙色。乳汁管具储藏和运输功能。根据乳汁管的发育和结构可将其分成两类。

①无节乳汁管:由单细胞构成的乳汁管,细胞分枝,长达数米,管壁上无节。如夹竹桃科、萝藦科、桑科以及大戟科的大戟属。

②有节乳汁管:由许多细胞连接而成的乳汁管,连接处细胞壁融化消失,分枝或不分枝,乳汁互相流动。如菊科、桔梗科、罂粟科、旋花科、番木瓜科以及大戟科的橡胶树属。

二、维管束及其类型

(一)维管束的组成

维管束是维管植物,包括蕨类植物、裸子植物、被子植物的输导系统,是主要由韧皮部和木质部组

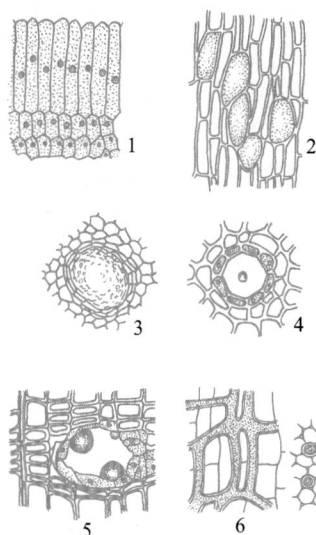

图3-21　分泌组织
1.蜜腺(大戟属)　2.分泌细胞
3.溶生分泌腔(橘果皮)　4.裂生分泌腔(当归根)
5.树脂道(松属木材)　6.乳汁管(蒲公英根)

成的束状结构,贯穿于整个植物体的内部,除了具有输导功能外,同时对植物体还起着支持作用。在被子植物中,韧皮部由筛管、伴胞、韧皮部细胞和韧皮纤维组成,质地较柔韧;木质部主要由导管、管胞、木薄壁细胞和木纤维组成,质地较坚硬。裸子植物和蕨类植物的韧皮部主要由筛胞和韧皮薄壁细胞组成,木质部主要由管胞和木薄壁细胞组成。

裸子植物和双子叶植物的维管束,在木质部和韧皮部之间常有形成层存在,能持续不断地分生生长,所以这种维管束成为无限维管束或开放性维管。蕨类植物和单子叶植物的维管束中没有形成层,不能进行不断的分生生长,所以这种维管束称为有限维管束或闭锁性维管束。

(二)维管束的类型

根据维管束中韧皮部和木质部排列方式的不同,以及形成层的有无,将维管束分为下列几种类型。

1. 有限外韧维管束 韧皮部在外,木质部在内,中间无形成层。如单子叶植物茎维管束。

2. 无限外韧维管束 韧皮部在外,木质部在内,韧皮部与木质部之间有形成层,维管束可增粗。如双子叶植物茎维管束。

3. 双韧维管束 木质部的内、外两侧都有韧皮部。如茄科、旋花科、葫芦科、夹竹桃科、萝藦科等植物茎中的维管束。

4. 周韧维管束 木质部位于中间,韧皮部围绕在木质部的周围。如百合科、禾本科、棕榈科、蓼科及蕨科。

5. 周木维管束 韧皮部位于中间,木质部围绕在韧皮部的周围。如石菖蒲等少数单子叶植物根状茎中。

6. 辐射维管束 韧皮部和木质部相互间隔呈辐射状,在单子叶植物中排列形成一圈,中间多具有宽阔的髓部;在双子叶植物根的初生构造中,木质部常分化到中心,呈星角状,韧皮部位于两角之间,彼此相间排列,这类维管束称为辐射维管束(图3-22)。

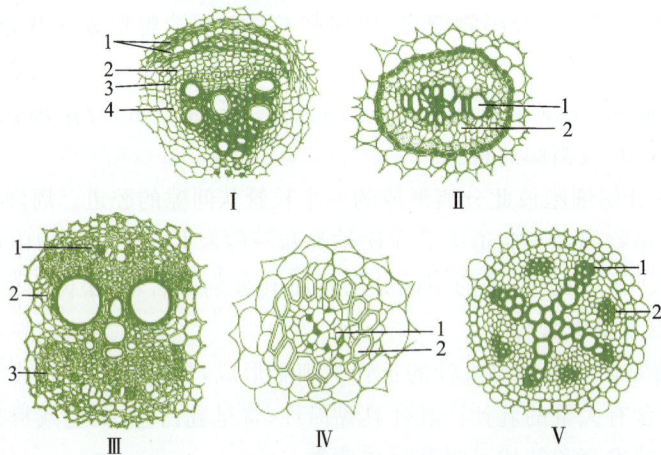

图3-22　维管束的类型

Ⅰ.外韧维管束(马兜铃)　1.压扁的韧皮部　2.韧皮部　3.形成层　4.木质部

Ⅱ.周韧维管束(真蕨的根茎)　1.韧皮部　2.木质部

Ⅲ.双韧维管束(南瓜茎)　1、3.韧皮部　2.木质部

Ⅳ.周木维管束(菖蒲根茎)　1.韧皮部　2.木质部

Ⅴ.辐射维管束(毛茛的根)　1.原生木质部导管　2.韧皮部

植物组织培养

　　植物组织培养是指在自然环境中将从植物体上分离出的器官、生活组织、细胞在人为的无菌条件下,将其置于含有合成培养基的容器中,使其能生长发育的一种技术。在组织培养中,常把从活体植物上切取下来的部分器官或组织叫作外植体。

　　我们把已分化的外植体组织中不分裂的静止细胞置于能促进细胞增殖的培养基上以后,细胞生理将会发生某些变化,使细胞进入分裂状态,这种由一个成熟细胞转变为分生状态的过程称为脱分化。一个成熟的植物细胞在经历了脱分化后,还能通过再分化而形成一个完整的植株,是因为这些细胞具有全能性的特征,也就是说,任何一个具有完整膜系统和一个完整细胞核的植物细胞,都具有形成一个完整植株的全部遗传信息,即使是已经过分化并高度成熟的细胞,也具有恢复到分生状态的可能。

　　植物组织培养,可以应用在药用植物的育种和快速无性繁殖方面,以及有效成分的生产过程中。

（黄　辉）

任务三　根的微观构造识别

识别药用植物根茎叶的微观构造

一、根尖的构造

　　根尖是指从根的最先端到着生根毛的部分,长 4~6 mm。主根、侧根和不定根均具有根尖,是根的生命活动最旺盛的部分。根的伸长、水分和养料的吸收、一切成熟组织的分化都在此进行。根据根尖细胞生长和组织分化的不同,通常将根尖分为根冠、分生区、伸长区和成熟区四个部分(图 3-23)。

　　1. 根冠　根冠位于根的最顶端,由数列排列疏松的薄壁细胞组成,它像一顶帽子一样罩在分生区的外方,所以称为根冠。根冠具有保护作用。当根尖不断向下延伸生长时,根冠的外层细胞能分泌黏液,减少其在伸展时与土壤的摩擦。同时,分生区的细胞不断地分裂产生新细胞,以及时补充死亡和脱落的根冠细胞,使根冠始终保持一定的形状和厚度。

　　2. 分生区　分生区又称生长锥或生长点,呈圆锥形,位于根冠的上方,长 1~2 mm,与根冠紧密相连,具有极强的分生能力,是细胞分裂最旺盛的部分,为顶端分生组织所在的部位。分生区的细胞体积小,排列紧密,细胞核大,细胞壁薄,原生质浓,能不断地进行细胞分裂,小部分向前方分裂,补充形成根冠细胞,大部分向后方发展,经过细胞的生长、分化,逐步形成根的各种组织。

　　3. 伸长区　伸长区位于分生区的上方,一直到出现根毛的部位,长 1~2 mm。此区细胞多已停止分裂,细胞显著地沿根的长轴方向迅速伸长,体积扩大,使得根尖不断向土壤深处推进,并逐步分化成形态不同的组织。

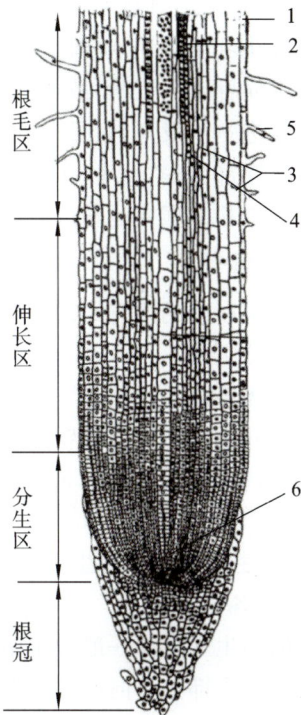

图 3-23　根尖纵切面(大麦)
1.表皮　2.导管　3.皮层　4.中柱鞘
5.根毛　6.顶端分生组织

4. 成熟区 成熟区位于伸长区上方,此处的各种细胞不再伸长,组织已经分化成熟,并形成了各种初生组织(包括表皮、皮层和中柱),因此称为成熟区。成熟区的主要特征是表皮中一部分细胞的外壁向外突出形成众多根毛,大大增加了根的吸收面积,故成熟区亦称根毛区。水生植物一般无根毛。

二、根的初生构造

由初生分生组织分化形成的组织,称为初生组织。由其形成的结构称为根的初生构造。一般单子叶植物的根只具有初生结构,双子叶植物的根继续进行次生生长,形成次生构造。根的初生生长使根伸长,根的次生生长使根增粗。

通过双子叶植物根尖的成熟区做一横切片,置于显微镜下观察,可见根的初生构造,从外至内可分为表皮、皮层和维管柱三个部分(图 3-24)。

(一) 表皮

表皮是位于根的最外面的一层细胞,由原表皮发育而来。表皮细胞形状近似长方形,排列整齐、紧密,无细胞间隙,细胞壁薄,不角质化,富有通透性。部分表皮细胞壁向外突起,形成根毛,故有吸收表皮之称。

(二) 皮层

皮层位于表皮的内侧,由多层薄壁细胞组成,细胞排列疏松,有明显的细胞间隙。皮层通常又可分为外皮层、皮层薄壁组织和内皮层。

1. 外皮层 皮层最外方紧接表皮的一层细胞,排列紧密而整齐,无细胞间隙。当表皮被破坏后,外皮层的细胞壁增厚并木栓化,能代替表皮起保护作用。

2. 皮层薄壁组织(中皮层) 为外皮层内方的多层薄壁细胞,细胞类圆形,排列疏松,有细胞间隙。其主要作用是将根毛吸收的养分转送到维管柱,也可将维管柱内的养分转送出来。有的皮层薄壁组织还具有储藏作用。

3. 内皮层 为皮层最内方的一层细胞,排列整齐而紧密,无细胞间隙。内皮层细胞的增厚情况较为特殊,一种是在细胞的上、下壁(横壁)和径向壁(侧壁)上有木质化或木栓化的局部增厚,增厚部分呈带状环绕细胞一周,称凯氏带。因其宽度常比其所在的细胞壁狭窄,从横切面上看,凯氏带在相邻细胞的纵向壁上呈点状,故凯氏带亦称凯氏点。另一种是多数单子叶植物和少数双子叶植物的幼根的内皮层进一步发育,其径向壁、上下壁和内切向壁显著增厚,只有外切向壁比较薄,从横切面观察,细胞壁增厚部分呈"U"形,内皮层中只有位于木质部束顶端的少数细胞未增厚,称为通道细胞,有利于水分和养料的横向运输(图 3-25)。

(三) 维管柱

内皮层以内的所有组织,统称为维管柱,位于根的中央。维管柱由中柱鞘、初生木质部和初生韧皮部三部分组成。

1. 中柱鞘 又称维管柱鞘,位于维管柱的最外方,紧贴内皮层。一般由一层薄壁细胞组成,如多数的双子叶植物。少数植物的中柱鞘由两层或多层细胞组成,如桃、桑等和裸子植物。细胞排列整齐,具有潜在的分生能力,在一定时期可以形成侧根、不定根、不定芽以及部分形成层和木栓形成层等。

2. 初生木质部和初生韧皮部 位于中柱鞘的内方,是根的输导系统。初生木质部和初生韧皮部相间排列,各自成束。

根的初生木质部一般位于中心,呈星芒状,细胞组成主要为导管和管胞,少有木纤维和木薄壁细胞。初生木质部自外向内逐渐发育成熟,这种方式称为外始式,是根发育上的一个特点。先分化的初生木质部亦称原生木质部,是由管径较小的环纹或螺纹导管组成,位于初生木质部的外侧。后分化的初生木质部亦称后生木质部,由管径较大的梯纹、网纹或孔纹等导管组成。在根的横切面上,根的初生木质部为数束,束的数目随植物种类而异。每种植物的根中初生木质部的束数是相对稳定的。如十字花科、伞形科的一些植物的根中只有两束初生木质部,称二原型;豌豆、紫云英等植物根中有三

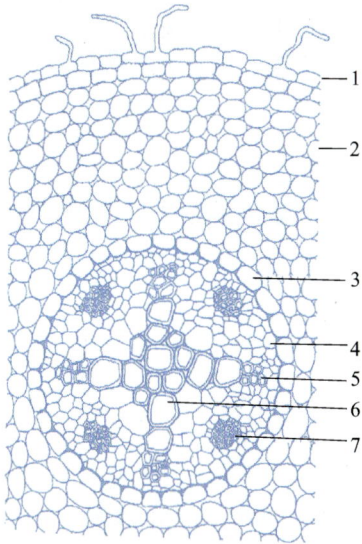

图 3-24　双子叶植物幼根的初生构造

1.表皮　2.皮层　3.内皮层　4.中柱鞘
5.原生木质部　6.后生木质部　7.韧皮部

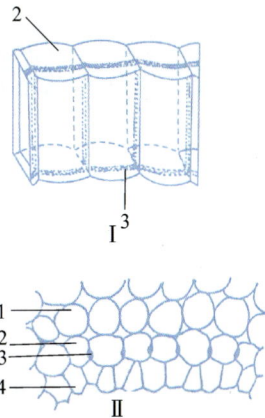

图 3-25　内皮层细胞及凯氏带

Ⅰ.内皮层细胞立体观,示凯氏带
Ⅱ.内皮层细胞横切面观,示凯氏点
1.皮层细胞　2.内皮层　3.凯氏带(点)
4.中柱鞘

束,称三原型;葫芦科植物有四束,称为四原型;单子叶植物至少有六束,为多原型。

初生韧皮部位于木质部两束之间,与初生木质部相间排列,称为辐射维管束。在同一植物的根内,初生韧皮部束的数目与初生木质部束的数目相同。被子植物的初生韧皮部主要由筛管、伴胞及少数韧皮薄壁细胞组成,有些植物中还含有韧皮纤维;裸子植物的初生韧皮部中只有筛胞。初生韧皮部与初生木质部的发育方式相同,也为外始式发育。原生韧皮部在外,后生韧皮部在内。

在初生木质部和初生韧皮部之间有一至多层薄壁细胞,在双子叶植物和裸子植物中,这些细胞将来分化为形成层的组成部分,由此产生次生结构。在单子叶植物中两者之间仅为薄壁细胞。

多数双子叶植物的根中,初生木质部一直分化到中心,因此无髓;大多数单子叶植物和少数双子叶植物的根,初生木质部一般不分化到中心,中心由薄壁细胞或厚壁细胞构成,因而具有髓部;有些单子叶植物的根,其髓部细胞增厚木化,成为厚壁组织,如鸢尾。

三、根的次生构造

大多数蕨类植物和单子叶植物的根,在植物的整个生活期中,一直保持着初生构造,不能进行次生生长。而一般双子叶植物和裸子植物的根能产生次生分生组织,即形成层和木栓形成层,可以逐渐加粗,形成次生构造。由次生分生组织细胞的分裂、分化产生的新的组织,称次生组织,由次生组织形成的构造称为次生构造。

(一)形成层的产生与活动

当根进行次生生长时,在初生韧皮部内方的薄壁细胞恢复分生能力,转变成为形成层的一部分,并逐渐向初生木质部外方的中柱鞘部发展,使相邻的中柱鞘细胞也开始分化成为形成层的一部分,这样形成层就由片段连成一个凹凸相间的形成层环(图 3-26)。

最初形成层环依初生木质部的形状而形成,以后由于位于韧皮部内侧的形成层部分分裂速度较快,产生的次生组织数量较多,把凹陷处的形成层向外推移,使整个凹凸相间的形成层环转变成为一个圆形的环。此时,木质部和韧皮部已由初生构造时的相间排列转变为内外排列,即从初生构造的辐射维管束变成无限外韧维管束。次生木质部和次生韧皮部合称次生维管组织,是根的次生构造的主要组成部分。形成层细胞不断进行平周分裂,向内产生次生木质部,加在初生木质部的外方;次生木质部由导管、管胞、木薄壁细胞和木纤维构成。形成层细胞向外分裂产生新的韧皮部,加于初生韧皮

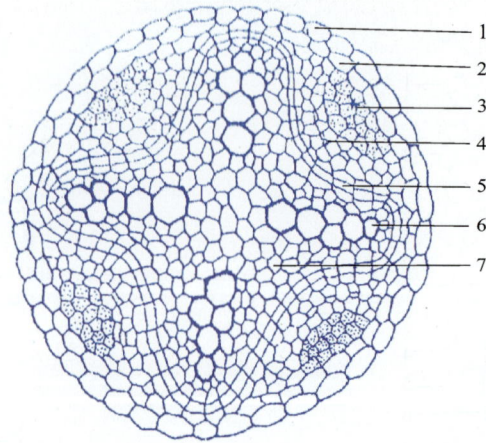

图 3-26 形成层发生的部位
1.内皮层 2.中柱鞘 3.初生韧皮部 4.次生韧皮部 5.形成层 6.初生木质部 7.次生木质部

部的内侧,称为次生韧皮部。次生韧皮部由筛管、伴胞、韧皮薄壁细胞和韧皮纤维构成。同时,由于新生的次生维管组织总是添加在初生韧皮部的内方,初生韧皮部遭受挤压而被破坏,成为没有细胞形态的颓废组织。由于新的次生木质部数量较多,因此,粗大的树根主要由次生木质部构成(图 3-27)。

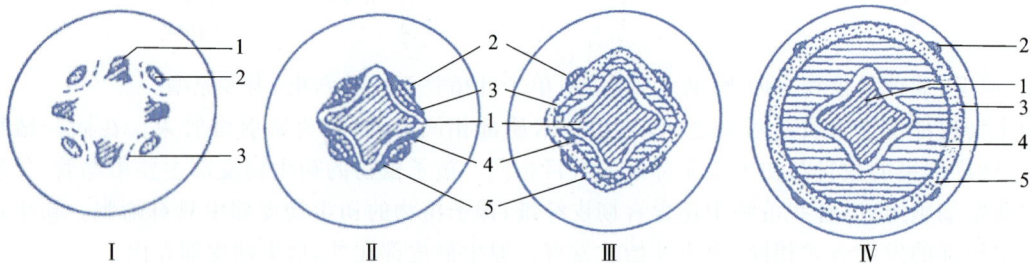

图 3-27 根的次生生长示意图
Ⅰ.幼根的情况:初生木质部在成熟中,虚线示形成层起始的地方
Ⅱ.形成层已成连续组织,初生的部分已产生次生结构,初生韧皮部受挤压
Ⅲ.形成层全部产生次生结构,但仍凹凸不齐,初生韧皮部受挤压更甚
Ⅳ.形成层已经形成完整的圆环
1.初生木质部 2.初生韧皮部 3.形成层 4.次生木质部 5.次生韧皮部

形成层细胞活动时,在一定部位也可分生一些薄壁细胞,这些薄壁细胞沿径向延长,呈放射状排列,贯穿在次生维管组织中,其中位于木质部的称为木射线,位于韧皮部的称为韧皮射线,二者合称次生射线,亦称为维管射线。次生射线具有横向运输水分和营养物质的功能。

(二)木栓形成层的产生与活动

由于次生生长使根不断地加粗,中柱鞘以外的成熟组织(表皮和部分皮层)因为不能相应加粗而被破坏,此时,根的中柱鞘细胞恢复分生能力,形成木栓形成层。表皮或初生皮层中的一部分薄壁细胞也有可能分化形成木栓形成层。

木栓形成层进行平周分裂,向外分生产生木栓层,向内分生产生栓内层。木栓层、木栓形成层和栓内层三者合称周皮,代替表皮和皮层起保护作用。栓内层细胞为数层薄壁细胞,一般不含叶绿体,排列较为疏松,有的栓内层比较发达,称为"次生皮层",但通常仍称为皮层;木栓层细胞多呈扁平状,细胞壁已木栓化,排列紧密而整齐,成熟时成为死细胞,使周皮外方的组织得不到水分和营养而死亡。因此,一般根的次生结构中没有表皮和皮层,由周皮代替行使保护作用。

最初的木栓形成层产生后,随着根的进一步加粗,老周皮中的木栓形成层逐渐停止活动,其内方的皮层和韧皮部内的部分薄壁细胞又恢复分生能力,产生新的木栓形成层从而形成新的周皮。这里需要特别指出,植物学中根皮是指周皮,而根皮类药材中的根皮,如牡丹皮、地骨皮、桑白皮等,则是指形成层以外的部分,主要包括韧皮部和周皮。

单子叶植物的根没有次生分生组织,不能进行加粗生长,因此只具有初生构造,不能形成周皮,由表皮和外皮层行使保护作用。也有一些单子叶植物,如百部、麦冬等,表皮分裂成多层细胞,细胞壁木栓化,起保护作用,称为根被。

四、根的异常构造

某些双子叶植物的根,除了正常的次生构造外,还产生一些异常的维管束,形成异常构造,或称为三生构造,常见的有以下几种类型(图3-28)。

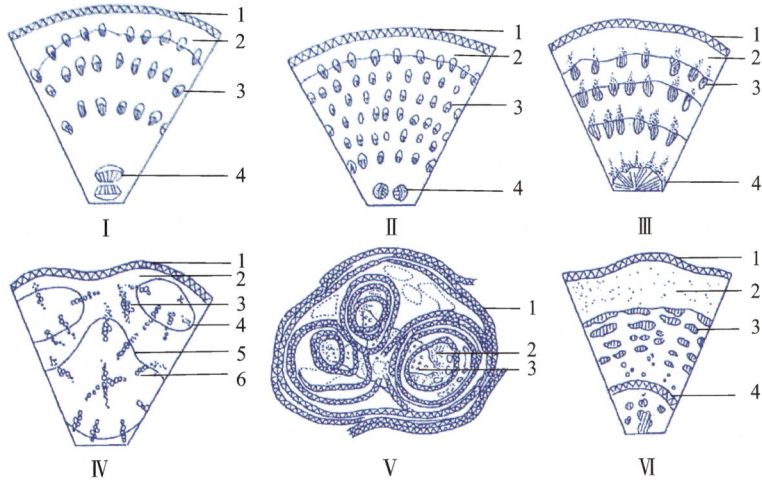

图 3-28 根的异常构造

Ⅰ.牛膝 Ⅱ.川牛膝 Ⅲ.商陆 1.木栓层 2.皮层 3.异型维管束 4.正常维管束
Ⅳ.何首乌 1.木栓层 2.皮层 3.单独维管束 4.符合维管束 5.形成层 6.木质部
Ⅴ.甘松 1.木栓层 2.韧皮部 3.木质部
Ⅵ.黄芩 1.木栓层 2.皮层 3.木质部 4.木栓细胞环

1. 同心环状排列的异型维管束 当根的正常维管束形成后,形成层往往失去分生能力,而在相当于中柱鞘部位的薄壁细胞转化为新的形成层,向外分裂产生薄壁细胞和一圈小型的异型的维管束,为无限外韧维管束,如此反复多次,形成多轮同心性的异型维管束,其间有薄壁细胞相隔,所以在断面上可以看到数层凹凸不平的同心环层,维管束呈点状,如商陆、牛膝、川牛膝等的根。

2. 附加维管束 有些双子叶植物的根,在正常的维管束外围的薄壁组织中产生新的附加维管柱,形成异常构造,如何首乌在正常的维管束形成后,皮层或韧皮部的部分薄壁细胞可产生多个新的形成层环,从而产生多个大小不等的单独或符合的异型维管束,在其横切面上,可以看到一些大小不一的类圆形花纹,中药鉴别上习称"云锦花纹"或"云锦纹",是何首乌的重要鉴别特征。

3. 木间木栓 有些双子叶植物的根,在次生木质部内部也形成木栓带,称为"木间木栓"或"内涵周皮",通常由次生木质部薄壁组织细胞分化形成,如黄芩老根中央常见木栓环,甘松等的根中的木间木栓环包围部分木质部和韧皮部而把维管柱分隔成2~5束,新疆紫草根的中央也常有木栓环带。

任务四 茎的微观构造识别

一、茎尖的构造

茎尖是指主茎或枝条的顶端,其结构和根尖相似,自上而下可分为分生区、伸长区和成熟区三个部分(图3-29)。

但与根尖不同的是：茎尖先端为分生区（生长锥），没有类似根冠的结构，而是由幼小的叶片包围；茎尖生长锥的四周表面能向外形成小突起，形成叶原基或腋芽原基，后分别发育为叶和腋芽，腋芽则发育成枝；成熟区的表皮不产生根毛，但常有气孔和毛茸等附属物。

二、双子叶植物茎的初生构造

茎的初生分生组织所衍生的细胞，经过分裂、生长、分化而形成的组织，称为初生组织。这种组织组成了茎的初生结构。通过茎的成熟区做一横切面，可观察到茎的初生构造，由外至内可分为表皮、皮层和维管柱三个部分（图3-30）。

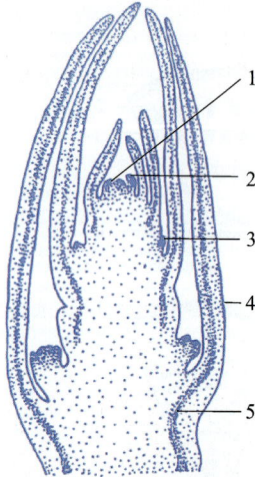

图3-29 茎尖的构造
1.生长点 2.叶原基 3.腋芽原基
4.幼叶 5.原形成层

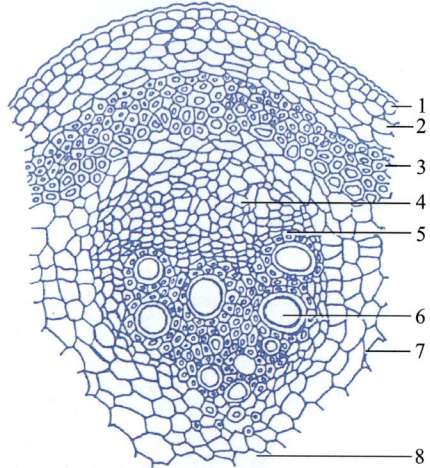

图3-30 双子叶植物茎的初生构造（马兜铃茎）
1.表皮（外有角质层） 2.皮层 3.纤维
4.韧皮部 5.形成层 6.木质部 7.髓射线 8.髓

（一）表皮

由原表皮细胞发育而成，位于茎的表面，由单层的生活细胞组成，细胞扁平、排列紧密，没有细胞间隙。通常不含叶绿体，少数茎的表皮细胞含有花青素，使茎呈紫红色，如甘蔗、蓖麻等。表皮细胞的外壁稍厚，通常角质化形成角质层，常有气孔、毛茸或其他附属物存在。少数植物表皮还具有蜡被。

（二）皮层

由基本分生组织发育而成，位于表皮内方，由多层生活薄壁细胞构成。细胞常呈多面体形、球形或椭圆形，排列疏松，具细胞间隙。靠近表皮部分的细胞中常含叶绿体，所以嫩茎多呈绿色，能进行光合作用。皮层的基本成分是薄壁组织，但在紧靠表皮的部位常具厚角组织，以增强茎的韧性，其中有的呈环状排列，如葫芦科和菊科的一些植物；有的聚集在茎的棱角处，如薄荷、芹菜等植物。有的在皮层中有纤维、石细胞群或分泌组织，如黄檗、桑等。

一般茎的内皮层不明显，故皮层和维管束之间无明显界限，但有的植物在皮层最内层细胞中含有大量淀粉粒，称为淀粉鞘，如蓖麻等。

（三）维管柱

维管柱是皮层以内所有组织的统称。多数双子叶植物的维管柱包括呈环状排列的维管束、髓射线和髓，在茎的初生构造中占较大比例。

1. 初生维管束 由初生韧皮部、束中形成层和初生木质部三部分组成。初生韧皮部在外，由筛管、伴胞、韧皮薄壁细胞和韧皮纤维组成，其分化成熟的方向与根相同，由外至内，为外始式；初生木质部位于维管束的内侧，由导管、管胞、木薄壁细胞和木纤维组成，分化成熟的方向与根相反，由内至外，为内始式。束间形成层位于初生韧皮部和初生木质部之间，为原形成层遗留下来，由1~2层具有分生能力的细胞构成，能分裂产生大量细胞，使茎不断增粗。

木本植物的维管束排列紧密,束间区域较窄,维管束似乎可连成一圆环,而藤本植物和大多数的草本植物,维管束之间的距离较大。

2. 髓　髓位于茎的中心,由基本分生组织产生的薄壁细胞组成。草本植物茎的髓部较大,木本植物茎的髓则一般较小。有些植物的髓部在发育过程中消失形成中空的茎,如芹菜、南瓜等;有些植物的髓部周围有一层排列紧密的、小型的、细胞壁较厚的细胞围绕着大型的薄壁细胞,特称为环髓区或髓鞘,如椴树。

3. 髓射线　髓射线也称为初生射线,由位于初生维管束之间的径向延长的薄壁组织构成。髓射线外达皮层,内接髓部,是茎中横向运输的通道,同时兼有储藏作用。髓射线细胞分化程度较浅,具潜在的分生能力,次生生长开始时,邻近束中形成层的髓射线细胞恢复分生能力,转变为形成层的一部分,形成束间形成层。此外,在一定条件下,髓射线细胞也能分裂形成不定芽、不定根。通常草本植物的髓射线较宽,木本植物的髓射线较窄。

三、双子叶植物木质茎的次生构造

双子叶植物木质茎在初生构造形成后,接着产生次生分生组织,即形成层和木栓形成层。它们不断进行分裂活动,使茎不断增粗,这种生长称为次生生长。木本植物的次生生长可持续多年,次生构造特别发达(图3-31)。

(一)形成层及其活动

当茎开始进行次生生长时,邻接束中形成层的髓射线细胞恢复分生能力,转变为束间形成层,并与束中形成层连接起来,在横切面上看,呈一个完整的形成层环。形成层细胞主要进行切向分裂,向内产生次生木质部,添加在初生木质部的外方,向外产生次生韧皮部,添加在初生韧皮部的内方,并将初生韧皮部向外挤,其中的筛管、伴胞和薄壁细胞被挤压从而变形、破裂,最终成为颓废组织。通常向内产生的木质部要比向外产生的韧皮部大得多。同时,形成层中的一些细胞也不断产生径向延长的薄壁细胞,称为维管射线,放射状分布于次生木质部和次生韧皮部中,分别称为木射线和韧皮射线,具横向运输和储藏的作用。次生韧皮部由筛管、伴胞、韧皮纤维、韧皮薄壁细胞、韧皮射线组成,有的还兼具石细胞、乳汁管等。次生韧皮部中,薄壁组织常占主要部分,细胞中除含有糖类、油脂等营养物质外,有的还含有鞣质、橡胶、

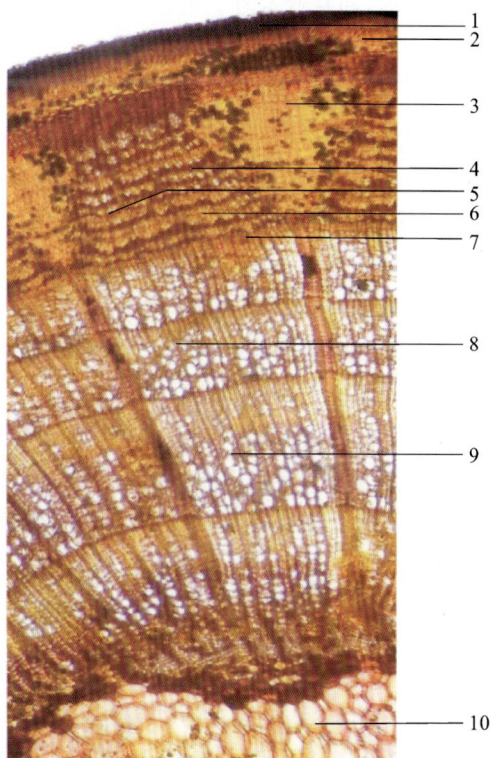

图 3-31　双子叶植物木质茎的次生构造(椴树)

1.周皮　2.皮层　3.髓射线　4.韧皮纤维
5.韧皮射线　6.韧皮部
7.形成层　8.木射线　9.木质部　10.髓

生物碱、苷类、挥发油等生理活性物质,故常具一定的药用价值,如肉桂、杜仲、厚朴等茎皮类药材;次生木质部占木本植物茎的绝大部分,是木材的主要来源。次生木质部由导管、管胞、木薄壁细胞、木纤维和木射线组成。导管主要是梯纹、网纹及孔纹导管,孔纹导管最普遍。

形成层的活动受四季气候变化的影响很大,温带、亚热带春季或热带的雨季,由于气候温和,雨水充足,形成层活动旺盛,形成的次生木质部的细胞径大壁薄、质地较疏松、色泽较淡,称早材或春材;温带的夏末秋初或热带旱季,形成层活动减弱,所形成的细胞径小壁厚、质地紧密、色泽较深,称晚材或秋材。一年中的早材和晚材是逐渐变化的,界限不明显,但当年秋材与次年春材之间却界限分明,形成一同心环,称为年轮或生长轮。

在木质部横切面上,靠近形成层的边缘部分颜色较浅,质地较松软,称边材。边材具有输导能力。而中心部分颜色较深,质地较坚硬,称心材。心材中的细胞常积累一些代谢产物,如鞣质、树脂、树胶、色素等,同时,有些射线细胞或轴向薄壁细胞,在生长过程中通过导管上的纹孔被挤入导管内,形成侵填体,使心材中导管和管胞被堵塞,失去输导能力。心材比较坚硬,不易腐烂,且常含有某些特殊的化学成分,故茎木类药材多为心材,如沉香、降香、檀香等,均为心材入药。

(二)木栓形成层及其活动

多数植物的茎可由表皮内方皮层薄壁细胞恢复分生能力,形成木栓形成层,向外分生产生木栓组织细胞,向内分生产生栓内层薄壁细胞,逐渐形成了由木栓层、木栓形成层、栓内层三层组成的复合结构,即周皮,代替表皮行使保护作用。一般木栓形成层的活动只不过数月,在其停止活动后,多数树木又可依次在其内方产生新的木栓形成层,形成新的周皮。老周皮内方的组织被新的周皮隔离后,因得不到水分和营养供应逐渐枯死,这些周皮以及被它隔离的死亡组织的综合体,因常剥落,故合称落皮层。有的落皮层呈环状脱落,如白桦树等;有的呈鳞片状脱落,如白皮松等;有的纵裂成沟,如柳等;有的呈大片脱落,如悬铃木等。但也有不少植物的周皮并不脱落,如杜仲、黄皮树等。落皮层也称为外树皮。

"树皮"有两种概念,狭义的树皮即落皮层;广义的树皮是指形成层以外的所有组织,包括木栓形成层内侧的次生韧皮部(内树皮)和落皮层。通常皮类药材(如杜仲、厚朴、黄柏等)的药用部位均指广义的树皮。

四、双子叶植物草质茎的次生构造

双子叶植物草质茎因生长周期短,次生生长有限,次生构造不发达,木质部细胞数量少,质地较柔软。与木质茎相比,具有如下特点(图3-32)。

(1)多数草质茎无木栓形成层的分化,故无周皮,由表皮起保护作用。表皮常具角质层、蜡被、气孔、毛茸等附属物。

(2)多数为无限外韧维管束环列。仅少数植物为双韧维管束。

(3)有些植物只有束中形成层,无束间形成层;而有些植物甚至连束中形成层也不明显。

(4)髓射线较宽,髓部较发达。有的植物髓部中央破裂呈空洞状。

五、双子叶植物根状茎的构造

双子叶植物根状茎一般指双子叶草本植物的根状茎,其结构与地上茎类似,有如下特点(图3-33)。

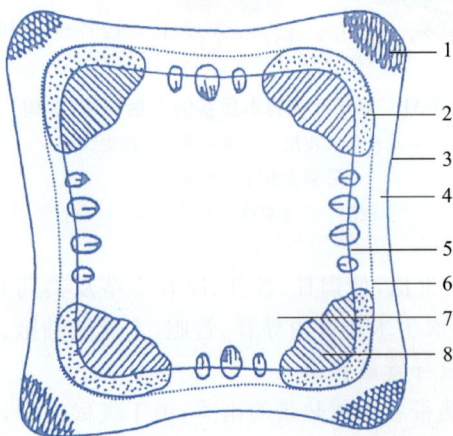

图 3-32　薄荷茎的横切面简图
1.厚角组织　2.韧皮部　3.表皮　4.皮层
5.形成层　6.内皮层　7.髓　8.木质部

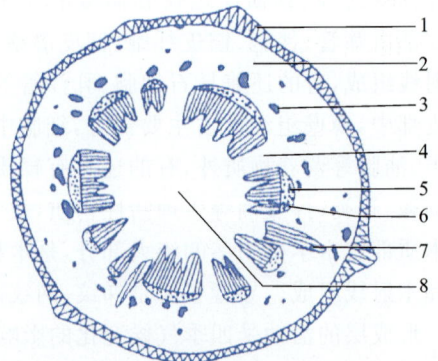

图 3-33　黄连根状茎的横切面简图
1.木栓层　2.皮层　3.石细胞群　4.射线
5.韧皮部　6.木质部　7.根迹维管束　8.髓

（1）表面常具木栓组织，有的植物木栓组织中有木栓石细胞，少数具有表皮或鳞叶。

（2）皮层中常有根迹维管束和叶迹维管束斜向通过。

（3）维管束为外韧型，成环状排列。束间形成层明显的植物，其形成层为完整的环状，但有的植物束间形成层不明显。

（4）髓射线较宽，中央有明显的髓。

（5）储藏薄壁组织发达，机械组织多不发达，仅皮层内侧有时含有纤维或石细胞。

六、双子叶植物茎及根状茎的异常构造

有些植物的茎和根茎除了能形成正常的维管构造外，常有部分薄壁细胞恢复分生能力，转化成非正常的新的形成层，产生多数异型维管束，所形成的构造为异型结构。

1. 髓维管束 位于双子叶植物茎或根状茎髓部的维管束。如大黄的根茎的横切面上，除正常排列成环状的维管束外，在髓部形成多数星点状的异型维管束，形成层环状，其外侧为由几个导管组成的木质部，内侧为韧皮部，射线深棕色，呈星芒状射出，习称为星点（图3-34）。

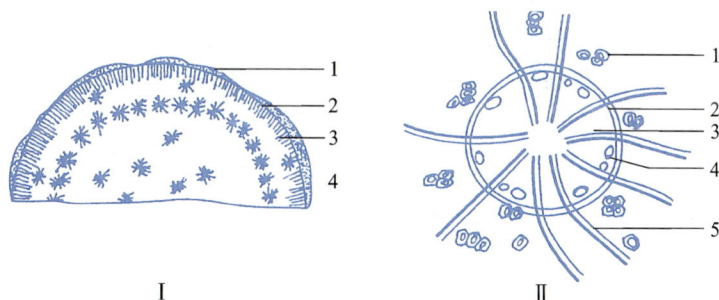

图 3-34 大黄根状茎的横切面简图

Ⅰ.掌叶大黄 1.韧皮部 2.形成层 3.木质部射线 4.星点

Ⅱ.星点简图（放大） 1.导管 2.形成层 3.韧皮部 4.黏液腔 5.射线

2. 同心环状排列的异常维管束 在某些双子叶植物茎内，当次生生长发育到一定阶段，次生维管柱的外围又形成多轮呈同心环状排列的异常维管束。如密花豆的老茎（鸡血藤）的横切面上，可见韧皮部呈2~8个红棕色至暗棕色的环带，与木质部相间排列。其最内一圈为圆环，其余为同心的半圆环。

七、单子叶植物茎的构造

与双子叶植物茎相比，单子叶植物茎和根茎在组织构造上有如下不同。

（1）单子叶植物茎和根状茎一般无形成层和木栓形成层，只具初生构造，不能进行次生生长，不能无限增粗。

一般只具表皮，不产生周皮。禾本科植物茎秆的表皮下方往往有数层厚壁细胞，以增强支持作用。

（2）表皮内侧为基本薄壁组织，维管束星散分布其中，为有限外韧维管束，因此无皮层和髓及髓射线之分。多数禾本科植物茎的中央部位（相当于髓部）萎缩破坏，形成中空的茎秆。

八、单子叶植物根状茎的构造

（1）根状茎表面仍为表皮或木栓化的皮层细胞，起保护作用。少数植物有周皮，如射干、仙茅等。禾本科植物根状茎的表皮较特殊，细胞平行排列，每纵行多为1个长细胞和2个短细胞纵向相间排列，长细胞为角质化的表皮细胞，短细胞中，一个是木栓化细胞，另一个是硅质化细胞，如白茅、芦苇等。

（2）皮层常占较大体积，其中常有细小的叶迹维管束，薄壁细胞内储藏大量的营养物质。中柱维管束多为散在的有限外韧维管束，如白茅根、姜黄等；少数为周木型，如香附；有的则同时具有限外韧型及周木型两种维管束，如石菖蒲（图3-35）。

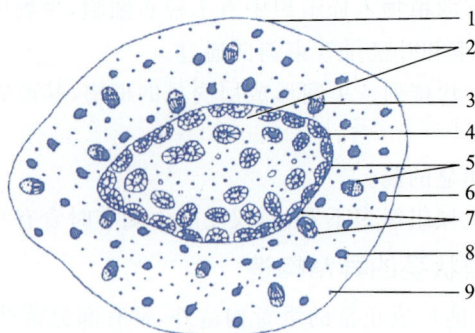

图 3-35　石菖蒲根状茎的横切面简图
1.表皮　2.薄壁组织　3.叶迹维管束　4.内皮层　5.木质部　6.纤维束　7.韧皮部　8.草酸钙簇晶　9.油细胞

（3）内皮层大多明显，具凯氏带，因而皮层和维管组织区域具明显界限，如姜、石菖蒲等。也有的内皮层不明显，如玉竹、知母、射干等。

（4）有些植物的根状茎在皮层靠近表皮部位的细胞形成木栓组织，如生姜；有的皮层细胞转变为木栓化细胞，形成所谓的"后生皮层"，以代替表皮行使保护功能，如藜芦等。

知识链接

裸子植物茎的构造

裸子植物茎均为木质，因此它的构造基本上与双子叶植物的木质茎相似，不同点在于次生木质部和次生韧皮部的组成。多数裸子植物茎的次生木质部主要由管胞、木薄壁细胞和射线细胞组成，无导管，少数如麻黄属、买麻藤属的裸子植物，木质部具有导管。无典型的木纤维，管胞兼具输送水分和支持的作用。次生韧皮部由筛胞、韧皮薄壁细胞组成，无筛管、伴胞和韧皮纤维。有些松柏类的裸子植物的茎的皮层、韧皮部、木质部和髓部常分布有树脂道。

任务五　叶的微观构造识别

叶的构造主要指叶柄和叶片的构造，叶柄的构造与茎的构造很相似，由表皮、皮层和维管柱三个部分组成；叶片的构造和叶柄截然不同，可分为表皮、叶肉和叶脉三个部分（图 3-36）。

一、双子叶植物叶的构造

（一）表皮

表皮覆盖在整个叶片的表面，叶片的上面（腹面）为上表皮，深绿色，下面（背面）为下表皮，浅绿色。表皮细胞通常由一层排列紧密的生活细胞构成，也有可能由多层细胞构成，称为复表皮。叶片的表皮细胞表面观呈不规则形，横切面观呈方形或长方形，彼此紧密嵌合，除气孔外无细胞间隙；一般无叶绿体，外壁较厚，常具角质层，有的还具有蜡被、毛茸等附属物。叶的上、下表皮均有气孔，但一般下表皮气孔较上表皮多，气孔的数目、位置和分布常因植物种类的不同而异。气孔的轴式以及毛茸的种类是叶类生药的重要鉴别特征。

（二）叶肉

叶肉位于上、下表皮之间，由含有叶绿体的薄壁细胞构成，是叶片进行光合作用的主要场所。叶肉包括栅栏组织和海绵组织两部分。

1. 栅栏组织　位于上表皮之下，细胞呈圆柱形，其长轴和上表皮垂直，排列紧密，形如栅栏。细胞内含有较多的叶绿体，故叶的上表面颜色较深。栅栏组织多为 1～2 列，有时 3 列以上，因植物种类的不同和生态环境而异,可作为叶类药材鉴别的特征之一。

2. 海绵组织 位于栅栏组织下方,下表皮的内方,细胞呈类圆形或不规则形,排列疏松,呈海绵状。和栅栏组织相比,细胞内含较少的叶绿体,使叶的下表面颜色较浅。

若叶片两面内部结构不同,即有栅栏组织和海绵组织的分化,上面深绿色,下面浅绿色,称为异面叶或不等面叶;若两面的内部结构相似,无明显的栅栏组织和海绵组织分化,如禾本科植物的叶,或有些植物的叶在上下表皮内侧均有栅栏组织,如番泻叶等,称为等面叶。

(三)叶脉

叶脉是叶肉中的维管束,起输导和支持作用。叶脉可分为主脉和各级侧脉。各级叶脉结构有所不同。主脉和较大侧脉由维管束和机械组织组成。主脉中维管束的构造和茎的维管束大致相同,主要包括木质部和韧皮部。木质部位于向茎面,由导管和管胞组成。韧皮部位于背茎面,由筛管和伴胞组成。在木质部和韧皮部之间还有少量的形成层。在维管束的上下方,常有厚壁或厚角组织包围,这些机械组织在叶的背面尤为发达,因此主脉和大的侧脉在叶片背面常形成显著的突起。侧脉越分越细,结构也越来越简单,最初消失的是形成层和机械组织,其次是韧皮部。木质部的构造也逐渐简单。到叶脉的末端,木质部仅留有 1~2 个短的螺纹管胞,韧皮部中只有短而狭的筛管分子和增大的伴胞。

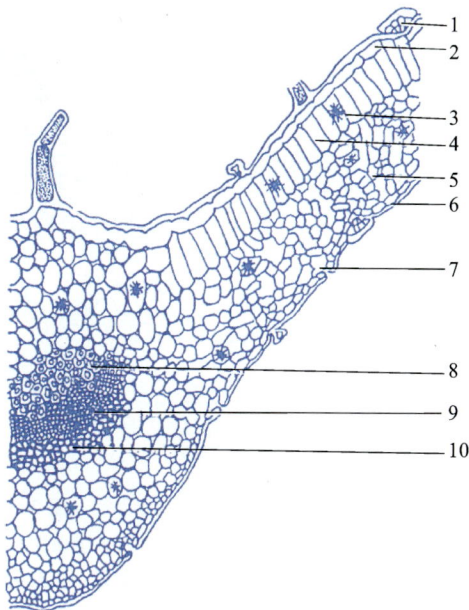

图 3-36 双子叶植物叶的构造
1.腺毛 2.上表皮 3.橙皮苷结晶
4.栅栏组织 5.海绵组织 6.下表皮 7.气孔
8.木质部 9.韧皮部 10.厚角组织

二、单子叶植物叶的构造

单子叶植物的叶多为等面叶,也具有表皮、叶肉和叶脉三部分基本结构。这里以禾本科植物为例进行详述。

(一)表皮

禾本科植物叶的表皮较为复杂,由表皮细胞、泡状细胞和气孔器有规律地排列而成。表皮细胞有长细胞和短细胞两种类型,长细胞呈长方柱形,长径与叶的纵长轴平行,因而易于纵裂。外壁角质化,并含有硅质,叶片表面较粗糙。上表皮中有一些特殊大型的薄壁细胞,在横切面上排列略呈扇形,具有大型液泡,称泡状细胞。干旱时泡状细胞失水收缩,使整个叶片卷曲成筒,以减少水分的蒸发;水分充足时又会吸水膨胀,使叶片展开,因此也称为运动细胞。上下表皮均分布有气孔,气孔是由两个狭长或哑铃状的保卫细胞围合而成的小孔,两端头状部分的细胞壁较薄,中部柄状部分的细胞壁较厚,每个保卫细胞的外侧各有 1 个略呈三角形的副卫细胞。

(二)叶肉

禾本科植物的叶片多呈直立状态,叶片两面受光近似,因此大部分无栅栏组织和海绵组织的明显分化,为等面叶。也有个别植物叶的叶肉组织分化为栅栏组织和海绵组织,属两面叶。

(三)叶脉

叶脉内的维管束为有限外韧维管束,在维管束和上、下表皮之间有发达的厚壁组织。在维管束的外围常有一、两层或多层细胞,这些细胞是薄壁组织或厚壁组织,称为维管束鞘,可作为禾本科植物分类上的特征(图 3-37)。

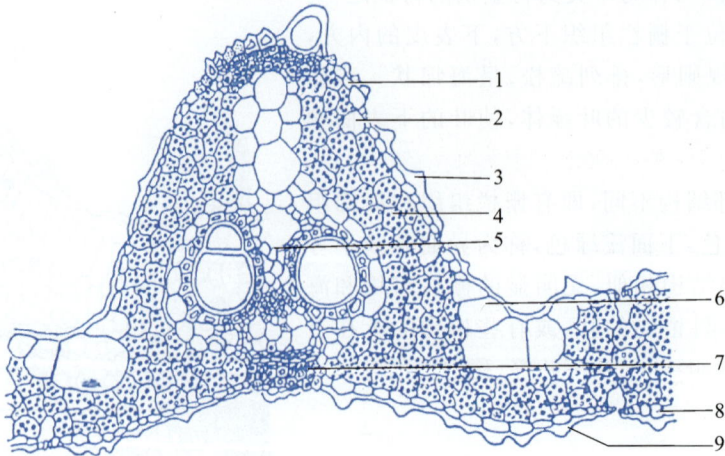

图 3-37 单子叶植物叶的构造

1.上表皮 2.气孔 3.表皮毛 4.薄壁细胞

5.大维管束 6.泡状细胞 7.厚壁组织 8.下表皮 9.角质层

（赵 华）

→ 小结

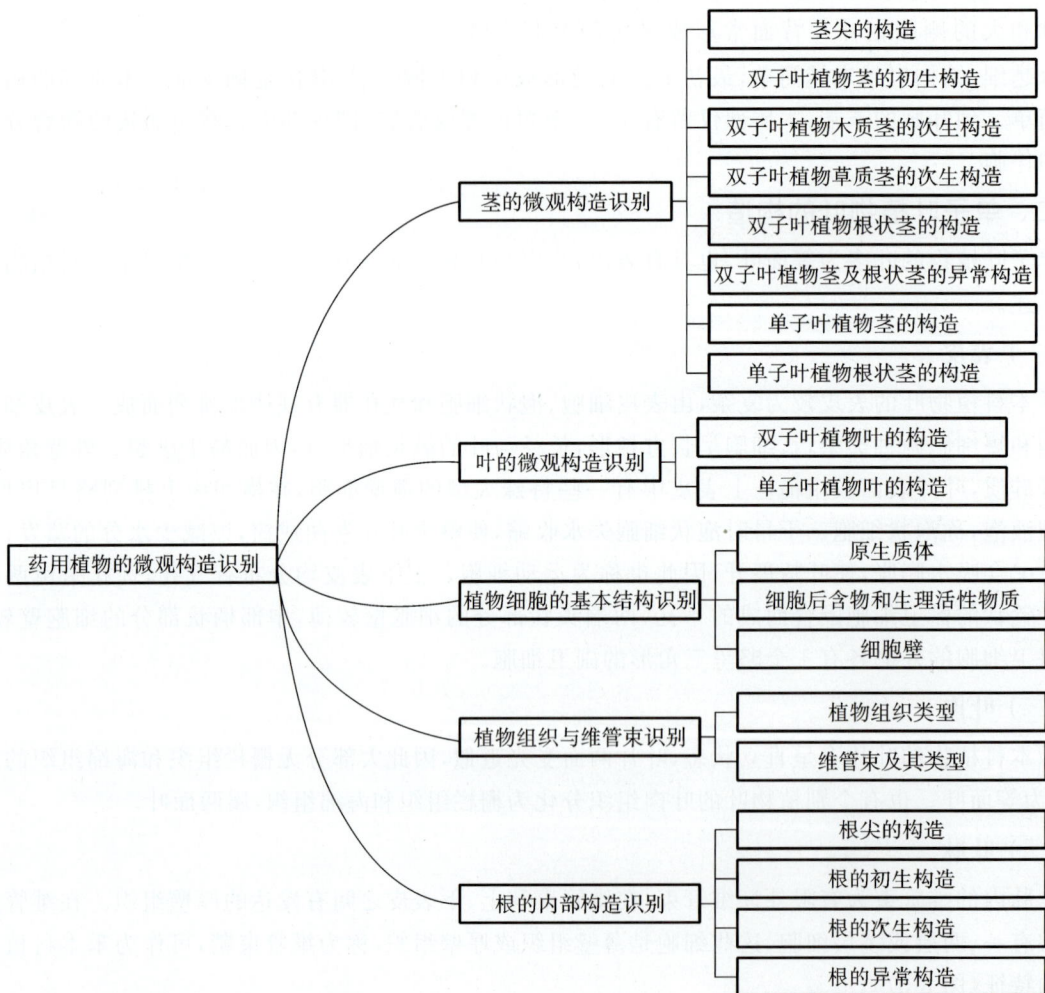

→ 目标检测

一、单选题

1. 构成植物体结构和功能的基本单位是( )。

　A. 组织　　　　　B. 器官　　　　　C. 胚　　　　　D. 细胞　　　　　E. 胚乳

2. 植物细胞所特有的细胞器是( )。

　A. 细胞壁　　　　B. 质体　　　　　C. 细胞核　　　　D. 淀粉粒　　　　E. 柱晶

3. 在半夏粉末制片中所观察的晶体为下列哪种类型?( )

　A. 方晶　　　　　B. 针晶　　　　　C. 簇晶　　　　　D. 砂晶　　　　　E. 柱晶

4. 加间苯三酚溶液和浓盐酸,呈红色或紫红色的细胞壁特化为( )。

　A. 木质化　　　　B. 木栓化　　　　C. 角质化　　　　D. 矿质化　　　　E. 黏液质化

5. 有两个或多个脐点,每个脐点有自己的层纹环绕,此淀粉粒为( )。

　A. 单粒　　　　　B. 复粒　　　　　C. 双粒　　　　　D. 半复粒　　　　E. 其他

6. 植物细胞除原生质体外,起保护作用的特有结构是( )。

　A. 细胞壁　　　　B. 细胞膜　　　　C. 液泡膜　　　　D. 核膜　　　　　E. 细胞器

7. 大黄粉末的草酸钙晶体为( )。

　A. 方晶　　　　　B. 针晶　　　　　C. 簇晶　　　　　D. 砂晶　　　　　E. 柱晶

8. 植物体中,细胞壁明显增厚,在植物体中起支持和巩固作用的细胞群是( )。

　A. 输导组织　　　B. 机械组织　　　C. 保护组织　　　D. 分生组织　　　E. 分泌组织

9. 既是保护组织又是分泌组织的为( )。

　A. 非腺毛　　　　B. 腺毛　　　　　C. 形成层　　　　D. 木栓层　　　　E. 栓内层

10. 蕨类植物和裸子植物运输有机物质的主要组织是( )。

　A. 导管　　　　　B. 管胞　　　　　C. 筛管　　　　　D. 筛胞　　　　　E. 分泌组织

11. 双子叶植物根的初生构造中,维管束类型为( )。

　A. 有限外韧型　　B. 无限外韧型　　C. 双韧型　　　　D. 辐射型　　　　E. 周韧型

12. 茎皮(树皮)药材指的是( )。

　A. 形成层以外的所有组织　　　　B. 落皮层　　　　　　　　　　C. 表皮
　D. 周皮　　　　　　　　　　　　E. 韧皮部

13. 观察气孔类型时,主要取叶的哪一部分?( )

　A. 上表皮　　　　B. 下表皮　　　　C. 叶肉　　　　　D. 叶脉　　　　　E. 叶鞘

14. 凯氏带存在于根的( )。

　A. 外皮层　　　　B. 中皮层　　　　C. 内皮层　　　　D. 中柱鞘　　　　E. 维管束

15. 导管壁绝大部分增厚,未增厚处多为具缘纹孔,少为单纹孔。此为( )。

　A. 梯纹导管　　　B. 环纹导管　　　C. 螺纹导管　　　D. 孔纹导管　　　E. 网纹导管

16. 裸子植物木质部中,主要的输导组织是( )。

　A. 导管　　　　　B. 管胞　　　　　C. 筛管　　　　　D. 筛胞　　　　　E. 伴胞

17. 被子植物韧皮部中,主要的输导组织是( )。

　A. 导管　　　　　B. 管胞　　　　　C. 筛管　　　　　D. 筛胞　　　　　E. 伴胞

18. 沉香、降香等的入药部位是茎的( )。

　A. 心材　　　　　B. 边材　　　　　C. 春材　　　　　D. 秋材　　　　　E. 早材

19. 大多数植物的叶子上表皮要比下表皮的绿色深一些,其主要原因是( )。

　A. 上表皮含叶绿体多　　　　　B. 下表皮含叶绿体多
　C. 栅栏组织含叶绿体多　　　　D. 海绵组织含叶绿体多　　　　E. 叶脉中含叶绿体多

20. 双子叶植物叶脉中的维管束类型是（　　）。

A.周韧型　　　　B.周木型　　　　C.有限外韧型　　D.无限外韧型　　E.辐射型

21. 下面关于等面叶的说法,正确的是（　　）。

A.一定无栅栏组织和海绵组织的分化　　　　　B.一定有栅栏组织和海绵组织的分化

C.叶肉细胞一定不分化　　　　　　　　　　　D.可能有栅栏组织与海绵组织的分化

E.上、下表皮内侧均有栅栏组织

22. 叶肉组织中的某些细胞排列疏松,细胞内含叶绿体,这种细胞称为（　　）。

A.皮层　　　　　B.栅栏组织　　　　C.海绵组织　　　D.髓　　　　　　E.髓射线

23. 可进行光合作用的结构是（　　）。

A.表皮　　　　　　　　　　　B.栅栏组织　　　　　　　　　　C.海绵组织

D.栅栏组织、海绵组织和保卫组织　　E.保卫组织

24. 禾本科植物的表皮中,与叶片的伸展、卷缩有关的细胞称为（　　）。

A.长细胞　　　　B.短细胞　　　　C.硅质细胞　　　D.泡状细胞　　　E.栓质细胞

25. 在两面叶的横切片上,栅栏组织靠近叶的_____表面,气孔主要分布在_____表面,维管束中韧皮部靠近叶的_____表面。（　　）

A.上、下、下　　B.下、下、上　　C.下、上、下　　D.上、上、下　　E.上、下、上

26. 植物叶片表面不可能出现的结构是（　　）。

A.腺毛　　　　　B.非腺毛　　　　C.气孔　　　　　D.皮孔　　　　　E.腺鳞

27. 根的初生木质部分化成熟的顺序是（　　）。

A.外始式　　　　B.内始式　　　　C.裂生式　　　　D.外起源　　　　E.内起源

28. 牛膝、川牛膝根横切面显微观察可见异型维管束呈（　　）。

A.星点状,初生木质部二原型　　　　B.云锦状,初生木质部二原型

C.星点状,初生木质部四原型　　　　D.多环同心性圆环状,初生木质部二原型

E.多环同心性圆环状,初生木质部四原型

29. 单子叶植物的根的维管束类型是（　　）。

A.无限外韧型　　B.有限外韧型　　C.辐射型　　　　D.周木型　　　　E.周韧型

30. 根的细胞中不含（　　）。

A.线粒体　　　　B.细胞核　　　　C.叶绿体　　　　D.有色体　　　　E.白色体

二、名称解释

1.植物细胞　2.植物组织　3.气孔　4.后含物　5.凯氏带　6.周皮　7.维管束　8.通道细胞　9.年轮　10.气孔轴式

三、简答题

1. 植物细胞与动物细胞的主要区别是什么?

2. 简述后含物的类型和特点。

3. 双子叶植物气孔的轴式的类型有哪些?

4. 简述双子叶植物根的初生构造和单子叶植物根的初生构造的异同点。

5. 双子叶植物茎的初生构造和次生构造的特点是什么?

6. 组织的类型有哪些?

7. 简述双子叶植物叶片的构造特点。

8. 简述双子叶植物与单子叶植物的构造的异同点。

药用植物分类识别

知识目标：

1. 掌握植物分类的等级和基本单位，掌握被子植物各科基本特征。
2. 熟悉被子植物各科代表植物的特征。
3. 了解被子植物各科代表植物的功效和分布。

技能目标：

1. 学会被子植物各科的特征及其重要药用植物识别。
2. 能识别重要药用植物的显微特征。

素质目标：

1. 培养学生热爱大自然的积极情感以及保护大自然的环保意识。
2. 培养中医药文化素质。

任务一　药用植物分类概述

植物分类及
低等植物特征

一、药用植物分类的意义和方法

植物分类学就是对植物进行准确描述、命名、分群、归类，并探索各类群间亲缘关系远近和趋向的基础学科，是所有与植物有关学科的基础，对从事药学类工作的学生学习植物分类学意义重大。

1. 准确鉴定药材原植物种类，确保用药安全　植物分类对植物种的鉴定是非常重要、细致的工作。有些植物种类在外表形态上很相似，难以区分，但其所含成分却迥然不同，为保证安全用药，绝对不能混淆。例如，八角茴香的成熟果实是著名的调味香料，具有温阳散寒、理气止痛的作用；同属植物莽草的果实和它极其相似，却含有莽草毒素等，有剧毒，曾有人误食而丧生。所以，如果没有一定的植物分类学基础，就很可能将药材来源鉴定错误，导致生产用药、患者用药错误，尤其一些有毒药材，重则危及患者生命。掌握了药用植物分类知识，可以准确鉴定药材原植物种类，保证药材生产、研究和用药的科学性、安全性。

2. 利用植物亲缘关系，探寻新的药用植物资源和紧缺药材代用品　现代研究发现亲缘关系近的植物，除形态相似外，其生理生化特性也有相似之处，所含的化学成分也比较相似。如小檗属植物大多含有小檗碱，萝藦科植物含有强心成分，毛茛科植物大多含有生物碱，人参属植物均含有人参皂苷等。利用分类学所揭示的这些规律，就能帮助我们较快地寻找某种植物药的代用品或新资源。

3. 为药用植物资源调查、开发利用、保护和栽培提供依据　学好植物分类学有利于药用植物资源调查，编写某地区药用植物资源名录，弄清其生态习性，为进一步合理开发、保护药用植物资源以及人工引种栽培提供科学依据。

4. 有助于进行国际学术交流　每一种植物，均有一个国际统一的拉丁学名和拉丁文记述，通过学习植物分类课程,了解植物命名,对国内外学术交流和查阅文献资料有很大帮助。

为了科学地研究、开发与利用植物,需要学会对植物进行分门别类。

早期人们根据植物的形态、习性、用途进行分类,称为人为分类方法。该法并未考虑植物类群的亲缘关系和演化顺序。林奈根据雄蕊的有无、数目以及着生情况等将植物分成24纲(如一雄蕊纲、二雄蕊纲);李时珍的《本草纲目》将千余种植物分成草、谷、菜、果和木五部,都属于人为分类系统。

1859年后,达尔文的进化论推动了对植物亲缘关系的研究。以植物的发生、形态及结构为依据,按其相似程度决定亲缘关系的远近而建立的较为科学的分类系统,称为自然分类系统。在众多的现代自然分类系统中,以恩格勒和勃兰特为代表与以哈钦松为代表的被子植物分类系统影响较大,使用较广。

随着科学技术的发展,自20世纪40年代以来,相关学科的理论和技术相继应用到植物分类学,研究者建立了实验分类学、化学分类学、细胞分类学、数量分类学、DNA分类学等。植物分类学研究的重点从研究新物种,转向研究植物进化系统、资源开发利用和生物多样性的保护方面,并获得丰硕成果。

二、药用植物分类的等级

将整个植物界中的50万种以上的植物,按其性质归纳成16个门。分类仅分到门是不够的,门只不过是植物分类中最大的单位,包含在同一个门的植物还可继续分下去,分成许多阶层(等级),如纲、目、科、属、种等。有时在各个阶层之下分别加入亚门、亚纲、亚目、亚科、族、亚族、亚属、亚种等阶层,每一阶层都有相应的拉丁词和一定的词尾。

植物分类系统的分类等级排列如下。

植物界(Regnum vegetabile)

  门(Divisio,Division)

    纲(Classis,Class)

      目(Ordo,Order)

        科(Familia,Family)

          属(Genus,Genus)

            种(Species,Species)

现以山楂为例:

植物界 Regnum vegetabile

  被子植物门 Angiospemme

    双子叶植物纲 Dicotyledoneae

      蔷薇目 Rosales

        蔷薇科 Rosaceae

          山楂属 *Crataegus*

            山楂 *Crataegus pinnatifida* Bge.

种是分类的基本单位,是所有个体具有一定形态特征及生理特性,有一定的自然分布区域,而且性质相对稳定的繁殖群体。

种下分设亚种、变种和变型。

1. 亚种 一个种内变异类型,并具有地理分布上、生态上或季节上的隔离,这样的群体即亚种。

2. 变种 也是一个种内的变异类型,并与种内其他变种有共同的分布区。

3. 变型 一个种内形态变异比较小的类型,用于识别和描述偶发的变异,如毛的有无、花的颜色等。

通常说的品种不是分类单位,不存在于野生植物中,指的是人工栽培或园艺繁殖的种内变异类型。

三、植物种的命名

世界上的植物种类繁多,因世界之广,语言之异,同一种植物在不同的国家、不同的民族、不同的地区往往有不同的命名。例如番茄,在我国南方称番茄,北方称西红柿,英语称 tomato。所有这些名称,都是地方名或俗名,这种现象称为同物异名。另外,还有同名异物现象,例如我国叫"白头翁"的植物就有 10 多种,其实它们是分别属于毛茛科、蔷薇科等不同科、属的植物。由于名称不统一,往往造成许多混乱,妨碍国内和国际间的科学交流。因此,现代植物的种名,即世界通用的科学名称的命名,都是采用双名法。

双名法是由瑞典植物分类学大师林奈(1707—1778)创立的。所谓双名法,是指用拉丁文给植物的种起名字,每一种植物的种名,都由两个拉丁词或拉丁化形式的字构成,第一个词是属名,相当于"姓",属名采用拉丁文名词的单数主格,它的第一个字母必须大写;第二个词是种加词,相当于"名",种加词通常使用形容词、同格名词或属格名词。一个完整的学名还需要加上最早给这个植物命名的作者名,故第三个词是命名人,命名人通常以其姓氏的缩写来表示,第一个字母要大写,缩写时一定要在右下角加缩略点"."。因此,属名+种加词+命名人名是一个完整学名的写法。例如银杏的种名为 *Ginkgo biloba* L. 。

种以下的分类等级有亚种,常缩写为 subsp.(或 ssp.),变种缩写为 var. ,变型缩写为 f. 。这些分类等级中亚种的学名表示法为原种名后加亚种的缩写,后写亚种名及亚种命名人。变种和变型也用同样的方法表示,即属名+种加词+命名人名+亚种或变种或变型加词+亚种名+亚种命名人。举例如下:

大叶紫堇 *Corydalis temulifolia* Franch. ssp. *temulifolia* Franch.

圆萼紫堇 *Corydalis pseudomucronata* C. Y. Wu var. *cristata* C. Y. Wu

白花黑环罂粟 *Papaver pavoninum* Fisch. f. *album* X. J. Ge

四、药用植物分类系统

人们在长期生活实践中观察各种植物的不同形态、构造、生活史及生活习性,积累知识并加以研究比较,找出它们的共同点和不同点。为了更好地认识及利用植物资源,把很多具有共同点的种类归并成一个类群,根据它们的区别将它们分成若干不同的类群,按照等级顺序排列就形成分类系统。植物分类系统分为人为分类系统和自然分类系统。

人为分类系统是人们按照自己的目的和习惯,选择植物的一个或几个明显的形态特征进行分类,按人为的标准顺序排成分类系统,而不考虑植物种类彼此间的亲缘关系和在系统发育中的地位,如古希腊的亚里士多德(Aristotle,公元前 384—公元前 322 年)将植物分成乔木、灌木和草本三大类;我国明朝著名的植物学家、医药学家李时珍(1518—1593)所著的《本草纲目》,根据植物的外形及用途将所收集的 1000 余种植物分为草、木、谷、果、菜五个部;清代吴其濬在《植物名实图考》中也将植物分为谷、蔬、山草、隰草、石草(包括苔藓)、水草(包括藻类)、蔓草、芳草、毒草、群芳(包括寄生的担子菌)、果、木 12 类。代表这一时期分类思想顶峰的为瑞典植物学家林奈(1707—1778),他选择植物的生殖器官(如雌蕊和雄蕊)的数目和形态作为分类标准:根据雄蕊的特征作为纲的分类标准;根据雌蕊的特征作为目的分类标准;依据果实的特征作为属的分类标准;依据叶子的特征作为种的分类标准,并撰写了巨著《植物种志》。林奈将植物分为 24 纲。应该肯定,上述的分类方法虽然是人为的,但对人类的生产或生活都起到了重要作用,并为科学的分类积累了丰富的资料和经验。但是这些方法并不够科学,不符合植物界的自然发生和发展规律,不能反映植物间的亲缘关系,其结果可能会给植物分类带来混乱。

自然分类系统根据植物亲缘关系的亲疏远近作为分类的原则。这种方法是根据形态学、解剖学、细胞学、遗传学、生物化学、生态学、古生物学等综合学科进行分类,特别是依据最能反映亲缘关系和系统演化中的主要性状进行分类。自此,分类学开始从对种本身的描述,转到了重点描述能反映遗传进化关系的特征,并探讨建立符合自然发展规律的植物界进化谱系。

自 19 世纪以来,植物分类学力求建立客观反映植物界亲缘关系和进化顺序的自然分类系统,很多分类学家根据各自的系统发育理论提出许多不同的被子植物系统,其中有代表性的如恩格勒(A. Engler)系统(1897)和哈钦松(J. Hutchinson)系统(1959),以及近代有代表性的克朗奎斯特(A. Cronquist)系统(1981)、塔赫他间(A. Takhtajan)系统(1954,1980)等。尽管这些系统都属自然分类系统,但由于被子植物起源于 1.36 亿年以前的侏罗纪或更早,最原始的代表植物已经绝迹,被保存下来并被发现的化石又很不完善,只能通过现存的被子植物、原始的种子植物化石进行比较,来推测被子植物的起源。因此,虽然同是自然分类系统,但由于研究者的论据不同,所建立的系统也是不同的,甚至有的部分是互相矛盾的。到目前为止,还没有一个为大家所公认的、完美的、真正反映系统发育的分类系统,要达到这个目的,还需各学科的深入研究和大量工作。

本书植物界类群分门根据修正的恩格勒系统编排。分门如下:

1. 裸藻门(Euglenophyta)
2. 绿藻门(Chlorophyta)
3. 轮藻门(Charophyta)
4. 金藻门(Chrysophyta)
5. 甲藻门(Pyrrophyta)
6. 褐藻门(Phaeophyta)
7. 红藻门(Rhodophyta)
8. 蓝藻门(Cyanophyta)
9. 细菌门(Bacteriophyta)
10. 黏菌门(Myxomycophyta)
11. 真菌门(Eumycophyta)
12. 地衣门(Lichens)
13. 苔藓植物门(Bryophyta)
14. 蕨类植物门(Pteridophyta)
15. 裸子植物门(Gymnospermae)
16. 被子植物门(Angiospermae)

各门植物之间由于形态结构、繁衍形式的不同,人们也常用下述分群归类。

从裸藻门到蓝藻门,这 8 个门中的植物统称为藻类。共同特征是植物体结构简单,无根、茎、叶分化,它们大多数为水生,具有光合作用色素,属于自养植物。

细菌门、黏菌门、真菌门合称为菌类。其形态特征与藻类相似,但不具光合作用色素,大多为寄生或腐生生活,是异养植物。藻类和菌类是植物界中出现较早、比较低级的类型,所以合称为低等植物。

地衣门是藻类和菌类的共生复合体,也属于低等植物的范围。

苔藓植物门与蕨类植物门的雌性生殖器官,均以颈卵器的形式出现。在裸子植物中,也有颈卵器退化的痕迹,因此,这 3 类植物又合称为颈卵器植物。但是苔藓与蕨类又是以孢子进行繁殖的,这与藻类、菌类相似。因此,它们与整个低等植物(即藻类、菌类)合称为孢子植物。与此相对,裸子植物门与被子植物门都以种子进行繁殖,故称种子植物。又因种子植物均能开花结实,所以还有一个名称——显花植物,而孢子植物则没有开花结实现象,故称为隐花植物。苔藓、蕨类、裸子、被子 4 门植物,植物体的结构比较复杂,大多有根、茎、叶的分化,内部也分化到较高级的程度,且有胚的构造,大多为陆生,合称为高等植物,与低等植物相对应。具体分类可参见图 4-1。

五、药用植物分类检索表

植物分类检索表是检索植物种类的必备工具之一,植物分类学其他工具书,如植物志、植物分类手册等一般均有检索表,用于鉴别植物的所属科、属、种。

检索表是根据二歧分类原理,把原来一群植物相对的特征、特性分成对应的两个分支。再把每个分支中相对的性状分成相对应的两个分支,依次下去直到编制到科、属或种为止。为了便于使用,各

$$植物界 \begin{cases} 孢子植物 \\ (隐花植物) \\ \\ 种子植物 \\ (显花植物) \end{cases}$$

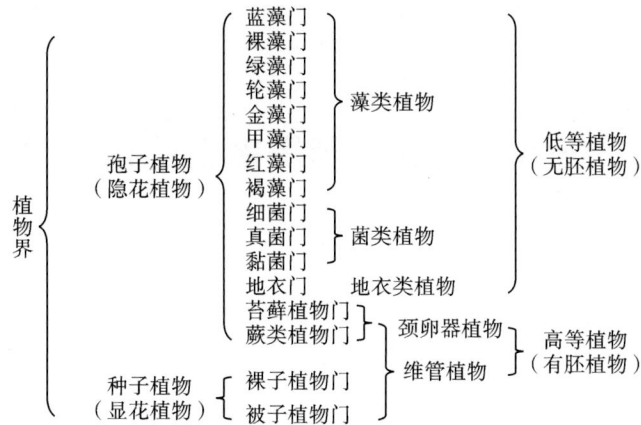

图 4-1 植物界分类图

分支按其出现先后顺序,前边加上一定的顺序数字,相对应的两个分支前的数字或符号应是相同的。

检索表的编排方式常见的有定距式和平行式两种。

(一)定距式检索表

定距式检索表是最常用的一种检索表,每对特征写在左边一定的距离处,前有号码为 1,2,…,与之相区别的特征写在同样距离处,如此下去,每行字数减少,距离越来越短,逐级向右收缩,使用上较为方便,每组对应性状一目了然,便于查找核对。不足之处在于如果种类较多,行次偏斜、变短,左空而右挤。

定距式检索表举例如下:

1. 植物体构造简单,无根、茎、叶的分化,无胚。(低等植物)
　　2. 植物体不为藻类和菌类所组成的共生复合体。
　　　　3. 植物体内含叶绿素或其他光合色素,生活方式为自养 …………………… 藻类植物
　　　　3. 植物体内无叶绿素或其他光合色素,寄生或腐生 …………………… 菌类植物
　　2. 植物体为藻类和菌类所组成的共生复合体 …………………………………… 地衣类植物
1. 植物体构造复杂,有根、茎、叶的分化,有胚。(高等植物)
　　4. 植物体有茎、叶及假根 …………………………………………………… 苔藓植物
　　4. 植物体有茎、叶和真根。
　　　　5. 植物以孢子繁殖 …………………………………………………………… 蕨类植物
　　　　5. 植物以种子繁殖 …………………………………………………………… 种子植物

(二)平行式检索表

将每一对相互区分特征的描述,并列在相邻的两行,给予同一号码,每一条后面注明往下查阅的号码或植物名称。与定距式检索表不同处在于每一对特征紧紧相连,易于比较,在一行叙述之后为一数字或为名称。

平行式检索表举例如下:

1. 植物体构造简单,无根、茎、叶的分化,无胚(低等植物) ………………………………… 2
1. 植物体构造复杂,有根、茎、叶的分化,有胚(高等植物) ………………………………… 4
2. 植物体为菌类和藻类所组成的共生复合体 ……………………………………… 地衣类植物
2. 植物体不为菌类和藻类所组成的共生复合体 ………………………………………………… 3
3. 植物体含叶绿素或其他光合色素,生活方式为自养 …………………………… 藻类植物
3. 植物体不含叶绿素或其他光合色素,生活方式为异养 …………………………… 菌类植物
4. 植物体有茎、叶和假根 ……………………………………………………… 苔藓植物
4. 植物体有根、茎和叶 ………………………………………………………………………… 5

任务二 低等药用植物的识别

一、低等药用植物的特点

低等药用植物包括藻类、菌类和地衣类植物。它们的共同特征:植物体构造简单,由单细胞或多细胞组成群体,植物体没有根、茎、叶的分化。繁殖器官是单细胞的,合子(受精卵)直接发育成新的植物体,不经胚的阶段。

二、药用藻类植物识别

藻类植物是一群比较原始的低等植物,植物体构造简单,没有真正的根、茎、叶的分化。藻体形状和类型多样,单细胞的如小球藻、衣藻等;多细胞呈丝状的如水绵、刚毛藻等;多细胞呈叶状的如海带、昆布等,多细胞呈树枝状的如海蒿子、石花菜等。藻体大小差异也很大,小的只有几微米,较大的藻体可长达几十米,如生长在太平洋中的巨藻。

藻类植物体内含有叶绿素、胡萝卜素、叶黄素等光合色素,能进行光合作用,属自养植物。不同的藻类体内所含的光合色素种类和比例不同,故不同种类的藻体呈现不同的颜色。

藻类植物的生殖一般分为营养繁殖、无性生殖和有性生殖三种。营养繁殖是细胞分裂或植物体断裂等;无性生殖是在孢子囊内产生孢子,由孢子直接长成一个新个体;有性生殖是在配子囊内产生配子,一般情况下,配子必须两两结合成为合子,由合子萌发长成新个体,或由合子产生孢子再长成新个体。

藻类植物约有 3 万种,广布于全世界。大多数生活于淡水或海水中,少数生活于潮湿的土壤、树皮和石头上。有些藻类能在零下数十摄氏度的南、北极或终年积雪的高山上生活,而有些藻类(如蓝藻)能在高达 85 ℃ 的温泉中生活,还有的藻类能与真菌共生,形成共生复合体——地衣。根据藻类细胞内光合作用色素的类别、储藏营养物的种类以及植物体的形态构造、繁殖方式、细胞壁的成分等方面的差异,将藻类分为八个门:蓝藻门、绿藻门、红藻门、裸藻门、轮藻门、金藻门、甲藻门、褐藻门。

本章只介绍常见的与药用关系密切的四个门。

(一) 蓝藻门 Cyanophyta

蓝藻是一类原始的低等植物,是由单细胞或多细胞组成的群体或丝状体,细胞内无真正的核或没有定形的核,属原核生物。蓝藻的色素主要是叶绿素、胡萝卜素和藻蓝素,此外,还含有藻胆素,藻体多呈蓝绿色。光合作用储藏的营养物质是蓝藻淀粉和蛋白质粒。蓝藻的繁殖方式主要是营养繁殖,极少数的种类能产生孢子,进行无性生殖。蓝藻门约有 150 属,1500 种。

图 4-2 葛仙米

【药用植物】

葛仙米 *Nostoc commune* Vauch.　念珠藻科植物,藻体黄褐色,块状,由许多圆球形细胞组成不分枝的单列丝状体,形如念珠(图4-2)。在丝状体上相隔一定距离产生一个异形胞,异形胞壁厚,且在两个异形胞之间,由丝状体中某些细胞的死亡,将丝状体分成许多小段,每小段即形成藻殖段(连锁体)。异形胞和藻殖段的产生,有利于丝状体的断裂和繁殖。葛仙米生于湿地或地下水位较高的草地上。可供食用和药用,民间习称地木耳,有清热、收敛、明目之功效。

蓝藻门中的药用植物还有螺旋藻 *Spirulina*

platensis(Nordst.)Geitl.、发菜 *Nostoc flagilliforme* Born. et Flah 等。

(二)绿藻门 Chlorophyta

绿藻有单细胞体、群体、多细胞丝状体、多细胞片状体等多种类型。细胞内除具有真核外,还有核膜、核仁。绿藻的细胞内具有叶绿体,形状多样,分别呈杯状、环带状、星状、网状等。叶绿体内含有和高等绿色植物一样的光合作用色素,如叶绿素 a、叶绿素 b、胡萝卜素等。储藏的营养物质为淀粉。繁殖方式有营养繁殖、无性生殖和有性生殖三种。绿藻是藻类植物中最大的一门,约有 350 属,5000～8000 种。绿藻门中的藻类分布很广,海水、淡水、土壤表层、岩石、树干均可生长,有的可寄生于动物体内或与真菌共生成地衣。

【药用植物】

蛋白核小球藻 *Chlorella pyrenoidosa* Chick. 单细胞,细胞卵圆形或球形,不能自由游泳,只能随水浮沉。细胞很小,细胞壁很薄,细胞质内含有一个近似杯状的色素体(载色体)和一个淀粉核。小球藻只进行无性生殖,繁殖的过程中原生质体在壁内分裂 1～4 次,产生 2～16 个不能游动的孢子。这些孢子和母细胞一样,只不过小一些,称为似亲孢子。孢子成熟后,母细胞壁破裂散于水中,长成同母细胞同样大小的小球藻(图 4-3)。小球藻分布很广,多生于小河、沟渠、池塘中。藻体富含蛋白质,药用可治疗水肿、贫血、神经衰弱、肝炎等,也可作营养品。由于它的光合生产率较高,繁殖较快,故也常作为研究光合作用的材料。

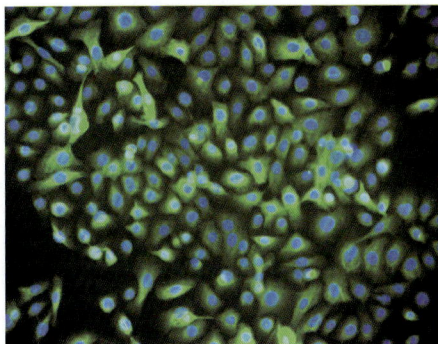

图 4-3 蛋白核小球藻

石莼 *Ulva lactuca* L. 藻体是由两层细胞构成的膜状体,呈黄绿色,边缘波状,基部有多细胞的固着器。无性生殖产生具有 4 条鞭毛的游动孢子,发育成配子体;有性生殖产生具有 2 条鞭毛的配子,配子结合成合子,合子直接萌发成孢子体。由于两种植物体形态构造基本相同,只是体内细胞的染色体数目不同,故石莼的生活史属同型世代交替。石莼主要分布于浙江至海南岛沿海。供食用,被称为"海白菜"。中药石莼为其藻体,能软坚散结、清热祛痰、利水解毒。

绿藻门中可供药用的藻类还有水绵 *Spirogyra nitida*(Dillw.)Link、浒苔 *Enteromorpha prolifera*(Muell)J. Aq 等。

(三)红藻门 Rhodophyta

植物体绝大多数是多细胞的丝状体、片状体、树枝状等,少数为单细胞或群体。光合作用色素有藻红素、叶绿素 a、叶绿素 b 和叶黄素、藻蓝素等,由于藻红素占优势,故藻体呈紫色或玫瑰红色。储藏的营养物质为红藻淀粉和红藻糖。红藻的繁殖方式为无性生殖和有性生殖两种。红藻有 558 属,3740 余种,绝大多数分布于海水中,固着于岩石等物体上。

【药用植物】

石花菜 *Gelidium amansii* Lamouroux. 红藻门石花菜科。藻体呈紫红色或棕红色,软骨质,丛生,主枝扁圆柱形,羽状分枝 4～5 次(图 4-4)。藻体固着器假根状。分布于我国沿海地区,生于低潮带的石沼中或水深 6～10 m 的海底岩石上。石花菜可提取琼脂,用于医药和食品行业,亦可食用。中药石花菜为其藻体,具有清热解毒、化瘀散结、缓下、驱蛔的功效。

甘紫菜 *Porphyra tenera* Kjellm. 红藻门红毛菜科。藻体薄叶片状,呈卵形或不规则圆形,通常高 20～30 cm,基部楔形、圆形或心形,边缘具褶皱,藻体紫红色(图 4-5)或微带蓝色。分布于辽东半岛至福建沿海,生于中低潮带岩石上或其他附着物上,并有大量栽培。全藻供食用。中药甘紫菜为其藻体,具有化痰软坚、利咽止咳、养心除烦、利水除湿的功效。

红藻门中的药用植物还有鹧鸪菜(美舌藻、乌菜)*Caloglossa leprieurii*(Mont.)J. Ag.、海人藻

79

图 4-4　石花菜

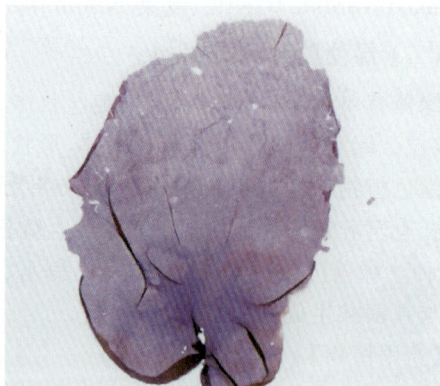

图 4-5　甘紫菜

Digenea simplex（Wulf.）C. Ag. 等。

（四）褐藻门 Phaeophyta

褐藻门是多细胞植物体,是藻类植物中形态构造分化最高级的一类,在外形上有分枝或不分枝的丝状体;有的成片状或膜状体。内部构造有的比较复杂,组织已分化成皮、皮层和髓部;褐藻细胞内有叶绿素,但常被黄色的色素如胡萝卜素和叶黄素所掩盖,叶黄素中含量最大的是墨角藻黄素,这一色素使植物体常呈褐色。储藏的营养物质为褐藻淀粉、甘露醇、油类等。生殖方式与绿藻基本相似。褐藻大约有 250 属,1500 种,绝大部分生活在海水中,是构成"海底森林"的主要类群。

【药用植物】

海带 *Laminaria japonica* Aresch.　褐藻门海带科。海带为多年生的大型褐藻,整个植物体分为三部分:根状分枝的固着器、基部细长的带柄和叶状带片(图 4-6),多分布于辽宁、河北、山东沿海等地。目前海带人工养殖已推广到长江以南的浙江、福建、广东等省沿海。我国产量居世界首位。海带除了食用,还能入药,能软坚散结,消痰利水,降血脂,降血压,还用于治疗缺碘性甲状腺肿大等病。

昆布 *Ecklonia Kurome* Okam.　昆布属于翅藻科,植物体明显区分为固着器、柄和带片三部分。带片为单条或羽状,边缘有粗锯齿(图 4-7),多分布于浙江、福建、台湾海域,生于低潮线附近的岩礁上。其功效与海带相同。

褐藻门中的药用植物还有海蒿子 *Sargassum pallidum*（Turn.）C. Ag. 、羊栖菜 *S. fusiforme*（Harv.）Setch. 、裙带菜 *Undaria pinnatifida*（Harv.）Suringar 等。

图 4-6　海带

图 4-7　昆布

藻类植物种类繁多,资源丰富,我国利用藻类供食用、药用历史悠久。在历代的本草中对藻类的药用功效都有详细的记载。近年来从藻类植物中发现并提取有关抗肿瘤、防治冠心病、驱虫、抗放射性药物等的研究和应用均取得一定进展。同时,藻类植物对生态环境的净化和保护作用不容忽视。因此,对藻类植物的开发利用具有广阔的发展空间。

三、药用菌类植物识别

菌类植物和藻类植物一样,均属于低等植物,没有根、茎、叶的分化。菌类植物不含叶绿素,不能进行光合作用制造养料,属于异养生物。

菌类植物在植物学分类上常分为三个门:细菌门、黏菌门和真菌门。其中,药用种类最多的是真菌门,大约有真菌64200种,我国已知约有真菌8000种,其中药用真菌300余种,广泛用于心脑血管、恶性肿瘤、糖尿病等重大疾病的治疗。真菌分布广,从寒带到热带,从空气到水流,从沙漠到湿地、冰川,从动植物活体到它们的尸体,均有真菌存在的踪迹。

真菌与人类和动植物关系非常密切,有的真菌可致人生病,有的真菌可供人类食用,有的真菌可用于治疗疾病。我们应当充分认识真菌,合理开发利用真菌。以下着重介绍真菌门。

(一)真菌的特征

真菌有真正的细胞核,不含叶绿素,不能进行光合作用,营养方式为异养。异养生物分为寄生、腐生、共生。从活的动植物体吸收养分的称寄生;从动植物尸体或无生命的有机物中吸取养分的称腐生;从活的有机体吸取养分,同时又为该活体提供有利的生活条件,从而彼此间互相受益、互相依赖的称共生。真菌具有由几丁质和纤维素构成的细胞壁。菌丝细胞内储藏的营养物质是肝糖、油脂和菌蛋白,而不含淀粉。

真菌除少数种类是单细胞外,绝大多数由纤细、管状的菌丝构成。菌丝分枝或不分枝,组成一个菌体的全部菌丝称为菌丝体。大多数菌丝都有隔膜,把菌丝分隔成许多细胞,称为有隔菌丝。有的低等真菌的菌丝不具隔膜,称为无隔菌丝。真菌的菌丝在正常生长时一般是很疏松的,但在不良的环境下或繁殖的时候,菌丝相互紧密交织在一起形成各种不同的菌丝组织体(常见的有根状菌索、菌核、子实体和子座),见表4-1。

真菌的繁殖方式有营养繁殖、无性繁殖和有性繁殖三种,见表4-2。

表 4-1　特殊菌丝组织体

特殊菌丝组织体	特　点	举　例
根状菌索	菌丝相互紧密交织在一起纠结成绳索状,外形似根,属于菌丝的休眠体	引起木材腐烂的担子菌的菌丝
菌核	菌丝密集成颜色深、质地坚硬的核状体,属于菌丝的休眠体	茯苓
子实体	有些高等真菌在生殖时期形成有一定形状和结构、能产生孢子的菌丝体	蘑菇伞状子实体;马勃近球形子实体
子座	容纳子实体的菌丝褥座状结构	冬虫夏草菌从蝙蝠蛾科昆虫的幼虫尸体上长出的棒状物

表 4-2　真菌的繁殖方式

真菌繁殖方式	特　点	举　例
营养繁殖	真菌菌丝断裂形成节孢子或细胞出芽形成芽孢子进行繁殖	酿酒酵母
无性繁殖	营养体不经过核配和减数分裂产生后代个体,直接由菌丝分化产生无性孢子	游动孢子、孢囊孢子、分生孢子

续表

真菌繁殖方式	特　点	举　例
有性繁殖	真菌生长发育后期,经过两个性细胞结合后细胞核减数分裂产生孢子	卵孢子、接合孢子、子囊孢子、担孢子

(二) 常用药用真菌

植物学根据真菌生殖方式将真菌分为 5 个亚门,即鞭毛菌亚门、接合菌亚门、子囊菌亚门、担子菌亚门和半知菌亚门。与药用关系较密切的是子囊菌亚门和担子菌亚门。

1. 子囊菌亚门　子囊菌亚门是真菌门中种类最多的一个亚门,约 2720 属,28650 种。因结构复杂,与担子菌亚门同属于高等真菌。除少数低等子囊菌(如酵母菌)为单细胞外,绝大多数有发达的横隔菌丝并且紧密结合成一定形状的菌丝体。

子囊菌亚门最主要的特征就是有性生殖产生子囊。子囊是两性结合的场所,内生子囊孢子,可以发育成新个体。

子囊多产生于由菌丝形成的包被内,形成具有一定形状的子实体,称作子囊果。子囊果的形态是子囊菌分类的重要依据。常见的子囊果有 3 种类型:子囊果包被完全封闭,没有固定的孔口,称作闭囊壳;子囊果的包被有固定的孔口,称作子囊壳;子囊果呈盘状,称作子囊盘。

【药用植物】

图 4-8　冬虫夏草

冬虫夏草 *Cordyceps sinensis* (Brek.)Sacc.　为麦角菌科真菌冬虫夏草菌寄生于蝙蝠蛾科昆虫幼体上的子座及幼虫尸体的复合体。夏秋季节,冬虫夏草菌的子囊孢子由子囊散发后分裂成小段,侵入寄主幼虫的体内,并发育成菌丝体。被感染幼虫钻入土中越冬,冬虫夏草菌在虫体内继续发展和蔓延,破坏虫体内部的结构,仅残留外壳,把虫体变成充满菌丝的僵虫,虫体内的菌丝变成坚硬的菌核,并以菌核的形式过冬。翌年夏季自幼虫体的头部长出棍棒状的子座,并伸出土层外。子座单个,长 4～11 cm,顶端稍膨大,褐色。冬虫夏草主产于甘肃、青海、四川、云南、西藏,生于海拔三千米以上的高山草甸(图 4-8)。以子座、幼虫躯壳以及躯壳中的菌核作"冬虫夏草"入药,中药学列为补阳药,能补肺益肾,止血化痰。

子囊菌亚门中主要供药用的菌类还有竹黄 *Shiraia bambusicola* P. Henn.,具有化痰止咳、活血祛风、利湿的功效。

2. 担子菌亚门　担子菌亚门是真菌中最高等的亚门,全世界有 1100 属,22000 余种,包括许多供食用和药用的种类和诱发植物病害的有害种类,以及多种有毒种类。担子菌由具有横隔的分枝菌丝组成。在整个发育过程中,产生两种形式不同的菌丝:一种是由担孢子萌发形成单核的菌丝,经多次分裂成多核,随后产生横隔,成为单核具隔菌丝,称为初生菌丝;另一种是多数担子菌经锁状联合,继续产生双核菌丝,称为次生菌丝。次生菌丝双核时期很长,这是担子菌的特点之一。有性生殖产生担子和担孢子是本亚门的主要特征。在形成担子和担孢子的过程中,经两性结合后的核,再经减数分裂产生 4 个担孢子,担孢子发育成为新个体。产生担孢子的结构复杂的菌丝体称担子果,为担子菌的子实体。其形态、大小、颜色各不相同,有伞状、扇状、球状、头状、笔状等,其中最常见的一类为伞菌类,蘑菇、香菇即属此类。

【药用植物】

茯苓 *Poria cocos* (Schw.)Wolf.　属多孔菌科。菌核近球形、椭圆形或呈不规则块状,大小不一;

小者如拳,大者可达数千克;表面粗糙,呈瘤状皱缩,灰棕色或黑褐色;内部白色或略带粉红色,由无数菌丝及储藏物质聚集而成。子实体无柄,平伏于菌核表面,呈蜂窝状,幼时白色,成熟后变为浅褐色。全国大部分地区均有分布,现多栽培。寄生于赤松、马尾松、黄山松等的根上。菌核入药作"茯苓",能利水渗湿,健脾宁心(图4-9)。

灵芝 *Ganoderma lucidum*(Leyss ex Fr.)Karst. 属多孔菌科,为腐生真菌。子实体有柄,木栓质,由菌盖和菌柄两部分组成。菌盖半圆形或肾形,具环状棱纹和辐射状皱纹。初生黄色,后渐变成红褐色,外表有漆样光泽。菌柄生于菌盖的侧方。孢子卵形,褐色,内壁有无数小疣。我国许多省区有分布,生于栎树及其他阔叶树的腐木上。商品药材多系人工栽培(图4-10)。子实体作"灵芝"入药,为滋补强壮药,能补气安神、止咳平喘。

图4-9 茯苓

图4-10 灵芝

担子菌亚门中主要供药用的菌类还有木耳 *Auricularia auricular*(L. ex Hook)Underw.,具有补气养血、润肺止咳的功效;猴头菌 *Hericium erinaceus*(Bull.)Pers.,具有健脾养胃、安神的功效。

四、药用地衣类植物识别

地衣类植物是真菌和藻类高度结合的共生复合体。复合体的大部分由菌丝交织而成,中间疏松,表层紧密,藻类细胞位于复合体的内部,可进行光合作用,为整个植物体制造有机养分;菌类则吸收水分和无机盐,为藻类植物所进行的光合作用提供原料,并使植物体保持一定的湿度。共生菌类主要为子囊菌,少数为担子菌;藻类为单细胞或丝状蓝藻门或绿藻门。

地衣类植物的耐旱性和耐寒性很强。干旱时休眠,雨后即恢复生长。全世界地衣类植物约有500属,26000种。地衣分布极为广泛,从南北两极到赤道,从高山到平原,从森林到荒漠,均有地衣的踪迹。

(一)形态及类型

植物学根据地衣的形态,将地衣分为壳状地衣、叶状地衣和枝状地衣三种类型。

1. 壳状地衣 植物体为各种颜色的壳状物,菌丝与树干或石壁紧贴,不易剥离,占地衣总样量80%,如茶渍衣、文字衣等。

2. 叶状地衣 植物体为扁平叶片状,有背腹性,以假根或脐固着在基质上,易剥离,如石耳、梅衣等。

3. 枝状地衣 植物体为树枝状或丝状,直立或悬垂,仅基部附着在基质上,如石蕊、松萝等。

(二)繁殖方式

地衣通常进行营养繁殖。叶状体断裂成若干裂片,每个裂片发育成一个新的叶状体,或者在叶状体上产生粉芽(藻胞群被菌丝缠绕成团状,散布于地衣体表面,呈小粉粒状结构)、珊瑚芽(地衣体上凸起的瘤状结构,内包藻胞群)等营养繁殖体进行营养繁殖。有性生殖仅由共生的真菌进行。因地衣中共生真菌以子囊菌为多,故通过有性生殖过程产生子囊孢子的类型最为多见。子囊孢子成熟后自子囊中释放出来,在适宜的条件下萌发成新的菌丝体,如遇到适合的共生藻类细胞,相互结合,即可发育成新的地衣类植物体。

(三)常用药用地衣类植物

节松萝 *Usnea diffracta* **Vain.** 属于松萝科。植物体丝状,长 15~50 cm,二叉状分枝,基部较粗,分枝少,先端分枝较多。表面灰黄绿色,具光泽,有明显的环状裂沟。横断面中央有韧性丝状的中轴,具弹性,由菌丝组成,其外为藻环,常由环状沟纹分离或成短筒状。菌层产生少数子囊果,内生 8 个椭圆形子囊孢子。分布于全国大部分省区,生于深山老林树干上或岩壁上。全草入药,能止咳平喘,活血通络,清热解毒(图 4-11)。

长松萝 *Usnca longissima* **Ach.** 属松萝科植物,全株细长,不分枝,体长可达 1.2 m,两侧密生细而短的侧枝,形似蜈蚣,分布于全国大部分地区,功用同节松萝(图 4-12)。

图 4-11 节松萝

图 4-12 长松萝

地衣类植物主要的入药种类还有:石耳 *Umbilicaria esculenta*(Miyoshi)Minks.,全草能清热解毒,止咳祛痰,平喘消炎,利尿,降血压;地茶 *Thamnolia vermicularis*(SW.)Ach.,具有清热生津、醒脑安神的功效。

任务三　药用苔藓植物识别

高等植物苔藓、
蕨类和裸子植物

一、苔藓植物的特点

苔藓植物是绿色自养植物,也是结构最简单的高等植物。多生于阴湿的环境中,是植物从水生到陆生过渡形式的代表。

本门中的植物形态一般比较矮小,比较高级的种类有茎、叶的分化,没有真正的根,只有单列细胞构成的假根。植物体内部构造简单,组织分化水平不高,仅有皮部和中轴的分化,没有真正的维管束构造。

苔藓植物的有性生殖器官由多细胞组成。雌性生殖器官为颈卵器,外形如瓶状,上部细长,下部膨大;雄性生殖器官为精子器,多为棒状或球状,内有许多精子。苔藓植物的受精需借助于水,精卵结合后形成合子,合子在颈卵器内发育为胚,胚发育为孢子体。

在苔藓植物的生活史中,由孢子萌发成为原丝体,再由原丝体发育成配子体,配子体产生雌雄配子,这一阶段为有性世代;而从受精卵发育成胚,由胚发育成孢子体的阶段称为无性世代。有性世代与无性世代互相交替形成了世代交替。配子体在苔藓植物的生活中占优势,并且能够独立生活。孢子体不能独立生活,需寄生在配子体上,这是与其他高等植物明显不同的特征。

苔藓植物约有 4300 种,我国约有 2000 种。常生长在潮湿和阴暗的环境中。根据营养体的形态构造分为苔纲和藓纲。

二、药用苔藓植物识别术

(一)苔纲

植物体多为扁平的叶状体,有背腹之分。苔纲植物体内无维管组织,有由单细胞组成的假根。孢子体由基足、蒴柄和孢蒴组成。原丝体不发达,不产生芽体,每一个原丝体只发育成一个新植物体(配子体)。多生于阴湿的土地、岩石和潮湿的树干上。

【药用植物】

地钱 *Marchantia Polymorpha* L. 属地钱科,植物体(配子体)绿色叶状,扁平,呈叉状分枝;贴地生长,有背腹之分。在背面(上面)可见表皮上有气孔,腹面(下面)具紫色鳞片和带有花纹的两种假根。地钱有营养繁殖、有性生殖两种繁殖方式。有性生殖时,植株上产生有柄的配子器托。地钱分布于全国各地,生于林内、阴湿的土坡及岩石上,亦常见于井边、墙角等阴湿处(图 4-13)。全草入药,能解毒,祛瘀,生肌,消炎。

图 4-13 地钱

苔纲中的药用植物还有蛇地钱(蛇苔)*Conocephalum conicum*(L.)Dum.,全草能清热、解毒,外用疗疮、蛇伤。

(二)藓纲

植物体多直立,有茎、叶的分化,茎内具中轴,但无维管组织,有由单列细胞组成的分枝状假根。孢子体由基足、蒴柄和孢蒴组成。原丝体发达,每个原丝体芽体形成多个新的植物体(配子体)。藓纲的植物比苔纲的植物耐低温,常见于温带、寒带和高山冻原。

【药用植物】

大金发藓(土马骔)*Polytrichum Commune* L. 属大金发藓科。植物体(配子体)深绿色,老时黄褐色,常聚生成大片群落。茎直立,不分枝,高 10～30 cm,叶多数密集在茎的中上部,向下逐渐稀疏且变小,基部叶鳞片状。广布全国各地,生于山野阴湿土坡,森林沼泽,酸性土壤上(图 4-14)。全草入药,能清热解毒,凉血止血。

葫芦藓 *Funnaria hygromentrica* Hedw. 属葫芦藓科,植物体高约 2 cm,直立,呈黄绿色,茎短小,植株基部有假根。雌雄同株、异枝。孢子体寄生于配子体上,由基足、蒴柄和孢蒴组成。孢子散发后,在适宜的环境中萌发成为原丝体。每个孢子发生的原丝体可产生几个芽体,每个芽体发育成一个新植物体(图 4-15)。全草能除湿,止血。

图 4-14　大金发藓

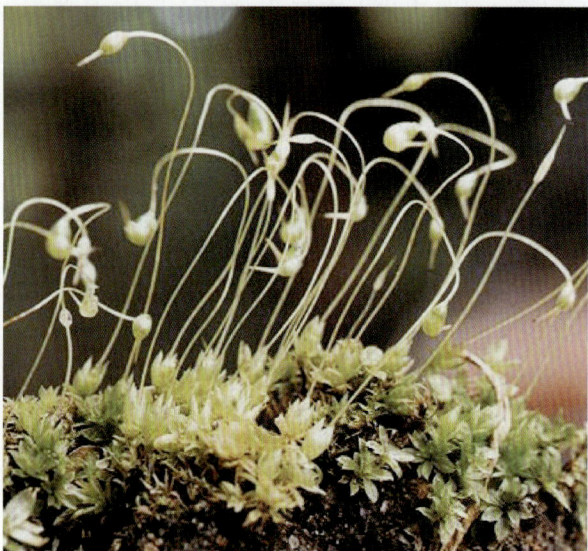

图 4-15　葫芦藓

（肖　寒）

任务四　药用蕨类植物识别

蕨类植物又称羊齿植物，和苔藓植物一样具明显的世代交替现象，无性繁殖是产生孢子，有性生殖器官为精子器和颈卵器。但是蕨类植物的孢子体远比配子体发达，并有根、茎、叶的分化，内中有维管组织，这些是异于苔藓植物的特点。蕨类植物只产生孢子，不产生种子，则有别于种子植物。蕨类植物的孢子体和配子体都能独立生活，此点和苔藓植物及种子植物均不相同。因此，蕨类植物是介于苔藓植物和种子植物之间的一类植物，是较高等的孢子植物，又是较原始的维管植物。

蕨类植物于古生代后期、石炭纪和二叠纪曾在地球上盛极一时，被称为蕨类植物时代，但蕨类原有大型种类现已绝迹，其遗体是构成化石植物和煤层的重要来源。

现存蕨类有 12000 多种，广泛分布于世界各地。我国有 2600 多种，多数分布于西南地区和长江流域以南地区。其中药用蕨类有 39 科，400 余种。常见的药用蕨类有金毛狗脊、绵马贯众、卷柏、石韦、石松、骨碎补、海金沙等。

一、蕨类植物的特点

（一）孢子体

蕨类植物的孢子体发达，故常见的蕨类植物体是孢子体，常有根、茎、叶的分化。一般为多年生草本,稀一年生。大多为土生、石生或附生,少数为水生或亚水生,一般表现为喜阴湿和温暖的特性(图4-16)。

蕨类的指示作用

在绿叶茂密的森林里,生长着许多枝叶青翠、姿态奇特的蕨类植物。不同种类的植物要求不同的生活环境,有的适应幅度较大,有的则很小。后者只有满足了它对环境条件的要求,才能够生存下去,这种植物相对地指示着当地的环境条件,叫指示植物。蕨类植物对外界自然条件的反应具有高度的敏感性和严格的选择性,因此,蕨类植物可作为反应环境条件的指示植物,用于指示气候及指示土壤。

1. 指示气候　如果你见到桫椤属、乌蕨属、膜蕨属、三叉蕨属、实蕨属、原始观音座莲属以及金毛狗属等种类繁多的热带属种植物,标志着此处为热带或南亚热带的气候条件。某些蕨类植物对干燥的空气非常敏感,只有在相对湿度很大的地方才能被发现,它们被称为湿生植物,如膜蕨科植物。江西庐山膜蕨科植物有5属8种,从此可以推断庐山的大气湿度是相当大的。事实也是如此,庐山大气湿度年平均在80％以上,经常云雾弥漫,故有"不识庐山真面目"之说。也有少数蕨类植物例如旱蕨属和粉背蕨属的种类,适宜干燥的环境,如果在某地发现它们,就说明此地的生境干旱。

2. 指示土壤　有的蕨类植物只能在酸性土壤中生活,有的则只能在钙质土壤上生活,在野外调查工作中常把这些蕨类植物作为指示植物。

有些植物还能指示矿质。如生长石松的地方一般有铝矿,木贼的灰分中含有少量的金。利用指示植物进行地质勘查工作,已引起有关部门的注意。研究蕨类植物的指示作用将对国民经济的发展起到一定的作用。

1. 根　常为须根,着生在根状茎上,吸收能力较强。

2. 茎　通常为根状茎,少数为直立的树干状(如桫椤)或其他形式的地上茎。原始类型的蕨类植物既无毛也无鳞片,较为进化的蕨类常有毛而无鳞片,高级的蕨类才有鳞片,如石韦、槲蕨等。

蕨类的茎内有明显的维管组织的分化,形成了各种类型的中柱,主要有原生中柱、管状中柱、网状中柱和散状中柱等(图4-17)。

图 4-16　蕨类的毛

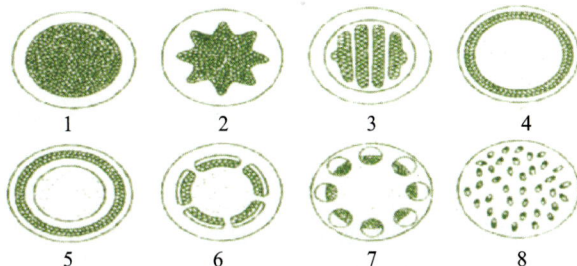

图 4-17　中柱类型横切面图解

1、2、3.原生中柱　1.单中柱　2.星状中柱　3.编织中柱
4.外韧管状中柱　5.双韧管状中柱　6.网状中柱　7.真中柱
8.散状中柱

3. 叶 蕨类的叶按来源分有小型叶和大型叶两种类型。小型叶无叶隙、叶柄,仅具一条不分枝的叶脉,由茎的表皮突出而成,为原始类型。大型叶具叶柄和叶隙,有多分枝的叶脉,由多数顶枝扁化而成,为进化类型。大型叶叶片有单叶或一回到多回羽状分裂或复叶;叶片中轴称叶轴。第一次分裂出来的小叶称羽片,羽片中轴称羽轴,从羽片分裂出的小叶称小羽片,小羽片的中轴称小羽轴,最末次裂片上的中肋称主脉或中脉。

按功能分可分为营养叶和孢子叶(图 4-18)两种类型,也称不育叶和能育叶。营养叶(不育叶)仅进行光合作用而不产生孢子囊和孢子。孢子叶(能育叶)则可产生孢子囊和孢子。若蕨类的营养叶和孢子叶不分且形状相同,称同型叶;若同一植物体孢子叶和营养叶形状完全不相同,称异型叶。

营养叶　　　　　　　　　　孢子叶

图 4-18　海金沙

4. 孢子囊 蕨类植物的孢子囊,在小型叶蕨类中是单生在孢子叶的近轴面叶腋或叶子基部,孢子叶通常集生在枝的顶端,形成球状或穗状,称孢子囊球或孢子囊穗。较进化的真蕨类,其孢子囊通常生在孢子叶的背面、边缘或集生在一个特化的孢子叶上,往往由多数孢子囊聚集成群,称孢子囊堆或孢子囊群。孢子囊群有圆形、肾形、长圆形、线形等形状。原始类型的孢子囊群裸露,进化的类型常有膜质的囊群盖覆盖(图 4-19、图 4-20)。

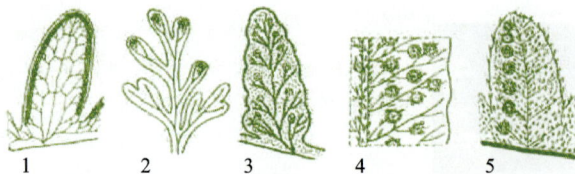

1　　　2　　　3　　　4　　　5

图 4-19　孢子囊群在孢子叶上着生的位置

1. 边生孢子囊群(凤尾蕨属)　2. 顶生孢子囊群(骨碎补属)　3. 脉端孢子囊群(肾蕨属)
4. 有盖孢子囊群(贯众属)　5. 脉背生孢子囊群(鳞毛蕨属)

孢子囊壁由单层或多层细胞构成,在细胞壁上有不均匀增厚的环带,和孢子囊开裂的方式有关。环带着生的位置有多种形式,如海金沙的顶生环带,芒萁属的横行中部环带,金毛狗脊属的斜行环带,水龙骨属的纵行环带(图 4-21)。

5. 孢子 大多数蕨类产生的孢子大小相同,称孢子同型;孢子有大小之分,称孢子异型。其中,产生大孢子的囊状结构称大孢子囊,大孢子萌发后形成雌配子体;产生小孢子的囊状结构称小孢子囊,小孢子萌发后形成雄配子体。

无论是同型孢子还是异型孢子,在形态上可分成两类:一类是肾状的两面形,另一类是三角锥状的四面形。孢子的周围光滑或常具有不同的突起或纹饰,有的分化出四条弹丝(图 4-22)。

图 4-20　各种类型的孢子囊群

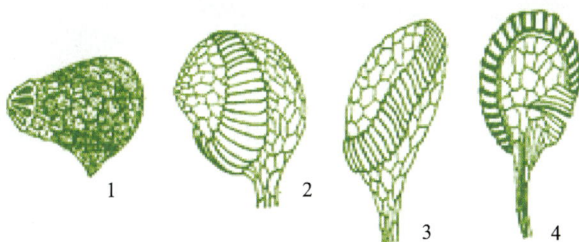

图 4-21　孢子囊的环带

1.顶生环带　2.横行中部环带　3.斜行环带　4.纵行环带

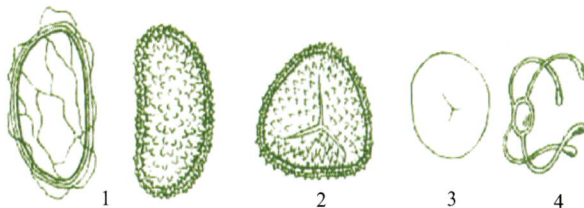

图 4-22　孢子的类型

1.两面形孢子(鳞毛蕨属)　2.四面形孢子(海金沙属)　3.球状四面形孢子(瓶尔小草属)　4.弹丝形孢子(木贼属)

(二) 配子体

孢子萌发后,形成配子体。配子体又称原叶体,小型,结构简单,生活期较短。

极大多数蕨类的配子体为绿色,具有腹背分化的叶状体,能独立生活,在腹面产生颈卵器和精子器,和苔类植物相似,但精子多鞭毛。配子体产生的精子和卵,在受精时还不能脱离水的环境。受精卵发育成胚,幼胚暂时寄生在配子体上,长大后配子体死亡,孢子体即行独立生活(图 4-23)。

(三) 蕨类植物的生活史

蕨类植物的生活史中有两个独立生活的植物体:孢子体和配子体。其中,孢子体世代从受精卵萌发到孢子体产生孢子,为无性世代,其染色体数目是单倍性的(n);配子体世代从孢子萌发到精子与卵子结合,为有性世代,其染色体倍数目是二倍性的($2n$)。这两个世代有规律交替完成世代交替,与苔

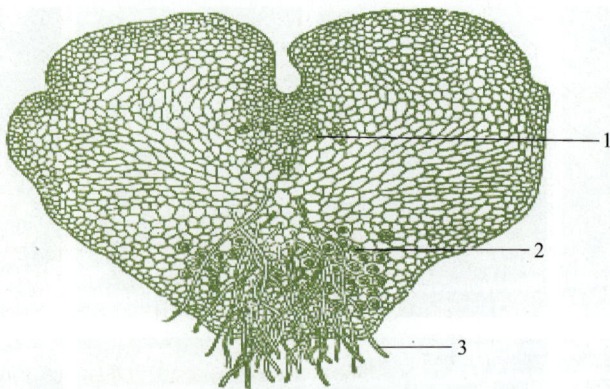

图 4-23　蕨类植物配子体
1.颈卵器　2.精子器　3.单细胞假根

藓植物相比,孢子体和配子体都能独立生活,且孢子体世代占很大优势,配子体弱小。因此,蕨类植物的孢子体占优势且异性世代交替。(图 4-24)

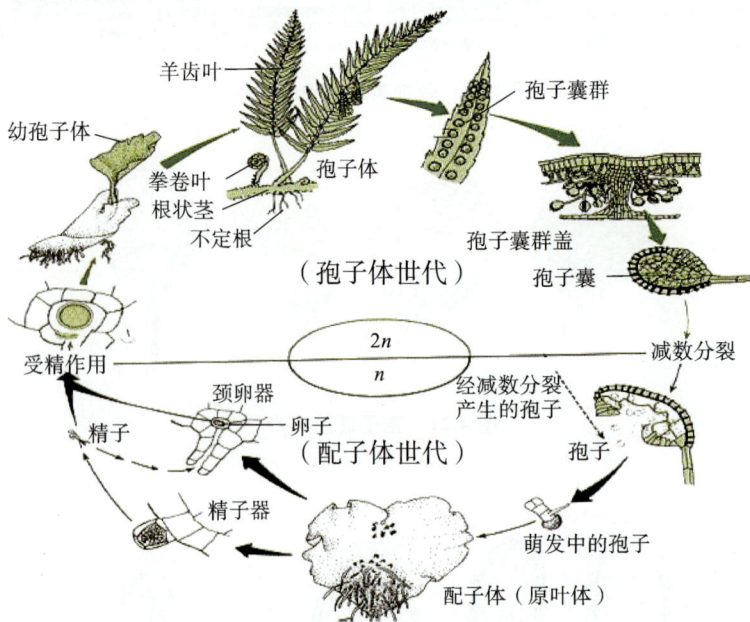

图 4-24　蕨类植物生活史

二、常见药用蕨类植物

1. 石松科 Lycopodiaceae

【形态特征】　①多年生陆生或附生草本。②主茎长,匍匐,具有根状茎和不定根。③叶小,线形、钻形或鳞片状。④孢子叶穗聚生于茎的顶端,孢子囊肾形,孢子同型。

本科共 7 属,约 60 种,广布于世界各地。我国有 5 属,14 种。已知药用 9 种。

显微特征:原生中柱或中柱为片状。孢子均为四面体形,辐射对称。极面观为钝三角形,三角圆形或近圆形,有的种类边缘下陷呈截形,赤道面观多为扇形或椭圆形。

化学成分:生物碱类、黄酮类等。

【药用植物】

石松(伸筋草)*Lycopodium japonicun* Thumb　多年生常绿草本。具匍匐茎和直立茎,茎多二叉分枝;孢子枝生于直立茎的顶端,形成孢子叶穗(球)小型叶(图 4-25)。全草入药,能祛风散寒,舒筋活血,利尿通经,孢子可作丸药包衣。

同属植物垂穗石松（铺地蜈蚣、灯笼草）*L. cernuum* L. 主茎直立。孢子叶穗长 8～20 mm，无柄，常下垂，单生于小枝顶端，孢子囊圆形，功效同石松。

2. 卷柏科 Selaginellaceae

【形态特征】 ①陆生草本。②茎常背腹扁平，匍匐或直立。③叶细小，无柄，鳞片状，同型或异型，背腹各 2 列，交互对生，背叶大而阔，近平展，腹叶贴生并指向枝的顶端。腹面基部有一枚叶舌。④孢子叶穗生于枝的顶端，孢子囊异型，单生于孢子叶基部，孢子异型，大孢子囊有大孢子 1～4 枚，小孢子囊有小孢子多数，均为球状四面体形。

本科仅 1 属，约 700 种，广布于世界各地。我国有 50 种。已知药用 25 种。

显微特征：原生中柱或管状中柱，气孔类型多为无规则型，少为放射型。孢子均为三裂缝，辐射对称。

化学成分：双黄酮类、炔酚、甲基芹菜素衍生物等。

【药用植物】

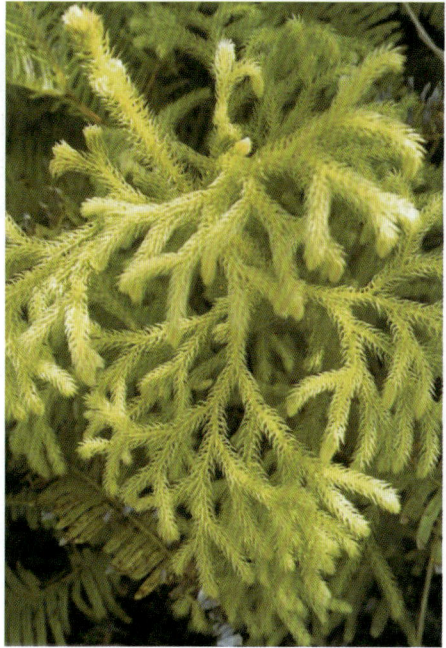

图 4-25 石松

卷柏（还魂草） *Selaginella tamariscina* (*Beauv*) **Spring** 多年生直立草本，全株莲座状，干燥时枝叶向顶上卷缩。主茎短。叶鳞片状，有中叶（腹叶）与侧叶（背叶）之分，覆瓦状排成 4 列。孢子叶穗着生枝顶，四棱形，孢子囊圆肾形，二型，孢子有大小之分。全国分布。生向阳山地或岩石。全草入药，作"卷柏"，生用能活血通经，卷柏炭化瘀止血。（图 4-26）

同属植物垫状卷柏 *S. pulvinata* (*Hook. et Grev*) Maxim，似卷柏，但腹叶并行，指向上方，肉质，全缘。产于全国各地。亦作卷柏使用。翠云草 *S. uncinata* (*Desv.*) Spring，分布于安徽、浙江、台湾、湖南、福建等地，全草入药，具有清热、止血、利湿等作用（图 4-27）。

图 4-26 卷柏

图 4-27 翠云草

3. 木贼科 Equisetaceae

【形态特征】 ①多年生草本。②根茎长而横行，地上茎直立，细长，节明显，节间常中空，表面粗糙，富含硅质，有多条纵背。③叶小，鳞片状，轮生，基部连合成鞘状。④孢子叶盾形，在小枝顶端排成穗状；孢子近球形，有四条弹丝，无裂缝，具薄而透明周壁，有细颗粒状纹饰。

本科 2 属，约 30 种，分布于热、温、寒三带。我国 2 属，10 余种，广泛分布于全国。已知药用 8 种。

显微特征：具节中柱，表皮细胞外壁具硅胶质瘤状突起。

化学成分：多为黄酮类成分。

【药用植物】

木贼（笔头草） *Hippochaete hiemale* L. 多年生草本。地上茎单一，直立，中空，有纵脊棱20～30条。叶鞘基部和鞘齿呈黑色两圈。鞘齿顶部尾尖早落而形成钝头，鞘片背上有两条棱脊，形成浅沟。孢子叶穗生于茎顶，无柄，长圆形；孢子同型。分布于东北、华北、西北、四川等地；生于山坡湿地或疏林下（图4-28）。干燥地上部分入药，作"木贼"，能疏散风热，明目退翳。

同属植物笔管草 *H. debilis*（*Roxb.*）Ching 与木贼相比，地上茎有分枝，叶鞘基部有黑色圈，鞘齿非黑色；分布于华南、西南、长江中上游各地区。节节草 *H. ramosissima*（*Desf.*）Boerner，地上茎多分枝，叶鞘基部无黑色圈，鞘齿黑色，分布于全国各地。都可全草入药。功效同木贼。

4. 紫萁科 Osmundaceae

【形态特征】 ①陆生植物。②根状茎粗肥，直立，树干状或匍匐状，具有宿存的叶柄基部，无鳞片，无真正的毛。③叶片大，一至二回羽状，二型或一型，或往往同叶上的羽片为二型。叶脉分离，二叉分枝。幼时叶片上被有棕色黏质腺状长茸毛，老则脱落，几变为光滑。叶柄长而坚实，基部膨大，无关节。④孢子囊大，球圆形，大都有柄，裸露，着生于强度收缩变质的孢子叶的羽片边缘，孢子囊顶端具有几个增厚的细胞。常被看作不发育的环带，纵裂为两瓣形。孢子为球圆状四面形。

本科3属，约22种，分布于热、温两带。我国1属，9种。已知药用6种。

显微特征：分体中柱环列，周韧维管束。

化学成分：昆虫变态激素类化合物。

【药用植物】

紫萁 *Osmunda japonica* Thunb. 多年生草本。根状茎短块状，基有残存叶柄，无鳞片。叶丛生，营养叶三角阔卵型，顶部以下二回羽状。孢子叶小，羽片狭窄，沿主脉两侧密生孢子囊，成熟后枯死。分布于秦岭以南温带及亚热带地区。根状茎及叶柄残基作"紫萁贯众"入药，能清热解毒，止血杀虫，有小毒。（图4-29）

图4-28 木贼

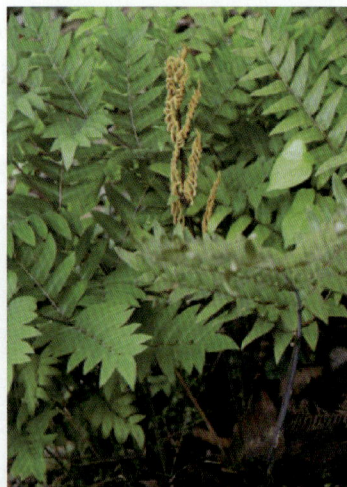

图4-29 紫萁

5. 海金沙科 Lygodiaceae

【形态特征】 ①陆生攀援植物。②根状茎颇长，横走，有毛而无鳞片。③叶远生或近生，单轴型，叶轴为无限生长，细长，缠绕攀援，常高达数米，沿叶轴相隔一定距离有向左右方互生的短枝（距），顶上有一个不发育的被毛茸的休眠小芽，从其两侧生出一对开向左右的羽片。羽片1～2回二叉掌状，或为1～2回羽状复叶，近二型。不育羽片通常生于叶轴下部；能育羽片位于上部；末回小羽片或裂片披针形、长圆形或三角状卵形，基部常为心脏形、戟形或圆耳。不育小羽片边缘为全缘或有细锯齿。叶脉通常分离，分离小脉直达加厚的叶边。各小羽柄两侧通常有狭翅，上面隆起，往往有锈毛。能育羽片较狭，边缘生有流苏状的孢子囊穗，由两行并生的孢子囊组成，孢子囊生于小脉顶端，并由叶边外长出来。④孢子囊大,梨形,横生短柄上,环带位于小头,由几个厚壁细胞组成,以纵缝开裂。孢子四面形。⑤原叶体绿色,扁平。

本科 1 属,约 45 种,分布于热、温两带。我国 10 余种。已知药用 5 种。

显微特征:原生中柱。气孔直轴式或不定式。孢子为四面体形,辐射对称。极面观一般为钝三角形,赤道面观为半圆形或超半圆形。

化学成分:黄酮类、二萜和三萜类、对香豆酸和肉豆蔻类、棕榈酸脂肪酸类等。

【药用植物】

海金沙 *Lygodium japonicum*(Thunb.)Sw 缠绕草质藤本,根状茎横走,被黑褐色毛。羽片二型,叶轴细长。营养叶羽片三角形,二至三回羽状,边缘有不整齐的浅锯齿。孢子叶孢子囊穗生于羽片边缘的顶端,暗褐色(图 4-30)。分布于长江流域及以南各省区。干燥成熟孢子入药,能清利湿热,通淋止痛。根状茎和地上部分入药,称"海金沙根"和"海金沙藤",能清热解毒、利湿消肿。

孢子叶 营养叶

图 4-30 海金沙

6. 蚌壳蕨科 Dicksoniaceae

【形态特征】 ①陆生植物。②植株高大,小树状,主干粗大,直立或短而平卧,具复杂的网状中柱,密被金黄色长柔毛,无鳞片。③叶片大型,三至四回羽状;革质;叶柄长而粗。④孢子囊群生于叶背面,囊群盖二瓣开裂,形似蚌壳状,革质;孢子囊梨形,环带稍斜生,有柄;孢子四面形。

本科 5 属,约 40 种,分布于热带及南半球。我国 1 属,2 种。已知药用 1 种。

显微特征:网状中柱;双韧维管束。

化学成分:根状茎含植物甾醇、酚酸类,地上部分含油酸、亚油酸、棕榈酸等。

【药用植物】

金毛狗脊 *Cibotium barometz*(L.)J. Sm. 植株呈树状,高 2～3 m。根状茎粗壮,木质,密生黄色有光泽的长柔毛,形如金毛狗。叶片三回羽状分裂,末回羽片狭披针形;边缘有粗锯齿。孢子囊群生于小脉顶端,囊群盖二瓣裂,呈蚌壳状。分布于华东、华南及西南地区。生于阴湿的山沟边及林荫处的酸性土壤。根状茎和叶柄残基作"金毛狗脊"入药,根状茎部分能补肝肾,强腰脊,祛风湿;毛茸部分能止血。(图 4-31)

7. 凤尾蕨科 Pteridaceae

【形态特征】 ①陆生草本。②根状茎直立或横走,外被有关节毛或鳞片。③叶同型或近二型,叶片 1～2 羽状分裂,稀掌状分裂,叶脉分离;有柄。④孢子囊群生于叶背边缘或缘内。囊群盖膜质,由变形的叶缘反卷而成,线形,向内开口;孢子囊有长柄,孢子四面形或两面形。

本科有 13 属,约 300 种,分布于全世界。我国有 3 属,100 种,分布于全国各地。已知药用的有 1

| 金毛狗脊原植物 | 金毛狗脊孢子 | 金毛狗脊根茎 |

图 4-31　金毛狗脊

属,21 种。

显微特征:管状中柱或网状中柱;孢子为四面形。

化学成分:萜类化合物等。

【药用植物】

凤尾草 Pteris multifida Poir.　多年生草本。根状茎直立,顶端有钻形黑色鳞片。叶二型,簇生,草质;能育叶长卵形,一回羽状,除基部一对叶有柄外,其余各对基部下延,在叶轴两侧形成狭羽,羽片或小羽片条形;不育叶的羽片或小羽片较宽,边缘有不整齐的尖锯齿。孢子囊群线形,沿叶边连续分布(图 4-32)。多分布于我国华东、中南、西南等地区。全草入药,作"凤尾草",清热,利湿,解毒。

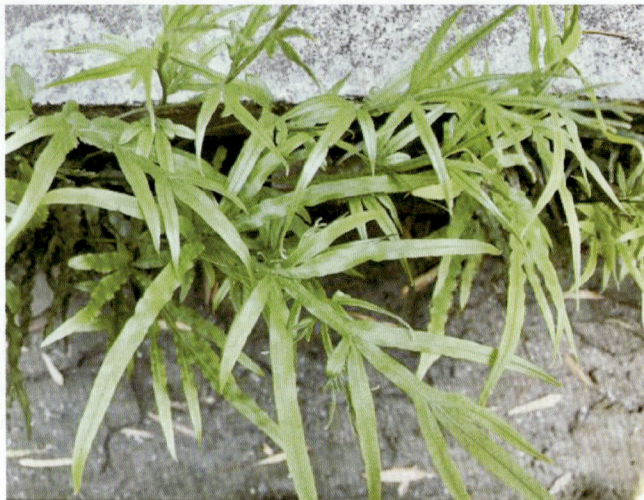

图 4-32　凤尾草

8. 鳞毛蕨科 Dryopteridaceae

【形态特征】　①陆生草本。②根状茎粗短,直立或斜生,稀长而横走,连同叶柄多被鳞片。③叶丛生,叶一型,一至多回羽状。④孢子囊群圆形,背生或顶生于小脉,囊群盖盾形或圆形,有时无盖。孢子两面形,表面具疣状突起或有翅。

本科 20 属,约 1700 种,分布于温带及亚热带。我国 14 属,约 700 种,全国广布。已知药用 5 属,60 余种。

显微特征:网状中柱,周韧维管束;部分种细胞间隙中有间隙腺毛。

化学成分:黄酮醇、二氢黄酮类、多元酚类、三萜类和有机酸等。

【药用植物】

粗茎鳞毛蕨 *Dryopteris crassirhizoma* Nakai 多年生草本,根状茎直立粗壮,连同叶柄密生棕色大鳞片。叶片二回羽状全裂。孢子囊群着生于叶片背面上部。囊群盖肾圆形(图4-33)。根茎连同叶柄残基药用,称"绵马贯众",具有驱虫、止血、清热解毒等功效。

粗茎鳞毛蕨原植物　　　　　　绵马贯众

图4-33　粗茎鳞毛蕨

贯众 *Cyrtomium fortunei* J. Sm. 多年生草本。根状茎短,斜生或直立。叶丛生,叶一回羽状,羽片状披针形;叶脉网状;叶柄密被黑褐色大鳞片。孢子囊群圆形,散生羽片下面,囊群盖大,圆盾形。根状茎及叶柄残基历史上曾作"贯众"入药,能清热解毒、杀虫等。

9. 水龙骨科 Polypodiaceae

【形态特征】 ①陆生或附生草本。②根状茎横走,被阔片。③叶同型或二型;单叶全缘或羽状半裂至一回羽状分裂;网状脉,叶柄与根状茎有关节相连。④孢子群圆形或线形,或有时布满叶背,无囊群盖;孢子囊梨形或球状梨形;孢子两面形。

本科50属,约600种;主要分布于热带。我国27属,约150种,全国广布。已知药用18属,86种。

显微特征:网状中柱,周韧维管;卵状盾形、卵状钻形和披针形鳞片,星状毛体。

化学成分:黄酮类、芒果酸、异芒果酸、绿原酸等。

【药用植物】

石韦 *Pyrrosia lingua* (*Thunb.*) Farwell 多年生草本,根状茎长而横走,密被鳞片,叶片披针形,远生,叶柄基部具关节。孢子囊群紧密而整齐排列在侧脉间(图4-34)。叶入药,作"石韦",能利尿通淋,清肺止咳,凉血止血。

图4-34　石韦

同属庐山石韦 *P. shearer* (Bak.) Ching,植株高30~60 cm;根状茎粗短,横走,密被鳞片;叶片披针形,革质,背面密生黄色星状毛及孢子囊群;分布于长江以南。有柄石韦 *P. petiolosa* (Christ.) Ching,植株高15~40 cm;根状茎长而横走,叶二型,不育叶长为能育叶的1/2至2/3。分布于东北、华北、西南、长江中下游。以上两种植物的全草也作"石韦"入药。

10. 槲蕨科 Drynaniacea

【形态特征】 ①陆生植物。②根状茎横走,粗壮,肉质,常被大而狭长的鳞片,鳞片基部盾状着生,边缘具睫毛状锯齿。③叶常二型,基部不以关节着生于根状茎上;叶片深羽裂或羽状,叶脉粗而明显,一至三回形成四方形的网眼。④孢子囊群圆形,无盖。孢子梨形;孢子四面形。

本科8属,约21种;主要分布于亚洲的热带、马来西亚、菲律宾和澳大利亚。我国3属,约15种,分布于长江以南。已知药用2属,7种。

显微特征:穿孔的网状中柱。

化学成分:三萜和黄酮类等。

【药用植物】

槲蕨 *Drynaria fortunei* (Kunze.) J. Sm. 多年生草本。根状茎肉质,长而横走,密生钻状披针形有睫毛的鳞片;叶二型,不育叶灰棕色,革质;能育叶绿色,长卵圆形,羽状深裂。孢子囊圆形,生于叶背主脉两侧(图4-35)。根状茎作骨碎补入药,能补肾坚骨,活血止痛。

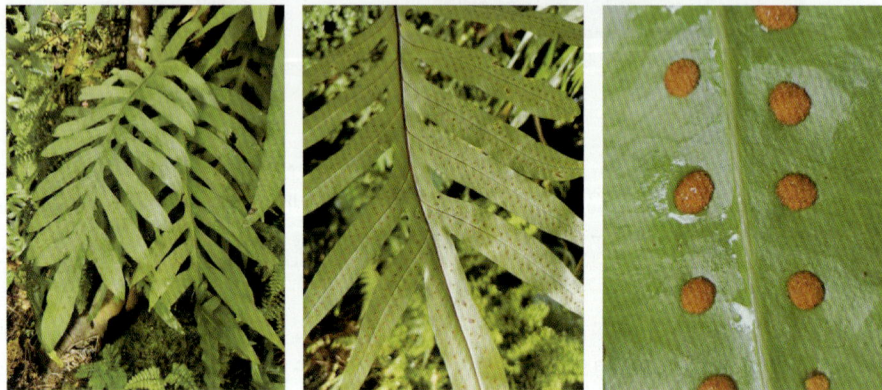

图 4-35 槲蕨

任务五 药用裸子植物识别

裸子植物同苔藓植物和蕨类植物,都属于颈卵器植物,又是能产生种子的高等植物,是介于蕨类和被子植物之间的维管植物。裸子植物的胚珠外无子房壁包被,种子发育成熟后无果皮包被,种子裸露,故名裸子植物。因能产生种子,故与被子植物合称为种子植物。

现存裸子植物广布世界各地,特别是北半球亚热带高山地区及温带至寒带地区,常形成大面积的森林。我国是裸子植物种类最多、资源最丰富的国家之一,其中不少是中国特产种,或者是第三纪孑遗植物,也称"活化石植物"。如银杏、银杉、水杉、水松、油松、金钱松、侧柏等。

一、裸子植物的特点

(一) 孢子体发达

裸子植物的孢子体特别发达,多为乔木、灌木,稀为亚灌木(如麻黄)或藤本(如买麻藤),大多数是常绿植物,极稀为落叶性(如银杏、金钱松),茎内维管束环状排列,有形成层及次生生长,但木质部仅有管胞,而无导管(除麻黄科、买麻藤科外),韧皮部有筛胞而无伴胞。叶为针形、条形、鳞片形,极少为扁平形的阔叶(如银杏)。

(二) 胚珠裸露,产生种子,不形成果实

花单性,同株或异株,无花被,仅麻黄科、买麻藤科有假花被。雄蕊(小孢子叶)聚生成小孢子叶球(雄球花);雌蕊的心皮(大孢子叶)呈叶状而不包卷形成子房,丛生或聚生成雌球花(大孢子叶球),胚珠经过传粉、受精后发育成种子,裸生于心皮的边缘上,所以称裸子植物。这是裸子植物与被子植物的主要区别。

（三）配子体极度退化

雄配子体为萌发后的花粉粒,雌配子体由胚囊和胚乳组成。配子体非常微小,极度退化,不能独立生活,完全寄生于孢子体上。裸子植物具明显的世代交替现象,在世代交替中孢子体占优势。

（四）具颈卵器结构

大部分裸子植物具有颈卵器结构,结构简单。雌配子体由胚囊及胚乳部分组成,近珠孔端处产生2个或多个颈卵器,埋藏于胚囊中,仅2～4个颈壁细胞露在外面,颈卵器内有1个腹沟细胞和1个卵细胞,无颈沟细胞,比蕨类植物的颈卵器更为退化。

（五）具有多胚现象

裸子植物普遍存在多胚现象,这是由于一个雄配子体上的几个或多个颈卵器的卵细胞同时受精所形成,称为原生多胚;或是由于一个受精卵,在发育过程中,原组织分裂为几个胚而形成胚,称为裂生多胚。

二、常见药用裸子植物

1. 苏铁科 Cycadaceae

【形态特征】 ①常绿木本植物,树干粗短,常不分枝,植物体呈棕榈状。②叶大,革质,多为一回羽状复叶,螺旋状排列于树干上部。③雌雄异株;雄球花为一木质大球花(小孢子叶球),直立,具柄,单生于茎顶,由多数的鳞片状或盾形的雄蕊(小孢子叶)构成,每个雄蕊下面遍布多数球状的一室花药(小孢子囊),小孢子(花粉粒)发育所产生的精子有多数纤毛,大孢子叶叶状或盾状,丛生于茎顶。④种子核果状,有3层种皮。胚乳丰富。

本科9属,约110种;主要分布于热带及亚热带地区。我国8属,8种,分布于西南、东南、华东等地区。已知药用1属,4种。

显微特征:网状中柱,内始式木质部。

化学成分:苷类、棕榈酸和双黄酮衍生物等。

【药用植物】

苏铁(铁树) *Cycas revoluta* **Thunb** 常绿小乔木。树干圆柱形,茎上有明显的叶柄残基。营养叶一回羽状深裂,螺旋状排列聚生于茎顶;叶柄基部两侧有刺,小羽片100对左右,条形,革质。雌雄异株。雄球花圆锥形,花药通常3～5个聚生;雌花球大孢子叶密被淡黄色茸毛,丛生于茎顶,上部羽状分裂,每1大孢子叶下部两侧各裸生1～5枚近球形的胚珠。种子核果状,成熟时橙红色。分布于四川、台湾、福建、广东、广西、云南等地。种子及种鳞具有理气止痛、益肾固精等功效;叶有小毒,具有收敛、止痛、止痢等功效;根具有祛风、活络、补肾等功效。(图4-36)

| 苏铁 | 苏铁雌花球 | 苏铁雄花球 | 苏铁大孢子叶及胚珠 |

图 4-36 苏铁

常见药用植物还有:华南苏铁(刺叶苏铁)*C. rumphii* Miq.,分布于华南各地;根入药能清热解毒,消炎,消肿,常用治无名肿毒。云南苏铁 *C. siamensis* Miq.,分布于云南、广东、广西等地;根入药能清热燥湿,可治疗黄疸型肝炎;叶入药能平肝清热,可治疗慢性肝炎、难产、癌症、高血压等。

2. 银杏科 Ginkgoaceae

【形态特征】 ①落叶乔木。②树干端直,具长枝及短枝。单叶,扇形,有长柄,顶端2浅裂或3深裂;叶脉二叉状分枝;叶在长枝上螺旋状排列,在短枝上簇生。③球花单性,异株,分别生于短枝上;雄球花柔荑花序状,雄蕊多数,具短柄,花药2室;雌球花具长柄,顶端有2个杯状心皮,称珠领,也叫珠座,在珠领上生一对裸露的直立胚珠。④种子核果状,椭圆形或近球形,外种皮肉质,成熟时橙黄色,外被白粉,味臭;中种皮白色,骨质坚硬;内种皮棕红色,膜质,胚乳丰富,胚具子叶2枚。

本科仅1属,1种和多个变种;主要分布于四川、湖北、重庆、江苏、河南、山东、辽宁等省。

显微特征:网状中柱,内始式木质部。可见分泌细胞及分泌腔。

化学成分:叶含黄酮类、酚类、酸性化合物,外种皮含白果酸、白果二酚,种仁含少量氰苷。

【药用植物】

银杏 Ginkgo biloba L. 形态特征与科相同。我国特产,分布于我国南北各地,现世界各地均有栽培。种仁(白果)供食用(多食易中毒)及药用,有润肺、止咳、定喘等功效。银杏叶具有益气敛肺、化湿、止咳、止痢等功效。现代研究发现叶中提取的总黄酮具有扩张动脉血管的作用,可用于治疗冠心病、脉管炎、高血压等。(图4-37)

知识链接

银杏叶的药用

银杏(Ginkgo biloba L.)的干燥叶提取物,为浅黄棕色可流动性粉末,味苦,具有活血、化瘀、通络的功效。银杏叶提取物的药用价值与应用极为广泛。采用先进的技术、工艺和设备,通过进一步提取、分离和纯化,其药理作用更加明显,除可显著地拮抗PAF受体外,还可以在抗炎、抗过敏、扩张血管、保护心脑血管、改善外周血液循环、降低血清胆固醇及辅助抗癌等方面发挥药效,可以广泛应用于心脑血管、神经等系统疾病的防治和保健。

但银杏叶中所含化学成分多达160种,其中既有有效成分也有有毒成分,其中内酯类及黄酮类成分为治疗冠心病、脉管炎、高血压等的主要成分,不溶于水,需要采取特殊方法提取才可使用。银杏叶及种皮中的白果酸、白果酚、白果醇和银杏毒等有毒成分可溶于水,若采用银杏叶直接泡茶,泡出的为有毒成分,会对身体产生危害,如引发痉挛、神经麻痹、过敏等不良反应。因此,不可采用银杏叶直接泡茶服用。

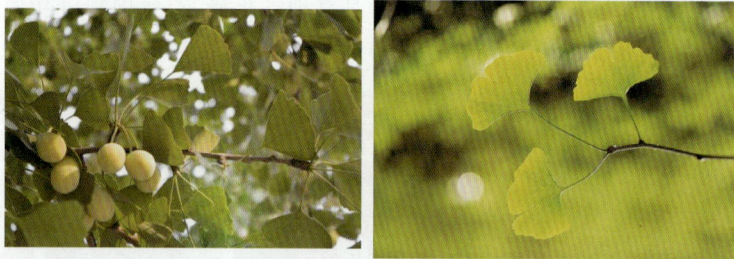

图4-37 银杏

3. 松科 Pinaceae

【形态特征】 ①常绿或落叶乔木,稀灌木,多含树脂。②叶针形或条形,在长枝上螺旋状散生,在短枝上簇生,基部有叶鞘包被。③花单性,雌雄同株;雄球花穗状,雄蕊多数,每蕊具2药室,花粉粒多数,有气囊;雌球花由多数螺旋状排列的珠鳞与苞鳞组成,珠鳞与苞鳞分离,在珠鳞腹面基部有2枚胚珠。花后珠鳞增大,称种鳞,球果直立或下垂,成熟时种鳞呈木质或革质,每个种鳞上有种子2粒。④种子多具单翅,稀无翅,有胚乳,胚具子叶2~16枚。

本科10属,约230种,广泛分布于世界各地,多产于北半球。我国有10属,113种。已知药用8

属,48种,全国广布。

显微特征:网状中柱,内始式木质部。多有树脂道。

化学成分:树脂、挥发油、黄酮、多元醇、生物碱、鞣质和酚类。

【药用植物】

马尾松 *Pinus massoniana* Lamb 常绿乔木。小枝轮生,长枝轮生,长枝上叶鳞片状;短枝上叶针状,2针1束,稀3针,细长柔软,长12~20 cm,树脂道4~8个,边生。雄球花淡红褐色,圆柱形,聚生于新枝下部成穗状,雌球花淡紫红色,常2个生于新枝顶端。球果第二秋成熟,卵圆形或圆锥状卵形,种鳞的鳞盾平或微肥厚,鳞脐微凹,无刺尖。种子具单翅。子叶5~8枚。分布于长江流域各省区;生于阳光充足的丘陵、山地、酸性土壤上(图4-38)。花粉作松花粉入药,能燥湿、收敛、止血;树脂作松香入药,能燥湿祛风、生肌止痛;松树瘤状的节作松节入药,能祛风除湿、活血止痛;松树皮能收敛生肌;叶作松针入药,能祛风活血、安神、解毒止痒;种子作松子仁入药,能润肺滑肠。

图4-38 马尾松

油松 *P. tabulaeformis* Carr. 与马尾松相近似,但本种针叶较粗硬,长10~15 cm,叶2针1束。球果卵圆形,熟时不脱落。种鳞的鳞盾肥厚,鳞脐突起,有尖刺。种子具单翅。分布于辽宁、内蒙古(阴山和大青山)、河北、山东、河南、山西、陕西、甘肃、青海(祁连山)和四川北部等地,为我国特有树种。药用功效同马尾松。

4. 柏科 Cupressaceae

【形态特征】 ①常绿乔木或灌木。②叶交互对生或3~4片轮生,常为鳞片状或针形,或同一树上兼两型叶。③球花小,单性,雌雄同株或异株;雄球花单生于枝顶,椭圆状卵形,有3~8对交互对生的雄蕊,每蕊有2~6花药;雌球花球形,由3~6枚交互对生或3~4枚轮生的珠鳞与下面的苞鳞合生,每珠鳞有1至数枚胚珠。球果圆球形、卵圆形或长圆形,成熟时种鳞木质或革质,开展或有时为浆果状不开展,每个种鳞内面基部有种子1至多粒。④种子有窄翅或无翅,子叶2枚。

本科22属,约150种,分布于南北两半球。我国有8属,30余种,全国广布。已知药用6属,20种。

显微特征:网状中柱,多有树脂道。

化学成分:树脂、挥发油、双黄酮类和香豆素等。

【药用植物】

侧柏 *Platycladus orientalis* (L) Franeo 常绿乔木,幼树树冠卵状尖塔形,老树树冠则为广圆形;生鳞叶的小枝细,向上直展或斜展,扁平,排成一平面。叶鳞形,长1~3 mm,先端微钝。球花单性同株,雄球花黄色,卵圆形;雌球花近球形,蓝绿色,被白粉。球果近卵圆形,成熟前近肉质,蓝绿色,被白粉,覆瓦状排列,有反曲尖头;成熟后木质,开裂,红褐色;种子卵圆形或近椭圆形,顶端微尖,灰褐色或紫褐色,长6~8 mm,稍有棱脊,无翅或有极窄之翅。除新疆、青海外,全国均有分布,为我国特产;是常见的造林树种(图4-39)。枝叶作"侧柏叶"药用,具有凉血止血、祛风消肿、清肺止咳等功效。种子作"柏子仁"药用,具有养心安神、润肠通便等功效。

图 4-39　侧柏

5. 红豆杉科 Taxaceae

【形态特征】　①常绿乔木或灌木。②叶披针形或条形,螺旋状排列或交互对生,基部常扭转排成2列,上面中脉明显,叶背中脉两侧各具1条气孔带。③球花单性异株,稀同株;雄球花单生叶腋或苞腋,或组成穗状花序状集生于枝顶,雄蕊多数,各具3~9个花药,花粉粒球形,无气囊;雌球花单生或成对,胚珠1枚,生于苞片腋,基部具盘状或漏斗状珠托。④种子浆果状或核果状,包于杯状肉质假种皮中。

本科5属,约23种,主要分布于北半球。我国有4属,12余种。已知药用3属,10种。

显微特征:木射线单列,无树脂沟。

化学成分:黄酮、生物碱、挥发油、萜类、甾醇、草酸和鞣质等。

【药用植物】

红豆杉 Taxus chinensis (Pilger) Rehd.　常绿乔木,树皮灰褐色、红褐色或暗褐色,裂成条片脱落;叶排列成两列,条形,微弯或较直,先端常微急尖,上面深绿色,有光泽,下面淡黄绿色。雄球花淡黄色,雄蕊8~14枚,花药4~8。种子生于杯状红色肉质的假种皮中,或生于近膜质盘状的种托之上,常呈卵圆形,上部渐窄,微扁或圆,上部常具二钝棱脊,稀上部三角状,具三条钝脊,先端有突起的短钝尖头,种脐近圆形或宽椭圆形,稀三角状圆形。分布于甘肃、陕西、四川、重庆、云南、湖北、湖南、广西、贵州等省。树皮、枝叶、根皮可提取紫杉醇,具抗癌作用,亦可治疗糖尿病;叶有利尿、通经之效;种子能消积、驱虫。(图 4-40)

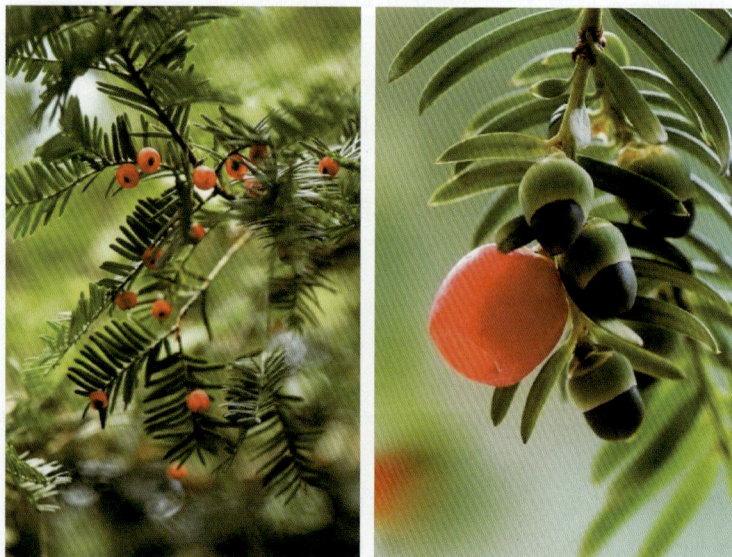

图 4-40　红豆杉

同属植物还有:南方红豆杉,分布于长江流域以南各省区,以及河南和陕西。国家一级重点保护野生植物。功效同红豆杉。**榧树 Toreya grandis Fort. ex Lindl**,分布于江苏、浙江、福建、江西、安徽、湖南等省区,为我国特有种;种子作榧子入药,能杀虫消积、润燥通便。

6. 三尖杉科 Cephalotaxaceae

【形态特征】 ①常绿乔木或灌木,髓心中部具树脂道。小枝近对生或轮生,基部有宿存的芽鳞。②叶条形或披针状条形,交互对生或近对生,在侧枝上基部扭转排成 2 列,上面中脉隆起,下面有两条宽气孔带。③球花单性,雌雄异株,稀同株。雄球花有雄花 6~11,聚成头状,单生叶腋,基部有多数苞片,每 1 雄球花基部有 1 卵圆形或三角形的苞片,雄蕊 4~16,花丝短,花粉粒无气囊;雌球花有长柄,生于小枝基部苞片的腋部,花轴上有数对交互对生的苞片,每苞片腋生胚珠 2 枚,仅 1 枚发育,胚生于珠托上。④种子第二年成熟,核果状,全部包于由珠托发育成的肉质假种皮中,基部具宿存的苞片。外种皮坚硬,内种皮膜质。子叶 2 枚。

本科仅 1 属,9 种,主要分布于亚洲东部与南部。我国有 7 种,3 变种。已知药用 5 种及 3 变种。

显微特征:木射线单列,髓心具树脂沟。

化学成分:双黄酮类、生物碱,种子含脂肪油,树皮含鞣质等。

【药用植物】

三尖杉 *Cephalotaxus fortunei* Hook.F. 常绿乔木,树皮褐色或红褐色,片状脱落。叶螺旋状着生,排成 2 行,线形,常弯曲,长 4~13 cm,上部渐狭,基部楔形或宽楔形,上面中脉隆起,深绿色,叶背中脉两侧各有 1 条白色气孔带。种子核果状,椭圆状卵形,长约 2.5 cm。成熟时假种皮紫色或红紫色。种子能驱虫、润肺、止咳、消食。从枝叶提取的三尖杉碱与高三尖杉酯碱的混合物治疗白血病有一定疗效。分布于长江流域及以南各省区。生于山坡疏林、溪谷等湿润而排水良好的地方。(图 4-41)

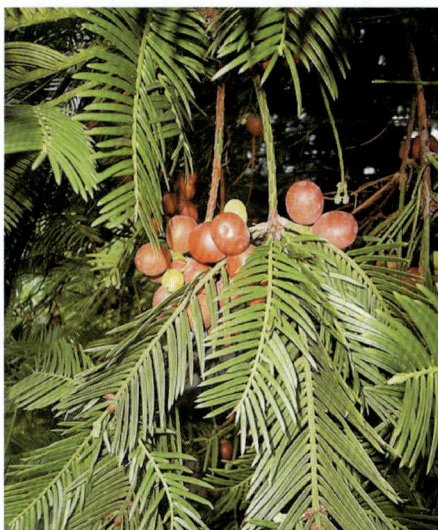

图 4-41 三尖杉

7. 麻黄科 Ephedraceae

【形态特征】 ①小灌木或亚灌木。木质部内有导管。小枝对生或轮生,节明显,节间具纵沟。②叶小,鳞片状,基部鞘状。③球花单性异株。雄球花由数对苞片组合而成,每苞一雄花,花外包有膜质假花被。雌球花亦由多数苞片组成,仅顶端 1~3 苞片内生有雌花。各生一胚珠,胚珠外包囊状、革质的假花被。④种子浆果状。假花被发育成革质假种皮,包围种子,最外为红色肉质苞片,多汁可食,俗称"麻黄果"。胚具子叶 2 枚,胚乳丰富。

本科仅 1 属,约 40 种,主要分布于亚洲、美洲、欧洲东南部及非洲北部等干旱、荒漠地区。我国有 12 种,4 变种。已知药用 15 种。

显微特征:木质部可见导管及草酸钙结晶。

化学成分:生物碱。

【药用植物】

草麻黄 *Ephedra sinica* Stapf 草本状灌木,高 20~40 cm;木质茎短或成匍匐状,小枝直伸或微曲,表面细纵槽纹常不明显。叶 2 裂,鞘占全长 1/3~2/3,裂片锐三角形,先端急尖。雄球花多呈复穗状,常具总梗,苞片通常 4 对,雄蕊 7~8,花丝合生;雌球花单生,在幼枝上顶生,在老枝上腋生,常在成熟过程中基部有梗抽出,使雌球花呈侧枝顶生状,苞片 4 对,仅先端 1 对苞片有 2~3 雌花;种子通常 2 粒,包于增厚肉质的红色苞片内,三角状卵圆形或宽卵圆形,表面具细皱纹,种脐明显,半圆形。分布于河北、山西、河南、陕西、内蒙古、辽宁、吉林等省区;多生于山坡、干燥荒地、草原等地,常形成大面积单一的群落,有固沙的作用。茎作麻黄入药,能发汗、平喘、利尿,也是提取麻黄碱的主要原料。根能止汗。(图 4-42)

图 4-42 草麻黄

同属多种均供药用。如：木贼麻黄 *E. equisetina* Bge.，直立小灌木，高达 1 m，节间细而短，长 1～2.5 cm；雌球花常两个对生于节上，珠被管弯曲，种子常 1 枚，本种生物碱的含量较其他种类高。中麻黄 *E. intermedia* Schr. et C. A. Mey.，直立小灌木，高达 1 m 以上，节间长 3～6 cm，叶裂片常 3 片，雌球花珠被管长达 3 mm，常呈螺旋状弯曲，种子常 3 枚。

（陈岱琪）

任务六　药用被子植物识别

被子植物-双子叶-

离瓣花亚纲 1

一、被子植物的特点

被子植物是植物界中最高级、种类最丰富、分布最广泛的类群，有植物 1 万多属，20 多万种，占植物种类一半左右；我国有被子植物 1 万多属，近 3 万种，是药用植物最多的原料来源。其主要特征如下。

1. 孢子体高度发达　被子植物孢子体高度发达和进一步分化，除乔木和灌木外，更多是草本。配子体极度退化，雄配子体为萌发的花粉粒，雌配子体为 8 核胚囊，均不能独立生存，寄生在孢子体上。

2. 具有真正的花　和裸子植物相比，被子植物产生了具有高度特化的真正的花，故又叫作有花植物。

3. 胚珠被心皮所包被　被子植物的胚珠包藏在由心皮闭合而成的子房内，得到良好的保护。

4. 具有独特的双受精现象　被子植物在受精过程中，1 个精子与卵细胞结合，形成合子（受精卵）；另 1 个精子与 2 个极核结合，发育成三倍体的胚乳，此种胚乳不是单纯的雌配子体，而具有双亲的特性，使新植物体有更强的生活力。

5. 具有果实　被子植物子房在受精后形成果实，胚珠形成种子。果实的形成，既保护种子，又以各种方式帮助种子散布。

6. 具高度发达的输导组织　被子植物的输导组织中的木质部出现了导管，韧皮部出现了筛管和伴胞，加强了水分和营养物质的运输能力。

二、被子植物的演化规律

对于植物的演化，不能孤立地只根据某一条规律来判断一个植物是进化还是原始，因为同一植物形态特征的演化不是同步的，同一性状在不同植物的进化意义也非绝对的，而应该综合分析。植物演变的趋向是植物分类的依据，通常所说的植物传统分类法或经典分类法，是以植物的形态特征，尤其是"花"的形态特征为主要依据进行分类的。被子植物系统演化有两大学派，其争论的焦点在于被子植物的"花"的来源上，意见分歧较大，即"假花学派"与"真花学派"两大学派。"假花学派"设想原始被子植物是具单性花的，裸子植物中的麻黄、买麻藤等以单性花为主；"真花学派"设想被子植物的花是原始裸子植物中的苏铁等两性孢子叶球演化而来的，其孢子叶球上的苞片演变为花被，小孢子叶演变为雄蕊，大孢子叶演变为雌蕊（心皮），再由孢子叶球轴演变为花轴。

三、被子植物的分类

被子植物的分类系统不少,目前,世界上采用得比较多的系统,便是恩格勒系统和哈钦松系统。恩格勒(A. Engler)系统经过多次修订,最终把双子叶植物放在单子叶植物之前进行分类,被子植物共分为62目,344科,其中双子叶植物48目,290科,单子叶植物14目,54科。哈钦松(J. Hutchinson)系统将被子植物共分为111目,411科,其中双子叶植物82目,342科,单子叶植物29目,69科。哈钦松系统认为多心皮的木兰目、毛茛目是被子植物的原始类群,但过分强调了木本和草本两个来源。

恩格勒系统将被子植物根据其特征分为两个纲,即双子叶植物纲与单子叶植物纲。其主要区别见表4-3。

表 4-3 双子叶植物纲与单子叶植物纲的主要区别

项 目	双子叶植物纲	单子叶植物纲
根	直根系	须根系
茎	维管束环状,有形成层	维管束呈星散状,无形成层
叶	具有网状脉	具平行脉或弧形脉
花	各部基数为5或4,花粉粒具3个萌发孔	花基数为3,花粉粒具单个萌发孔
胚	具2枚子叶	具1枚子叶

这些区别特征并不是绝对的,对于两纲中的大多数植物来说,是实用的。但是,还有些交错现象,也是客观存在的。如双子叶植物纲中的菊科、毛茛科、车前科等中有须根系植物;毛茛科、胡椒科、石竹科等中有维管束呈散生排列的植物;木兰科、樟科、小檗科等中有3基数的花;睡莲科、罂粟科、伞形科等中有1枚子叶的现象。在单子叶植物纲中的百合科、天南星科、薯蓣科等中有网状脉;百合科、百部科、眼子菜科等中有4基数的花。

四、双子叶植物纲 Dicotyledoneae

双子叶植物纲分离瓣花亚纲(原始花被亚纲)和合瓣花亚纲(后生花被亚纲)两亚纲。

(一)离瓣花亚纲 Choripetalae

离瓣花亚纲又叫原始花被亚纲 Archichlamydeae,多无花被,单被花或有花萼和花冠区别,花瓣(或花被)通常分离,雄蕊和花冠离生。

1. 三白草科 Saururaceae

【形态特征】 ①多年生草本。②单叶互生;托叶与叶柄合生或缺。③花成穗状或总状花序,在花序基部常有总苞片;花小,两性,无花被;雄蕊3~8;心皮3~4,离生或合生,如为心皮合生,则子房1室,称为侧膜胎座。④蒴果或浆果。

本科约4属,7种,分布于东亚和北美。我国约有3属,5种,分布于我国东南至西南部;全部可供药用。

显微特征:常有分泌组织、油细胞、腺毛、分泌道。

化学成分:含挥发油,其成分为癸酰乙醛、月桂醛、黄酮类等。

【药用植物】

蕺菜 *Houttuynia cordata* Thunb. 多年生草本,全草有鱼腥气,故又名鱼腥草。根状茎,白色。叶互生,心形,有细腺点,下面常带紫色;托叶膜质条形,下部与叶柄合生成鞘。穗状花序顶生,总苞片4,白色花瓣状;花小,两性,无花被;雄蕊3,花丝下部与子房合生;雌蕊3心皮,下部合生,子房上位。蒴果,顶端开裂。分布于长江流域各省。生于沟边、湿地和水旁(图4-43)。全草入药(鱼腥草),能清热解毒,消痈排脓,利尿通淋。

本科常见的药用植物尚有三白草 *Saururus chinensis*(Lour.)Baill.,多年生草本,根茎较粗,白色。茎直立,下部匍匐状。叶互生,纸质,叶柄基部与托叶合生为鞘状,略抱茎;叶片卵形或卵状披针形,基出脉5。分布于长江以南各省区。全草能清热利水,解毒消肿。

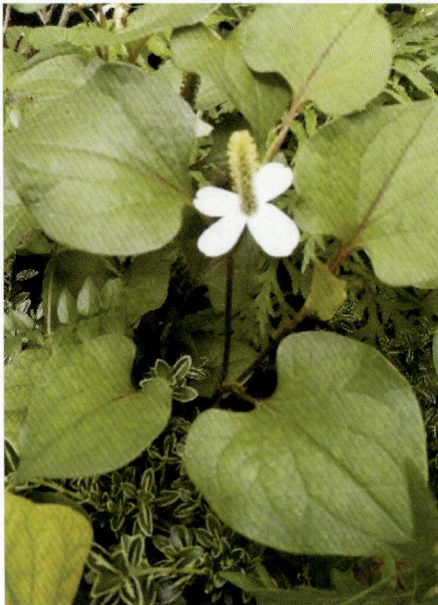

图 4-43 蕺菜

2. 桑科 Moraceae

【形态特征】 ①木本,稀草本和藤本,常有乳汁。②叶多互生,稀对生,托叶早落。③花小,单性,雌雄同株或异株;常集成头状、穗状、柔荑花序或隐头花序,单被花,花被片通常4~6;雄蕊与花被片同数对生。子房上位,2心皮合生,通常1室,每室有1胚珠。④常为聚花果,由瘦果、坚果组成。

本科约有53属,1400种,分布于热带和亚热带。我国有12属,153种,分布于全国各省区,长江以南为多。已知药用的有15属,约80种。

显微特征:内皮层或韧皮部有乳汁管,叶内常有钟乳体。

化学成分:含黄酮类、酚类、强心苷类、生物碱类、昆虫变态激素类。

【药用植物】

桑 *Morus alba* L. 落叶小乔木或灌木。有乳汁。根褐黄色。单叶互生,卵形,有时分裂。花单性,雌雄异株。柔荑花序腋生,雄花花被片4,雄蕊与花被片对生,中央有不育雌蕊;雌花雌蕊由2心皮合生,1室,1胚珠。聚花果(桑椹)由多数外包肉质花被的小瘦果组成,熟时黑紫色。产于全国各地,野生或栽培。根皮(桑白皮)能泻肺平喘,利水消肿;叶(桑叶)能疏散风热,清肺润燥,清肝明目;嫩枝(桑枝)能祛风湿,利关节;果穗(桑椹)能滋阴养血,生津润肠。(图4-44)

大麻 *Cannabis sativa* L. 一年生高大草本。皮层富含纤维。叶互生或下部对生,掌状全裂,裂片3~9,披针形。花单性,雌雄异株;雄花集成圆锥花序,花被片5,雄蕊5;雌花丛生叶腋,每花有1苞片,卵形,花被片1,小形,膜质;子房上位,花柱2。瘦果扁卵形,为宿存苞片所包被,有细网纹。各地常有栽培。果实(火麻仁)能润燥滑肠,利水通淋,活血。(图4-45)

图 4-44 桑

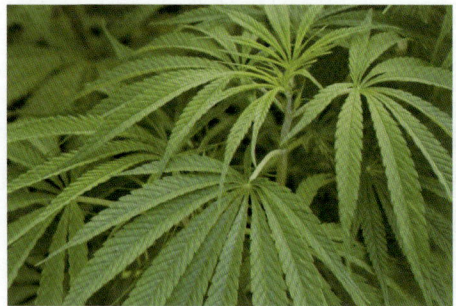

图 4-45 大麻

薜荔 *Ficus pumila* L. 常绿攀援灌木。具白色乳汁。叶二型:生隐头花序的枝上的叶较大,近革质,背面网状脉突起成蜂窝状;不生隐头花序的枝上的叶小且较薄。隐头花序单生叶腋,雄花序较小,雌花序较大;雄花序中生有雄花和瘿花,雄花有雄蕊2。分布于华东、华南和西南。生于丘陵地区。隐头果能补肾固精,清热利湿,活血通经。茎叶能祛风除湿,活血通络,解毒消肿。

本科常见的药用植物还有:葎草 *Humulus scandens*(Lour.)Merr.,分布于全国各地,全草能清热解毒、利尿通淋;无花果 *Ficus carica* L.,原产于地中海和西南亚,我国各地有栽培,隐头果能清热生津,健脾开胃,解毒消肿;啤酒花(忽布)*Humulus lupulus* L.,新疆北部有野生,东北、华北、华东有栽培,未成熟的带花果穗能健胃消食,安神利尿;构树 *Broussonetia papyrifera*(L.)Vent.,分布于黄河、长江、珠江流域各省区,果实(楮实子)能滋阴益肾,清肝明目,健脾利水。

3. 马兜铃科 Aristolochiaceae

【形态特征】 ①多年生草本或藤本。②单叶互生,叶基部常心形,全缘。③花两性,辐射对称或两侧对称,花单被,常为花瓣状,多合生成管状,顶端3裂或向一方扩大,雄蕊6~12,花丝短,分离或与花柱合生;雌蕊心皮4~6,合生;子房下位或半下位,4~6室;胚珠多数。④蒴果。

本科约有8属,600种,分布于热带和温带。我国有4属,70种,分布于全国各地。几乎全部可供药用。

显微特征:茎的髓射线宽而长,使维管束互相分离。

化学成分:含挥发油类、生物碱类和特有的马兜铃酸等,马兜铃酸是本科特征性成分。

【药用植物】

北细辛(辽细辛) *Asarum heterotropoides* **Fr. Schmidt** *var.* *mandshuricum* (**Maxim.**) **Kitag.** 多年生草本。根状茎横走,生有多数细长根,有浓烈辛香气味。叶1~2片,基生,有长柄,叶片肾状心形,全缘,表面沿脉上有疏毛,背面全被短毛。花单生;花被钟形或壶形,紫棕色,顶端3裂,裂片向外反折;雄蕊12;子房半下位,花柱6,蒴果肉质,浆果状,半球形。分布于东北各省。生于林下阴湿处(图4-46)。全草(细辛、辽细辛)能祛风散寒,通窍止痛,温肺祛痰。

细辛(华细辛) *A. sieboldii* **Miq.** 与上种主要区别为花被裂片直立或平展,开花时不反折,叶背无毛或仅脉上有毛。分布于华东及河南、湖北、陕西、四川等省。生活环境、入药部位、功效均同北细辛。

马兜铃 *Aristolochia debilis* **Sieb. et Zucc.** 多年生缠绕性草本。根圆柱状,土黄色。叶互生,三角状狭卵形,基部心形。花被管弯曲呈喇叭状,暗紫色,基部膨大成球状,上部逐渐扩大成一偏斜的舌片;雄蕊6,子房下位,6室。蒴果近球形,成熟时自基部向上开裂,细长果柄裂成6条。分布于黄河以南至广西。生于阴湿处及山坡灌丛(图4-47)。根(青木香)能平肝止痛,行气消肿。茎(天仙藤)能行气活血,利水消肿。果实(马兜铃)能清肺化痰,止渴平喘。

图4-46 北细辛

图4-47 马兜铃

北马兜铃 *A. contorta* **Bge.** 与上种主要区别为花3~10朵簇生于叶腋,花被侧片顶端有线状尾尖,叶片宽卵状心形。分布于我国北方。生活环境、药用部位、功效均同马兜铃。

本科常见的药用植物还有:杜衡 *Asarum forbesii* Maxim.,分布于江苏、安徽、河南、浙江、江西、湖北、四川等地,全草(杜衡)祛风散寒、消痰行水、活血止痛;绵毛马兜铃 *Aristolochia mollissima* Hance,分布于山西、陕西、山东、江苏、安徽、浙江、江西、河南、湖北、湖南、贵州等地,全草(寻骨风)为祛风湿药,能祛风除湿,活血通络,止痛;木通马兜铃 *A. manshuriensis* Kom.,分布于东北及山西、陕西、甘肃等地,茎藤(关木通)能清心火,利小便,通经下乳,用量过大易中毒而引起肾功能衰竭。

4. 蓼科 Polygonaceae

【形态特征】 ①多为草本,节常膨大。②单叶互生,全缘,有明显的托叶鞘。③花多两性,排成穗状、头状或圆锥状花序;单被花,花被片3~6,分离或连合,常呈花瓣状,宿存;雄蕊常6~9;子房上位,

2～3 心皮合生成 1 室,1 胚珠。④瘦果或小坚果包于宿存花被内,多有翅。

本科约 50 属,1150 种,分布于北温带。我国 13 属,235 种,分布于全国。已知药用的有 10 属,136 种。

显微特征:常含草酸钙簇晶,根和根茎常有异型维管束。

化学成分:常含蒽醌类,如大黄素、大黄酸、大黄酚等;黄酮类,如芸香苷、槲皮苷等;鞣质类,如没食子酸等;苷类,如土大黄苷、虎杖苷等成分。

【药用植物】

掌叶大黄 _Rheum palmatum_ L.　多年生高大草本。根和根状茎粗壮,肉质,断面黄色。基生叶有长柄,叶片掌状深裂;茎生叶较小,柄短;托叶鞘长筒状。圆锥花序大型顶生;花小;紫红色;花被片 6,2 轮;雄蕊 9;花柱 3。瘦果具 3 棱翅,暗紫色。分布于陕西、甘肃、四川西部、青海和西藏等省区。生于高寒山区,多有栽培。根状茎(大黄)能泻热通肠,凉血解毒,逐瘀通经。(图 4-48)

药用大黄 _Rheum officinale_ Baill.　与上种主要区别为基生叶掌状浅裂,边缘有粗锯齿。分布于湖北、四川、贵州、云南、陕西等省。功效同掌叶大黄。

何首乌 _Polygonum multiflorum_ Thunb.　多年生缠绕草本。块根长椭圆形或不规则块状,外表暗褐色,断面具"云锦花纹"。叶卵状心形,有长柄,托叶鞘短筒状,两面光滑。圆锥花序大型,分枝极多;花小,白色,花被 5;雄蕊 8。瘦果具 3 棱。分布于全国各地,生于灌丛中、山坡阴处或石隙中。块根入药,能解毒消痈,润肠通便。制首乌能补肝肾,益精血,乌须发,强筋骨;茎藤(夜交藤、首乌藤)能养血安神,祛风通络。(图 4-49)

图 4-48　掌叶大黄

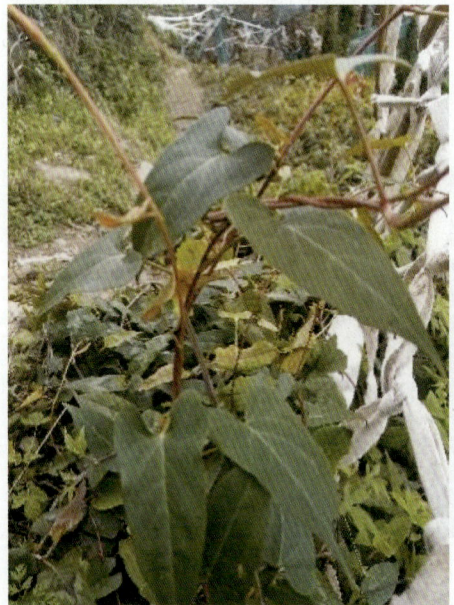

图 4-49　何首乌

虎杖 _P. cuspidatum_ S. et Z.　多年生粗壮草本。根及根状茎粗大,棕黄色。茎中空,散生紫红色斑点。叶阔卵形,托叶鞘短筒状。花单性,异株,圆锥花序;花被片 5,白色或绿白色,2 轮,外轮 3 片在果期增大,背部成翅状。雄蕊 8,花柱 3。瘦果卵圆形,有三棱,包于宿存花被内。分布于我国除东北以外的各省区。生于山谷溪边。根和根状茎能祛风利湿,散瘀定痛,止咳化痰。(图 4-50)

本科常见的药用植物还有:萹蓄 _Polygonum aviculare_ L.,分布于全国各地,全草能利尿通淋,杀虫止痒;红蓼 _P. orientale_ L.,分布于全国各省区,果实(水红花子)能散瘀消癥,消积止痛;拳参 _P. bistorta_ L.,分布于东北、华北、华东、华中等地,根状茎能清热解毒,消肿止血;蓼蓝 _P. tinctorium_ Ait.,分布于辽宁、黄河流域及以南各省区,叶为"大青叶",入药(我国北方习用)能清热解毒、凉血消

图 4-50 虎杖

斑,叶可加工制青黛;野荞麦 *Fagopyrum cymosum*(Trev.)Meisn.,分布于华中、华东、华南、西南等地区,根(金荞麦)能清热解毒,活血消痈,祛风除湿;酸模 *Rumex acetosa* L.,分布于我国大部分地区。生于路旁、山坡及湿地。根能清热,利尿,凉血,杀虫。

5. 苋科 Amaranthaceae

【形态特征】 ①多为草本。②单叶对生或互生。③花小,常两性,排成穗状、头状或圆锥花序;花单被,花被片 3～5,常为干膜质;每花下常有 1 枚干膜质苞片和两枚小苞片;雄蕊多为 5,常与花被片对生;子房上位,2～3 心皮合生,1 室,胚珠 1 枚。④胞果,稀浆果或坚果。

本科约 65 属,900 种,广布于热带和温带地区。我国有 13 属,39 种,分布于全国各地。已知药用的有 9 属,28 种。

显微特征:根中有异型维管束,排成同心环状;含草酸钙晶体,如砂晶、簇晶、针晶等。

化学成分:含三萜皂苷类、甾类、黄酮类、生物碱类等。

【药用植物】

牛膝 *Achyranthes bidentata* Bl. 多年生草本。根长圆柱形,肉质,土黄色。茎四棱方形,节膨大。叶对生,叶片椭圆形至椭圆状披针形,全缘。穗状花序,顶生或腋生;花开后,向下倾贴近花序梗;小苞片刺状;花被片 5;雄蕊 5,退化雄蕊顶端齿形或浅波状;胞果长圆形。生于山林和路旁,多为栽培,主产于河南。根(怀牛膝)能补肝肾,强筋骨,逐瘀通经。(图 4-51)

川牛膝 *Cyathula officinalis* Kuan 多年生草本。根圆柱形,近白色。茎多分枝,被糙毛。叶对生,叶片椭圆形或长椭圆形,两面被毛。花小,绿白色,密集成圆头状;苞腋有花数朵,两性花居中,花被 5,雄蕊 5,退化雄蕊先端齿裂,花丝基部合生成杯状;不育花居两侧,花被片多退化成钩状芒刺;子房 1 室,胚珠 1。胞果长椭圆形。分布于四川、贵州及云南等省。生于林缘或山坡草丛中,多为栽培。根能活血祛瘀,祛风利湿。(图 4-52)

图 4-51 牛膝

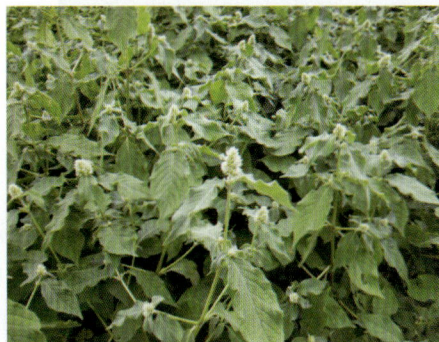

图 4-52 川牛膝

青葙 Celosia argentea L. 一年生草本。全株无毛。叶互生,叶片长圆状披针形或披针形。穗状花序圆锥状或塔状;花着生甚密,初为淡红色,后变为银白色;花被片白色或粉白色,干膜质。胞果卵圆形。种子扁圆形,黑色,光亮。全国各地均有,野生或栽培。种子(青葙子)能祛风热,清肝火,明目退翳。(图 4-53)

本科常见的药用植物还有:土牛膝 *Achyranthes aspera* L.,分布于华南、华东以及四川、云南等省区,根能清热解毒,利尿;鸡冠花 *Celosia cristata* L.,各地多栽培,花序能凉血、止血、止泻。

6. 石竹科 Garyophyllaceae

【形态特征】 ①草本,节常膨大。②单叶对生,全缘,常于基部连合。③多聚伞花序;花两性,辐射对称;萼片 4~5,分离或连合,宿存;花瓣 4~5,常具爪;雄蕊常为花瓣的倍数,8~10 枚,子房上位,2~5 心皮,合生,1 室;特立中央胎座,胚珠多数。④蒴果齿裂或瓣裂,稀浆果。

本科约 75 属,2000 种,广布全球,尤以北温带为多。我国 30 属,约 388 种,分布于全国各省区。已知药用的有 21 属,106 种。

显微特征:含草酸钙簇晶和砂晶;气孔轴式多为直轴式。

化学成分:普遍含有皂苷类、黄酮类等成分。

【药用植物】

瞿麦 Dianthus superbus L. 多年生草本。茎上部分枝。叶对生,披针形或条状披针形。顶生聚伞花序;花萼下有小苞片 4~6,卵形;萼筒先端 5 裂;花瓣 5,淡红色,有长爪,顶端深裂成丝状(流苏状);雄蕊 10。蒴果长筒形,先端 4 齿裂,外被宿萼。我国各地有野生或栽培。生于山野、草丛中。全草能清热利尿,破血通经。(图 4-54)

图 4-53 青葙

图 4-54 瞿麦

石竹 Dianthus chinensis L. 与上种主要区别为花瓣先端齿裂,分布于长江流域以及长江以北地区。功效与瞿麦相同。

孩儿参(异叶假繁缕)Pseudostellaria heterophylla (Miq.) Pax 多年生草本。块根纺锤形,淡黄色。叶对生,下部叶匙形,上部叶长卵形或菱状卵形,茎顶端两对叶片较大,排成十字形。花二型:茎下部腋生小形闭锁花(即闭花受精花),萼片 4,紫色,闭合,无花瓣,雄蕊 2;茎上端的普通花较大,1~3 朵,腋生,萼片 5,花瓣 5,白色,雄蕊 10,花柱 3。蒴果近球形。分布于长江以北和华中等地区。生于山

坡、林下阴湿处。多栽培。块根（太子参）能益气健脾，生津润肺。（图4-55）

图4-55 孩儿参

本科常见的药用植物还有麦蓝菜 *Vaccaria segetalis*（Neck.）Garcke，除华南外，分布于全国其他各省区。种子（王不留行）能活血通经，下乳消肿。

7. 睡莲科 Nymphaeaceae

【形态特征】 ①多年生水生草本，根状茎横走，粗大。②叶基生，盾形、心形或戟形，常漂浮水面。③花单生，两性，辐射对称；萼片、花瓣3至多数；雄蕊多数；雌蕊由3至多数离生或合生心皮组成，子房上位或下位，胚珠多数。④坚果埋于海绵质的花托内，或为浆果状。

本科8属，约100种，广布于世界各地。我国有5属，13种，分布于全国各地。已知药用5属，8种。

化学成分：含多种生物碱，如莲心碱、荷叶碱、厚荷叶碱等；另含黄酮类成分，如金丝桃苷、芸香苷等。

【药用植物】

莲 *Nelumbo nucifera* Gaetn. 多年生水生草本，具肥大的根状茎（藕）。叶片盾圆形，具长柄，有刺毛，挺水生。花单生；萼片4～5，早落；花瓣多数，粉红色或白色；雄蕊多数，离生。坚果椭圆形，嵌生于海绵的花托内。各地均有栽培，生于水沟、池塘、湖沼或水田内。根状茎的节部（藕节）能消瘀止血；叶（荷叶）能清暑利湿；叶柄（荷梗）能通气宽胸；花托（莲房）能化瘀止血；雄蕊（莲须）能固肾涩精；种子（莲子）能补脾止泻、益肾安神；莲子中的绿色的胚（莲子心）能清心安神、涩精止血。（图4-56）

图4-56 莲

本科常见的药用植物还有芡实（鸡头米）*Euryale ferax* Salisb.，分布于全国，生于湖塘池沼中，种子(芡实)能益肾固精,补脾止泻。

8. 毛茛科 Ranunculaceae

【形态特征】 ①草本或藤本。②单叶或复叶,多互生或基生,少对生。③花多两性,辐射对称或两侧对称;花单生或总状、聚伞、圆锥花序;萼片3至多数,绿色或呈花瓣状,稀基部延长成距;花瓣3至多数或缺;雄蕊和心皮常多数,离生,螺旋状排列在多少隆起的花托上,子房上位,1室,胚珠1至多数。④聚合蓇葖果或聚合瘦果,稀为浆果。

本科约50属,2000种,主要分布于北温带。我国有42属,800种,各省均有分布。已知药用的有30属,约500种。

显微特征:维管束常具有"V"字形排列的导管,根和根茎中有皮层厚壁细胞,内皮层明显等。

化学成分:多含生物碱类,如乌头碱、小檗碱、唐松草碱等;黄酮类;皂苷类;强心苷类;香豆素类;四环三萜类;毛茛苷等。

【药用植物】

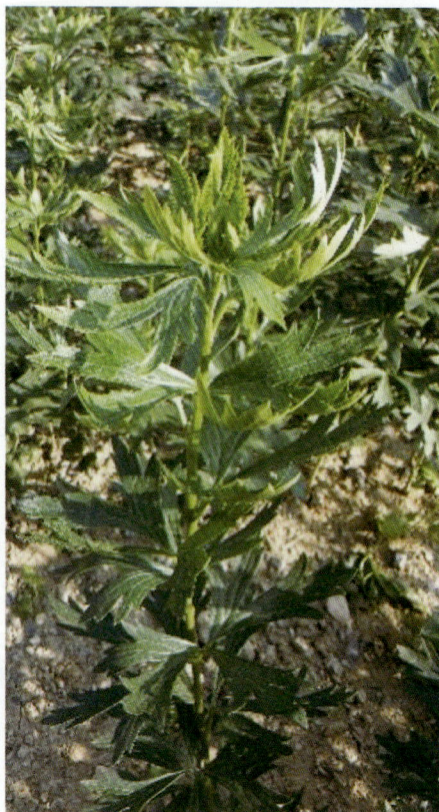

图 4-57 乌头

乌头 Aconitum carmichaeli Debx. 多年生草本。主根纺锤形或倒圆锥形,周围常生数个圆锥形侧根,棕黑色。叶互生,3深裂,裂片再行分裂。总状花序狭长,花序轴密生反曲柔毛;萼片5,蓝紫色,上萼片盔帽状;花瓣2,变态成蜜腺叶;有长爪;雄蕊多数;心皮3~5,离生。聚合蓇葖果。分布于长江中下游,北达山东东部,南达广西北部。生于山地、草坡、灌丛中。四川、陕西大量栽培,栽培种的主根(川乌)入药用,有大毒,能祛风除湿,温经止痛;侧根(附子)能回阳救逆,温中散寒,止痛;野生种块根(草乌)入药用,有大毒,能祛风除湿,温经散寒,消肿止痛。一般炮制后入药用。(图4-57)

同属北乌头 A. kusnezoffii Reichb.,叶3全裂,中裂片菱形,近羽状分裂。花序无毛。分布于东北、华北。块根(草乌)入药,功效同川乌。叶(草乌叶)能清热,解毒,止痛。

黄连 Coptis chinensis Franch. 多年生草本。根状茎常分枝成簇,生多数须根,均黄色。叶基生,3全裂,中央裂片具柄,各裂片再作羽状深裂,边缘具锐锯齿。聚伞花序有花3~8朵,黄绿色;萼片5,狭卵形,花瓣线形;雄蕊多数;心皮8~12,离生。蓇葖果具柄。主产于四川,云南、湖北及陕西等省亦有分布。生于海拔500~2000 m高山林下阴湿处,多栽培。根状茎(味连)能清热燥湿,泻火解毒。(图4-58)

同属植物:三角叶黄连(雅连)C. deltoidea C. Y. Cheng et Hsiao.,特产于四川峨嵋、洪雅一带;云南黄连(云连)C. teeta Wall.,主产于云南西北部、西藏东南部。功效与黄连相同。

威灵仙 Clematis chinensis Osbeck 藤本。根须状丛生于根状茎上;茎具条纹,茎、叶干后变黑色。叶对生,羽状复叶,小叶通常5片,狭卵形,叶柄卷曲。圆锥花序;萼片4,白色;外面边缘密生短柔毛。无花瓣;雄蕊多数;心皮多数,离生。聚合瘦果,宿存花柱羽毛状。分布于长江中下游及以南各省区。生于山区林缘或灌丛中。根及根状茎能祛风除湿,通络止痛。

白头翁 Pulsatilla chinensis (Bge.) Regel 多年生草本,全株密生白色长柔毛。根圆锥形,外皮黄褐色,常有裂隙。叶基生,3全裂,裂片再3裂,革质。花茎(花葶)由叶丛抽出,顶生1花;萼片6,紫色;无花瓣;雄蕊、雌蕊均多数。瘦果密集成头状,宿存花柱羽毛状,下垂如白发。分布于东北、华北及

图 4-58 黄连

长江以北地区。生于山坡、草地或平原。根能清热解毒,凉血止痢。

毛茛 *Ranunculus japonicus* Thunb. 多年生草本,全株有粗毛。叶片五角形,3 深裂,裂片再 3 浅裂。聚伞花序顶生;花瓣黄色,带蜡样光泽,基部有蜜槽;雄蕊和雌蕊均多数离生。聚合瘦果近球形。全国广有分布。生于沟边或水田边。全草有毒,能利湿、消肿、止痛、退翳、杀虫。一般外用作发泡药。(图 4-59)

本科常见药用植物还有:升麻 *Cimicifuga foetida* L.,主要分布于四川、青海等省,根状茎能发表透疹,清热解毒,升举阳气;天葵 *Semiaquilegia adoxoides*(DC.)Mak.,分布于长江中下游各省,北达陕西南部,南达广东北部,块根(天葵子)能清热解毒,消肿散结。

9. 芍药科 Paeoniqceae

【形态特征】多年生草本或灌木。根肥大。叶互生,通常为二回三出羽状复叶。花大,1 至数朵顶生;萼片通常 5,宿存;花瓣 5～10(栽培者多数),红、黄、白、紫各色;雄蕊多数,离心发育;花盘杯状或盘状,包裹心皮;心皮 2～5,离生。聚合蓇葖果。

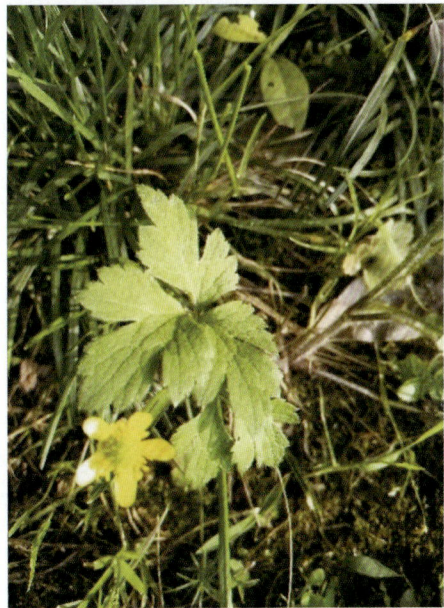

图 4-59 毛茛

本科 1 属,约 35 种;我国有 1 属,17 种;分布东北、华北、西北、长江流域及西南。几乎全部供药用。

显微特征:含草酸钙簇晶较多。

化学成分:含特有的芍药苷,牡丹组植物还普遍含丹皮酚及其衍生物,如牡丹酚苷、牡丹酚原苷等。

【药用植物】

芍药 *Paeonia lactiflora* Pall. 多年生草本。根粗壮,圆柱形。二回三出复叶,小叶狭卵形,叶缘具骨质细乳突。花白色、粉红色或红色,顶生或腋生;花盘肉质,仅包裹心皮基部。聚合蓇葖果,卵形,先端钩状外弯曲。分布于我国北方;生于山坡草丛;各地有栽培。栽培品种,刮去栓皮的根(白芍)能养血调经,平肝止痛,敛阴止汗。野生者不去栓皮的根(赤芍)能清热凉血,散瘀止痛。(图 4-60)

同属植物川赤芍 *P. veitchii* Lynch 的根亦作药材"赤芍"入药。

凤丹 *P. ostii* T. Hong et J. X. Zhang 落叶灌木。一至二回羽状复叶。花单生枝顶;萼片 5;花瓣 10～15,多为白色;花盘革质,紫红色;心皮 5～8,密生白色柔毛。聚合蓇葖果,纺缍形。种子卵形或卵

111

图 4-60 芍药

圆形,黑色。主产于安徽铜陵凤凰山及南陵丫山;各地多有栽培。根皮(牡丹皮、凤丹皮)能清热凉血,活血化瘀。

同属植物牡丹 P. suffruticosa Andr. 与凤丹的区别:为二回三出复叶,顶生小叶 3 裂;花色有白色、红紫色、黄色等多种。各地多栽培供观赏,根皮一般不作药用。

10. 小檗科 Berberidaceae

【形态特征】 ①灌木或草本。②单叶或复叶,互生。③花两性,辐射对称,单生、簇生或排成总状、穗状花序等;萼片与花瓣相似,各 2～4 轮,每轮常 3 片,花瓣常具有蜜腺;雄蕊 3～9 枚,常与花瓣对生,花药常瓣裂或纵裂;子房上位,常 1 心皮组成,1 室;柱头极短或缺,通常盾形;胚珠 1 至多数。④浆果、蓇葖果或蒴果。

本科约 17 属,650 余种,分布于北温带和热带高山上。我国有 11 属,320 余种,南北各地均有分布。已知药用的有 11 属,140 余种。

显微特征:草本类多含草酸钙簇晶,木本类多含草酸钙方晶。

化学成分:多含生物碱类,如小檗碱、掌叶防己碱、木兰花碱等;苷类等。

【药用植物】

豪猪刺(三颗针)Berberis julianae Schneid. 常绿灌木。根、茎断面黄色。叶刺三叉状,粗壮坚硬;叶常 5 片丛生于刺腋内,卵状披针形,边缘有刺状锯齿,花黄色,簇生叶腋;小苞片 3;萼片、花瓣、雄蕊均 6 枚。花瓣顶端微凹,基部有 2 密腺。浆果熟时黑色,有白粉。分布于长江中、上游到贵州等省。生于海拔 1000 m 以上山地。根、茎能清热燥湿,泻火解毒。为提取小檗碱的资源植物。(图 4-61)

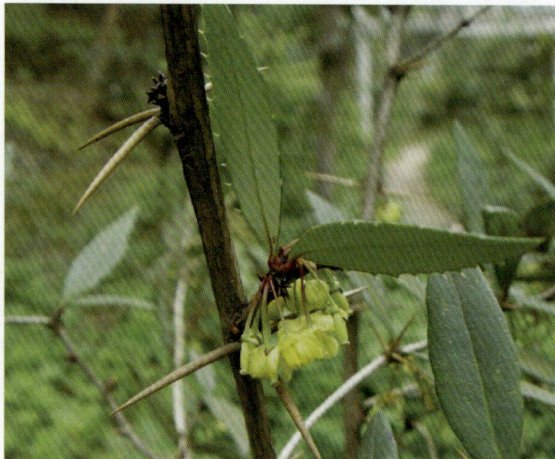

图 4-61 豪猪刺

箭叶淫羊藿(三枝九叶草) *Epimedium sagittatum* (Sieb. et Zucc.) Maxim. 多年生草本。根状茎结节状,质硬。基生叶1～3片,三出复叶,小叶长卵形,两侧小叶基部呈箭状心形,显著不对称,叶革质。圆锥花序或总状花序;花多数;萼片4,2轮,外轮早落,内轮花瓣状,白色;花瓣4,黄色,有短距;雄蕊4;心皮1。蓇葖果卵形,有喙。分布于长江流域至西南各省。生于山坡林下及路旁溪边等潮湿处。地上部分能补肾壮阳,强筋健骨,祛风除湿。(图4-62)

同属植物淫羊藿 *E. brevicornu* Maxim.、巫山淫羊藿 *E. wushanense* Ying.、柔毛淫羊藿 *E. pubescens* Maxim.和朝鲜淫羊藿 *E. koreanum* Nakai.的地上部分亦作药材淫羊藿入药。

阔叶十大功劳 *Mahonia bealei* (Fort.) Carr. 常绿灌木。奇数羽状复叶,互生,小叶7～15片,厚革质,卵形,叶缘有刺齿。顶生总状花序;花黄褐色。萼片9,3轮,花瓣状;花瓣6,雄蕊6;浆果暗蓝色,有白粉。分布于长江流域及陕西、河南、福建等省。生于山坡、林下,各地常栽培。根茎(功劳木)和叶(十大功劳叶)能清热,燥湿,解毒。(图4-63)

图4-62 箭叶淫羊藿

图4-63 阔叶十大功劳

本科常见的药用植物还有:黄芦木 *Berbris amurensis* Rupr.,分布于东北、华北等省区,根、茎入药用,功同豪猪刺;六角莲 *Dysosma pleiantha* (Hance) Woodson,分布于华东、湖北、广西等省区,根状茎能清热解毒,活血化瘀;南天竹 *Nandia domestica* Thunb.,各地常有栽培,茎能清热除湿,通经活络,果实(南天竹子)能敛肺、止咳、平喘,根、茎、叶能清热利湿,解毒。

11. 防己科 Menispermaceae

【形态特征】 ①多年生草质或木质藤本。②单叶互生,叶片有时盾状;无托叶。③花单性异株;聚散花序或圆锥花序;萼片与花瓣均6枚,2轮,花瓣常小于萼片;雄蕊常6枚,分离或合生;子房上位,通常3心皮,离生,每室胚珠2,仅1枚发育。④核果。

本科约65属,350种;分布于热带和亚热带。我国19属,78种;主要分布于长江流域以及以南各省区。已知药用15属,67种。

显微特征:常有异常构造,多由维管束外方的额外形成层形成1至多个同心环状或偏心环状维管束而组成。草酸钙结晶类型多样。

化学成分:含有双苄基异喹啉生物碱、原小檗碱型生物碱和阿朴啡型生物碱。如汉防己碱、异汉防己碱、小檗碱、药根碱、木兰花碱、千金藤碱。

【药用植物】

粉防己(石蟾蜍) *Stephania tetrandra* S. Moore 草质藤本。根圆柱形。叶三角壮阔卵形,叶柄质状着生。聚散花序集成头状;雄花的萼片通常4,花瓣4,淡绿色,花丝愈合成柱状;雌花的萼片和花瓣均4,心皮1,花柱3。核果球形,红色,核呈马蹄形,有小瘤状突起及横槽纹。分布于我国东南及南部;生于山坡、林缘、草丛等处。根(防己、粉防己)为祛风清热药,能利水消肿,祛风止痛。(图4-64)

蝙蝠葛 *Menispemaum dauricum* DC. 草质落叶藤本。根状茎细长。叶圆肾形或卵圆形,全缘或5～77浅裂,掌状脉;叶柄盾状着生。圆锥花序;萼片6;花瓣6～9;雄蕊10～20;雌蕊3心皮,分离。核果黑紫色,核呈马蹄形。分布于东北、华北和华东地区;生于沟谷、灌丛。根状茎(北豆根)能清热解毒,祛风止痛。(图4-65)

图 4-64　粉防己

图 4-65　蝙蝠葛

青牛胆 *Tinospora sagittata*（Olive.）Gagnep.　草质藤本。具连珠状块根。叶卵状箭形,叶基耳形,背面被疏毛。圆锥花序;花瓣 6;肉质,常有爪。核果红色,近球形。分布于华中、华南、西南及陕西、福建等地。块根(金果榄)能清热解毒、利咽、止痛。

本科常见的药用植物还有:木防己 *Mocculus orbiculatus*（L.）DC.,分布于我国大部分地区,生于灌丛、林缘等处。根能祛风止痛,利水消肿。锡生藤 *Cissamplos pareira* L. var. *hirsuta*（Buch. ex DC.）forman,分布于广西、贵州、云南;全株(亚乎奴)能活血止痛,止血生肌。青藤 *Sinomenium acutum*（thunb.）Rehd. et wils.,分布于长江流域及以南地区;茎藤祛风通络,除湿止痛。金线吊乌龟 *Stehphania cephania* Hayata.,分布于江苏、安徽、福建、广东、广西、贵州等地;块根能清热解毒,祛风止痛,凉血止血。

12. 木兰科 Magnoliaceae

【形态特征】　①木本,具油细胞,有香气。②单叶互生,多全缘;托叶有或无,有托叶的,包被幼芽,早落,在节上留下环状托叶痕。③花常单生,两性,稀单性,辐射对称;花被片常 3 基数,排成数轮,每轮 3 片;雄蕊和雌蕊均多数,分离,螺旋状或轮状排列于伸长或隆起的花托上;每心皮含胚珠 1～2 个。④聚合蓇葖果或聚合浆果。

本科约 18 属,330 种,分布于美洲和亚洲的热带和亚热带地区。我国约有 14 属,160 种,分布于西南和南部各地。已知药用的有 8 属,约 90 种。

显微特征:常有油细胞、石细胞和草酸钙方晶。

化学成分:含有挥发油;生物碱类,如木兰碱等;木脂素类,如厚朴酚。

【药用植物】

厚朴 *Magnolia officinalis* Rehd. et Wils.　落叶乔木。树皮棕褐色,具椭圆形皮孔。叶大,倒卵形,革质,集生于小枝顶端。花大型,白色,花被片 9～12 或更多。聚合蓇葖果长圆状卵形,木质。分布于长江流域和陕西、甘肃东南部,生于土壤肥沃及温暖的坡地。茎皮和根皮能燥湿消痰,下气除满。花蕾(厚朴花)能行气宽中,开郁化湿。(图 4-66)

凹叶厚朴(庐山厚朴)*Magnolia biloba* (Rehd. et Wils.) Cheng　与上种主要区别为叶先端凹陷成 2 钝圆浅裂,分布于福建、浙江、安徽、江西和湖南等地,有栽培。功效与厚朴相同。(图 4-67)

图 4-66　厚朴

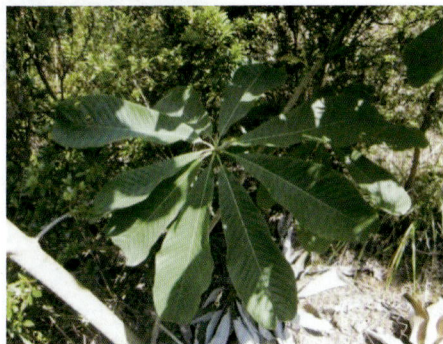

图 4-67　凹叶厚朴

望春花 *Magnolia biondii* Pamp.　落叶乔木。树皮灰色或暗绿色。小枝无毛或近梢处有毛;单叶互生;叶片长圆状披针形或卵状披针形,全缘,两面均无毛;花先叶开放,单生枝顶;花萼 3,近线形;花瓣 6,2 轮,匙形,白色,外面基部常带紫红色;雄蕊多数,花丝胞厚;心皮多数,分离。聚合果圆柱形,稍扭曲;种子深红色。分布于河南、安徽、甘肃、四川、陕西等地,生长在向阳山坡或路旁。花蕾(辛夷)能散风寒,通鼻窍。(图 4-68)

玉兰 *Magnolia denudata* Desr.　与上种主要区别为叶倒卵形至倒卵状长圆形,叶面有光泽,叶背被柔毛;花被片 9,白色,萼片与花瓣无明显区别,倒卵形或倒卵状长圆形。分布于河北、河南、江西、浙江、湖南、云南等地。花蕾亦作"辛夷"入药。(图 4-69)

图 4-68　望春花

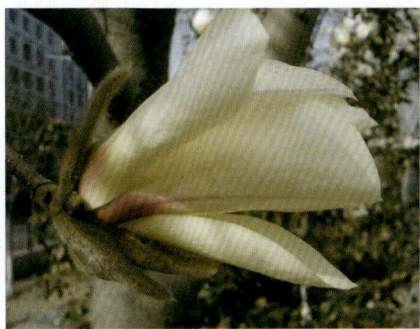

图 4-69　玉兰

八角 *Illicium verum* Hook. f.　常绿乔木。叶椭圆形或长椭圆状披针形,有透明油点。花单生于叶腋;花被片 7～12;雄蕊 10～20;心皮 8～9,轮状排列。聚合果由 8～9 个蓇葖果组成,呈八角形,顶端钝,稍弯;分布于华南、西南等地。生于温暖湿润的山谷中。果实(八角茴香、八角)能温阳散寒,理气止痛。

五味子 *Schisandra chinensis* (Turca.) Baill.　落叶木质藤本。叶纸质或近膜质,阔椭圆形或倒卵形,边缘疏生有腺齿的细齿。雌雄异株;花被片 6～9,粉白色或粉红色;雄蕊 5;雌蕊 17～40。聚合浆果排成长穗状,红色。分布于东北、华北、华中及四川等地。生于山林中。果实(北五味子)能敛肺、滋肾、生津、收涩。(图 4-70)

本科常见的药用植物还有:木莲 *Manglietia fordiana* (Hemsl.) Oliv.,分布于长江流域以南,果

图 4-70　五味子

实（木莲果）能通便、止咳；华中五味子 *Schisandra sphenanthera* Rehd. et Wils.，分布于河南、安徽、湖北等地，果（南五味子）功同五味子。

13. 樟科 Lauraceae

【形态特征】　①多为常绿乔木，仅无根藤属（Cassytha）为寄生性无叶藤本；具油细胞，有香气。②单叶，多互生，全缘，革质，羽状脉或三出脉，无托叶。③花小，常两性，3 基数，多为单被，2 轮排列；雄蕊 3～12，通常 9，排成 3～4 轮，第 4 轮雄蕊常退化，花丝基部常具 2 腺体；子房上位，3 心皮合生，1 室，1 顶生胚珠。④核果或呈浆果状，有时有宿存的花被包围基部；种子 1 粒。

本科约 40 属，2000 余种，分布于热带及亚热带地区。我国有 20 属，400 多种，主要分布于长江以南各省区。已知药用 120 余种。

显微特征：具油细胞；叶下表皮通常呈乳头状突起；在茎维管柱鞘部位常有纤维状石细胞组成的环。

化学成分：常含有挥发油类，如樟脑、桂皮醛、桉叶素等；生物碱类，主要为异喹啉类生物碱。

【药用植物】

肉桂 *Cinnamomum cassia* Presl.　常绿乔木，具香气。树皮灰褐色，幼枝略呈四棱形。叶互生，长椭圆形，革质，全缘，具离基三出脉。圆锥花序腋生或顶生；花小，黄绿色，花被 6；能育雄蕊 9，3 轮。子房上位，1 室，1 胚珠。核果浆果状，紫黑色，宿存的花被管（果托）浅杯状。分布于广东、广西、福建和云南。多为栽培。树皮（肉桂）能温肾壮阳、散寒止痛；嫩枝（桂枝）能解表散寒、温经通络。（图 4-71）

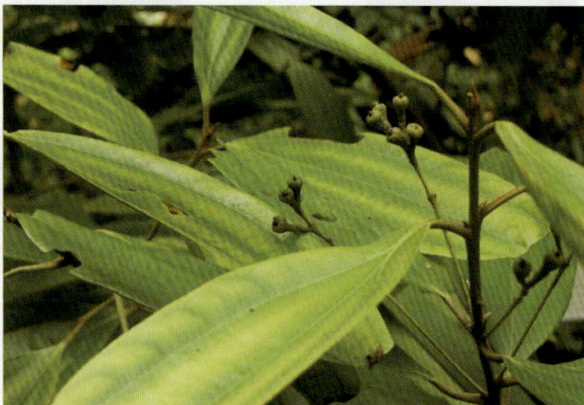

图 4-71　肉桂

本科常见的药用植物还有：樟树（香樟）*C. camphora*（L.）Presl.，分布于长江流域以南及西南各省区，根、木材及叶的挥发油主含樟脑，内服开窍辟秽，外用除湿杀虫、温散止痛；乌药 *Lindera aggregata*（Sims）Dosterm.，分布于长江以南及西南各省区，根（乌药）能行气止痛、温肾化痰。

14. 罂粟科 Papaveraceae

【形态特征】 ①草本,多含乳汁或有色汁液。②基生叶具长柄,茎生叶多互生,无托叶。③花单生或成总状、聚伞、圆锥花序;花辐射对称或两侧对称;萼片常2,早落;花瓣4～6,离生;子房上位,2至多心皮,合生,1室,侧膜3胎座,胚珠多数。④蒴果孔裂或瓣裂;种子细小。

本科约42属,600种,主要分布于北温带。我国19属,约280种,南北均有分布。已知药用的有15属,130种。

显微特征:含白色乳汁或有色汁液,常具有节乳汁管或乳囊组织。

化学成分:多含有生物碱类,如罂粟碱、吗啡、白屈菜碱、可待因、延胡索乙素等。

【药用植物】

罂粟 *Papaver somniferum* L. 一年生或二年生草本,全株粉绿色,具白色乳汁。叶互生,长椭圆形,基部抱茎,边缘具缺刻。花大,单生于花茎顶;萼片2,早落;花瓣4,有白、红、淡紫等色;雄蕊多数,离生;子房多心皮合生;1室,侧膜胎座,柱头具8～12辐射状分枝。蒴果近球形,孔裂。多栽培。果壳(罂粟壳)能敛肺止咳,涩肠止泻,止痛。从未熟果实中割取的乳汁(阿片)为镇痛、止咳、止泻药。(图4-72)

图 4-72 罂粟

延胡索 *Corydalis turtschaninovii* Bess. f. *yanhusu* Y. H. Chow et C. C. Hsu 多年生草本。块茎球形。叶二回三出全裂,末回裂片披针形。总状花序顶生;苞片全缘或有少数牙齿;花萼2,极小,早落;花瓣4,紫红色,上面1片基部有长距;雄蕊6,2束;子房上位,2心皮,1室,侧膜胎座。蒴果条形。分布于安徽、浙江、江苏等地。生于丘陵林荫下,各地有栽培。块茎(元胡、延胡索)能行气止痛,活血散瘀。

白屈菜 *Chelidonium majus* L. 多年生草本,具黄色汁液。叶互生,羽状全裂,叶背被白粉和短柔毛。花瓣4,黄色;雄蕊多数。蒴果条状圆柱形。分布于东北、华北、新疆及四川等地。生于山坡或山谷林边草地。全草有毒,能镇痛、止咳、利尿、解毒。

15. 十字花科 Cruciferae,Brassicaceae

【形态特征】 ①草本。②单叶互生,无托叶。③花两性,辐射对称,多排成总状或圆锥花序;萼片4,2轮;花瓣4,排成十字形;雄蕊6,4长2短,为四强雄蕊,稀4或2,常在雄蕊旁生有4个蜜腺;子房上位,2心皮合生,由假隔膜隔成2室,侧膜胎座,每室胚珠1至多数。④长角果或短角果。

本科约350属,3200种,广布于全球,以北温带为多。我国约96属,425种,分布于我国各地。已知药用的有30属,103种。

显微特征:常含分泌细胞,毛茸为单细胞,非腺毛,气孔轴式为不等式。

化学成分：多含硫苷类、吲哚苷类、强心苷类、脂肪油等。

【药用植物】

图 4-73　菘蓝

菘蓝 Isatis indigotica Fort.　一至二年生草本。主根圆柱形，灰黄色。全株灰绿色。主根深长，圆柱形，灰黄色。基生叶有柄，圆状椭圆形；茎生叶较小，圆状披针形，基部垂耳圆形，半抱茎。圆锥花序；花黄色，花梗细，下垂。短角果扁平，顶端钝圆或截形，边缘有翅，紫色，内含 1 粒种子。各地均有栽培。根（板蓝根）能清热解毒，凉血利咽。叶（大青叶）能清热解毒，凉血消斑；茎叶加工品（青黛），能清热解毒，凉血，定惊。（图 4-73）

欧菘蓝 Isatis tinctoria L.　与上种主要区别为茎、叶被长柔毛；茎生叶基部垂耳箭形。原产于欧洲，华北各地有栽培。药用价值与菘蓝相同。

白芥 Brassica alba (L.) Boiss.　一至二年生草本。全体被白色粗毛。茎基部的叶具长柄，琴状深裂或近全裂。总状花序顶生；花黄色。长角果圆柱形，密被白色长毛，先端具扁长的喙。种子近球形，黄白色。种子（白芥子）能温肺豁痰利气，散结通络止痛。

荠菜 Capsella bursa-pastoris (L.) Medic.　一或二年生草本。基生叶羽状分裂，茎生叶抱茎，两侧呈耳形。总状花序顶生或腋生；花白色。短角果倒三角形。全草能凉肝止血，平肝明目，清热利湿。

本科常见的药用植物还有：萝卜 Raphanus sativus L.，各地均有栽培，种子（莱菔子）能消食除胀，降气化痰；独行菜 Lepidium apetalum Willd.，分布于华北、华东、西北、西南等地；播娘蒿 Descurainia sophia (L.) Webb ex Prantl，分布于华北、华东、西北及四川等地。后两种植物的种子均作"葶苈子"药用，能泻肺平喘，行水消肿。

（张建海）

16. 景天科 Crassulaceae J. St. -Hil.

【形态特征】　①草本、半灌木或灌木，茎叶多为肉质。②常为单叶，互生、对生或轮生，全缘或稍有缺刻，少见浅裂或单数羽状复叶；无托叶。③花多两性，辐射对称；常为聚伞花序，有伞房状、穗状、圆锥状或总状花序或单生；两性花，或为雌雄异株的单性花，辐射对称；花各部数量多为 5 或其倍数，花瓣分离或合生；萼片自基部分离，少有在基部以上合生，宿存；雄蕊与花瓣同数或为其 2 倍，花药基生，少为背着生，内向开裂；心皮 4～5，离生或仅基部合生，每心皮基部常具 1 鳞片状腺体，子房上位，胚珠多数。④蓇葖果，种子小，种皮有皱纹或微乳头状突起或有沟槽，胚乳不发达或缺。

被子植物-双子叶-
离瓣花亚纲 2

本科约 34 属，1500 余种，广布全球，主产地为南非，多为耐旱植物。我国有 10 属，约 242 种，各地均有分布，西南部种类较多。已知药用 8 属，近 70 种。

显微特征：茎横切面圆形或类圆形，皮层细胞无草酸钙簇晶，含淀粉粒，无限外韧维管束。

化学成分：含多种苷类、黄酮类、香豆素类、有机酸等成分。

【药用植物】

垂盆草 Sedum sarmentosum Bunge　多年生肉质草本。全株无毛。不育茎及花茎细，匍匐，近地面的节处易生根。常为 3 叶轮生；叶片倒披针形或长圆形，先端近急尖，基部急狭而下延，全缘。花期

5—7 月,果期 8 月;聚伞花序,顶生,有 3～5 分枝;花瓣 5,黄色;雄蕊 10,2 轮;心皮 5,长圆形,略叉开。蓇葖果。分布于全国大部分地区。生于山坡阳处、石隙、沟旁及路边湿润处;全草(垂盆草)药用,能利湿退黄,清热解毒。(图 4-74)

图 4-74 垂盆草

本科常见的药用植物还有:景天三七 *S. aizoon* L.,分布于东北、西北及长江流域,生于山坡阴湿岩石上或草丛中。全草能散瘀止血,宁心安神,解毒。库页红景天(高山红景天)*Rhodiola sachalinensis* A. Bor.,分布于黑龙江、吉林等地;生于海拔 1600～2500 m 的山坡、草地、林下等地。全草(红景天)能补气益肺,益智养心,收敛止血,散瘀消肿;同属狭叶红景天 *R. kirilowii*(*Regel.*)Regil.、唐古特红景天 *R. algida*(*Lédeb.*)Fisch. et Mey. Var. *tangutica*(Maxim.)S. H. Fu 的全草亦作药材红景天入药。瓦松 *Orostachys unbriatus*(Turcz.)Berger. 分布于东北、华北、西北、华东等地;全草有毒;能凉血止血,清热解毒,收湿敛疮。

17. 杜仲科 Eucommiaceae

【形态特征】 ①落叶乔木,枝、叶折断时有银白色胶丝。②单叶,互生,具柄,无托叶。③花单性,雌雄异株,无被,先叶开放,或与新叶同时长出;雄花密集成头状花序状,雄蕊 5～10,常为 8,线形,花丝极短,花药 4 室,纵裂;雌花单生,有苞片,具短梗,子房上位,心皮 2,合生 1 室,胚珠 2。④翅果,果皮薄,革质,果梗短,种子 1 粒,垂生于顶端。

全科仅 1 属 1 种,中国特有,分布于我国中部及西南各省区,现广泛栽培。

显微特征:韧皮部极厚,有 5～7 条断续的石细胞环带,每一环带为 3～5 列石细胞,并偶伴有少数纤维,近石细胞环带处尚可见橡胶质团块。

化学成分:含木脂素类、环烯醚萜类、苯丙素类、有机酸、黄酮类等。树皮含杜仲胶、松脂素双糖苷、桃叶珊瑚苷、杜仲苷等多种苷类。

【药用植物】

杜仲 *Eucommia ulmoides Oliver*. 我国特有的珍贵树种。杜仲为多年生木本。皮、枝及叶均含胶质。树皮、叶入药用,能补肝肾、强筋骨、安胎、降血压。(图 4-75)

18. 蔷薇科 Rosaceae

【形态特征】 ①草本、灌木或乔木,常具刺。②冬芽常具数个鳞片,有时仅具 2 个;单叶或复叶,多互生,常具托叶。③花两性,少单性,周位花或上位花;辐射对称,单生或排成伞房、圆锥等花序;花托(萼筒)突起、平展或下凹,花被和雄蕊下部与花托愈合呈盘状、杯状、坛状、壶状或圆筒状的花筒(被丝托);萼片和花瓣同数,通常 4～5,覆瓦状排列;雄蕊常多数,多为 5 的倍数,稀 1 或 2,花丝离生,稀合生;子房上位或下位,心皮 1 至多数,离生或合生,每室胚珠 1～2。④蓇葖果、瘦果、核果及梨果,通常具宿萼。种子无胚乳,极稀具少量胚乳。

本科 124 属,3300 多种,分布全球,北温带较多。我国约 51 属,1000 余种。已知药用 360 种,全

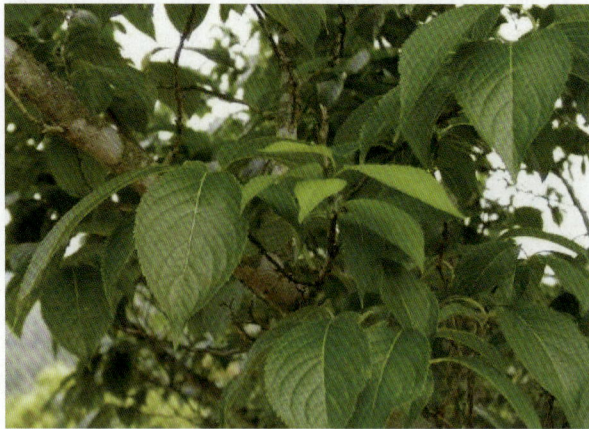

图 4-75　杜仲

国各地均有分布。

显微特征:叶下表皮具无规则型气孔器,表皮细胞为无规则形或多边形。

化学成分:含有氰苷、多元酚、黄酮、皂苷和有机酸类化合物。

本科分为 4 个亚科。

亚科检索表

1. 果实为开裂的蓇葖果或蒴果;心皮 1～5,常离生;多无托叶 ……………………… 绣线菊亚科
1. 果实不开裂;有托叶。
  2. 子房上位,稀下位。
    3. 心皮常多数,聚合瘦果或聚合小核果;萼宿存 …………………………… 蔷薇亚科
    3. 心皮 1;核果;萼常脱落 ………………………………………………… 梅亚科
  2. 子房下位,心皮 2～5,多少连合并与萼筒结合;梨果 …………………………… 梨亚科

绣线菊亚科 Spiraeoideae

【药用植物】

绣线菊 Spiraea salicigolia L.　叶互生,长圆状披针形至披针形,边缘有锯齿。圆锥花序长圆形或金字塔形;花粉红色。蓇葖果直立,常具反折裂片。分布于东北、华北。生于河流沿岸、湿草原或山沟。全株能痛经活血、通便利水。根及嫩叶入药,能清热解毒。

蔷薇亚科 Rosoideae

【药用植物】

龙牙草 Agrimonia pilosa Ledeb.　多年生草本,全体密生长柔毛。单数羽状复叶,小叶 5～7,小叶间杂有小型小叶片,小叶椭圆状卵形或倒卵形,边缘有锯齿。圆锥花序顶生;萼筒顶端 5 裂,口部内缘有一圈钩状刚毛;花瓣 5,黄色;雄蕊 10;子房上位,心皮 2。瘦果。萼宿存。分布于全国各地。生于山坡、路旁、草地。全草(仙鹤草)能止血,补虚,泻火,止痛。根芽(鹤草芽)含鹤草酚,能驱除绦虫,消肿解毒。(图 4-76)

地榆 Sanguisorba officeinalis L.　多年生草本。根多数,粗壮,表面暗棕红色。茎带紫红色。单数羽状复叶,小叶 5～19 片,卵圆形或长圆形,边缘具粗锯齿。穗状花序椭圆形;花小,萼裂片 4,紫红色;无花瓣;雄蕊 4,花药黑紫色;子房上位。瘦果褐色,包藏在宿萼内。全国大部分地区有分布。生于山坡、草地。根能凉血止血,清热解毒,消肿敛疮。

同属变种长叶地榆 S. officeinalis L. var. longifoliq (Bert.) Yu et Li 的根,也作地榆入药用。

金樱子 Rosa laevigata Michx.　常绿攀援有刺灌木。羽状复叶,小叶 3,稀 5 片,椭圆状卵形,叶片近革质。花大,白色,单生于侧枝顶端。蔷薇果熟时红色,倒卵形,外有刺毛。分布于华中、华东、华南各省区。生于向阳山野。果能涩精益肾,固肠止泻。(图 4-77)

图 4-76 龙牙草

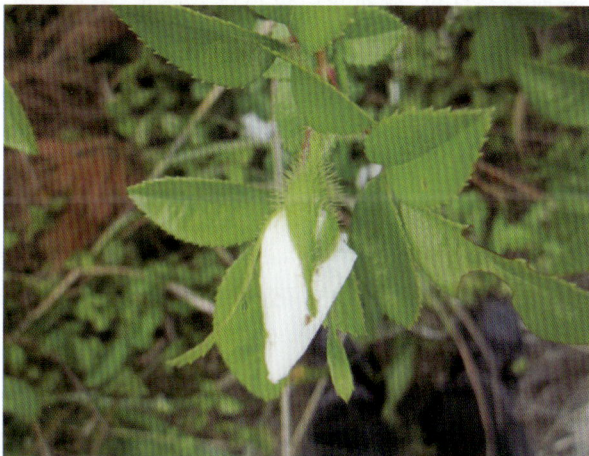

图 4-77 金樱子

本亚科常见的药用植物还有：华东覆盆子 *Rubus chingii* Hu,分布于安徽、江苏、浙江、江西、福建等地,聚合果(覆盆子)能益肾,固精,缩尿;委陵菜 *Potentilla chinensis* Ser. 和翻白草 *P. discolor* Bge.,分布于全国各地,全草或根均能清热解毒,止血,止痢;玫瑰 *Rosa rugosa* Thunb.,各地均有栽培,花能行气解郁,和血,止痛。

梅亚科 Prunoideae

【药用植物】

杏 *Prunus Armeniaca* L. 落叶小乔木。小枝浅红棕色,有光泽。单叶互生,叶卵形至近圆形,边缘有细钝锯齿;叶柄近顶端有 2 腺体。花单生枝顶,先叶开放;萼片 5;花瓣 5,白色或带红色;雄蕊多数;心皮 1。核果,球形,黄红色,核表面平滑;种子 1,扁心形,圆端合点处向上分布多数维管束。产于我国北部,均系栽培。种子(苦杏仁)能降气化痰,止咳平喘,润肠通便。(图 4-78)

梅 *P. mume* Sieb. 与上种主要区别为小枝绿色,叶先端尾状长渐尖,果核表面有凹点。分布于全国各地,多系栽培。近成熟果实(乌梅)能敛肺,涩肠,生津,安蛔。

本亚科常见的药用植物尚有:山杏(野杏)、西北利亚杏和东北杏,种子亦作苦杏仁入药;桃,全国广为栽培,种子(桃仁)能活血祛瘀,润肠通便。

梨亚科 Pomoideae

【药用植物】

山里红 *Crataegus pinnatifida* Bge. var. major N. E. Br. 落叶小乔木。分枝多,无刺或少数短刺。叶宽卵形,5～9 羽裂,边缘有重锯齿;托叶镰形。伞房花序;萼齿裂;花瓣 5,白色或带红色。梨果

121

图 4-78 杏

近球形,直径可达 2.5 cm,熟时深亮红色,密布灰白色小点。华北、东北普遍栽培。果实(北山楂)能消食健胃,行气散瘀。

山楂 *C. pinnatifida* Bge. 多为栽培。果实亦称北山楂,功效同山里红。(图 4-79)

野山楂 *C. cuneata* Sieb. et Zucc. 与上种主要区别:落叶灌木,刺较多。叶顶端常 3 裂。果较小,直径 1~1.2 cm,红色或黄色。分布于长江流域及江南地区,北至河南、陕西。果实(南山楂)功效同山里红。

贴梗海棠 *Chaenomeles speciosa* (Sweet) Nakai 落叶灌木,枝有刺。叶卵形至长椭圆形;托叶较大,肾形或半圆形。花先叶开放,腥红色或淡红色,花 3~5 朵簇生;萼筒钟形;花瓣红色,少数淡红色或白色;子房下位。梨果卵形或球形,木质,黄绿色,有芳香。产于华东、华中、西南等地。多为栽培。成熟果实(皱皮木瓜)能舒筋活络,和胃化湿。(图 4-80)

图 4-79 山楂

图 4-80 贴梗海棠

同属光皮木瓜 *C. sinensis* (Thouin) Koehne. 分布于长江流域及以南地区,果实入药,功效同贴梗海棠。

本亚科常见的药用植物还有枇杷 *Eriobotrya japonica* (Thunb.) Lindl.,分布于长江以南各地,多为栽培。叶(枇杷叶)能清肺止咳,和胃降逆,止渴。

19. 豆科 Leguminosae

【形态特征】 ①乔木、灌木、亚灌木或草本。根部常有根瘤。②叶常互生,多为羽状复叶,少为掌状和三出复叶,稀为单叶,罕可变为叶状柄;多具托叶(有时叶状或变为棘刺)和叶枕(叶柄基部膨大的部分)。③花两性,多为两侧对称的蝶形花,少为辐射对称花;萼片常 5,多少连合;花瓣常 5,多为蝶形花,少合生;雄蕊多为 10 枚,常成二体雄蕊(9+1),稀多数,花药 2 室;心皮 1,子房上位,沿腹缝线具侧膜胎座,胚珠 1 至多数。④荚果。种子胚大,内胚乳无或极薄。

本科为种子植物第三大科,仅次于菊科和兰科,约 650 属,18000 余种,全球分布。我国有 172 属,约 1550 种(含变种)。已知药用约 600 种。

显微特征:节具3叶隙或极少具叶隙;导管部分具单穿孔;无穿孔管状分子,通常或全部具小的单纹孔,有时具隔膜,筛管、质体含不规则蛋白质拟晶体和淀粉粒,稀仅含淀粉粒;花粉具2核,单粒或复合,通常具3沟孔或3孔;具滴漏细胞(种皮支持细胞)。

化学成分:黄酮类、生物碱等成分。

本科分为3个亚科。

亚科检索表

1. 花辐射对称;花瓣镊合状排列;雄蕊多数或定数(4～10) ………………………… 含羞草亚科
1. 花两侧对称;花瓣覆瓦状排列;雄蕊一般10枚
  2. 花冠假蝶形,旗瓣位于最内方,雄蕊分离,不为二体 ………………………… 云实亚科
  2. 花冠蝶形,旗瓣位于最外方,雄蕊10,通常二体 ………………………… 蝶形花亚科

含羞草亚科 Mimosoideae

【药用植物】

合欢 *Albixia julibrissin* Durazz. 落叶乔木,树皮灰褐色,有密生椭圆形横向皮孔。二回偶数羽状复叶,小叶镰刀状,主脉偏于一侧。头状花序呈伞房排列,花淡红色,辐射对称,花萼钟状,5裂;花冠漏斗状;雄蕊多数,花丝细长,淡红色基部连合。荚果条形,扁平。分布全国。野生或栽培。树皮(合欢皮)能解郁安神,活血消肿。花(合欢花)能解郁安神。(图4-81)

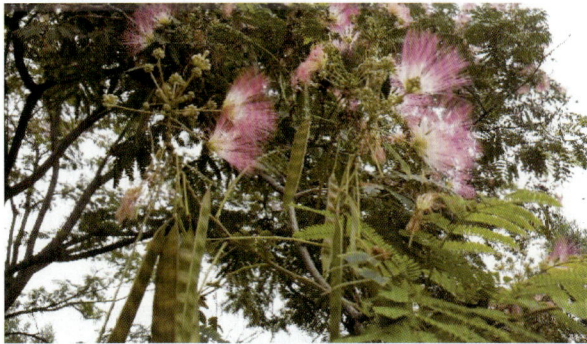

图4-81 合欢

本亚科常用药用植物尚有:儿茶 *Acacia catechu* (L. f.) Willd. ,浙江、台湾、广东、广西、云南有栽培,心材或去皮枝干煎制的浸膏(孩儿茶)为活血疗伤药,能收湿敛疮、止血定痛、清热化痰;含羞草 *Mimosa pudica* L. ,分布于华东、华南与西南,全草能安神、散瘀止痛。

云实亚科(苏木亚科)Caesalpinoideae

【药用植物】

决明 *Cassia obtusifolia* L. 一年生半灌木状草本。叶互生;偶数羽状复叶,小叶6枚,叶片倒卵形或倒卵状长圆形。花成对腋生;萼片5,分离;花瓣黄色,最下面的两片较长;发育雄蕊7。荚果细长,近四棱形。种子多数,菱状方形,淡褐色或绿棕色,光亮。分布全国,多栽培。种子(决明子)能清肝明目,利水通便。(图4-82)

同属植物小决明 *C. tora* L. 的种子亦作决明子入药。

皂荚 *Gleditsia sinensis* Lam. 乔木,有分枝的棘刺。羽状复叶,小叶6～14枚,卵状矩圆形。总状花序;花杂性,萼片4,花瓣4,黄白色。雄蕊6～8,荚果扁条形,成熟后呈红综色至黑棕色,被白色粉霜。果实(皂角)能润燥,通便,消肿。刺(皂角刺)能消肿托毒,排脓,杀虫。畸形果实(猪牙皂)能开窍,祛痰,解毒。

紫荆 *Cercis chinensis* Bge. 落叶乔木或灌木。叶互生,心形。春季花先叶开放;花冠紫红色,假蝶形;雄蕊10,分离。荚果条形,扁平。树皮(紫荆)能行气活血,消肿止痛,祛瘀解毒。

本亚科常见的药用植物还有苏木 *Caesalpinia sappan* L. ,分布于华南及云南、福建、贵州、台湾等

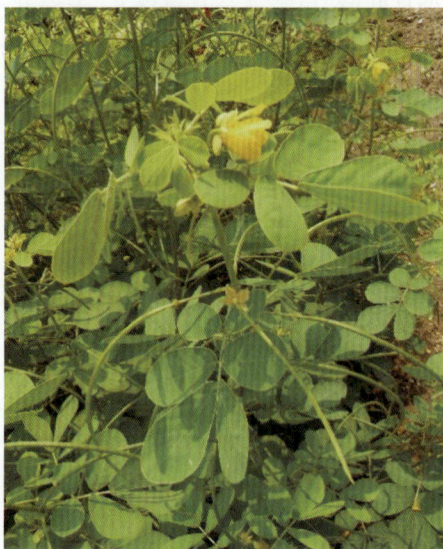

图 4-82　决明

地。心材能活血祛瘀,消肿定痛。

蝶形花亚科 Papilionoideae

【药用植物】

膜荚黄芪 *Astragalus membranaceus*(Fisch)Bge.　多年生草本。主根长圆柱形,外皮土黄色。羽状复叶,小叶 9～25,椭圆形或长卵形,两面有白色长柔毛。总状花序腋生;花萼 5 裂齿;花冠蝶形,黄白色;雄蕊 10,二体;子房被柔毛。荚果膜质,膨胀,卵状长圆形,有长柄,被黑色短柔毛。分布于东北、华北、西北及四川、西藏等地。生于向阳山坡、草丛或灌丛中。根(黄芪)能补气固表,利水托毒,排脓,敛疮生肌。(图 4-83)

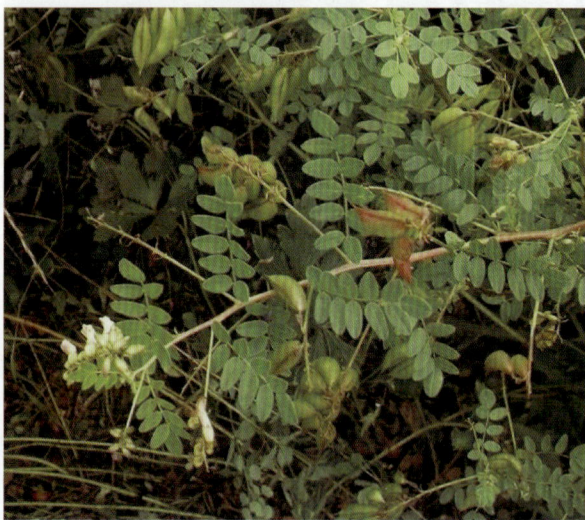

图 4-83　膜荚黄芪

同属植物蒙古黄芪,小叶 12～18 对,花黄色,子房及荚果无毛。分布于内蒙古、吉林、河北、山西。根与膜荚黄芪具同等药用价值。

槐树 *Sophora japonica* L.　落叶乔木。奇数羽状复叶,小叶 7～15,卵状长圆形。圆锥花序顶生;萼钟状;花冠乳白色;雄蕊 10,分离,不等长。荚果肉质,串珠状,黄绿色,无毛,不裂,种子间极细缩,种子 1～6 枚。我国南北各地普遍栽培。花(槐花)和花蕾(槐米)能凉血止血,清肝泻火。槐花还是提取芦丁的原料。果实(槐角)能清热泻火,凉血止血。

甘草 *Glycyrrhiza uralensis* Fisch. 多年生草本。根和根状茎粗壮，表面多为红棕色至暗棕色。全体密生短毛和刺毛状腺体。奇数羽状复叶，小叶7～17。卵形或宽卵形。总状花序腋生，花冠蝶形，蓝紫色；雄蕊10，二体。荚果呈镰刀状弯曲，密被刺状腺毛及短毛。分布于我国华北、东北、西北等地区。生于向阳干燥的钙质草原及河岸沙质土上。根状茎及根能补脾益气，清热解毒，祛痰止咳，缓急止痛，调合诸药。（图4-84）

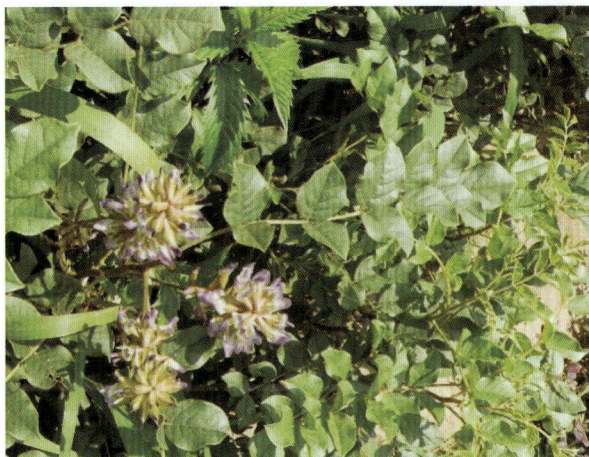

图4-84 甘草

苦参 *Sophora flavescens* Ait. 落叶半灌木。根圆柱形，外皮黄色。奇数羽状复叶；小叶11～25片，披针形至线状披针形；托叶线形。总状花序顶生；花冠淡黄白色；雄蕊10，分离。荚果条形，先端有长喙，呈不明显的串珠状，疏生短柔毛。

本亚科常见的药用植物还有：扁茎黄芪 *Astragalus complanatus* R. Br.，分布于陕西、河北、山西、内蒙、辽宁等地，种子（沙苑子）能益肾固精，补肝明目；野葛 *Pueraria lobata*（Willd.）Ohwi，除新疆、西藏、东北外，分布于其他各省区，块根（葛根）能解肌退热，生津，透疹，升阳止泻；密花豆 *Spatholobus suberectus* Dunn.，分布于云南及华南等地，藤茎作"鸡血藤"药用，能补血，活血，通络；香花崖豆藤（丰城鸡血藤）*Millettia dielsiana* Harms ex Diels，分布于华中、华南、西南等地，藤茎在部分地区亦作"鸡血藤"药用。

20. 芸香科 Rutaceae

【形态特征】①乔木或灌木，少草本。②叶或果实上常有透明腺点，多含挥发油。叶常互生，复叶或单叶，无托叶。③花辐射对称，两性，稀单性，单生或簇生，或排成总状花序、聚伞花序、圆锥花序；萼片4～5，离生或部分合生；花瓣4～5，覆瓦状排列，稀镊合状排列；雄蕊与花瓣同数或为其倍数，外轮雄蕊常与花瓣对生，花药纵裂，药隔顶端常有油点；花盘发达，雌蕊常4或5个，蜜盆明显。子房上位，心皮2～5或更多，多合生；每室胚珠1～2，稀更多。④蓇葖果、柑果、蒴果和核果，稀翅果。种子常富含油点，子叶平凸或皱褶。

本科约150属，1600余种，主产于热带、亚热带，少数分布至温带。我国有28属，150余种。已知药用100余种，主产于南方。枳属和裸芸香属是我国特有属，自然分布于长江中下游至淮河北岸以北各地。

显微特征：含油室，果皮中常有橙皮苷结晶，草酸钙方晶、棱晶、簇晶较多。

化学成分：含挥发油、生物碱、黄酮、香豆素及木脂素类。

【药用植物】

柑橘 *Citrus reticulata* Blanco 柑橘属常绿小乔木或灌木，分枝多，常有刺。单身复叶，翼叶通常狭窄，椭圆形或阔卵形，顶端常有凹口。柑果扁球形，果皮密布油点。长江以南地区广泛栽培，品种品系甚多且亲系来源繁杂。果实各部分均可入药：果皮（陈皮）理气健脾，燥湿化痰；中果皮与内果皮之间的维管束群称"橘络"，呈网状，能通络化痰；种子（橘核）能理气、止痛、散结；幼果或幼果果皮（青皮）

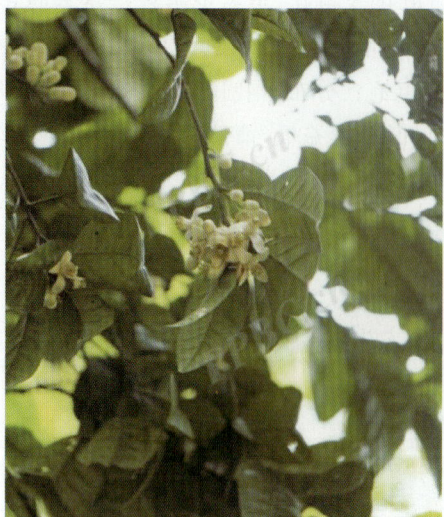

图 4-85　柑橘

能疏肝理气,散结化滞。(图 4-85)

芸香 *Ruta graveolens* L.　芸香属草本,根系发达。叶二至三回羽状分裂。全株含精油、香豆素、生物碱及类生物碱,有浓烈香气。蒴果。种子含脂肪油。

原产于地中海沿岸地区,我国长江以南有栽培。全草入药,味微苦、辛,性平、凉;清热解毒,凉血散瘀;能祛风,镇痛,活血,消炎,杀虫;由于刺激子宫及神经系统,故孕妇不宜服食。

酸橙 *C. aurantium* L.　与上种的主要区别为小枝三棱形,叶柄有明显叶翼,柑果近球形,橙黄色,果皮粗糙。主产于四川、江西等地,多为栽培。未成熟横切两半的果实(枳壳)能理气宽中,行滞消胀。幼果(枳实)能破气消积,化痰除痞。(图 4-86)

花椒 *Zanthoxylum bungeanum* Maxim.　小乔木,有刺。分布于全国各地,耐旱,喜阳光。小叶5～13

图 4-86　酸橙

片,叶缘有细裂齿,齿缝有油点;叶背干后常有红褐色斑纹。果紫红色,果瓣径为 4～5 mm,散生微突起油腺点。花椒具有温中行气、逐寒、止痛、驱虫健胃、利尿消肿功效。

21. 楝科 Meliaceae

【形态特征】　①木本。②叶常互生,很少对生,多为羽状复叶,无托叶。③花多两性,也有杂性异株,辐射对称,多集成圆锥花序;萼小,常浅杯状或短管状,4～5 齿裂或萼片 4～5,稀 6,下部通常合生;花瓣 4～5,稀 3～7,芽时覆瓦状、镊合状或旋转排列,分离或下部与雄蕊管合生;雄蕊 4～10,花药无柄,直立,内向,花丝合生成管状;具花盘或缺;子房上位,2～5 室,每室胚珠 1～2,稀更多。④蒴果、浆果或核果。种子常有假种皮。

本科约 50 属,1400 种,主要分布于热带和亚热带。我国有 15 属,约 60 种。已知药用 20 余种,主产于长江以南各地。

显微特征:薄壁组织中含有淀粉粒。花粉粒具 3～4(～5)沟孔;极面观为各种形状;沟具厚缘;萌发孔滴状、球状或一般形状。

化学成分:含三萜、生物碱、香豆素及酚酸类化合物。

【药用植物】

楝(苦楝)*Melia azedarach* L.　落叶乔木。二至三回奇数羽状复叶,小叶先端渐尖,基部楔形或圆,边缘有钝锯齿。花芳香,花瓣淡紫色,倒卵状匙形;核果球形或椭圆形。广布于亚洲热带和亚热带地区,温带地区栽培;我国黄河以南各地有分布。鲜叶可灭钉螺和作农药;根皮和树皮(苦楝皮)有毒,能清热燥湿、杀虫、疗癣。

同属植物川楝 *Melia toosendan* Sieb. et Zucc.,落叶乔木,生于平坝或丘陵地带湿润处。分布于四川、贵州、云南、湖南、湖北、河南、甘肃等地。小叶全缘或有不明显疏锯齿;核果较大。采其熟后果实晒干,称为川楝子、金铃子或川楝实,内含川楝素、生物碱、树脂及鞣质等。味苦性寒,有小毒,疏肝泄热,行气止痛,杀虫,主治胃痛、虫积腹痛、疝痛、痛经等。木材用途同楝,树皮和根皮功用同"苦楝皮"。(图 4-87)

图 4-87　楝树

22. 远志科 Polygalaceae

【形态特征】　①一年生或多年生草本、灌木或乔木。②单叶互生,稀对生或轮生,全缘,具羽状脉,稀退化为鳞片状或缺。常无托叶,少棘刺状或鳞片状托叶。③花两性,两侧对称,单生或排成穗状花序、总状花序或圆锥花序,基部常具苞片和小苞片;萼片 5,下位,不等长,内面 2 枚常呈花瓣状;花瓣 5,稀全部发育,通常仅 3 枚,不等大,一枚常内凹,呈龙骨状,顶常冠以流苏状或蝶结状附属物;雄蕊 4～8,花丝合生成一鞘,花药 1～2 室,基底着生,顶孔开裂;子房上位,1～3 室,每室有倒生胚珠 1 颗。④蒴果、坚果或核果,2 室,或为翅果、坚果,具种子 2 粒,或因 1 室败育,仅具 1 粒。种子常被毛,通常有种阜。

本科 10 余属,1000 种左右,广布于热带和温带。我国有 4 属,51 种,9 变种,分布于全国各地。其中,药用 1 属,2 种,1 变种。

显微特征:薄壁细胞大多含脂肪油滴;有的含草酸钙簇晶和方晶。

化学成分:含酸性皂苷(远志皂苷)、黄酮类、寡糖酯和生物碱等。

【药用植物】

远志 *Polygala tenuifolia* Willd.　多年生草本。根圆柱形,长而微弯。单叶互生;叶线形,全缘。总状花序;花萼 5,2 枚呈花瓣状,绿白色;花瓣 3,淡紫色,龙骨状花瓣先端着生流苏状附属物;雄蕊 8,花丝基部合生。蒴果,扁平,圆状倒心形。分布于东北、华北、西北及山东、江苏、安徽和江西等地;生于向阳山坡或路旁。根为养心安神药,能宁心安神、祛痰开窍、解毒消肿。同属植物西伯利亚远志 *P. sibirica* L. 的根亦作药材远志入药。(图 4-88)

本科常见的药用植物尚有:瓜子金 *P. japonica* Houtt.,分布于东北、华北、西北、华东、中南、西南等地;根及全草能祛痰止咳、散瘀止血、宁心安神。华南远志 *P. glomerata* Lour.,分布福建、湖北及华南、西南等地;带根全草(大金牛草)能祛痰、消积、散瘀、解毒。(图 4-88)

23. 大戟科 Euphorbiaceae

【形态特征】　①草本、灌木或乔木,稀为藤本,体内常具多节乳汁管,常有白色乳汁,稀为淡红色。②常为单叶互生,叶基部常有腺体,有托叶。③花常单性,同株或异株,花序各式,常为聚伞花序或总状花序,在大戟类中为特殊化的杯状花序;萼片覆瓦状或镊合状排列,在特化的花序中有时极度退化

图 4-88 远志

或无;重被、单被或无花被,有时具花盘或退化为腺体;雄蕊 1 至多数,花丝分离或合生成柱状,药室常为 2、纵裂;雌蕊由 3 心皮组成,子房上位,3 室,中轴胎座,每室 1～2 胚珠。④蒴果、稀浆果或核果。种子有胚乳。

本科约 300 属,8000 余种,广布全世界,主产于热带和亚热带地区。我国约有 70 属,460 余种,分布于全国各地,华南和西南居多。大戟科以盛产橡胶、油料、药材、鞣料、淀粉、木材等重要经济植物著称。已知药用 39 属,160 余种。

显微特征:次生皮层发达,有大量的乳汁管,韧皮部缺乏,木质部狭窄呈辐射状,网纹导管及周围纤维。

化学成分:本科植物多有不同程度的毒性,含单宁、生物碱、二萜类、鞣质类、黄酮类、香豆素类化合物等成分。

【药用植物】

大戟 *Euphorbia pekinensis* **Rupr.** 多年生草本,具乳汁。根圆柱状。茎单生或自基部多分枝,常被短柔毛。叶互生,常为椭圆形,少为披针形,变异较大。总苞杯状聚伞花序,总苞叶 4～7 枚,伞幅 4～7,苞叶 2 枚;花序单生于二歧分枝顶端,无柄;杯状总苞顶端 4 裂,腺体 4。蒴果球状,表皮有疣状突起,成熟时分裂为 3 个分果爿。种子长球状,种阜近盾状,无柄。全国各地多有分布,生于山坡、灌丛、路旁及田野湿润处。根(京大戟)入药,泻水逐饮,通便,消肿散结,主治水肿,并有通经之效;亦可作兽药;有毒,宜慎用。(图 4-89)

图 4-89 大戟

本科常见的药用植物尚有:续随子 *Euphorbia lathyris* L.,原产于欧洲,我国有栽培,种子(千金子)有毒,能逐水消肿,破血消癥;地锦 *E. humifusa* Willd.,分布于我国大部分地区,全草(地锦草)清热解毒,凉血止血;巴豆 *Croton tiglium* L.,分布于南方及西南地区,种子有大毒,外用能蚀疮,制霜用能峻下积滞,逐水消肿。

24. 锦葵科 Malvaceae

【形态特征】 ①木本或草本。幼枝、叶表面常有星状毛。②单叶互生,叶脉通常呈掌状,有托叶。③花腋生或顶生,花两性,辐射对称,单生、簇生、聚伞花序至圆锥花序;萼片3～5,分离或合生,附有小苞片(称副萼),萼宿存;花瓣5,旋转状排列;雄蕊多数,单体雄蕊,花粉被刺;子房上位,由2至多数心皮合生,2至多室,中轴胎座,花柱上部分枝或者为棒状。④蒴果,分裂为数枚果爿,少浆果状,种子肾形或倒卵形。咖啡黄葵、锦葵、蜀葵等可供食用或药用。

本科约50属,约1000种,分布于热带至温带地区,以热带和亚热带地区种类较多。我国有16属,81种,36变种或变型,分布于全国各地。

显微特征:植物体多具黏液细胞;叶片下表皮细胞形状,上表皮被有角质或蜡质层,花瓣表皮具蜡质纹饰;海绵组织细胞含晶细胞;韧皮纤维发达。

化学成分:含黏液质、苷类、生物碱类、酚类化合物以及脂肪酸等化学成分。

【药用植物】

苘麻 *Abutilon theophrasti* **Medic.** 一年生大草本,全株有星状毛。叶互生,圆心形。花单生叶腋;花萼5裂;无副萼。花瓣5,黄色;单体雄蕊;心皮15～20,轮状排列。蒴果半球形,裂成分果瓣15～20,每果瓣顶端有2长芒。种子三角状肾形,灰黑色或暗褐色。分布于南北各地。多栽培。种子(苘麻子)能清热利湿,解毒,退翳。(图4-90)

图4-90 苘麻

木芙蓉 *Hibiscus mutabilis* **L.** 落叶灌木或乔木,全株有灰色星状毛。叶互生,卵圆状心形,通常5～7掌状裂。花单生于枝端叶腋;具副萼;花萼5裂;花瓣5或重瓣,多粉红色;子房5室。蒴果扁球形。分布于除东北、西北外的各省区。生于山坡、水边砂质土壤上,多栽培。叶、花、根皮能清热凉血,消肿解毒,外用治痈疮。

木槿 *H. syriacus* **L.** 落叶灌木。树皮灰褐色。单叶互生,叶菱状卵圆形,常3裂。花单生叶腋,副萼片6～7,条形,萼钟形,裂片5;花冠淡紫、白、红等色,花瓣5或为重瓣;单体雄蕊。蒴果长圆形,密被星状毛。种子稍扁,黑色,有白色长茸毛。我国各地有栽培。根皮及茎皮(木槿皮)能清热润燥、杀虫、止痒;果实(朝天子)能清肺化痰,解毒止痛;花能清热、止痢。(图4-91)

本科常见的药用植物尚有:冬葵(冬苋菜)*Malva verticillata* L.,全国各地多栽培,果实(冬葵子)能清热,利尿消肿;草棉 *Gossypium herbaceum* L.,各地多栽培,根能补气、止咳,种子(棉籽)能补肝肾,强腰膝,有毒,慎用。

25. 五加科 Araliaceae

【形态特征】 ①木本、灌木或藤本,稀有多年生草本。②叶多互生,掌状复叶、羽状复叶,或为单叶(多掌状分裂),托叶常与叶柄基部合生成鞘状。③花两性,稀单性或杂性,辐射对称,聚生成伞形花

图 4-91　木槿

序、头状花序、总状花序或穗状花序,再集合成圆锥状复花序;花萼小,萼筒与子房合生,边缘波状或有小型萼齿;花瓣 5~10,离生,有时顶部连成帽状;雄蕊与花瓣同数而互生,稀为花瓣的倍数;花丝线形或舌状;花药丁字状着生;花盘上位,肉质;子房下位,心皮 2~15,合生,常 2~5 室,每室有 1 倒生胚珠。④浆果或核果;外果皮常肉质,内果皮与外果皮不易区别。种子侧扁,有丰富的胚乳。

　　本科约有 80 属,900 多种,分布于热带至温带地区。我国有 22 属,160 多种,分布于全国各地。已知药用 19 属,112 种。

　　显微特征:木栓层为数列细胞;韧皮部散有树脂道;木射线宽广,木质部束导管径向排列。薄壁细胞中含有淀粉粒,含草酸钙簇晶。

　　化学成分:含皂苷、黄酮及其苷类、香豆素类、挥发油及聚炔类化合物等。

【药用植物】

图 4-92　人参

人参 *Panax ginseng* C. A. Meyer　多年生草本。主根肉质肥大,圆柱形或纺锤形,下端常稍分枝,顶端有短根状茎(芦头),每年增生 1 节,有时其上生出不定根,习称"艼"。茎单一,直立。掌状复叶 3~6 枚轮生茎端,通常一年生者生 1 片三出复叶(习称三花),二年生者生 1 片掌状五出复叶(习称巴掌),三年生者生 2枚五出复叶(习称二甲子),四年生者生 3 枚五出复叶(习称灯台),以后每年递增 1 片复叶,最多可达 6 片复叶(习称六批叶);小叶片椭圆形或卵形,中央 1 片较大。伞形花序顶生,花小,总花梗长于总叶柄。浆果状核果扁球形,熟时鲜红色(习称亮红顶)。分布于东北,现多为栽培。根能大补元气,复脉固脱,补脾益肺,生津,安神。叶能清肺、生津、止渴。花有兴奋功效。(图 4-92)

　　刺五加 *Acanthopanax semicosus* (*Rupr. et Maxim.*) *Harms.*　灌木,枝密生针刺,分枝多。掌状复叶,叶柄常疏生细刺,小叶 5,稀 3,椭圆状倒卵形,幼叶下面沿脉密生黄褐色毛。伞形花序单生或 2~6 个组成稀疏的圆锥花序;花瓣黄绿色;花柱 5,合生成柱状,子房 5 室。萼无毛,边缘近全缘或有不明显的 5 小齿;浆果状核果,球形或卵球形,有 5 棱,黑色。分布于东北及河北、山西,生于林缘、灌丛中。根及根状茎或茎能益气健脾,补肾安神。

西洋参 _P. quinquefolium_ L. 形态和人参相似,但本种的总花梗与叶柄近等长或稍长,小叶片上面脉上几无刚毛,边缘的锯齿不规则且较粗大而容易区别。原产于加拿大和美国,全国部分地区引种栽培。根能补气养阴、清热生津。

三七(田七)_P. notoginseng_(Burk.)F. H. Chen 多年生草本。主根倒圆锥形或短圆柱形,常有瘤状突起的分枝。掌状复叶,3～7枚轮生于茎顶;小叶3～7,常5枚,中央1枚较大,长椭圆形至卵状长椭圆形,两面脉上密生刚毛。伞形花序顶生;花萼、花瓣、雄蕊5数;子房下位,2～3室。浆果状核果,熟时红色。分布于云南、广西、四川等地,多栽培。根能散瘀止血,消肿定痛。

通脱木 _Tetrapanax papyrifera_(Hook.)K. Koch 灌木。小枝、花序均密生黄色星状厚茸毛。茎具大形髓部,白色,中央呈片状横隔。叶大,集生于茎顶,叶片掌状5～11裂。伞形花序集成圆锥花序状;花瓣、雄蕊常4数;子房下位,2室。分布于长江以南各地和陕西。茎髓(通草)能清热解毒,消肿,通乳。

本科常见的药用植物还有:细柱五加 _Acanthopanax gracilistlus_ W. W. Smith.,分布于南方各地,根皮(五加皮)能祛风湿,补肝肾,强筋骨;红毛五加 _A. giralidii_ Harms,分布于西北及四川、湖北等地,茎皮作"红毛五加皮"药用;刺楸 _Kalopanax septemlobus_(Thunb.)Koidz.,分布于南北各地,茎皮(川桐皮)能祛风湿,通络,止痛;楤木 _Aralia chinensis_ L.,分布于华北、华东、中南和西南,根及树皮能祛风除湿,活血。

26. 伞形科 Umbelliferae

【形态特征】 ①草本,常含挥发油。茎常中空,有纵棱。②叶互生或基生,常为羽状复叶或羽状分裂,少数为单叶;叶柄基部膨大成鞘状。③花小,两性,多辐射对称,集成伞形或复伞形花序,花序常有总苞;花瓣5,分离;雄蕊5,萼片5,小或不明显;花萼5,与子房贴生;子房下位,心皮2,合生,花柱2,具上位花盘。④双悬果,分果有5条主棱(中间1条背棱,两边各1条侧棱,两侧棱和背棱间各有中棱1条),主棱下有维管束,棱槽内及合生面有纵走的油管1至多条;分果背腹压扁或两侧压扁。

本科约270属,2800种,广布于北半球温带、亚热带地区或热带高山上。我国约95属,525种,全国均产之。防风,防风属(本属仅有一种),为我国特有。

显微特征:有分泌腔(油管或油室),含挥发油滴;皮层窄,形成层环状,韧皮部宽。

化学成分:苯丙素类、香豆素类、黄酮类、挥发油、萜类、多糖类与生物碱等。

【药用植物】

当归 _Angelica sinensis_(Oliv.)Diels 多年生草本,全株有特异香气。主根粗短,有数条支根;茎直立,叶互生,二至三回奇数羽状复叶、羽状分裂或羽状全裂,最终裂片卵形或狭卵形,叶柄基部膨大成鞘状抱茎。复伞形花序顶生,花绿白色。双悬果椭圆形,背向压扁,分果有5条果棱,侧棱延展成宽翅。主要分布于甘肃东南部,以岷县最多,其次为云南、四川、陕西、湖北等地。岷县产者为道地药材,习称"岷归"或"秦归"。根(当归)能补血活血,调经止痛,润肠通便。(图4-93)

柴胡 _Bupleurum chinense_ DC. 又称北柴胡,多年生草本。主根褐色,粗大而坚硬。茎直立,上部分枝较多,略呈"之"曲折。基生叶早枯,中部叶倒披针形或狭椭圆形,先端渐尖,基部缢缩成柄,全缘,平行脉。复伞形花序,呈疏散圆锥状,花鲜黄色。双悬果,椭圆形,每棱槽3(4)油管,合生面4油管。分布于东北、华北、西北、华东和华中。生长于向阳山坡、路边、岸旁或草丛中。根(北柴胡)能发表退热,舒肝解郁,升阳。

藁本 _Ligusticum sinense_ Oliv. 根茎和茎基部节稍膨大,节间短,根状茎呈不规则团块;茎分枝。叶三出二回羽状全裂,最终裂片卵形,边缘为不整齐羽状深裂,茎上部叶一回羽裂。复伞形花序具乳突状粗毛,总苞片5～6(～10),线形,全缘。双悬果宽卵形,背棱突起,侧棱具窄翅。产于湖北、四川、陕西、河南、湖南、江西、浙江等地。生于林下、沟边草丛中。根(藁本)能祛风散寒,除湿,止痛。

防风 _Saposhnikovia divaricate_(Turcz.)Schischk. 多年生草本。主根圆锥形,淡黄褐色,粗壮。茎单生,二歧分枝,茎基残留褐色叶柄纤维。基生叶有长柄,二回或近三回羽状全裂,最终裂片条形至倒披针形,顶生叶简化成叶鞘。复伞形花序,顶生和腋生,花白色,花柱短,外曲;萼齿三角状卵形。双

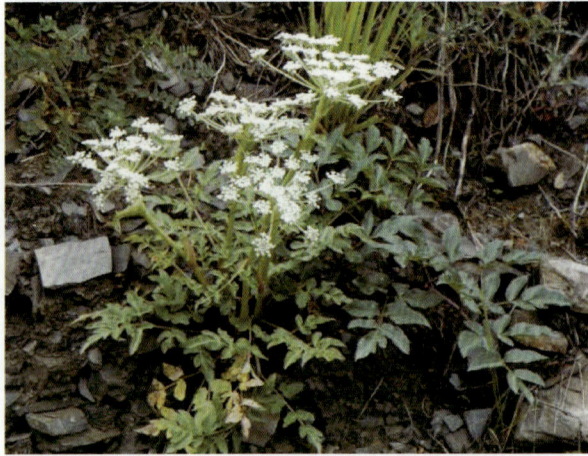

图 4-93　当归

悬果,椭圆形,背稍扁,有疣状突起,背棱丝状,侧棱具翅;每棱槽油管 1,合生面油管 2。分布于东北、华北、西北以及山东等地。生于草原、丘陵、多砾石山坡。根(防风)能解表祛风、止痛。

　　川芎 *Ligusticum chuanxiong* Hort.　多年生草本。根状茎为不规则的结节状拳形团块,黄褐色,有浓香。茎丛生,直立,基部节膨大成盘状。二至三回羽状复叶,小叶羽状全裂或深裂;叶柄基部扩大成鞘状。花白色,复伞形花序。双悬果,卵形。分布于西南,主产于四川。多为栽培。根状茎(川芎)能活血行气,祛风止痛。

　　本科常见药用植物还有:狭叶柴胡 *B. scorzonerifolium* Willd.,分布于全国各地,根(南柴胡)药用同柴胡。紫花前胡 *Peucedanum decursivum*(Miq.)Maxim.,分布于山东以南各地,根(前胡)能化痰止咳,发散风热。珊瑚菜 *Glehnia littoralis* F. Schmidt. ex. Miq.,分布于山东、江苏、浙江、福建、台湾等地,根(北沙参)能养阴清肺、益胃生津。蛇床 *Cnidium monnieri*(L.)Cusson,全国大部分地区都有分布,果实(蛇床子)能温肾壮阳、祛风止痒、燥湿杀虫。明党参 *Changium smyrnioides* Wolff,分布于长江流域地区,根(明党参)能润肺化痰,养阴和胃,平肝,解毒。羌活 *Notopterygium incisum* Ting et H. T. Chang,分布于青海、甘肃、四川、云南等高寒地区,根茎及根(羌活)能散寒,祛风,除湿,止痛。茴香 *Foeniculum vulgare* Mill.,各地均有栽培,果实(小茴香)能散寒止痛,理气和胃。

(高新征)

(二)合瓣花亚纲

27. 杜鹃花科 Ericaceae

【形态特征】①木本植物,灌木或乔木,常绿。②单叶互生,革质。③花两性,辐射对称或略两侧对称:花萼 4~5 裂,宿存;花冠合生,通常 5 裂,裂片覆瓦状排列;雄蕊多为花冠裂片的 2 倍,少为同数;子房上位或下位,4~5 心皮,合生成 4~5 室,中轴胎座,每室胚珠多数。④蒴果或浆果。

被子植物-双子叶-合瓣花亚纲

　　本科约 125 属,4000 种。广布于全球,以亚热带地区分布为最多。我国有 22 属,约 826 种,分布于全国,以西南地区为多。药用 12 属,127 种。

　　显微特征:具盾状腺毛或非腺毛。

　　化学成分:含有黄酮类,如槲皮素、山奈酚、杨梅素、杜鹃黄素等;苷类,如桃叶珊瑚苷、越橘苷等;另含挥发油等成分。杜鹃毒素毒性较大。

【药用植物】

　　兴安杜鹃(满山红) *Rhododendron dauricum* L.　半常绿灌木。分枝多,幼枝被柔毛和鳞片。单叶互生,常集生小枝上部,近革质,下面密被褐色鳞片。花序腋生枝顶或假顶生,先叶开放;花冠宽漏斗状,粉红色或紫红色;雄蕊 10,花药紫红色。蒴果长圆形。分布于东北、西北、内蒙古。生于山地、落叶

松林、桦木林下或林缘。叶(满山红)能止咳祛痰。

羊踯躅(闹羊花)R. molle(BL.)G. Don 落叶灌木。分枝稀疏,幼枝密被灰白色柔毛。叶纸质,下面密被灰白色柔毛。总状伞形花序顶生,先花后叶或与叶同时开放;花冠阔漏斗形,黄色或金黄色,内有深红色斑点;雄蕊5。蒴果圆锥状长圆形。分布于长江流域及华南地区。生于山坡、草地或丘陵地带的灌丛或山脊杂木林下。花(闹羊花)能祛风除湿,散瘀定痛,成熟果实(八厘麻子)能活血散瘀,止痛。(图4-94)

图4-94 闹羊花

本科常用的药用植物还有:岭南杜鹃 *Rhododendron mariae* Hance,分布于广东、江西、湖南等省,全株可止咳祛痰。烈香杜鹃 *R. anthopogonoides* Maxim.,分布于甘肃、青海、四川,叶能止咳平喘。

28. 报春花科 Primulaceae

【形态特征】 ①多年生或一年生草本,稀亚灌木。②单叶,叶茎生或基生,茎生叶互生、对生或轮生,基生叶莲座状。③花单生或组成总状、伞形或穗状花序;两性,辐射对称;花萼宿存,常5裂;花冠下部合生,常5裂;雄蕊与花冠裂片同数且对生;子房上位,稀半下位,1室,特立中央胎座;胚珠多数。④蒴果。

本科有22属,约1000种,分布于世界各地,主产于北半球温带地区。我国有12属,约517种,分布于全国各地,以西部高原和山区种类丰富。药用7属,119种。

显微特征:常有具长柄的头状腺毛。

化学成分:含三萜皂苷及其苷元,如报春花皂苷及其苷元等。另外,还含黄酮类,如槲皮素、山柰酚及其苷等。

【药用植物】

过路黄(金钱草)Lysimachia christiniae Hance 多年生草本。茎柔弱,密被铁锈色柔毛,平卧延伸,常在节上生根。叶对生,心形或阔卵形。花腋生,2朵相对。花冠黄色,先端5裂;叶、花萼、花冠均具点状及条状黑色腺条纹。雄蕊5,与花冠裂片对生;子房上位,1室,特立中央胎座;胚珠多数。蒴果球形。分布于全国各地,主产于西南地区。生于沟边、路旁阴湿处和山坡林下。全草(金钱草)能利湿退黄,利尿通淋,解毒消肿。(图4-95)

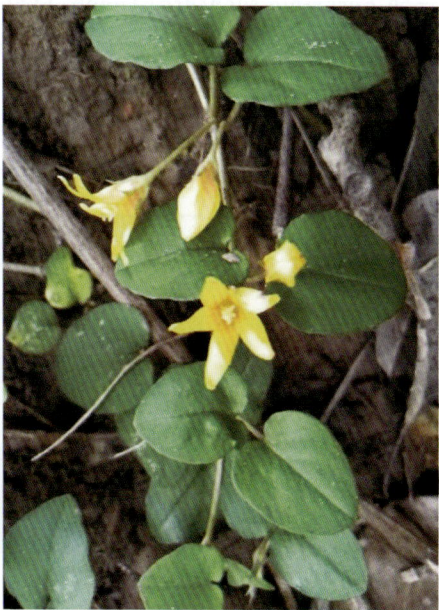

图4-95 过路黄

本科常用的药用植物还有:聚花过路黄(临时救)*Lysimachia congestiflora* Hemsl.,分布于华东、中南、西南及陕西、甘肃等地,全草入药,治风寒头痛、咽喉肿痛等。《植物名实图考》记载:“土医以治跌损,云伤重垂毙,灌之可活,故名临时救。"灵香草 *L. foenum-graecum* Hance,分布于华南地区及云南,带根全草(灵香草)能祛风寒、辟秽浊。点地梅 *Androsace umbellata*(Lour.)Merr.,分布于东北、华北、秦岭及东南地区,全草能清热解毒、消肿止痛。(图4-96)

图 4-96 聚花过路黄

29. 木犀科 Oleaceae

【形态特征】 ①乔木或灌木。②单叶、三出复叶或羽状复叶,常对生。③花两性,稀单性或杂性,辐射对称,通常聚伞花序排列成圆锥花序;花萼、花冠常4裂,稀无花瓣;雄蕊常2枚,着生于花冠管上或花冠裂片基部;子房上位,由2心皮组成2室,每室2胚珠。④翅果、蒴果、核果、浆果或浆果状核果。

本科约28属,超过400种,广布于温带及亚热带地区。我国有10属,160种,各地均有分布。药用8属,89种。

显微特征:叶上有盾状毛茸,叶肉中常有草酸钙针晶和柱晶。

化学成分:含酚类、苦味素类、苷类、香豆素类、挥发油等成分。

【药用植物】

连翘 *Forsythia suspensa*(Thunb.)Vahl 落叶灌木。枝开展或下垂,小枝呈四棱形,节间中空,节部具实心髓。单叶或三出复叶,对生,卵形或椭圆状卵形。花通常单生或2至数朵着生于叶腋,先于叶开放;花冠黄色,4裂。蒴果木质,狭卵形,表面有瘤状皮孔。种子多数,有翅。分布于东北、华北等地。生于荒野山坡或栽培。果实(连翘,秋季果实初熟尚带绿色时采收,习称"青翘",果实熟透时采收,习称"老翘")能清热解毒,消肿散结,疏散风热;种子(连翘心)能清心火,和胃止呕。(图4-97)

图 4-97 连翘

女贞 *Ligustrum lucidum* Ait. 常绿乔木。单叶对生,革质,卵形或卵状披针形,全缘。花小,密集成顶生圆锥花序;花冠白色,漏斗状。核果长圆形,微弯曲,熟时黑色。分布于长江流域以南,生于

混交林或林缘、谷地，多栽培。果实（女贞子）能滋补肝肾，明目乌发；枝、叶、树皮能祛痰止咳。（图4-98）

图4-98 女贞

本科常见的药用植物尚有：白蜡树 *Fraxinus chinensis* Roxb.，分布于我国南北大部分地区。生于山间向阳湿润坡地，有栽培，以养殖白蜡虫生产白蜡。茎皮（秦皮）能清热燥湿、清肝明目。暴马丁香 *Syringa reticulata* subsp. *amurensis*(Rupr.)P. S. Green & M. C. Chang，分布于东北地区，干皮或枝皮（暴马子皮）能清肺祛痰，止咳平喘。

30. 马钱科 Loganiaceae

【形态特征】 ①乔木、灌木、藤本或草本。②单叶，通常为羽状脉，托叶极度退化。③花常两性，辐射对称，排成多种花序；花萼4～5裂；合瓣花冠4～5裂；雄蕊通常着生于花冠管内壁上，与花冠裂片同数，且与其互生；子房上位，常2室，中轴胎座或侧膜胎座，每室胚珠多数。④蒴果、浆果或核果。

本科约29属，500种，分布于热带、亚热带地区。我国有8属，45种，主要分布于西南至东南地区。药用7属，26种。

显微特征：根、茎、枝和叶柄具有内生韧皮部；具星状或叠生星状毛。

化学成分：含吲哚类生物碱，如番木鳖碱、马钱子碱、钩吻碱等，它们多对神经系统有强烈作用；环烯醚萜苷类，如桃叶珊瑚苷、番木鳖苷；黄酮类，如蒙花苷、刺槐素。

【药用植物】

马钱子（番木鳖）*Strychnos nux-vomica* L. 乔木。叶对生，纸质，近圆形、宽椭圆形至卵形。圆锥状聚伞花序腋生；花萼5裂，外面密被短柔毛；花冠筒状，先端5裂，绿白色，后变白色；雄蕊5，着生花冠管喉部。浆果圆球状，成熟时橘黄色；种子扁圆盘状，密被银色茸毛。分布于泰国、越南、斯里兰卡等国，我国广东、福建、云南也有栽培。种子（马钱子）有大毒，能通络止痛，散结消肿。

密蒙花 *Buddleja officinalis* Maxim. 灌木。小枝、叶背、叶柄和花序均密被灰白色星状短茸毛。叶对生，纸质。聚伞圆锥花序顶生；花萼4裂，外被毛；花冠淡紫色至白色，筒状，亦4裂，外面密被柔毛；雄蕊4，着生花冠管中部；子房上位，2室，被毛。蒴果椭圆状，2瓣裂，种子多数，两端具翅。分布于西北、西南、中南地区。生于向阳山坡、河边、村旁的灌木丛中或林缘。花（密蒙花）能清热泻火，养肝明目，退翳。（图4-99）

本科常用的药用植物还有：钩吻 *Gelsemium elegans*(Gardn. et Champ.)Benth.，主要分布于浙江、福建、江西、湖南、广东、海南、广西、贵州、云南，生于丘陵、山坡、疏林下。全株或根有大毒，能散瘀止痛，杀虫止痒。

31. 龙胆科 Gentianaceae

【形态特征】 ①草本，茎直立或攀援。②单叶对生，全缘，基部合生，无托叶。③聚伞花序或复聚伞花序；花两性，辐射对称；花萼、花冠常4～5裂，花冠筒状、漏斗状或辐状；雄蕊着生于冠筒上，与裂

135

图 4-99　密蒙花

片互生;子房上位,心皮2,合生成1室,侧膜胎座;胚珠多数。④蒴果2瓣裂。

本科有80属,700余种,分布于世界各地。我国约22属,419种。药用15属,约108种。

显微特征:内皮层由多层细胞组成,茎内多具双韧维管束,常具草酸钙针晶、砂晶。

化学成分:含萜类、黄酮苷类等成分。

【药用植物】

龙胆 *Gentiana scabra* Bunge　多年生草本。根茎平卧或直立,具多数粗壮、略肉质的须根。花枝单生,枝下部叶膜质,鳞片形,中、上部叶近革质,无柄,卵形或卵状披针形。花多数,簇生枝顶和叶腋,无花梗;花萼裂片常外反或开展;花冠5浅裂,蓝紫色,筒状钟形;雄蕊5,着生于花冠筒中部。蒴果宽椭圆形。主要分布于中国东北及华北地区,生于山坡、草地、路边、河滩、灌丛中、林缘及林下、草甸。根及根状茎(龙胆)能清热燥湿,泻肝胆火。同属植物三花龙胆 *G. triflora* Pall.、条叶龙胆 *G. manshurica* Kitag.、坚龙胆 *G. rigescens* Franch. ex Hemsl. 的根和根状茎亦作龙胆入药。

红花龙胆 *Gentiana rhodantha* Franch.　多年生草本。根细条形,黄色。基生叶呈莲座状,茎生叶宽卵形或卵状三角形,基部连合成短筒抱茎。花单生茎顶;花萼膜质;花冠淡红色,筒状,先端具细长流苏;雄蕊着生于冠筒下部。蒴果内藏或仅先端外露。分布于云南、四川、贵州等地,生于高山灌丛、草地及林下。全草能清热除湿,解毒,止咳。(图4-100)

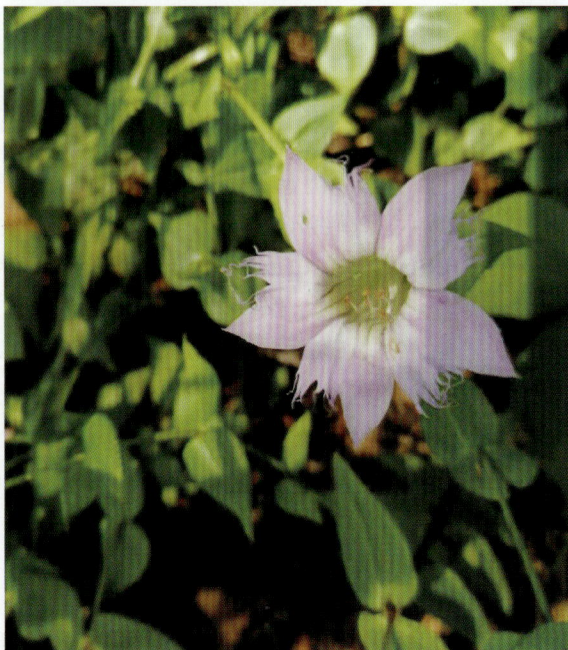

图 4-100　红花龙胆

本科常用的药用植物还有:青叶胆 *Swertia mileensis* T. N. Ho et W. L. Shih,分布于云南,全草能清肝利胆,清热利湿。秦艽 *G. macrophylla* Pall.,分布于西北、华北、东北及四川等地,根(秦艽)能祛风湿,清湿热,止痹痛,退虚热。

32. 夹竹桃科 Apocynaceae

【形态特征】 ①乔木、直立灌木或木质藤木,少为草本;具乳汁或水液。②单叶对生或轮生,稀互生,全缘。③花两性,辐射对称,单生或呈聚伞花序;花萼和花冠均 5 裂,花冠裂片覆瓦状排列;雄蕊 5,贴生,花药常呈箭头形,具花盘;子房上位,稀半下位,心皮 2,合生或离生,1~2 室,中轴胎座或侧膜胎座;胚珠 1 至多数。④核果、蓇葖果、浆果或蒴果;种子通常一端被毛。

本科约 155 属,2000 余种,分布于热带及亚热带地区。我国有 44 属,145 种,主要分布于长江以南各地。药用 15 属,95 种。

显微特征:茎常有双韧维管束。

化学成分:含吲哚类生物碱,如利血平、蛇根碱、长春碱等;强心苷类,如夹竹桃苷、羊角拗苷等成分。

【药用植物】

罗布麻(红麻)*Apocynum venetum* L. 半灌木,具乳汁。枝条对生或互生,光滑无毛,紫红色或淡红色。叶对生,叶片椭圆状披针形至卵圆状长圆形。圆锥状聚伞花序;花萼 5 深裂;花冠圆筒状钟形,粉红色或紫红色,基部常具副花冠;雄蕊 5,花药箭头状。2 个蓇葖果平行或叉生,下垂。分布于北方各地及华东地区等。叶(罗布麻叶)能平肝安神,清热利水。(图 4-101)

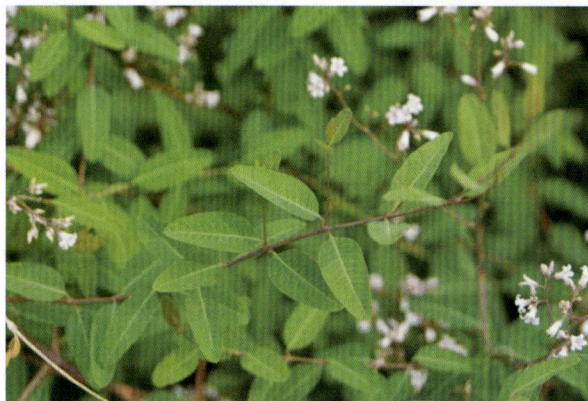

图 4-101 罗布麻

本科常用的药用植物还有:络石 *Trachelospermum jasminoides* (Lindl.) Lem.,分布于除青海、新疆、西藏及东北地区以外的各地,茎叶(络石藤)能祛风通络,凉血消肿。长春花 *Catharanthus roseus* (L.) G. Don,原产于非洲东部,中国中南、华东、西南等地有栽培;全株有毒,含长春花碱等多种生物碱,能抗癌、抗病毒、利尿、降血糖。萝芙木 *Rauvolfia verticillata* (Lour.) Baill.,分布于西南、华南地区;植株含利血平等吲哚类生物碱,能镇静、降压、活血止痛、清热解毒;是"利血平"和"降压灵"的主要原料。

33. 萝藦科 Asclepiadaceae

【形态特征】 ①草本、藤本或灌木,具乳汁。②单叶对生或轮生,全缘,叶柄顶端常有腺体。③聚伞花序;花两性,辐射对称;花萼、花冠均 5 裂;常有副花冠,为 5 枚离生或基部合生的裂片或鳞片所组成;雄蕊 5,与雌蕊贴生成中心柱,称合蕊柱;花丝合生成为 1 个有蜜腺的筒,称合蕊冠;花粉常黏合成花粉块,每花药有花粉块 2~4 个;子房上位,由 2 个离生心皮所组成;胚珠多数,侧膜胎座。④蓇葖果;种子顶端具白色绢质种毛。

本科约 250 属,2000 余种,分布于世界各地。我国产 44 属,270 种,分布于西南及东南部为多,少数在西北与东北各省区。已知药用 33 属,112 种。

显微特征:茎具双韧维管束。

化学成分:含强心苷、生物碱、酚类等成分。

【药用植物】

图4-102 白薇

白薇 *Cynanchum atratum* Bunge. 多年生直立草本,有乳汁,全株被茸毛。根须状,有香气。叶对生,卵形或卵状长圆形。聚伞花序,花深紫色,花冠辐状,副花冠5裂。蓇葖果单生。全国大部分地区有分布。根及根状茎(白薇)能清热凉血,利尿通淋,解毒疗疮。同属植物蔓生白薇的根和根茎也作白薇用(图4-102)。

本科药用植物还有:徐长卿 *C. paniculatum* (Bunge) Kitagawa,分布于全国大部分地区,根及根状茎(徐长卿)能祛风,化湿,止痛,止痒。杠柳 *Periploca sepium* Bunge.,分布于长江以北地区及西南各省,根皮(香加皮、北五加皮)能利水消肿,祛风湿,强筋骨。柳叶白前(白前)*C. stauntonii* (Decne.) Schltr. ex Levl.,分布于长江流域及西南地区,根及根状茎(白前)能降气,消痰,止咳。

34. 旋花科 Convolvulaceae

【形态特征】 ①草本或灌木,常具乳汁。②单叶互生,螺旋排列,叶基常为心形或戟形。③花两性,辐射对称,单生或呈聚伞花序;萼片5,常宿存;花冠合瓣,漏斗状、钟状、高脚碟状或坛状,全缘或少5裂,裂片在花蕾期呈旋转状;雄蕊5,着生于花冠管上;子房上位,心皮2,1~2室;中轴胎座,每室胚珠2。④蒴果,稀浆果。

本科约58属,1650种,分布于热带、亚热带和温带地区,主产于美洲和亚洲的热带、亚热带地区。我国有20属,约129种,南北均有。药用16属,54种。

显微特征:茎常具双韧维管束。

化学成分:含莨菪烷类生物碱、香豆素类、黄酮类等化合物。

【药用植物】

牵牛(裂叶牵牛)*Pharbitis nil* (L.) Choisy 一年生缠绕草本。叶宽卵形或近圆形,深或浅的3裂,偶5裂。花1~3朵腋生;花冠漏斗状,蓝紫色或紫红色。蒴果近球形,3瓣裂。种子卵状三棱形,被褐色短茸毛。分布于全国大部分地区或栽培。种子(牵牛子)能泻水通便,消痰涤饮,杀虫攻积。同属植物圆叶牵牛 *P. purpurea* (L.) Voigt 的种子亦作牵牛子入药。(图4-103)

本科药用植物还有:丁公藤 *Erycibe obtusifolia* Benth.,分布于广东中部及沿海岛屿,茎藤(丁公藤)有小毒,能祛风除湿,消肿止痛。菟丝子 *Cuscuta chinensis* Lam.,一年生缠绕性寄生草本,分布于全国大部分地区,种子(菟丝子)能补益肝肾,固精缩尿,安胎,明目,止泻;外用消风祛斑。马蹄金 *Dichondra micrantha* Urban,多年生匍匐小草本,主要分布于贵州、广西、福建、四川、浙江等地,具有清热解毒、利水、活血的功效。番薯 *Ipomoea batatas* (L.) Lamarck,是主要粮食作物之一,其块根可治疗赤白带下、宫寒、便秘、胃及十二指肠溃疡出血。

35. 紫草科 Boraginaceae

【形态特征】 ①多数为草本,少为灌木或乔木,常被粗硬毛。②单叶互生,无托叶。③花两性,辐射对称;常为聚伞花序;萼片5,合生;花冠筒状、钟状、漏斗状或高脚碟状,5裂;雄蕊5,轮状排列;子房上位,2心皮,子房2室,每室2胚珠。④果为4个小坚果或核果。

本科约156属,2500种,多分布于世界温带和热带地区,地中海地区为其分布中心。我国有47

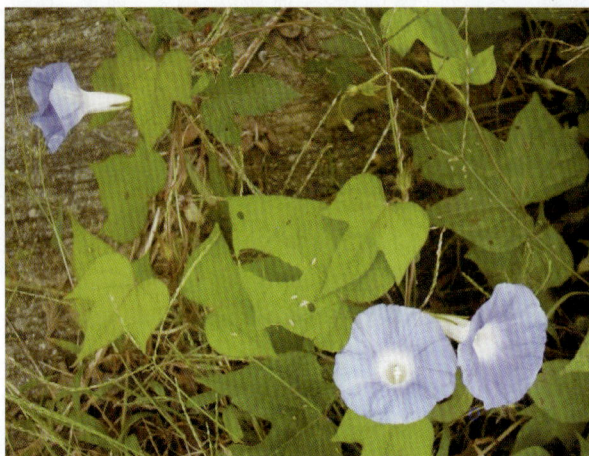

图 4-103　裂叶牵牛

属,294 种,分布于全国,以西南部最为丰富。药用 21 属,62 种。

显微特征:具有坚硬的毛被,从一个坚硬的瘤状基部生出,毛的基部常有钟乳体类似物。

化学成分:有萘醌类色素,如紫草素、乙酰紫草素、异丁酰紫草素;生物碱类,如毒豆碱、大尾摇碱等。

【药用植物】

新疆紫草(软紫草) *Arnebia euchroma* (**Royle**) **Johnst.**　多年生草本,被白色糙毛。须根多条,肉质紫色。基生叶条形,茎生叶变小。花序近球形,具多花;花 5 数;花冠紫色,喉部无附属物及毛;子房 4 裂,柱头顶端 2 裂。小坚果有瘤状突起。分布于西藏、新疆。生于高山多石砾山坡及草坡。根(紫草、软紫草)能清热凉血,活血解毒,透疹消斑。同属植物内蒙紫草(黄花软紫草) *A. guttata* Bge. 的根也作紫草入药。

紫草 *Lithospermum erythrorhizon* **Sieb. et Zucc.**　多年生草本,被糙伏毛。根肥厚粗壮,紫红色。叶互生,长圆状披针形至卵状披针形,全缘。花聚生茎顶;花冠白色,5 裂,管口有 5 个小鳞片;雄蕊 5;子房 4 深裂,花柱基底着生。小坚果平滑,4 枚,包于宿存增大的萼中。分布于东北、华北、华中、西南等地。生于向阳山坡、草地、灌丛间。根(硬紫草)亦作紫草入药。(图 4-104)

常用的药用植物还有:细花滇紫草 *Onosma hookeri* Clarke,根皮(藏紫草、西藏紫草)在藏药或中药中作紫草入药。滇紫草 *O. paniculatum* Bur. et Franch.、露蕊滇紫草 *O. exsertum* Hemsl.、密花滇紫草 *O. confertum* W. W. Smith 这三种植物的根、根皮或根部栓皮(滇紫草或紫草皮)在四川、云南、贵州亦作紫草入药。

36. 马鞭草科 Verbenaceae

【形态特征】　①木本,有时为藤本,稀草本,常具特殊气味。②单叶或复叶,常对生,无托叶。③花两性,多两侧对称;花萼宿存,4～5 裂;花冠管圆柱形,管口裂为二唇形或略不相等的 4～5 裂;雄蕊 4,着生于花冠管上;子房上位,心皮 2,因假隔膜而成 4 室;每室胚珠 1～2。④核果、蒴果或浆果状核果。

本科约 91 属,2000 余种,分布于热带和亚热带地区,少数延至温带地区;我国有 20 属,182 种,主要分布在长江以南。药用 15 属,101 种。

显微特征:具各种腺毛、非腺毛及钟乳体。

化学成分:含黄酮类、环烯醚萜类、醌类及挥发油等成分。

【药用植物】

马鞭草 *Verbena officinalis* **L.**　多年生草本。叶对生,卵形至长卵形;基生叶边缘常有粗锯齿和缺刻;茎生叶多数 3 深裂,裂片边缘有不整齐锯齿,两面均有硬毛。穗状花序细长如马鞭;花小,花萼、花冠均 5 裂,花冠淡紫色,略二唇形,雄蕊 4;子房上位,4 室,每室 1 胚珠。果实包于萼内,熟时分裂为

4 枚小坚果。分布于全国各地。全草(马鞭草)能活血散瘀,解毒,利水,退黄,截疟。(图 4-105)

图 4-104　紫草

图 4-105　马鞭草

　　本科药用植物还有:蔓荆 *Vitex trifolia* L.,分布于沿海各地,生于海边、河湖旁、沙滩上,果实(蔓荆子)能疏风散热、清利头目。牡荆 *Vitex negundo* var. *Cannabifolia*(Sieb. et Zucc.)Hand.-Mazz.,产于华东各省,生于山坡路边灌丛中,叶(牡荆叶)能祛痰,止咳,平喘。马缨丹(五色梅)*Lantana camara* L.,多为栽培,根能解毒、散结止痛,枝、叶有小毒,能祛风止痒、解毒消肿。海州常山(臭梧桐)*Clerodendrum trichotomum* Thunb.,叶(臭梧桐)能祛风除湿、降压。(图 4-106)

图 4-106　海州常山

37. 唇形科 Lamiaceae

【形态特征】　①多为草本,通常有芳香。②茎四棱,叶对生。③通常为轮状聚伞花序,或再聚合成总状、穗状、圆锥等复合花序;花两性,两侧对称;花萼 5,宿存;花冠 5 裂,二唇形,上唇 2 裂,下唇 3 裂;雄蕊 4,2 强,或仅 2 枚;心皮 2,合生,子房上位,通常 4 深裂形成假 4 室,每室 1 胚珠。④果实为 4 枚小坚果。

本科为较大的科,有 10 个亚科,约 220 属,3500 余种,分布于世界各地。我国有 96 属,807 余种,分布于全国各地。已知药用的有 75 属,436 种。

显微特征:茎叶具多种类型的毛茸,直轴式气孔;茎的角隅处具有发达的厚角组织。

化学成分:多含挥发油,还有二萜类、黄酮类、生物碱类等。

【药用植物】

薄荷 *Mentha canadensis* **Linnaeus** 多年生草本,有清凉香气。茎四棱,叶对生,叶片卵形或长圆形,两面均有腺鳞及柔毛。轮伞花序腋生;花冠淡紫色或白色,4 裂,上唇裂片较大,顶端 2 裂,下唇 3 裂片近相等;雄蕊 4,2 强。小坚果椭圆形。全国各地均有分布,多栽培。地上部分入药,能疏散风热,清利头目,利咽,透疹,疏肝行气。(图 4-107)

益母草 *Leonurus japonicus* **Houttuyn** 一年生或二年生草本。茎直立,四棱形。基生叶有长柄,叶片近圆形,茎生叶掌状 3 裂,花序顶端的叶条形或条状披针形,几无柄。轮伞花序腋生;花冠唇形,淡紫红色。小坚果三棱形。全国各地均有分布。地上部分入药,能活血调经,利尿消肿,清热解毒;果实(茺蔚子)能活血调经,清肝明目。(图 4-108)

丹参 *Salvia miltiorrhiza* **Bunge** 多年生草本,密被长柔毛及腺毛。根肥厚,肉质,外面朱红色,内面白色。茎四棱形。叶对生,单数羽状复叶,小叶卵圆形或

图 4-107　薄荷

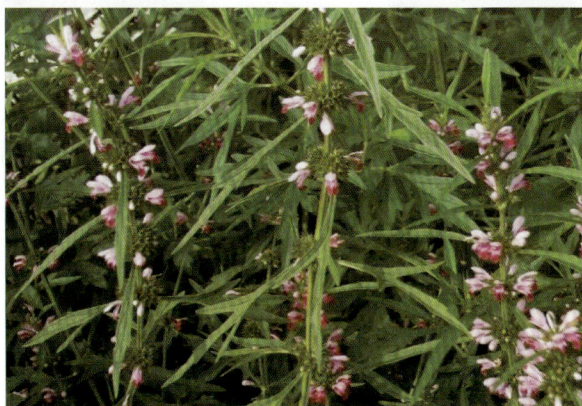

图 4-108　益母草

椭圆状卵形。轮伞花序呈总状排列;萼紫色,二唇形;花冠蓝紫色,二唇形,上唇略呈盔状,下唇 3 裂;能育雄蕊 2;小坚果长圆形。全国大部分地区有分布,也有栽培。根能活血祛瘀,通经止痛,清心除烦,凉血消痈。(图 4-109)

本科药用植物尚有:广藿香 *Pogostemon cablin*(Blanco)Benth. ,原产于菲律宾,我国南方有栽培,地上部分能芳香化浊,和中止呕,发表解暑。紫苏 *Perilla frutescens*(L.)Britt. ,产于全国各地,多栽培,果实(紫苏子)能降气化痰,止咳平喘,润肠通便,叶及嫩枝(紫苏叶)能解表散寒、行气和胃,茎(紫苏梗)能理气宽中,止痛,安胎(图 4-110)。黄芩 *Scutellaria baicalensis* Georgi,分布于东北、华北等地,根入药,能清热燥湿,泻火解毒,止血,安胎。夏枯草 *Prunella vulgaris* L. ,分布于我国大部分地区,果穗(夏枯草)能清肝泻火,明目,散结消肿(图 4-111)。荆芥(裂叶荆芥)*Schizonepeta tenuifolia*(Benth.)Briq. ,分布于江苏、河南、河北、山东,地上部分(荆芥)及花穗(荆芥穗)能解表散风、透疹,炒

图 4-109　丹参

炭炮制品(荆芥炭)用于收敛止血。

图 4-110　紫苏

图 4-111　夏枯草

38. 茄科 Solanaceae

【形态特征】 ①草本、灌木或小乔木。②单叶或羽状复叶,互生,无托叶。③花两性,辐射对称,单生、簇生或聚伞花序;花萼常 5 裂,宿存;花冠合瓣成辐状、钟状、漏斗状,常 5 裂;雄蕊常与花冠裂片同数且互生;子房上位,心皮 2,中轴胎座;胚珠多数。④浆果或蒴果。

本科约 95 属,2300 种,分布于全世界温带及热带地区,热带美洲西部种类最为丰富。我国产 20 属(其中 10 属为引进栽培),101 种,各地均有分布。已知药用的有 25 属,84 种。

显微特征:茎具双韧维管束。

化学成分:含生物碱类,如莨菪碱、山莨菪碱、东莨菪碱、颠茄碱、烟碱、葫芦巴碱等。

【药用植物】

宁夏枸杞 Lycium barbarum L.　灌木,分枝细密,具枝刺。叶互生或簇生,长椭圆状披针形。花在长枝上 1～2 朵生于叶腋,在短枝上 2～6 朵同叶簇生;花冠漏斗状,5 裂,粉红色或淡紫色,花冠管长于裂片。浆果椭圆形,熟时红色。主产于宁夏、甘肃。各地有栽培。果实(枸杞子)能滋补肝肾、益精明目。根皮(地骨皮)能凉血除蒸、清肺降火。同属植物枸杞 L. chinense Miller,(图 4-112),全国大部分地区有分布,药用同宁夏枸杞。

白花曼陀罗(洋金花)Datura metel L.　一年生草本。单叶互生,卵形或宽卵形,叶基不对称,全缘或有稀疏锯齿。花单生于叶腋;萼先端 5 裂,筒状;花冠白色,喇叭状,具 5 棱角;雄蕊 5;子房不完全,4 室;蒴果斜生,近球形,表面有稀疏短粗刺,熟时 4 瓣裂。我国各地有分布。花(洋金花)有毒,能平喘止咳,解痉定痛(图 4-113)。

本科药用植物还有:龙葵 Solanum nigrum L.(图 4-114),全草有小毒,能清热解毒、活血消肿。酸浆(锦灯笼)Physalis alkekengi L. var. franchetii(Mast.)Makino,各地均产,带萼果实(锦灯笼)、

图 4-112 枸杞

图 4-113 白花曼陀罗

根及全草能清热解毒,利咽化痰,利尿通淋。莨菪 *Hyoscyamus niger* L. ,分布于我国华北、西北和西南地区,亦有栽培,叶、种子(天仙子)能解痉止痛、安神定喘。颠茄 *Atropa belladonna* L. ,原产于欧洲,我国有栽培,全草能松弛平滑肌、抑制腺体分泌、加速心率、扩大瞳孔。辣椒 *Capsicum annuum* L. ,原产于南美洲,世界各国普遍栽培,为重要的蔬菜和调味品,果实能温中散寒,开胃消食。

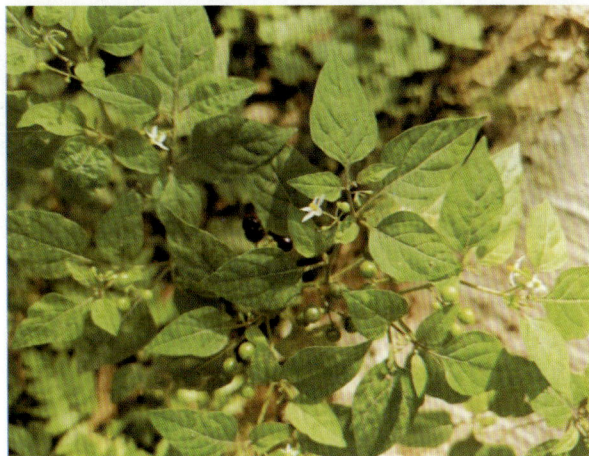

图 4-114 龙葵

39.玄参科 Scrophulariaceae

【形态特征】 ①草本、灌木或少有乔木。②叶互生,下部对生而上部互生,或全对生,或轮生;无托叶。③总状或聚伞花序;花萼 4～5 裂,宿存;花冠 4～5 裂,二唇形;雄蕊 4,2 强,着生于花冠管上;子房上位,心皮 2,2 室,中轴胎座;胚珠多数。④蒴果,常宿存花柱。

本科约 220 属,4500 种,广布世界各地。我国有 61 属,681 种,分布于全国各地,主产于西南地区。已知药用的有 45 属,233 种。

显微特征:具双韧维管束。

化学成分:含环烯醚萜苷、强心苷、黄酮类及生物碱等成分。

【药用植物】

图 4-115　玄参

玄参 *Scrophularia ningpoensis* Hemsl.　　多年生草本。根数条,粗大呈纺锤形,灰黄褐色,干后内部变黑色。茎方形,下部叶对生。上部叶有时互生;叶片卵形至披针形。聚伞花序集成疏散圆锥花序,花萼 5 裂,几达基部;花冠褐紫色,5 裂,上唇长于下唇;雄蕊 4,2 强。蒴果卵形。分布于华东、中南、西南地区。根(玄参)能滋阴降火、生津、消肿、解毒。(图 4-115)

地黄(怀地黄)*Rehmannia glutinosa*(Gaert.)Libosch. ex Fisch. et Mey.　　多年生草本,全株密被灰白色长柔毛及腺毛。根为肥大块状。叶丛状基生,叶片倒卵形或长椭圆形。上面绿色多皱,下面带紫色总状花序顶生;花冠管稍弯曲,顶端 5 浅裂,略呈二唇形,外面紫红色,内面常有黄色带紫色;雄蕊 4,2 强;子房上位,2 室。蒴果卵形。分布于辽宁和华北、西北、华中、华东地区,各地多栽培,主产于河南;根状茎(生地黄)能清热凉血、养阴生津,加工炮制后的熟地黄能滋阴补肾、补血调经。(图 4-116)

图 4-116　地黄

本科药用植物还有:阴行草 *Siphonostegia chinensis* Benth.,各地均有分布,全草(北刘寄奴)能活血祛瘀,通经止痛,凉血,止血,清热利湿。胡黄连,分布于四川西部和云南西北部、西南部,根状茎(胡黄连)能清退虚热,除疳热,清湿热。

40. 茜草科 Rubiaceae

【形态特征】　①木本或草本,有时呈攀援状。②单叶对生或轮生,常全缘;有托叶,有时呈叶状。③花两性,辐射对称,聚伞花序排列成圆锥状或头状;花萼、花冠 4~5 裂,稀 6 裂;雄蕊与花冠裂片同数且互生。子房下位,心皮 2,合生,常 2 室;每室 1 至多数胚珠。④蒴果、浆果或核果。

本科约 660 属,11150 种,分布于热带和亚热带地区。我国有 97 属,701 种,主要分布于西南至东南地区。已知药用 59 属,210 余种。

显微特征:具有分泌组织,细胞中常含有草酸钙砂晶、簇晶、针晶等。

化学成分:含生物碱、环烯醚萜类、蒽醌类等成分。

【药用植物】

栀子 *Gardenia jasminoides* Ellis 常绿灌木,叶对生或三叶轮生,叶片椭圆状倒卵形至倒阔披针形,革质。托叶鞘状。花冠白色,芳香,单生枝顶;子房下位,1室,胚珠多数。果肉质,外果皮略革质,具翅状枝5～8条。分布于我国南部和中部。有栽培。果实(栀子)能泻火解毒、清热、利尿,是天然黄色素的重要原料。(图4-117)

图4-117 栀子

钩藤 *Uncaria rhynchophylla*(Miq.)Miq. ex Havil. 常绿木质大藤本。小枝四棱形,叶腋有钩状变态枝。叶对生,椭圆形;托叶2深裂。头状花序单生叶腋或顶生呈总状;花5数,花冠黄色;子房下位。蒴果。分布于福建、江西、湖南、广东、广西等地;带钩茎枝(钩藤)能清热平肝、息风定惊。(图4-118)

茜草 *Rubia cordifolia* L. 攀援草本。根丛生,橙红色。茎四棱,棱上具倒生刺。叶4片轮生,有长柄,卵形至卵状披针形,下面中脉及叶柄上有倒刺。花小,5数,黄白色,子房下位,2室。浆果,成熟时黑色。全国各地均有分布。生于灌丛中。根(茜草)能凉血、止血、祛瘀、通经。

本科药用植物还有:巴戟天 *Morinda officinalis* How,分布于华南,根能补肾壮阳,强筋骨,祛风湿。红大戟 *Knoxia valerianoides* Thorel ex Pitard,分布于广东、广西、福建、云南等地,块根(红大戟)能泻水逐饮、攻毒消肿散结。白花蛇舌草 *Hedyotis diffusa* Willd.,分布于我国东南至西南地区,全草(白花蛇舌草)能清热解毒,活血散瘀。鸡矢藤 *Paederia foetida* L.,全草能消食化积、祛风利湿、止咳、止痛。

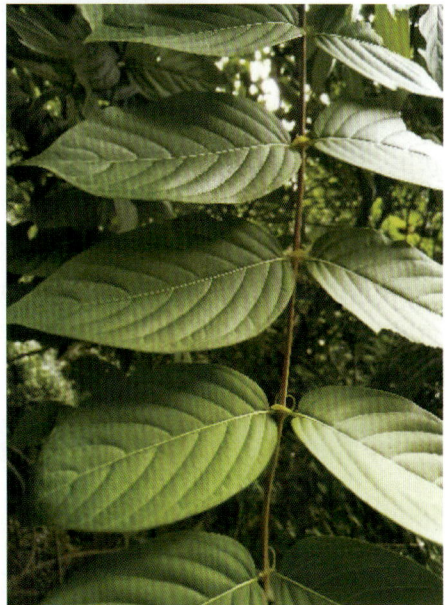

图4-118 钩藤

41. 忍冬科 Caprifoliaceae

【形态特征】 ①灌木、乔木或藤本。②单叶,少数为羽状复叶,多对生,常无托叶。③花两性,辐射对称或两侧对称,聚伞花序;花萼合生,4～5裂;花冠管状,多5裂,有时二唇形;雄蕊与花冠裂片同数且互生,着生于花冠管上;子房下位,心皮2～5,1～5室;每室胚珠1枚。④浆果、核果或蒴果。

本科有13属,约500种,主产于北温带地区。中国有12属,200余种,大多分布于华中和西南各地。已知药用的有9属,100余种。

显微特征：具有草酸钙簇晶、厚壁非腺毛、腺毛，腺毛的腺头由数十个细胞组成，腺柄由 1～7 个细胞组成。

化学成分：含酸性成分、黄酮类、三萜类、皂苷等。

【药用植物】

忍冬 _Lonicera japonica_ Thunb. 半常绿缠绕灌木。茎多分枝，老枝外表棕褐色，幼枝密生柔毛。单叶对生，卵形至长卵形，幼时两面被短毛。花成对腋生，苞片呈叶状，卵形，2 枚，花冠二唇形，上唇 4 浅裂，下唇不裂，稍反卷，初开时白色，后变黄色，故称"金银花"；雄蕊 5，雌蕊 1，子房下位。浆果球形，熟时黑色。全国大部分地区有分布。花蕾（金银花），能清热解毒、凉散风热。茎枝（忍冬藤）能清热解毒，疏风通络。（图 4-119）

图 4-119 忍冬

灰毡毛忍冬 _Lonicera macranthoides_ Hand.-Mazz. 木质藤本；幼枝或其顶梢及总花梗有薄绒状短糙伏毛，后变为栗褐色，有光泽而近无毛。叶革质，卵形、卵状披针形、矩圆形至宽披针形，上面无毛，下面被由短糙毛组成的灰白色或有时带灰黄色的毡毛；叶柄有薄绒状短糙毛，有时具开展长糙毛。花常密集成圆锥状花序；苞片披针形或条状披针形；萼筒常有蓝白色粉，无毛或有时上半部或全部有毛；花冠白色，后变为黄色，唇形，内面密生短柔毛；雄蕊生于花冠筒顶端，连同花柱均伸出而无毛。果实黑色，圆形。果熟期 10—11 月。主要分布于福建、广西、湖北、贵州、广东、安徽等地。花蕾（山银花）能清热解毒，疏散风热。（图 4-120）

图 4-120 灰毡毛忍冬

同属植物还有红腺忍冬 _L. hypoglauca_ Miq.，主要分布于安徽、浙江、江西、福建、湖北、湖南、广西、四川、贵州等地，花蕾（山银花）能清热解毒，疏散风热。华南忍冬 _L. confusa_（Sweet）DC.，主要分布于浙江、广东、海南、广西等地，花蕾（山银花）能清热解毒，疏散风热。

本科药用植物还有：接骨木 _Sambucus williamsii_ Hance，全草入药，能接骨续筋，活血止痛，祛风利湿。陆英(接骨草)S. chinensis Lindl.,分布于东北、华北、华东及西南等地,全草能祛风活络,散瘀消肿,续骨止痛。

42. 败酱科 Valerianaceae

【形态特征】 ①多年生草本,通常具强烈臭气或香气,茎直立,常中空。②叶对生或基生,多羽状分裂,无托叶。③花小,两性,稍不整齐,排成各种聚伞花序;萼各式;花冠筒状,基部常有偏突的囊或距,上部3~5裂;雄蕊着生于花冠筒上,常3或4枚;子房下位,3心皮合生,3室,仅1室发育,含1枚胚珠,悬垂于室顶。④瘦果,有时宿存于顶端的花萼呈冠毛状,或与增大的苞片相连而呈翅果状。

本科有12属,约300种,大多数分布于北温带地区。我国有3属,约33种,分布于全国各地。已知药用3属,24种。

化学成分:含有倍半萜类,如甘松酮、缬草烷、缬草酮等;黄酮类,如槲皮素、山奈酚等;三萜皂苷,如败酱苷等;生物碱类。

【药用植物】

败酱(黄花败酱) Patrinia scabiosaefolia Fisch. ex Trev. 多年生草本,根及根状茎具特殊的败酱气。基生叶成丛,卵形,具长柄;茎生叶对生;常4~7深裂,两面疏被粗毛。花小,黄色,形成顶生伞房状聚伞花序;花冠5裂,基部有小偏突;雄蕊4;子房下位,瘦果无膜质增大苞片,有翅状窄边。主要分布于我国北方地区。全草(败酱草)能清热解毒,消痈排脓,祛瘀止痛。(图4-121)

同属植物白花败酱(攀倒甑)Patrinia villosa (Thunb.)Juss.,多年生草本。地上茎直立。基生叶簇生;茎生叶对生。伞房状圆锥聚伞花序;花萼不明显;花冠白色。瘦果倒卵形。花期5—6月。除西北地区外,全国其他地方均有分布。全草能散瘀消肿,活血排脓,祛瘀止痛。

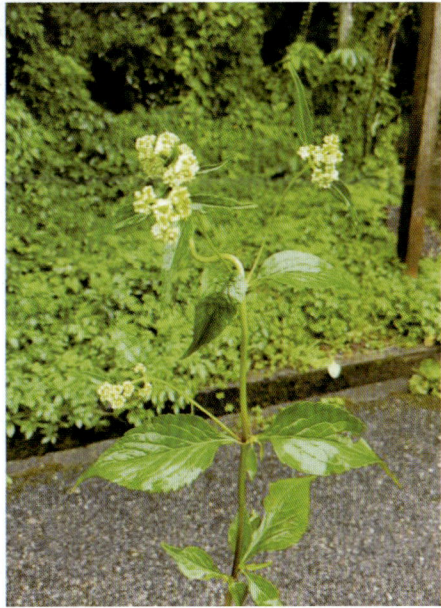
图4-121 败酱

本科药用植物还有:缬草 Valeriana officinalis L.,分布于东北至西南各省,根及根状茎能安神、理气、止痛。甘松 Nardostachys chinensis Bat.,分布于云南、四川、甘肃及青海,根及根状茎能理气止痛,开郁醒脾。

43. 葫芦科 Cucurbitaceae

【形态特征】 ①草质或木质藤本,具卷须。②叶互生,不分裂,或掌状浅裂至深裂,稀为鸟足状复叶。③花单性,同株或异株;花萼及花冠裂片5;雄花具雄蕊3或5枚,分离或合生,花药多曲折;雌花子房下位,通常由3心皮合生而成,侧膜胎座。④瓠果;种子常多数,扁压状,种皮有各种纹饰。

本科约123属,800多种,分布于热带及亚热带地区。我国约35属,151种,分布于全国各地。已知药用的有25属,92余种。

显微特征:茎中具有双韧维管束、草酸钙针晶、石细胞等。

化学成分:含葫芦素、雪胆甲素、雪胆乙素、罗汉果苷、木鳖子皂苷等成分。

【药用植物】

栝楼 Trichosanthes kirilowii Maxim. 多年生草质藤本。块根肥厚,圆柱状。叶具长柄,近心形,掌状,3~9浅裂至中裂,稀不裂。雌雄异株;雄花呈总状花序,雌花单生;花冠白色,5裂,裂片先端细裂成流苏状。瓠果近球形,熟时果皮果瓤橙黄色。种子扁平,浅棕色。主产于长江以北及江苏、浙江等地。多有栽培。成熟果实称栝楼(瓜蒌),能清热涤痰、宽胸散结、润燥滑肠;种子(瓜蒌子)能润肺化痰、滑肠通便;皮(瓜蒌皮)能清热化痰、利气宽胸;块根(天花粉)能生津止渴、降火润燥,天花粉蛋白能

147

引产。同属植物双边栝楼(中华瓜蒌)*T. rosthornii* Harms 分布于华中、西南、华南地区及陕西、甘肃等。亦常栽培。入药部位及疗效与栝楼(图 4-122)同。

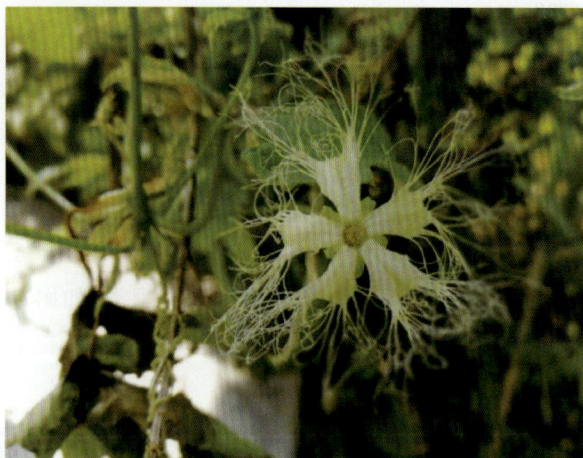

图 4-122 栝楼

本科药用植物还有:绞股蓝 *Gynostemma pentaphyllum*(Thunb.)Makino,分布于长江以南,全草能补气生津、清热解毒、止咳祛痰。罗汉果 *Siraitia grosvenorii*(Swingle)C. Jeffrey ex Lu et Z. Y. Zhang,分布于广东、海南、广西及江西,果实(罗汉果)能清热凉血、润肺止咳、润肠通便,块根能清利湿热、解毒。丝瓜 *Luffa cylindrica*(L.)Roem.,栽培,成熟果实的维管束(丝瓜络)能祛风、通络、活血。木鳖 *Momordica cochinchinensis*(Lour.)Spreng.,分布于江西、湖南、四川及华南等地,种子(木鳖子)有毒,能散结消肿、攻毒疗疮。

44. 桔梗科 Campanulaceae

【形态特征】 ①草本,具根状茎,常具乳汁。②单叶互生,少对生或轮生。③花多为两性,辐射对称或两侧对称,单生或成聚伞、总状、圆锥花序;花萼 5 裂,宿存;花冠钟状或管状,5 裂;雄蕊 5,与花冠裂片同数而互生;子房下位或半下位,心皮 3,合生成 3 室,中轴胎座;胚珠多数。④蒴果或浆果。

全科约 86 属,2300 种。世界广布,但主产地为温带和亚热带地区。我国产 16 属,大约 159 种。已知药用的有 13 属,111 种。

显微特征:常具有菊糖、乳汁管等。

化学成分:含皂苷、生物碱、糖类等成分。

【药用植物】

党参 *Codonopsis pilosula*(Franch.)Nannf. 多年生缠绕草本,有乳汁。根圆柱形,顶端有膨大的根状茎(根头),具多数芽和瘤状茎痕,向下有环纹。叶互生,常为卵形,两面被短伏毛。花单生枝顶;花冠宽钟形,淡黄绿色,略带紫晕,5 浅裂。蒴果圆锥形。分布于东北、西北、华北及西南地区。多有栽培。根能补中益气,健脾益肺。(图 4-123)

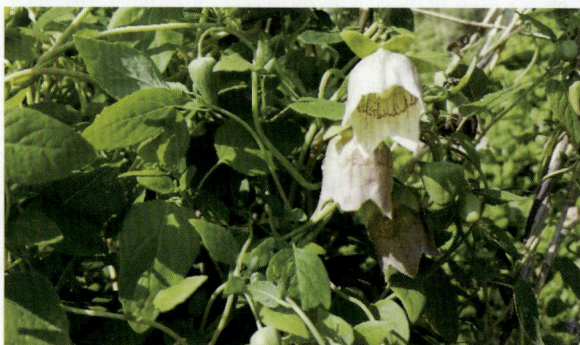

图 4-123 党参

桔梗 *Platycodon grandiflorus* (Jacq.) A. DC.　多年生草本,具乳汁。根肉质,长圆锥形。叶互生、对生或轮生,叶片卵形至披针形,背面灰绿色。花单生或数朵生于枝顶;萼 5 裂,宿存;花冠阔钟形,蓝色或紫色,5 裂;雄蕊 5;子房半下位,5 室,中轴胎座,柱头 5 裂。蒴果倒卵形,顶部 5 瓣裂。分布于全国各地。亦有栽培。根能宣肺利咽,祛痰排脓。(图 4-124)

本科药用植物还有:半边莲 *Lobelia chinensis* Lour.,分布于长江中下游及以南地区,全草能清热解毒、消瘀排脓、利尿及治蛇咬伤。四叶参(羊乳) *Codonopsis lanceolata* (Sieb. et Zucc.) Trautv.,分布于华南、西南至东北各地,根能补虚通乳,排脓解毒。沙参(杏叶沙参) *Adenophora stricta* Miq.,分布于西南、华东地区及河南、陕西等地,根(南沙参)能养阴清肺、化痰、益气。

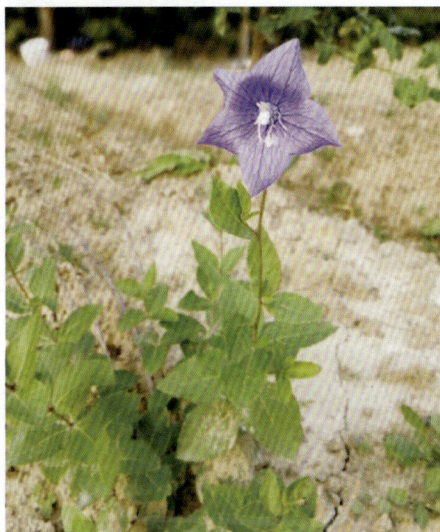

图 4-124　桔梗

45. 菊科 Asteraceae

【形态特征】①草本、亚灌木或灌木,稀为乔木,有些种类具乳汁或树脂道。②多单叶互生,稀对生或轮生,无托叶。③花两性或单性,辐射对称或两侧对称,头状花序外围有 1 至多层总苞片组成的总苞,总苞片叶状、鳞片状或针刺状;头状花序有三种类型:外围为舌状花(雌性不育花,称边花),中央为两性管状花(称盘花),如向日葵;全部为两性舌状花,如蒲公英;全部为两性管状花,如红花。萼片不发育,通常形成鳞片状、刚毛状或毛状的冠毛;花冠合生,4～5 裂,管状或舌状;雄蕊 4～5 个,聚药雄蕊;心皮 2,合生;子房下位,1 室;每室 1 胚珠。④连萼瘦果,又称菊果。

本科常分为两个亚科:舌状花亚科,头状花序全部为舌状花;管状花亚科,头状花序全部为管状花或兼有舌状花(雌花)。

菊科是被子植物最大的一科,1600～1700 属,约 24000 种,分布于世界各地。我国约有 248 属,2336 种,分布于全国各地。药用约 155 属,778 种。

显微特征:多含菊糖,常具各种腺毛、分泌道、油室、草酸钙晶体等。

化学成分:含倍半萜内酯类、黄酮类、生物碱类、香豆素类等成分。

管状花亚科 Carduoideae

【药用植物】

菊 *Chrysanthemum morifolium* Ramat　多年生草本,茎直立,基部木质,全株被白色柔毛。叶片卵形至披针形,叶缘有粗锯齿或羽状深裂。头状花序具多层总苞片,边缘膜质,外层绿色;外围为雌性舌状花,颜色各种;中央为两性管状花,黄色。瘦果无冠毛,不发育。全国各地均有栽培,按产地和加工方法不同,分为亳菊、滁菊、贡菊、杭菊和怀菊。头状花序(菊花)能散风清热,平肝明目,清热解毒。(图 4-125)

白术 *Atractylodes macrocephala* Koidz.　多年生草本。根状茎结节状。叶纸质,两面绿色,无毛,叶片长椭圆形或 3～5 羽状全裂,边缘有锯齿。头状花序单生茎枝顶端;总苞片 9～10 层,覆瓦状排列,苞片边缘有白色蛛丝毛;全部为管状花,紫红色。瘦果密被柔毛。分布于浙江、江西、湖南、湖北等地。根状茎(白术)能健脾益气,燥湿利水,止汗,安胎。(图 4-126)

红花 *Carthamus tinctorius* L.　一年生草本。叶互生,近无柄,长卵形或卵状披针形,叶缘齿端有尖刺。头状花序外侧总苞 2～3 列,上部边缘有锐刺,内侧数列卵形,无刺;全为管状花,初开时黄色,后变为红色;瘦果倒卵形。原产于埃及,现各地栽培。花(红花)能活血通经,祛瘀止痛。(图 4-127)

本亚科药用植物还有:木香(云木香) *Aucklandia lappa* Decne.,分布于四川、西藏、云南,多为栽培,根(木香)能行气止痛,健脾消食。艾 *Artemisia argyi* Lévl. et Van.,广布于全国各地,叶(艾叶)能

图 4-125　菊

图 4-126　白术

图 4-127　红花

散寒止痛,温经止血。苍耳 *Xanthium sibiricum* Patr. ex Widder,全国各地均有分布,果实(苍耳子)有毒,能祛风湿、止痛、通鼻窍(图 4-128)。牛蒡 *Arctium lappa* L.,广布于全国各地,果实(牛蒡子)能疏散风热,宣肺透疹,解毒利咽。苍术(南苍术、毛术) *Atractylodes lancea* (Thunb.) DC.,分布于华中、华东地区,根状茎能燥湿健脾,祛风散寒,明目(图 4-129)。茵陈蒿 *Artemisia capillaris* Thunb.,全国各地均有分布,幼苗(绵茵陈)能清湿热,退黄疸。黄花蒿 *Artemisia annua* L.,全国各地均有分布,地上部分(青蒿)能清虚热,除骨蒸,解暑热,截疟,退黄,含有抗疟的主要有效成分青蒿素。

图 4-128 苍耳

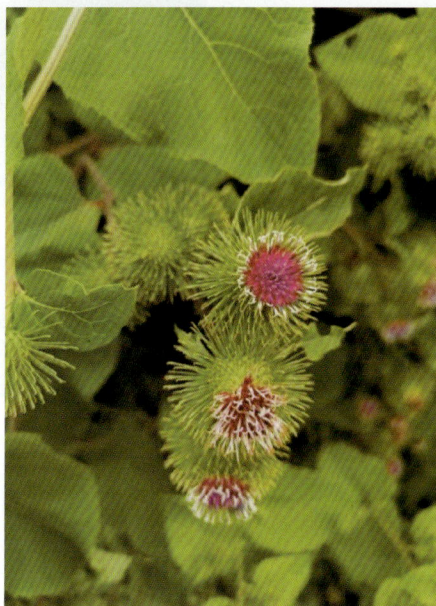

图 4-129 牛蒡

舌状花亚科 Cichorioideae

【药用植物】

蒲公英 *Taraxacum mongolicum* Hand.-Mazz. 多年生草本,有乳汁。根圆锥形。叶基生,莲座状平展;叶片倒披针形,不规则羽状深裂,顶端裂片较大。花葶中空,顶生一头状花序;外层总苞片先端常有小角状突起,内层总苞片长于外层;全为舌状花,黄色。瘦果先端具长喙,冠毛白色。全国各地均有分布。全草能清热解毒,消肿散结,利尿通淋。(图 4-130)

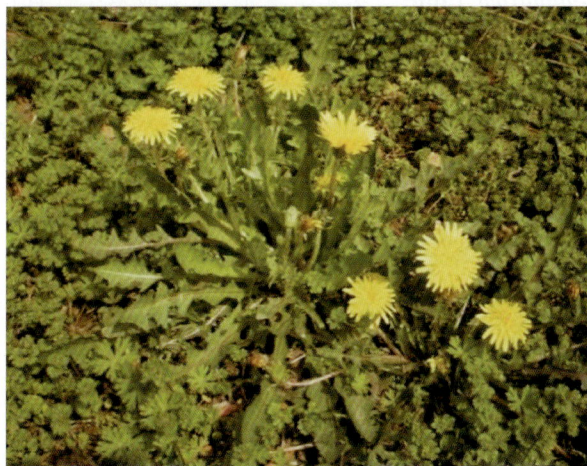

图 4-130 蒲公英

菊苣 *Cichorium intybus* L. 多年生草本,茎直立。叶质地薄,两面被毛;基生叶莲座状,茎生叶无柄,半抱茎。头状花序多数,单生或数个集生于茎顶或枝端;总苞圆柱状,总苞片 2 层;全部小花舌状,蓝色。分布于东北、西北等地,四川及广东等地有引种栽培。生于滨海、荒地、河边、水沟边或山坡。全草能清肝利胆,健胃消食,利尿消肿。(图 4-131)

本亚科药用植物还有:苦苣菜 *Sonchus oleraceus* L.,广布世界各地,全草能清热解毒、凉血;黄鹌菜 *Youngia japonica*(L.)DC.,全国广布,根或全草能清热解毒,利尿消肿,止痛。

图 4-131　菊苣

（周晓旭）

五、单子叶植物纲

46. 泽泻科 Alismataceae

【形态特征】　①草本,水生或沼生。②具根状茎或球茎。③单叶,常基生,基部具开裂的叶鞘。④花两性或单性,辐射对称,常轮生,再集成总状花序或圆锥花序;花被 6,2 轮,外轮 3,绿色,萼片状,宿存,内轮 3,白色,花瓣状,脱落;雄蕊 6 至多数;心皮 6 至多数,分离,螺旋状排列在突起的花托上或轮状排列在扁平的花托上;子房上位,1 室,胚珠 1 至数个。⑤聚合瘦果。⑥种子无胚乳,胚马蹄形。

本科约 11 属,100 种,广布于世界各地。我国有 4 属,20 种,南北均有分布。已知药用 2 属,12 种。

被子植物-单子
叶植物的识别

【药用植物】

泽泻 *Alisma plantago-aquatica* **Linn.** 多年生草本,水生或沼生。具块茎。沉水叶条形或披针形;挺水叶宽披针形、椭圆形至卵形。花两性;外轮花被片广卵形,内轮花被片近圆形,远大于外轮,边缘具不规则粗齿,白色、粉红色或浅紫色;雄蕊 6;心皮 17～23,花柱直立,长于心皮,柱头短。瘦果椭圆形。种子紫褐色,具突起。全国各地均有分布。生于湖泊、河湾、溪流、水塘或沼泽地。块茎(泽泻)能利水渗湿,泻热,化浊降脂。(图 4-132)

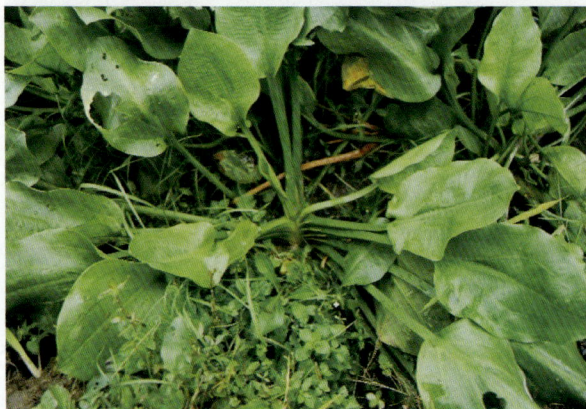

图 4-132　泽泻

47. 禾本科 Poaceae(Gramineae)

【形态特征】　①草本或木本。②地上茎常中空,节和节间显著,特称为秆。③单叶互生,2 列;常由叶片、叶鞘和叶舌组成,叶片常呈带形或披针形,具明显平行脉;叶鞘抱秆,常一侧开裂;在叶片、叶鞘连接处内侧常有膜质薄片,称为叶舌;叶鞘顶端两侧常各有一突出物,称为叶耳。④花常两性,花序多种,由小穗集成;小穗具短小的小穗轴,基部具 2 苞片,称为外颖和内颖;小穗轴上着生 1 至数朵小花,每朵小花基部具 2 枚苞片,称为外稃和内稃;花被片常 2～3 枚,生于子房基部,退化为肉质透明的鳞被,称为浆片;雄蕊常 3 枚,少为 1～6 枚,花药常丁字状着生;雌蕊 1,子房上位,2～3 心皮组成子房,1 室,胚珠 1,花柱 2～3,柱头羽毛状。⑤颖果。⑥种子富含淀粉质胚乳。

本科约 700 属,11000 种,广布于世界各地。我国约有 220 属,1800 种,全国各地均有分布。已知药用 85 属,173 种。

显微特征:表皮细胞平行排列,细胞中常含硅质体;保卫细胞为哑铃形,两侧各有 1 个略呈三角形的副卫细胞;叶肉细胞未分化为栅栏组织和海绵组织。

化学成分:本科的果实中含大量的糖类、蛋白质等营养成分,其他部位主要含生物碱类、三萜类、黄酮类、挥发油类、香豆素类等成分。

【药用植物】

薏苡 *Coix lacryma-jobi* L. 一年生草本。秆直立丛生,多分枝。叶片条状披针形。总状花序;雄花序位于花序上部,具多个雄小穗,每个雄小穗由 2 朵雄花组成,雌小穗位于花序下部的总苞内,由 2～3 朵雌花组成。颖果长圆形,成熟时包藏于灰白色、骨质光滑的总苞内。我国各地均有分布。多生于湿润的屋旁、池塘、河沟、山谷、溪涧等地,野生或栽培。种仁(薏苡仁)能利水渗湿,健脾止泻,除痹,排脓,解毒散结。(图4-133)

淡竹叶 *Lophatherum gracile* Brongn. 多年生草本。须根中部膨大呈纺锤形小块根。秆直立,疏丛生。叶鞘平滑或外侧边缘具纤毛;舌质硬,褐色,背有糙毛;叶片披针形,具横脉。圆锥花序,小穗线状披针形,具极短柄;颖顶端钝,具 5 脉,边缘膜质;雄蕊 2。颖果长椭圆形。分布于长江以南。多生于山坡、林地或林缘、道旁蔽荫处。茎叶(淡竹叶)能清热泻火,除烦止渴,利尿通淋。

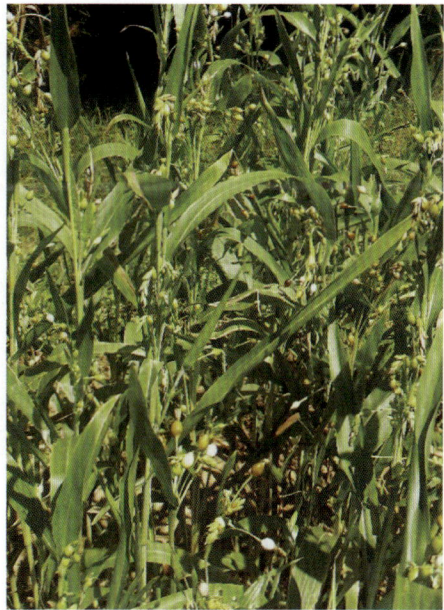

图 4-133 薏苡

淡竹 乔木状,秆高 5～12 m,秆环与箨环均稍隆起。箨鞘背面淡紫褐色至淡紫绿色,常有深浅相同的纵条纹,箨舌暗紫褐色,箨片线状披针形或带状,绿紫色;末级小枝具 2 或 3 叶,叶片狭披针形。小穗披针形,具 1～2 朵小花,小穗轴具柔毛;颖不存在或仅 1 片;外稃密生柔毛;柱头 2,羽毛状。分布于黄河流域至长江流域各地。生于林中,野生或栽培。淡竹和青竿竹 *Bambusa tuldoides* Munro、大头典竹 *Sinocalamus beecheyanus* (Munro) McClure var. *pubescens* P. F. Li 茎秆的中间层(竹茹)能清热化痰,除烦,止呕。

本科常用药用植物还有:青皮竹 *Bambusa textilis* McClure,分布于广东和广西,现西南、华中、华东各地均有引种栽培。常栽培于低海拔地的河边、村落附近。华思劳竹 *Schizostachyum chinense* Rendle,分布于云南的蒙自、屏边、金平等地。常生于海拔 1500～2500 m 的山地常绿阔叶灌木林中。二者竿内分泌物(天竺黄)能清热豁痰,凉心定惊。大麦 *Hordeum vulgare* L.,我国南北各地均有栽培。发芽的成熟果实(麦芽)能行气消食,健脾开胃,回乳消胀。白茅 *Imperata cylindrica* Beauv. var. *major* (Nees) C. E. Hubb.,分布于辽宁、河北、山西、山东、陕西、新疆等北方地区。生于低山带、平原、河岸、草地、沙质草甸、荒漠与海滨。根状茎(白茅根)能凉血止血,清热利尿。

48. 莎草科 Cyperaceae

【形态特征】 ①草本。多生于潮湿地或沼泽地。②常具细长横走根状茎。茎特称为秆,多实心,常三棱形。③单叶基生或茎生,叶片条形或线形,多排成3列,具封闭的叶鞘。④2至多朵花组成小穗,再由小穗聚成各式花序;小花单生于鳞片(颖片)腋间,两性或单性;常雌雄同株,花被不存在或退化成刚毛或鳞片,有时雌花被苞片形成的囊苞所包围,雄蕊常3枚;子房上位,2至3心皮组成1室;胚珠1,基生;花柱1,柱头2~3裂。⑤小坚果,有时被苞片形成的果囊所包裹。

本科106属,约5400种;广布于世界各地。我国33属,860多种,全国各地均有分布。已知药用16属,110种。

【药用植物】

莎草 Cyperus rotundus L. 草本。常生于湿地或沼泽地。具细长横走的根状茎,末端常膨大成纺锤形的块茎,黑褐色,有芳香气。秆三棱形。单叶基生,叶片狭条形或线形,多排成3列,有封闭叶鞘,棕色。聚伞花序,分枝在茎顶端辐射状排列,苞片叶状,2~3枚,比花序长;小穗线形、扁平、茶褐色;鳞片2列,膜质,每鳞片着生1无被花,花两性;雄蕊3;柱头3。小坚果有3棱。全国多地均有分布,生于山坡荒地、田间。块茎(香附)入药,为理气药,能舒肝理气,调经止痛。(图4-134)

图4-134 莎草

常见药用植物尚有:荆三棱 *Scirpus yagara* Ohwi,粗壮草本。根状茎横走,通常单一,常膨大,末端具块茎,黑褐色,两头尖,质地轻泡。秆高大粗壮,锐三棱形,直立,光滑。叶互生,窄条形。复穗状花序。瘦果褐色。分布于东北、华北、西南地区及长江流域;生于浅水中。块茎(黑三棱)入药,为活血化瘀药,能破血行气,消积止痛。荸荠 *Eleocharis dulcis* (Bunn. f.) Trin. ex Henschel. [*Eleocharis taberosa* (Roxb) Roem. et schult.],分布于长江流域;生于浅水中;球茎入药,能清热生津,开胃解毒。

49. 棕榈科 Arecaceae(Palmae)

【形态特征】 ①乔木、灌木或藤本。②茎通常不分枝。③叶常绿,大型,互生,多为羽状或掌状分裂;叶柄基部常扩大成具纤维的鞘。④花两性或单性,雌雄同株或异株,有时杂性,组成肉穗花序;花序通常大型,多分枝,具1个至数片佛焰苞;萼片3,花瓣3,离生或合生;雄蕊6,2轮,少为3或多数;子房上位,心皮3,离生或基部合生,子房1~3室,柱头3,每心皮内有胚珠1~2。⑤核果或浆果,外果皮肉质或纤维质。⑥种子胚乳丰富,均匀或嚼烂状。

本科180余属,约2450种,分布于热带、亚热带地区。我国约18属,近80种,分布于西南至东南地区。已知药用16属,25种。

【药用植物】

槟榔 Areca catechu L. 茎直立,乔木状。叶簇生于茎顶,羽片多数,狭长披针形。雌雄同株;花序多分枝,花序轴粗壮,压扁,分枝曲折,上部纤细,着生1~2列雄花,雌花单生于分枝的基部。果实长圆形或卵球形,橙黄色,中果皮厚,纤维质。种子卵形,基部截平,胚乳嚼烂状,胚基生。分布于马来西亚,我国云南、海南及台湾等热带地区多有栽培。果皮(大腹皮)能行气宽中,行水消肿;成熟种子(槟榔)能杀虫,消积,行气,利水,截疟。

本科常见药用植物尚有:麒麟竭 *Daemonorops draco* Bl.,分布于印度尼西亚、马来西亚、伊朗,我国海南、台湾有栽培。果实渗出的树脂的加工品(血竭)能活血定痛,化瘀止血,生肌敛疮。棕榈 *Trachycarpus fortunei*(Hook.)H. Wendl.,分布于长江以南。生于疏林中,栽培或野生。叶柄(棕榈)能收敛止血。

50. 天南星科 Araceae

【形态特征】 ①草本。②常具块茎或根状茎。③叶基生或茎生,单叶或复叶,基部常具膜质叶鞘;网状脉。④花两性或单性,辐射对称,肉穗花序,基部有一大型佛焰苞;单性花同株(同序)或异株,无花被,同序者雌花群位于花序轴下部,雄花群在上,中间常有无性花相隔,雄蕊 1～8,常愈合成雄蕊柱;两性花常具花被片 4～6,鳞片状,雄蕊与花被片同数且对生;雌蕊子房上位,心皮 1 至数枚,组成 1 至数室,每室胚珠 1 至多数。⑤浆果,密集于花序轴上。

本科约 110 属,3500 多种,分布于热带及亚热带地区。我国近 30 属,180 多种,多分布于西南、华南地区。已知药用 22 属,106 种。

显微特征:常有黏液细胞,内含针晶束。

化学成分:含挥发油、苷类、生物碱类、多糖类等成分。

【药用植物】

天南星 *Arisaema erubescens*(Wall.)Schott 多年生草本。块茎扁球形。叶 1,叶柄中部以下具鞘,叶片 7～24 裂,披针形,放射状排列于叶柄顶端。佛焰苞绿色,管部圆筒形,檐部常三角状卵形至长圆状卵形,先端渐狭,有线形尾尖或无。肉穗花序单性;附属器棒状,圆柱形,直立。雄花雄蕊 2～4。雌花子房卵圆形。浆果红色,排列紧密。除西北、西藏外,大部分地区均有分布。生于林下、灌丛或草地。块茎(天南星)能散结消肿。(图 4-135)

半夏 *Pineilia ternata*(Thunb.)Breit. 多年生草本。块茎圆球形。叶 2～5,有时 1。叶柄基部具鞘,中下部具珠芽。一年生叶为全缘单叶,2 年以上叶为三出复叶。佛焰苞绿色或绿白色,管部狭圆柱形;肉穗花序,雌花集中在花轴下部,雄花集中在花轴上部,其中间隔约 3 mm;附属器鼠尾状,伸出佛焰苞外。浆果卵圆形。全国大部分地区有分布。生于草坡、荒地、玉米地、田边或疏林下。块茎(半夏)能燥湿化痰,降逆止呕,消痞散结。(图 4-136)

图 4-135 天南星

图 4-136 半夏

石菖蒲 *Acorus tatarinowii* Schott 多年生草本。根状茎横走,具浓烈香气。叶基生,叶片剑状线形,中脉不显著。花两性,黄绿色,肉穗花序;佛焰苞叶状,不包围花序。浆果。种子具长硬毛,种皮光滑。分布于黄河以南各地。生于湿地或溪旁石上。根状茎(石菖蒲)能开窍豁痰,醒神益智,化湿开胃。

本科常用药用植物还有:千年健 *Homalomena occulta* (Lour.) Schott,分布于广东、海南、广西西南部至东部、云南南部至东南部。生于沟谷密林下、竹林和山坡灌丛中。根状茎(千年健)能祛风湿,健筋骨。独角莲 *Typhonium giganteum* Engl.,我国特有,产于河北、山东、吉林、辽宁、河南、湖北、陕西、甘肃、四川至西藏南部,辽宁、吉林、广东、广西有栽培。生于荒地、山坡、水沟旁。块茎(白附子)能祛风痰,定惊搐,解毒散结,止痛。

51. 百部科 Stemonaceae

【形态特征】 ①草本或藤本。②常有块根或横走根状茎。③单叶对生、轮生或互生;弧形脉,有时具平行致密的横脉。④花两性,辐射对称,腋生或贴生于叶片中脉;单被花,花被片 4,花瓣状,2 轮排列;雄蕊 4,花药 2 室,顶端具附属物或无,药隔常呈钻状或线状披针形;子房上位或半下位,2 心皮组成 1 室,胚珠 2 至多数,基生或顶生胎座。⑤蒴果,2 瓣裂。⑥种子种皮厚,具多数槽纹;胚乳丰富,胚细长,坚硬。

本科 3 属,约 30 种,主要分布于亚洲、美洲和大洋洲。我国 2 属,6 种,分布于东南至西南部。已知药用 2 属,6 种。

显微特征:块根通常具有根被。

化学成分:含生物碱。

【药用植物】

直立百部 *Stemona sessilifolia* (Miq.) Miq. 多年生草本,高 30~60 cm。块根簇生,肉质,纺锤形。茎直立,不分枝。叶 3~4 片轮生;有短柄或几无柄;叶片卵形或卵状披针形;主脉 3~7 条,中间 3 条明显。花常单生于茎下部鳞片叶腋,花梗细长;花两性,辐射对称;花被片 4,淡绿色,内侧 1/3 紫红色;雄蕊 4,紫红色,具披针形黄色附属物;子房上位,蒴果卵形,2 瓣裂。分布于华东地区;生于山坡林下。块根(百部)入药,为止咳平喘药,能润肺止咳,平喘,杀虫。

本科常见药用植物还有:对叶百部 *Stemona tuberosa* Lour.,分布于台湾、福建、江西、湖北西部、湖南、广东、海南、广西、贵州、云南及四川等地。生于海拔 150~2280 m 的林中(图 4-137)。蔓生百部 *Stemona. japonica* (Bl.) Miq.,分布于浙江、江苏及安徽等地。生于山坡草丛、路旁或林下。三者的块根(百部)能润肺下气止咳,杀虫灭虱。

52. 百合科 Liliaceae

【形态特征】 ①多为草本。②常具鳞茎、根状茎、球茎或块根。③叶基生或茎生,后者多为互生,较少为对生或轮生,常具弧形平行脉。④花常两性;常为辐射对称;花被片 6,2 轮,离生或部分连合,常为花冠状;雄蕊通常与花被片同数,花药基着或丁字状着生;子房上位,稀半下位;常 3 室,中轴胎座,每室胚珠 1 至多数。⑤蒴果或浆果,少数为坚果。

本科约 250 属,3500 种,多分布于亚热带及温带地区。我国近 60 属,720 多种,全国各地均有分布。已知药用 52 属,374 种。

显微特征:常有黏液细胞,内含针晶束。

化学成分:含甾体皂苷、强心苷、甾体生物碱、水溶性糖类等成分。

【药用植物】

卷丹 *Lilium lancifolium* Thunb. 鳞茎近宽球形;鳞叶多数,肉质。茎具白色绵毛。叶散生,矩圆状披针形或披针形,上部叶腋有珠芽。花下垂,花被片披针形,反卷,橙红色,有紫黑色斑点。蒴果。全国大部分地区有分布。生于山坡、灌木林下、草地、路边或水旁,海拔 400~2500 m。卷丹和同属植物百合 *Lilium brownii* var. *viridulum* Baker、细叶百合 *Lilium pumilum* 的肉质鳞叶(百合)能养阴润肺,清心安神。(图 4-138)

浙贝母 *Fritillaria thunbergii* Miq. 鳞茎大,由 2~3 枚鳞片组成。叶常对生、散生或轮生,近条形至披针形。花 1~6 朵,淡黄色,钟形,有时稍带淡紫色;顶端的花具 3~4 枚叶状苞片,其余的具 2

图 4-137 对叶百部

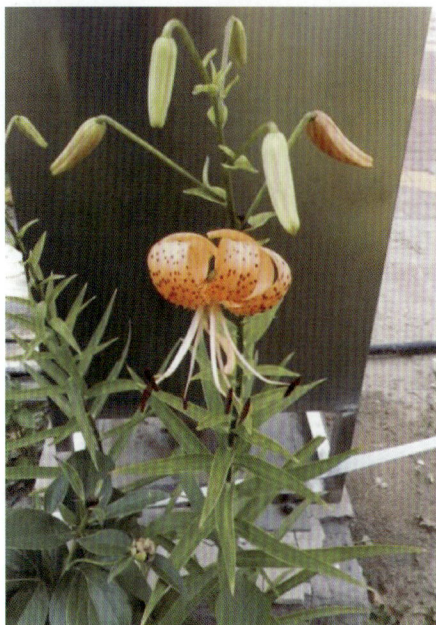

图 4-138 卷丹

枚苞片,先端卷曲。蒴果具棱,棱上有宽 6～8 mm 的翅。分布于江苏南部、浙江北部和湖南。生于海拔较低的山丘、荫蔽处或竹林下。鳞茎(浙贝母)能清热化痰止咳,解毒散结消痈。(图 4-139)

图 4-139 浙贝母

暗紫贝母 *Fritillaria unibracteata* Hsiao et K. C. Hsia　鳞茎由 2 枚鳞片组成,大小悬殊或相似。叶条形或条状披针形,先端不卷曲。花单朵,深紫色,有黄褐色小方格;叶状苞片 1 枚,先端不卷曲。蒴果,棱上的翅很狭,宽约 1 mm。分布于四川西北部、青海东南部。生于海拔 3200～4500 m 的草地上。暗紫贝母和同属植物川贝母 *Fritillaria cirrhosa* D. Don、甘肃贝母 *Fritillaria przewalskii* Maxim.、瓦布贝母、梭砂贝母 *Fritillaria delavayi* Franch. 和太白贝母 *Fritillaria taipaiensis* P. Y. Li 的鳞茎(川贝母)能清热润肺,化痰止咳,散结消痈。

知母 *Anemarrhena asphodeloides* Bange　草本。具横走根状茎,被黄褐色纤维。叶基生,条形。花两性,辐射对称,总状花序;花被片 6,粉红色、淡紫色至白色;雄蕊 3;子房 3 室,每室胚珠 2 枚。蒴果狭椭圆形。分布于东北、华北、陕西、甘肃等地区。生于海拔 1450 m 以下的山坡、草地或路旁较干燥或向阳处。根状茎(知母)能清热泻火,滋阴润燥。(图 4-140)

黄精 *Polygonatum sibiricum* Delar. ex Redoute　草本。根状茎圆柱形,节间一头粗一头细。叶轮生,每轮 4～6 枚,条状披针形,先端稍卷曲。2～4 朵花似呈伞状,花梗明显,俯垂;苞片膜质,位于花梗基部;花被片 6,乳白色至淡黄色,下部合生成筒。浆果黑色。分布于东北、华北、西北、华东的部分地

图 4-140　知母

区,生于海拔 800～2800 m 的林下、灌丛或山坡阴处(图 4-141)。黄精和滇黄精 *Polygonatum kingianum* Coll. et Hemsl.、多花黄精 *Polygonatum cyrtonema* Hua 的根状茎(黄精)能补气养阴,健脾,润肺,益肾。同属植物玉竹 *Polygonatum odoratum*(Mill.)Druce (图 4-142)的根状茎(玉竹)能养阴润燥,生津止渴。

七叶一枝花 *Paris polyphylla* Smith　草本。根状茎粗厚,密生多数环节和许多须根。茎直立,不分枝。叶常 7 枚,轮生,椭圆形或倒卵状披针形。花两性,辐射对称;花单生,外轮花被片绿色,狭卵状披针形,内轮花被片狭条形;雄蕊 8～12 枚,药隔突出部分长 1～1.5 mm。蒴果紫色。种子具红色外种皮。分布于西藏、云南、四川和贵州等地。生于海拔 1800～3200 m 的林下。七叶一枝花和同属植物云南重楼 *Paris polyphylla* Smith. var. *yunnanensis*(Franch.)Hand.-Mazz. 的根状茎(重楼)能清热解毒,消肿止痛,凉肝定惊。

图 4-141　黄精

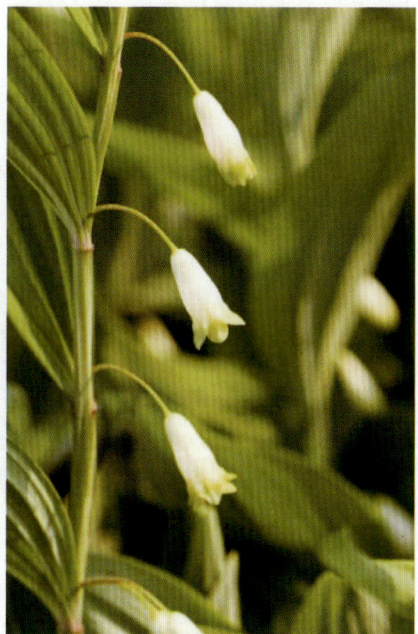

图 4-142　玉竹

麦冬 *Ophiopogon japonicus*(L. f.)Ker-Gawl.　多年生草本。须根末端具椭圆形或纺锤形的小块根。叶基生成丛,条形。总状花序;花葶通常比叶短得多。花被片常稍下垂而不展开,披针形,白色或淡紫色;花药三角状披针形;花柱基部宽阔,向上渐狭。种子球形,成熟时黑紫色。分布于华东、中南、西南地区,浙江、四川等地均有栽培。生于山坡阴湿处、林下或溪旁。块根(麦冬)能养阴生津,润肺清心。同属植物天门冬 *Asparagus cochinchinensis*(Lour.)Merr. 分布于河北、山西、陕西、甘肃等的南部至华东、中南、西南地区。生于山坡、路旁、疏林下、山谷或荒地。块根(天冬)能养阴润燥,清肺生津。

光叶菝葜 *Smilax glabra* Roxb.　攀援灌木。根状茎粗厚,块状。叶互生,全缘,卵状披针形,下面粉白色,具托叶卷须。花小,单性异株,伞形花序,总花梗短于叶柄;花被片 6,绿白色,六棱状球形;雄花雄蕊 3 枚,花丝极短。浆果球形,熟时紫黑色。分布于甘肃南部和长江流域以南各地。生于林中、灌丛下、河岸、山谷中,也见于林缘与疏林中。根状茎(土茯苓)能解毒,除湿,通利关节。同属植物菝葜 *Smilax china* L. 的根状茎(菝葜)能利湿去浊,祛风除痹,解毒散瘀。

本科常用药用植物尚有:库拉索芦荟 *Aloe barbadensis* Miller,南方各地和温室常见栽培。好望角芦荟 *Aloe ferox* Miller,主产于南非东部、莱索托。二者及其他同属近缘植物叶的汁液浓缩干燥物(芦荟)能泻下通便,清肝泻火,杀虫疗癣。小根蒜 *Allium macrostemon* Bge.,除新疆、青海外,其他各地均有分布,常生于海拔 1500 m 以下的山坡、丘陵、山谷或草地上。小根蒜和薤 *Allium chinense* G. Don 的鳞茎(薤白)能通阳散结,行气导滞。大蒜 *Allium sativum* L.,我国南北普遍栽培。鳞茎(大蒜)能解毒消肿,杀虫,止痢。

53. 薯蓣科 Dioscoreaceae

【形态特征】 ①缠绕草质或木质藤本。②具根状茎或块茎,形态多样。③叶互生,有时中部以上对生,单叶或掌状复叶,基出脉 3～9,侧脉网状;叶柄扭转,有时基部有关节。④花单性或两性,常雌雄异株;雄花花被片 6,2 轮,基部合生或离生;雄蕊 6,有时其中 3 枚退化;雌花花被片与雄花相似;子房下位,3 室,每室常有胚珠 2 枚,胚珠着生于中轴胎座上,花柱 3,分离。⑤蒴果,浆果或翅果;蒴果三棱形,棱扩大呈翅状。⑥种子有翅或无翅;有胚乳,胚细小。

本科约 9 属,650 多种,分布于全球的热带和温带地区。我国 1 属,50 余种,主要分布于西南至东南地区。已知药用 37 种。

显微特征:常有根被;常有黏液细胞,内含针晶束。

化学成分:含甾体皂苷、生物碱等成分。

【药用植物】

薯蓣 *Dioscorea opposita* Thunb. 缠绕草质藤本。根状茎直生,肥厚,圆柱状。茎右旋。单叶,基部叶互生,中部以上对生;叶片纸质,顶端渐尖,基部深心形、宽心形或近截形,边缘常 3 裂;叶腋内常有珠芽。雌雄异株,穗状花序;雄花花序轴明显呈"之"字状曲折,雄蕊 6;雌花序 1～3 个着生于叶腋。蒴果不反折,三棱状扁圆形或三棱状圆形。种子四周有膜质翅。全国大部分地区有分布。生于山坡、山谷林下,溪边、路旁的灌丛中或杂草中,或为栽培。根状茎(山药)能补脾养胃,生津益肺,补肾涩精。

本科常用药用植物尚有穿龙薯蓣 *Dioscorea nipponica* Makino(图 4-143),分布于东北、华北及中部地区。生于林缘、灌丛。根状茎(穿山龙)能祛风除湿,舒筋通络,活血止痛,止咳平喘。

图 4-143 穿龙薯蓣

本科常用药用植物尚有:粉背薯蓣 *Dioscorea hypoglauca* Palibin,分布于华东、华中地区及四川、台湾等地。生于山谷坡地及沟边阴湿处混交林中。根状茎(粉萆薢)能利湿去浊,祛风除痹。绵萆薢 *Dioscorea spongiosa* J. Q. Xi et al 和福州薯蓣 *Dioscorea futschauensis* Uline ex R. Knuth,根状茎(绵萆薢)有相同功效。黄山药 *Dioscorea panthaica* Prain et Burk.,分布于湖北恩施、湖南西北部、四川西部、贵州西部、云南。常生于海拔 1000～3500 m 的山坡灌木林下,于密林的林缘或山坡路旁。根状茎(黄山药)能理气止痛,解毒消肿。

54. 鸢尾科 Iridaceae

【形态特征】 ①常为多年生草本。②地下部分常具根状茎、球茎或鳞茎。③叶多基生,条形或剑形,基部鞘状,互相套迭。④花两性,色泽鲜艳美丽,常辐射对称,单生或组成各种花序;花被裂片 6,2轮;雄蕊 3;花柱 1,上部多有 3 个分枝,分枝圆柱形或扁平呈花瓣状,子房下位,3 室,中轴胎座,胚珠多数。⑤蒴果,成熟时室背开裂。

本科约 80 属,1800 种,广泛分布于热带、亚热带及温带地区。我国 11 属,70 余种,多分布于西南、西北及东北地区。已知药用 8 属,39 种。

显微特征:维管束为周木型及外韧型;常有草酸钙结晶。

化学成分:含醌类、异黄酮类等成分。

【药用植物】

番红花 Crocus sativus L. 多年生草本,球茎扁圆球形,外被褐色膜质鳞片。叶基生,条形,不互相套迭,叶丛基部包有 4～5 片膜质的鞘状叶。花茎极短,花淡蓝色、红紫色或白色,有香味;花被管细长,裂片 6,2 轮排列;雄蕊 3;花柱细长,橙红色,上部 3 分枝,分枝弯曲而下垂,柱头略扁,顶端楔形,有浅齿,子房狭纺锤形。蒴果椭圆形。分布于欧洲南部,我国各地常见栽培。柱头(西红花)能活血化瘀,凉血解毒,解郁安神。(图 4-144)

射干 Belamcanda chinensis (L.) DC. 多年生草本,根状茎为不规则的块状,斜伸,黄色或黄褐色。叶互生,嵌迭状排列,剑形,基部鞘状抱茎,顶端渐尖,无中脉。伞房状二歧聚伞花序,顶生;花橙红色,散生深红色斑点;花被裂片 6,2 轮排列;雄蕊 3;花柱顶端 3 裂,裂片边缘向外翻卷;子房下位,中轴胎座,3 室,胚珠多数。蒴果,室背开裂。种子圆球形,黑紫色,有光泽,着生在果轴上。全国大部分地区均有分布。生于林缘或山坡、草地。根状茎(射干)能清热解毒,消痰,利咽。(图 4-145)

图 4-144 番红花

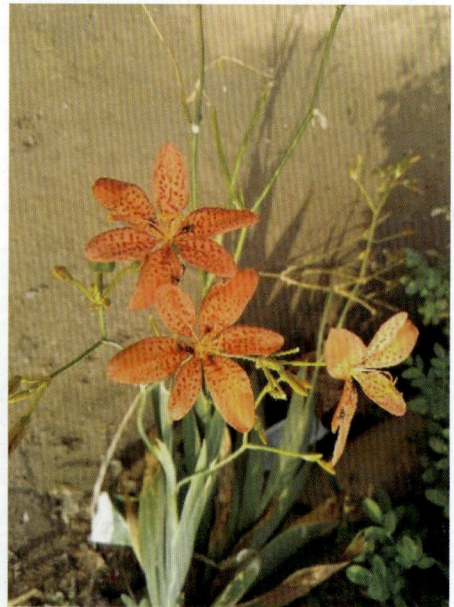

图 4-145 射干

55. 姜科 Zingiberaceae

【形态特征】 ①多年生草本,常具特殊香味。②常具根状茎、块茎或块根。③单叶基生或叶通常2 行排列,羽状平行脉;常具叶鞘及叶舌。④花两性,常两侧对称,穗状、总状或圆锥花序;花被片 6,2轮,外轮萼状,常合生成管,1 侧开裂,上部 3 齿裂,内轮花冠状,基部合生,上部 3 裂;退化雄蕊 2～4,外轮 2 枚,花瓣状、齿状或缺,若存在,称为侧生退化雄蕊,内轮 2 枚联合成显著而美丽的唇瓣,能育雄蕊 1,花丝具槽;子房下位,3 室,中轴胎座,或 1 室,侧膜胎座,胚珠常多数,花柱细长,柱头漏斗状。⑤蒴果,或呈浆果状。⑥种子有假种皮。

本科约 50 属,1300 种,主要分布于热带、亚热带地区。我国 20 属,200 多种,分布于东南至西南各地。已知药用 15 属,100 余种。

显微特征:含油细胞;块根常有根被;根状茎常具明显的内皮层,最外层具栓化皮层。

化学成分:含挥发油(主要为单萜与倍半萜)、黄酮类等成分。

【药用植物】

姜 *Zingiber officinale* Rosc. 根状茎肥厚,多分枝,有特殊辛辣味。叶披针形或线状披针形;叶舌膜质。总花梗长达 25 cm,穗状花序球果状;苞片卵形,顶端具小尖头。花萼管状;花冠黄绿色;唇瓣中央裂片长圆状倒卵形,有紫色条纹及淡黄色斑点,侧裂片卵形,较小;雄蕊暗紫色,药隔附属体钻状。我国中部、东南部至西南部各地均有栽培。干燥根状茎(干姜)能温中散寒,回阳通脉,温肺化饮。新鲜根状茎(生姜)能解表散寒,温中止呕,化痰止咳,解鱼蟹毒。(图 4-146)

图 4-146 姜

姜黄 *Curcuma longa* L. 根状茎发达,分枝多,椭圆形或圆柱状,橙黄色,极香;不定根末端膨大呈块根。叶片长圆形或椭圆形,绿色,两面无毛。花葶由顶部叶鞘内抽出;穗状花序圆柱状;苞片卵形或长圆形,淡绿色,上部无花的较窄,白色,边缘淡红色;花冠淡黄色;侧生退化雄蕊比唇瓣短,与花丝及唇瓣的基部相连成管状;唇瓣倒卵形,淡黄色,中部深黄,药室基部具 2 角状的距。我国华南、西南地区多有栽培。根状茎(姜黄)能破血行气,通经止痛。姜黄与广西莪术 *Curcuma kwangsiensis* S. G. Lee et C. F. Liang、温郁金 *Curcuma wenyujin* Y. H. Chen et C. Ling、蓬莪术 *Curcuma phaeocaulis* Val. 的块根(郁金)能活血止痛,行气解郁,清心凉血,利胆退黄。后三种植物的根状茎蒸或煮至透心后晒干(莪术)能行气破血,消积止痛。温郁金的根状茎趁鲜纵切厚片后晒干(片姜黄)能破血行气,通经止痛。

益智 *Alpinia oxyphylla* Miq. 多年生草本。根状茎较短。叶片披针形,基部近圆形,边缘具脱落性小刚毛;叶舌膜质,2 裂。总状花序在花蕾时全部包藏于一帽状总苞片中,花时整个脱落;大苞片极短,膜质,棕色;花萼筒状,一侧开裂至中部,先端具 3 齿裂,外被短柔毛;花冠裂片长圆形,白色,外被疏柔毛;侧生退化雄蕊钻状;唇瓣倒卵形,粉白色而具红色脉纹,先端边缘皱波状;子房密被茸毛。蒴果鲜时球形,干时纺锤形。分布于海南、广东、广西等地。生于林下阴湿处或栽培。成熟果实(益智)能暖肾固精缩尿,温脾止泻摄唾。(图 4-147)

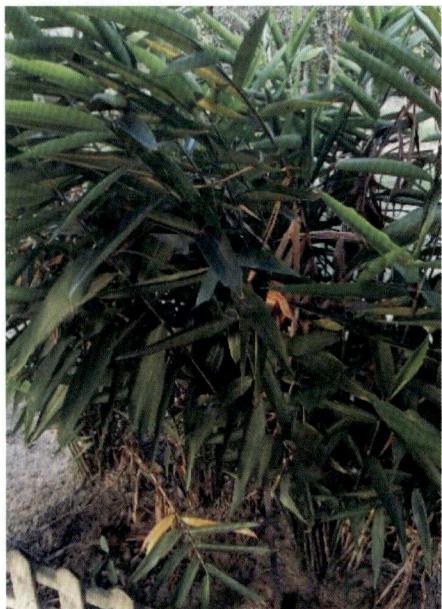

图 4-147 益智

同属植物：大高良姜 *Alpinia galanga*（L.）Willd.，分布于台湾、广东、广西和云南等地。生于海拔 100～1300 m 的山野沟谷阴湿林下或灌木丛、草丛中。果实（红豆蔻）能散寒燥湿，醒脾消食。高良姜 *Alpinia officinarum* Hance，分布于广东、广西。野生于荒坡灌丛或疏林中，或栽培。根状茎（高良姜）能温胃止呕，散寒止痛。

阳春砂 *Amomum villosum* Lour.　　多年生草本。根状茎匍匐地面，节上被褐色膜质鳞片。茎散生。中部叶片长披针形，上部叶片线形，两面均无毛；叶舌半圆形。穗状花序；花萼管顶端具三浅齿，白色，基部被稀疏柔毛；花冠管裂片倒卵状长圆形，白色；唇瓣圆匙形，白色，顶端具二裂、反卷、黄色的小尖头，具瓣柄；花药药隔附属体 3 裂；子房被白色柔毛。蒴果椭圆形，成熟时紫红色，干后褐色，表面被柔刺。种子多三角形，有浓郁的香气，味苦凉。分布于福建、广东、广西及云南。栽培或野生于山地阴湿之处。阳春砂和绿壳砂、海南砂 *Amomum longiligulare* T. L. Wu 的果实（砂仁）能化湿开胃，温脾止泻，理气安胎。

> **知识链接**
>
> 　　人们熟悉的“豆蔻”出自杜牧的诗作：娉娉袅袅十三余，豆蔻梢头二月初。春风十里扬州路，卷上珠帘总不如。其诗中的豆蔻指的是草豆蔻，它是山姜属草豆蔻 *Alpinia katsumadai* Hayata 的干燥近成熟种子。除此之外，名字中带“豆蔻”二字的中药有很多，如红豆蔻、白豆蔻等，均来源于姜科植物，入药部位为果实或种子，具有的共同性状特征为剖开果皮后种子团分为 3 瓣，每瓣种子多粒。
>
> 　　新型冠状病毒肺炎是人体感染新型冠状病毒而引起的一种急性呼吸道传染病。中国科学院仝小林院士指出，新型冠状病毒肺炎当属“寒湿（瘟）疫”。尽管由寒湿所引发的疫情变化很快，但核心是寒湿疫毒闭肺困脾。因此，治法总以散寒除湿、避秽化浊、解毒通络为主。在北京市中医管理局印发的《北京市新型冠状病毒肺炎中医药防治方案（试行第三版）》中，治疗疫毒袭肺证的处方中用到了白豆蔻。虽用量不大，但发挥了“芳香化湿、驱邪避秽”的功效，可使内侵入里的伏邪迅速透散。
>
> 　　需要注意的是，名字中带“豆蔻”二字的肉豆蔻不是姜科植物，它来源于肉豆蔻科 Myristicaceae 肉豆蔻属肉豆蔻 *Myristica fragrans* Houtt. 的干燥种仁。肉豆蔻表面灰棕色或灰黄色，质地坚实，纵剖面暗棕色，外胚乳与类白色内胚乳交错，形成类似槟榔样纹理。肉豆蔻属于“收涩止泻”药，可以用来治疗虚寒导致的久泻久痢。另外，它也同样具有温中行气的功效，这可能是它名字中带有“豆蔻”两字的原因。但肉豆蔻化湿能力欠佳，因此在治疗新型冠状病毒肺炎的处方中并未使用它。

同属植物：草果 *Amomum tsaoko* Crevost et Lemaire，分布于云南、广西、贵州等地，野生于海拔 1100～1800 m 疏林下，或栽培。果实（草果）能燥湿温中，截疟除痰。白豆蔻 *Amomum kravanh* Pierre ex Gagnep.，我国云南、广东有少量引种栽培。爪哇白豆蔻 *Amomum compactum* Solander ex Maton，在我国广东、海南有引种，原产于印度尼西亚。二者果实（豆蔻）能化湿行气，温中止呕，开胃消食。

本科常用药用植物尚有山奈 *Kaempferia galanga* L.，我国台湾、广东、广西、云南等地有栽培。根状茎（山奈）能行气温中，消食，止痛。

56. 兰科 Orchidaceae

【形态特征】　　①草本，陆生、附生或腐生。②常有块茎、根状茎或肉质假鳞茎。③花两性，常两侧对称，总状花序、圆锥花序，稀头状花序或花单生；花被片 6，2 轮；萼片 3，离生或合生；花瓣 3，中央 1 枚特化为唇瓣，形态变化多样，由于子房 180° 扭转使得唇瓣由近轴方转至远轴方；花柱、柱头与雄蕊完全合生成 1 柱状体，特称为合蕊柱，合蕊柱半圆柱形，面向唇瓣，花药通常 1 枚，位于合蕊柱顶端，少 2

枚,位于合蕊柱两侧,2室,花粉粒常黏合成花粉块,前方常有1个由柱头不育部分演变成的舌状突起,称蕊喙,能育柱头位于蕊喙之下,常凹陷;子房下位,常3心皮组成1室,侧膜胎座,胚珠多数。④常为蒴果。⑤种子细小而极多,无胚乳。

本科约800属,25000种,多分布于热带、亚热带地区。我国194属,1380多种,多分布于云南、台湾及海南等地。已知药用76属,287种。

显微特征:维管束为周韧型或有限外韧型;常具有黏液细胞,内含草酸钙针晶。

化学成分:含生物碱类、苷类、酚类、苷类、多糖类、菲醌类等成分。

【药用植物】

天麻 _Gastrodia elata_ Bl. 腐生草本。块茎肉质,椭圆形,具较密的节,节上有膜质鳞叶。茎直立,无绿叶,下部被数枚膜质鞘。总状花序,具30~50朵花;花被筒近斜卵状圆筒形,顶端具5裂片,筒基部向前凸出;外轮裂片(萼片离生部分)卵状角形,内轮裂片(花瓣离生部分)近长圆形,唇瓣长圆状卵形,3裂,顶端边缘有不规则短流苏,基部有一对肉质胼胝体;合蕊柱有短的蕊柱足。蒴果。除华南地区及黑龙江、新疆、青海等地外,全国大部分地区均有分布。生于海拔400~3200 m的疏林下、林中空地、林缘、灌丛边缘(图4-148)。块茎(天麻)能息风止痉,平抑肝阳,祛风通络。

图 4-148 天麻

白及 _Bletilla striata_ (Thunb.)Reichb. f. 陆生草本。块茎肥厚,三角状扁球形,上面具荸荠似的环带,富黏性。叶3~6枚,互生,带状披针形,基部收狭成鞘并抱茎。总状花序顶生,花序轴略呈“之”字状曲折。花紫红色或粉红色;萼片与花瓣相似,离生;唇瓣中部以上明显3裂,有5条纵皱折,中裂片顶端微凹,合蕊柱顶端有1花药。蒴果直立。主要分布于长江中下游以南地区。生于林下、路边草丛或岩石缝中。块茎(白及)能收敛止血,消肿生肌。(图4-149)

本科常用药用植物尚有:铁皮石斛 _Dendrobium officinale_ Kimura et Migo,分布于安徽、浙江、福建、广西、四川、云南。生于山地半阴湿的岩石上,茎(铁皮石斛)能益胃生津,滋阴清热。金钗石斛 _Dendrobium nobile_ Lindl.(图4-150),分布于我国台湾、香港、湖北、海南、广西、四川、贵州、云南及西藏等地。生于山地林中树干上或山谷岩石上。金钗石斛、霍山石斛 _Dendrobium huoshanense_ C. Z. Tang et S. J. Cheng、鼓槌石斛 _Dendrobium chrysotoxum_ Lindl.、流苏石斛 _Dendrobium fimbriatum_ Hook. 的栽培品及其同属植物近似种的新鲜或干燥茎(石斛)能益胃生津,滋阴清热。

图 4-149　白及

图 4-150　金钗石斛

（臧艺玫）

→ 小结

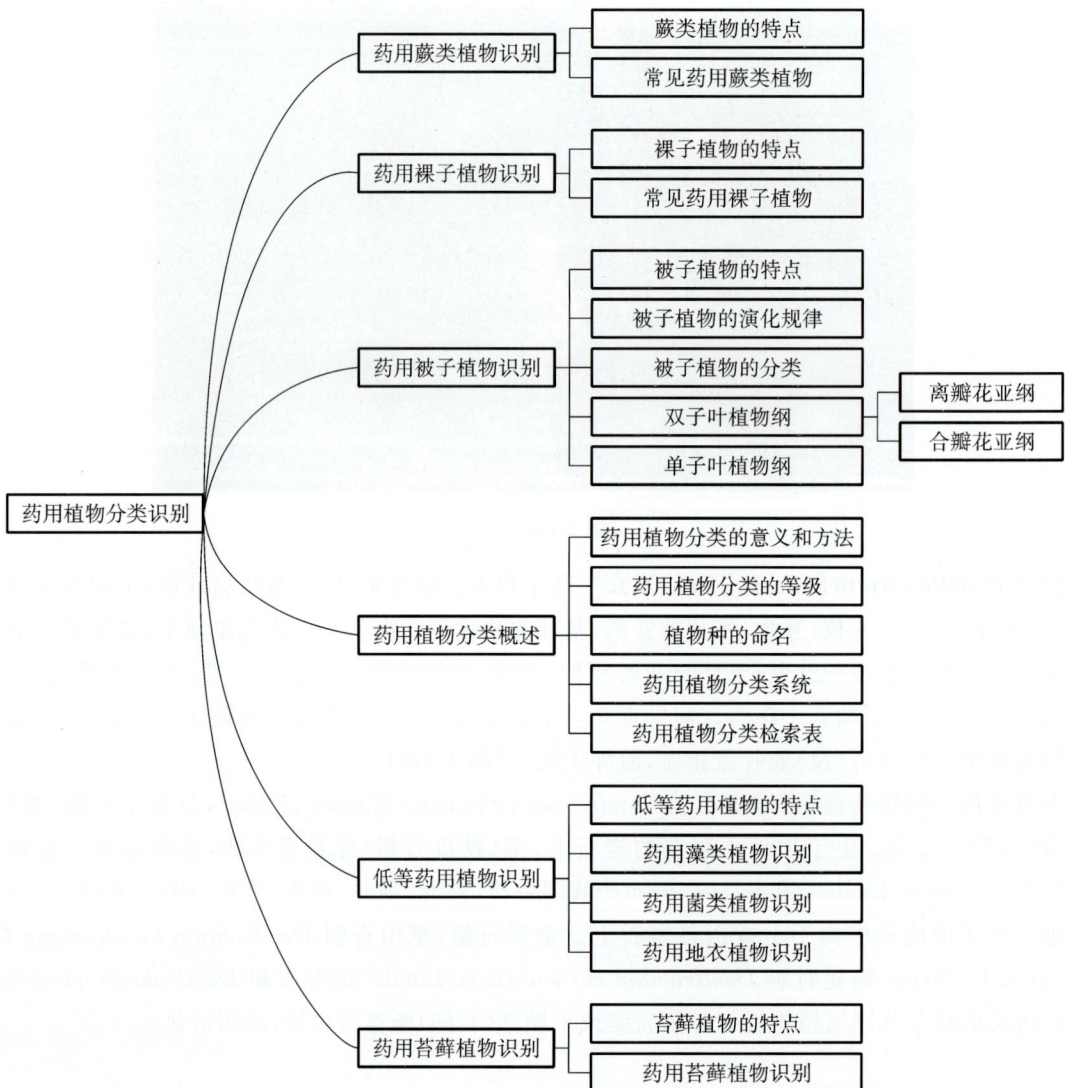

目标检测

一、单选题

1. 蕨类植物的叶按功能分,能进行光合作用的是(   )。

A.营养叶   B.孢子叶   C.同型叶   D.异型叶   E.异面叶

2. 蕨类植物的孢子有大小之分,产生大孢子的囊状结构称大孢子囊,大孢子萌发后形成(   )。

A.雌配子体   B.雄配子体   C.雌孢子体   D.雄孢子体   E.雌雄孢子体

3. 叶鳞片状,有中叶与侧叶之分,覆瓦状排成4列。孢子叶穗着生枝顶,四棱形,孢子囊圆肾形,二型,孢子有大小之分的是(   )。

A.卷柏   B.石松   C.金毛狗脊   D.海金沙   E.银杏

4. 植株呈树状,根状茎粗壮,木质,密生黄色有光泽的长柔毛,形如金毛狗;孢子囊群生于小脉顶端,囊群盖二瓣,呈蚌壳状的是(   )。

A.凤尾草   B.金毛狗脊   C.石韦   D.槲蕨   E.海金沙

5. 下列植物属于水龙骨科的是(   )。

A.槲蕨   B.石韦   C.金毛狗脊   D.卷柏   E.石松

6. 下列植物属于鳞毛蕨科的是(   )。

A.木贼   B.海金沙   C.贯众   D.翠云草   E.石松

7. 下列植物为攀援植物的是(   )。

A.井栏边草   B.紫萁   C.石松   D.海金沙   E.贯众

8. 下列哪个植物孢子囊群为边生?(   )

A.金毛狗脊   B.井栏边草   C.木贼   D.石韦   E.问荆

9. 雌雄异株;雄球花圆锥形,花药通常3~5个聚生;雌花球大孢子叶密被淡黄色茸毛,丛生于茎顶,上部羽状分裂,每1大孢子叶下部两侧各裸生1~5枚近球形胚珠的是(   )。

A.苏铁   B.银杏   C.马尾松   D.草麻黄   E.问荆

10. 下列哪种植物的叶为扇形?(   )

A.红豆杉   B.苏铁   C.侧柏   D.银杏   E.贯众

11. 叶针状,2针1束,种鳞的鳞盾平或微肥厚,鳞脐微凹,无刺尖的是(   )。

A.马尾松   B.油松   C.红松   D.罗汉松   E.木贼

12. 哪种植物的树皮、枝叶、根皮可用于提取紫杉醇?(   )

A.紫杉   B.榧树   C.红豆杉   D.草麻黄   E.木贼麻黄

13. 下列哪个科的植物不具假种皮?(   )

A.三尖杉科   B.松科   C.红豆杉科   D.麻黄科   E.问荆

14. 榧树属于(   )科。

A.三尖杉   B.红豆杉   C.榧   D.柏   E.松

15. 下列(   )植物为小灌木或亚灌木;木质部内有导管;节明显,节间具纵沟;叶小,鳞片状,基部鞘状;球花单性异株;种子浆果状。

A.苏铁科   B.买麻藤科   C.麻黄科   D.松科   E.红豆杉科

16. 植物分类的基本单位是(   )。

A.科   B.属   C.种   D.品种   E.亚种

17. 冬虫夏草为哪类植物?(   )

A.藻类植物   B.菌类植物   C.地衣类植物   D.苔藓植物   E.蕨类植物

18. 灵芝、银耳以（　　）入药。

A. 菌核 　　　　 B. 菌丝体 　　　　 C. 子座 　　　　 D. 子实体 　　　　 E. 孢子体

19. 海带的叶状体作（　　）入药。

A. 海带 　　　　 B. 昆布 　　　　 C. 石花菜 　　　　 D. 海草 　　　　 E. 海菜

20. 中药材伸筋草来源于（　　）的全草。

A. 石松 　　　　 B. 卷柏 　　　　 C. 海金沙 　　　　 D. 紫萁 　　　　 E. 红豆杉科

21. 海金沙的药用部位是（　　）。

A. 配子 　　　　 B. 孢子 　　　　 C. 种子 　　　　 D. 花粉 　　　　 E. 子座

22. 金毛狗脊的药用部分为（　　）。

A. 块根 　　　　 B. 块茎 　　　　 C. 根状茎 　　　　 D. 全株 　　　　 E. 叶

23. 中药材木瓜来源于（　　）植物。

A. 番木瓜科 　　 B. 蔷薇科 　　 C. 葫芦科 　　 D. 桔梗科 　　 E. 菊科

24. 中药材天花粉的基源植物是（　　）。

A. 栝楼 　　　　 B. 蒲黄 　　　　 C. 槐花 　　　　 D. 谷精草 　　　　 E. 菊花

25. 下面是桔梗科药用植物的是（　　）。

A. 玄参 　　　　 B. 人参 　　　　 C. 党参 　　　　 D. 丹参 　　　　 E. 孩儿参

26. 金银花来源植物为忍冬科植物（　　）的干燥花蕾。

A. 灰毡毛忍冬 　 B. 红腺忍冬 　 C. 黄褐毛忍冬 　 D. 忍冬 　 E. 细毡毛忍冬

27. 中药材半夏来源是天南星科（　　）植物的块茎。

A. 天南星 　　　 B. 虎掌天南星 　 C. 半夏 　　　 D. 水半夏 　　　 E. 天南星

28. 具肉穗花序及佛焰苞的科为（　　）。

A. 百合科 　　　 B. 天南星科 　　 C. 姜科 　　　 D. 莎草科 　　　 E. 兰科

29. 植物石斛为（　　）。

A. 腐生草本 　　 B. 共生草本 　　 C. 寄生草本 　　 D. 附生草本 　　 E. 红豆杉科

30. 下列药用植物为桔梗科的是（　　）。

A. 半枝莲 　　　 B. 半边莲 　　　 C. 金线莲 　　　 D. 穿心莲 　　　 E. 铁线莲

31. 青蒿素主要来源于（　　）。

A. 黄花蒿 　　　 B. 滨蒿 　　　 C. 茵陈蒿 　　　 D. 艾蒿 　　　 E. 菊

32. 下列药材为蔷薇科植物果实的是（　　）。

A. 五味子 　　　 B. 金樱子 　　　 C. 女贞子 　　　 D. 天仙子 　　　 E. 紫苏子

33. 下列药材中，（　　）为豆科植物的果实。

A. 巴豆 　　　　 B. 皂角 　　　　 C. 草果 　　　　 D. 白果 　　　　 E. 干果

34. 下列药材是菊科植物的是（　　）。

A. 鸡冠花 　　　 B. 玫瑰花 　　　 C. 洋金花 　　　 D. 款冬花 　　　 E. 金银花

35. 西红花的来源为（　　）。

A. 菊科植物红花 　　　　　　 B. 鸢尾科植物番红花

C. 菊科植物旋覆花 　　　　　 D. 鸢尾科植物射干 　　　　　 E. 菊科植物菊

36. 姜科植物姜黄的块根入药称（　　）。

A. 姜黄 　　　　 B. 郁金 　　　　 C. 莪术 　　　　 D. 黄精 　　　　 E. 百合

37. 以瓠果入药的植物是（　　）。

A. 木瓜 　　　　 B. 番木瓜 　　　 C. 罗汉果 　　　 D. 胖大海 　　　 E. 五味子

38. 唇形科植物的花序为（　　）。

A. 伞形花序　　　B. 轮伞花序　　　C. 伞房花序　　　D. 聚伞花序　　　E. 头状花序

二、名词解释

1. 被子植物　2. 裸子植物　3. 多胚现象　4. 孢子叶　5. 同型叶　6. 双受精

三、简答题

1. 裸子植物与蕨类植物、被子植物相比有什么区别？

2. 裸子植物有哪些特点？

3. 常见药用裸子植物有哪些？各属于什么科？

4. 蕨类植物与苔藓植物、种子植物相比有什么区别？

5. 蕨类植物的孢子体和配子体的特点分别是什么？世代交替中哪种占优势？

6. 常见药用蕨类植物有哪些？各属于什么科？

7. 菌类植物常见的有哪些？各属于哪个亚门？

8. 被子植物的主要特征有哪些？

9. 简述双子叶植物纲和单子叶植物纲的区别。

10. 蓼科植物的主要特征是什么？常见的药用植物有哪些？

11. 毛茛科植物的主要特征是什么？常见的药用植物有哪些？

12. 十字花科植物的主要特征是什么？常见的药用植物有哪些？

13. 豆科植物的主要特征是什么？常见的药用植物有哪些？

14. 蔷薇科植物的主要特征是什么？常见的药用植物有哪些？

15. 五加科植物的主要特征是什么？常见的药用植物有哪些？

16. 伞形科植物的主要特征是什么？常见的药用植物有哪些？

17. 菊科植物的主要特征是什么？常见的药用植物有哪些？

18. 姜科植物的主要特征是什么？常见的药用植物有哪些？

药用植物资源调查

知识目标：

1. 掌握药用植物标本采集和制作的方法。
2. 熟悉药用植物资源调查的必要性和方法。

技能目标：

1. 学会药用植物标本采集和制作的方法。
2. 学会药用植物资源调查的方法。

素质目标：

培养学生热爱大自然的积极情感以及保护大自然的环保意识。

一、药用植物资源调查的必要性和野外调查的内容

（一）药用植物识别技术在野外调查中的必要性

药用植物识别技术是野外调查教学实践环节的重要组成部分，是以药用植物资源调查和药用植物标本的采集、制作与保存为重点的综合性实践活动。药用植物资源调查可使学生对药用植物的性状特征、分布特点、生态环境和资源调查等有一定的感性认识，很好地掌握药用植物学的基本理论、基础知识和基本技能，培养学生理论联系实际、分析问题和解决问题的能力，并强化学生动手能力的培养，为后续课程打下坚实的基础。

1. 有利于掌握药用植物资源调查的基本方法　在保证学生有足够验证性见习的基础上，药用植物识别和标本采集、制作、储藏等有利于增加学生对药用植物的感性认识，增强综合运用知识能力和解决实际问题的能力，使学生能真正地将知识学活，做到学以致用，能够认识更多的药用植物，为从事药用植物科学研究和应用打下良好基础。

2. 有利于提高学生的科学思维　通过资源调查方案设计、观察、记录、结果分析，进行基本的科学思维训练。

3. 有利于提高学生的野外生存能力　药用植物识别技术野外实习也是一种野外生存训练课程，可以培养学生运用所学知识分析和解决实际问题的能力，激发学生对自然界的兴趣和探索精神，提高分析、解决实际问题的能力，有利于提高学生对药用植物学习的兴趣，可以融洽学生之间和师生之间的感情。

（二）药用植物识别技术野外调查内容

通过实地走访、拍照、摄像以及采集标本等方式，结合植物形态学和植物分类学知识，认真观察各类植物的形态变化和分布与自然环境的密切关系。

1. 药用植物资源调查　药用植物识别技术野外调查除了观察生境、采集标本、鉴定种类外，为了调查研究群落结构和分析种类成分，我们需要在该区域内选择一定数量的样地，进行样地调查。

样地调查主要调查实习区域的自然环境、药用植物资源丰富程度，熟悉区域药用植物资源的分布特征、品种和类别。对调查区域内药用植物的种类、多度、频度及每株的干、湿重量等进行测量统计，

常用于估量调查区域药用植物资源的蕴藏量(频度与重量相乘的积即可表示某种药用植物的蕴藏量)等定性定量指标。

$$某种植物的多度＝该种的个体数/样地中全部种的个体数×100％$$
$$某种植物的频度＝某种药用植物出现的样方数/全部样方数×100％$$

最小面积是指基本上能够表现某群落类型植物种类的最小面积。

样地调查是用绳子圈定一定的范围的植物群落,详细采集、鉴定种名和统计各种植物株数,并按一定的顺序逐一扩大。

2. 药用植物识别与分类

(1)植物形态观察:结合实物仔细观察根、茎、叶、花、果实和种子等植物各种器官的形态特征及类型,以加深对所学形态术语的理解,准确描述植物。

(2)植物分类:在实习指导教师的直接指导下,通过对各类具有代表性的药用植物的观察与辨认、验证、总结并掌握藻菌植物、蕨类植物、裸子植物、被子植物以及被子植物中的重要科的特征;熟悉常见和常用药用植物的名称、入药部位及药名。

(三)调查时间的选择

药用植物识别技术野外调查一般每年一次,每届学生一次。调查季节一般根据实习目的的不同安排,要采集带花植物,则安排在花季,大多会安排在春末夏初,为了采集果实可以安排在秋季。调查时间段的选择,主要根据调查区域的气候条件等情况灵活安排。

(四)调查地点(区域)及线路选择

为了保障安全,一般要在调查前进行现场考察,确定调查区域,选择调查路线,同时避免在交通不便、有危险的区域开展野外调查。

1. 选择依据

(1)严格遵循资源保护原则:每年更换采集地点,原则上隔两年才能在同一个地点再次进行标本采集活动。

(2)植物资源多样性原则:药用植物识别技术野外场地一般选择生态多样性和植被多样性的地域。如果是山区,一般选择有一定海拔落差、植被丰富的山地。平原地区一般选择在树林、荒地、河流交错等植被丰富的区域。

(3)扩大药用植物资源量原则:为了丰富教学资源,增加学校标本种类,我们可以分年度变换调查区域,以了解、掌握学校周边多个区域的药用植物资源状况,采集到更多的标本。

2. 区域和线路　我们参照第四次全国中药资源普查方法及要求,结合目标区域实际情况选择代表区域及路线。药用植物资源调查一般以县域或者某特定区域为调查对象,在调查区域内,要设置代表区域、样带、样地、样方四个部分。代表区域和样带一般在调查前设置,样地、样方在调查现场设置。

(1)代表区域设置:根据普查区域的生态环境、植被及当地中药资源状况确定调查范围,进行抽样调查,抽样调查面积达到总面积的1‰,设置5～10个代表区域。每个代表区域的自然生态环境特征尽可能具有一致性。代表区域的资源基本可以代表本区域的资源状况。

(2)样带设置:在每个调查区域内设置一个样带,样带数量5～10个。样带要能涵盖代表区域内所有的植被类型,具有代表性。

(3)我们在预先选定的样带上,依据植被类型、可达性、地形、地势,规划调查路线。

(五)药用植物资源调查样地样方选择

我们在预先选定的调查路线上,设置样地、样方。如果区域大,学生多,可以分组,沿多个调查路线分头进行。

1. 样地设置　在已经选定的调查路线沿线等距离设置样地。每个样带设置4～10样地,每个县级区域内样地总数一般不少于36个。样地之间距离大于1 km。设置样地时要注意下列原则。

（1）种类、成分的分布要均匀一致。

（2）群落结构要完整，层次要分明。

（3）生境条件（特别是地形和土壤）要一致。

（4）样地要设在群落中心的典型部分，避免选在两个类型的过渡地带。

（5）样地要用显著的实物标记，以便明确观察范围。

（6）样地的面积不应小于最小面积。

2. 样方设置　在每个样地内至少设置 5 套样方，每套样方面积一般为 100 m^2，多为 10 m×10 m 的正方形，有时因地理位置限制，可以为 5 m×20 m。每套样方中有 6 个样方，其中，乔木 1 个（10 m ×10 m），灌木 1 个（5 m×5 m），草本 4 个（2 m×2 m），草本样方编号按照顺时针排列。样方设置见图 5-1。一个县级区域内样方总数为 1000 个以上。

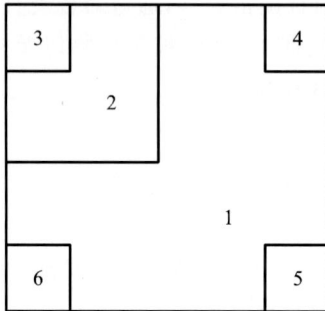

图 5-1　样方设置示意图

二、药用植物标本采集与制作

在进行资源调查的同时，采集或制作标本。药用植物标本的制作过程一般要经过采集—修整—压制—干燥—消毒—干燥—上台—标注（号牌、采集记录）—储存等过程。

1. 药用植物资源调查与标本采集准备

（1）采集器具：十字镐、小铲、锯子、枝剪、采集袋、采集箱或背筐等采集工具，测量绳、卷尺、GPS 定位仪（也可以用安装了 GPS 定位软件的智能手机）等测量器材。

（2）压制标本用具：放大镜、解剖针、植物标本采集记录、采集号牌、针线、铅笔、广口瓶、小纸袋、标本夹、吸水纸、塑料罩、瓦楞纸等，还可以配备电热鼓风机。

（3）学习资料：《药用植物学》、《中国高等植物图鉴》（1～5 册，补编 1～2 册）、植物检索表、《中国植物志》、《全国中草药汇编》、《中华本草》、调查区域药用植物资源本底资料等有关文献资料。

（4）安全防护用品：根据季节及实习地环境，要配备适宜野外工作服装鞋帽，准备安全绳、急救包及药品（蛇药、中暑药、感冒药、肠胃药等）。

2. 药用植物标本的采集

（1）采集标本：应具有代表性、典型性，最好带有繁殖器官（如花、果实或孢子囊群、子实体）。采集各类植物标本时应分别采集具有鉴定价值的部位。如真菌的子实体；苔藓的孢子体；蕨类植物的孢子囊群、营养叶、孢子叶；裸子植物的雄球花和雌球花，被子植物中的草本植物应采健壮的全株，藤本植物的新、老枝应兼采；木本植物应采有花、果的枝条；寄生植物应采到寄主植物；药用植物标本应采集药用部位。

（2）采集记录：采集记录是分类鉴定和资源分析统计的重要依据之一。故采集标本时，必须仔细观察其生长环境、形态特征，并按要求逐项用铅笔加以记录。特别是对那些易变特征，如颜色、气味、毛茸、乳汁、果实等性状，均应准确加以记录。采集记录号与标本号牌上的采集号必须相同，同株植物标本及其药材应编同一号码。

3. 生物标本的制作与保存

（1）标本压制：对采集的标本进行适当的剪修处理，补充记录并完善，每种选择三份以上，挂上标本号牌，置吸水纸中展平，放标本夹内压平，并天天换纸翻晒至干。所附药用部分应与标本编同号，随同压制。草本植物一般连根挖出，若太长太大，可剪取 25～30 cm 的花、果枝条压制，或将其折成"之"字形或"N"字形压制。

（2）植物标本的特殊处理：对某些植物或植物体的某些部位，需经适当的处理，方便于压制干燥。

①多肉植物：对肉质的茎叶植物（如仙人掌科、景天科、马齿苋科等）或有粗壮地下茎的植物（如百合科）需切开干燥或用开水将其烫死后再压制，否则植物会在标本夹内延续生活，花、叶脱落乃至腐烂败坏。

②叶柄易脱落植物：对豆科、芸香科等科植物的复叶，先用开水烫死，这样压制时叶柄不易脱落。

③水生藻类植物：压制时先将采得的标本重新放入水中展开，然后用硬台纸将其托起，再用吸水纸压成标本。

④丛生的草本植物：应保留其丛生的特征，压制时不要把他们分得太散而失去原来的习性。

⑤植物标本的保存：植物标本保存不好，容易生虫和霉变。主要防治措施是要与虫源隔离放置，防止受潮。用塑料袋密闭保藏在干燥通风的木柜内，木柜放置在干燥通风的房间。有条件的最好在低温干燥库房条件下保存，常温库房可以在柜子内放置樟脑丸以驱虫防虫。

4. 植物腊叶标本快速干燥方法 为了加快标本制作速度，现在多采用烘干法加速标本干燥，在原来标本夹和吸水纸的基础上，采用人工加热烘干技术。主要设备及用品包括电热鼓风机、塑料罩、标本夹、吸水纸、瓦楞纸。

5. 植物标本保色方法 植物标本，尤其是颜色鲜艳的标本，固色保色技术历来是标本制作的难点，不同区域或团队采用的方法有相同之处，也有区别。目前白色、绿色保色技术相对比较成熟，其他颜色，比如红色、黄色保存较为困难，很多技术尚在探索之中，现将部分方法介绍如下。

（1）保色覆膜法制作绿色植物腊叶标本：此法主要制作分为 5 个步骤。

①清洁整理原植物：将采集到的植物用自来水冲洗干净并修剪好备用。

②配制保色原液：将冰醋酸加入醋酸铜至饱和溶液制成醋酸铜保色原液。

③植物保色处理：将醋酸铜保色原液用纯净水稀释成醋酸铜保色液，将已稀释好的醋酸铜保色液倒入玻璃容器或不锈钢、陶瓷容器中加热到 90～100 ℃，然后把需保色植物放入加热好的醋酸铜保色液中，继续加热至植物颜色全部褪去后又复原为止；温度控制在 90～100 ℃，加热时间为 20～40 min，具体加热时间要视不同植物而定。

④保色植物平整、加压、干燥：将保色处理过的上述植物从保色液中取出，用自来水冲 1～2 h，冲洗干净后将保色植物取出，放入宣纸中，用电熨斗压熨，压熨平整后再放到干燥的宣纸中继续压制，直到完全干燥，压熨时电熨斗温度可调到 50～100 ℃。

⑤制作植物保色覆膜标本：将已平整加压干燥好的保色植物放在卡片纸上，放入已预热的塑封机中用护卡膜塑封，塑料封装护卡膜时温度调整在 150～180 ℃，塑封好后即得到合格的植物保色覆膜标本。此法不适宜保存带花的植物的花的颜色。

（2）吸湿干燥法制作保色立体植物标本：将事先烘干的硅胶颗粒(1～1.5 mm)慢慢倒入盛放标本的盒子或标本瓶中使其充满标本的每个空隙，直到完全覆盖为止，然后将标本放入 40 ℃左右干燥箱中 5～6 天，使用硅胶(作为干燥剂)吸去标本中的水，如有真空干燥器，将标本置于其中抽气并保持低压二天左右即可完成脱水过程，得到干燥的保色立体植物标本。此法中的硅胶也可用杉木锯末(经过筛得到的较小颗粒物)烘干或炒热后，冷却至 40 ℃左右代替。此法可较好保持原有植物的颜色。

（3）浸液绿色植物标本制作方法：将醋酸铜加入 50%冰醋酸溶液中，直到溶液饱和为止，然后用 4 倍水稀释，加热至 80～85 ℃。把要做成标本的植物放进烧热的溶液中，继续加热，直到植物由绿变褐，再由褐转绿时，即可把植物取出，用清水洗净，保存于 5%福尔马林中。

对于不适于热煮或药液不容易透入的植物，可以改用硫酸铜饱和水溶液 750 ml、福尔马林 500 ml、水 250 ml 的混合液，将植物放入这种液体中浸渍。浸渍时间的长短，要视植物老嫩程度和种类而定。一般来说，植物幼苗浸 3～5 天即可，而成熟的植物则需浸 8～14 天。最妥善的办法是从浸后的第三天起,每天检查一次,见到植物褪成黄色而又重新变成绿色时,即可取出,用清水将药液洗净,然后放到5%福尔马林中保存,标本就制成了。

(4)浸液红色植物标本制作方法:有研究表明可以将硼酸粉450 g、水2000～4000 ml、75%～95%酒精2000 ml、福尔马林原液300 ml混合起来,取澄清液作为浸制液直接用来保存红色标本。如果保存粉红色的标本,须将福尔马林减至微量或不加。

另有研究发现,将硼酸3 g、40%的甲醛4 ml与水400 ml混合制成固定液,然后将洗干净的红色植物标本放在固定液中浸泡1～3天,如不发生混浊现象,即可取出放入由甲醛25 ml、甘油25 ml、水1000 ml制成的保存液或由10%亚硫酸20 ml、硼酸10 g、水580 ml制成的保存液中长期密封保存,即可保色红色标本。此外,对较大的果实标本最好用注射器注入少量保存液后再长期密封保存,效果更好。

(5)浸液黄色或黄绿色植物标本保存法:有研究表明,取6%亚硫酸500 ml和80%～90%酒精500 ml加入400 ml蒸馏水混合而成保存液,将采集来的黄色至黄绿色植物标本直接浸入保存液密封保存,保色效果较好。还可用亚硫酸50 ml、95%酒精50 ml,加蒸馏水至1000 ml,将标本植株浸制于其中保存,效果良好。还有人用亚硫酸饱和溶液568 ml、95%酒精568 ml、水4500 ml混合,取澄清液对标本进行保存,效果良好。

(6)黑色、紫色、紫红色植物标本保存法:对黑色、紫色、紫红色标本的浸制保色保存,一种方法是用福尔马林450 ml、95%酒精540 ml、水18100 ml混合,取澄清液用来保存标本。另一种方法是用福尔马林500 ml、饱和氯化钠溶液1000 ml、水8700 ml的混合液的澄清液保存标本,效果均较好。

(7)白色植物标本保存法:将33 g氯化锌溶于1000 ml水中,加入95%酒精125 ml,取澄清液作为保存液保存标本。亦可将200 g氯化锌溶于4000 ml水中,加入甲醛100 ml、甘油100 ml,取澄清液作为保存液保存标本。

(王向平)

→ 小结

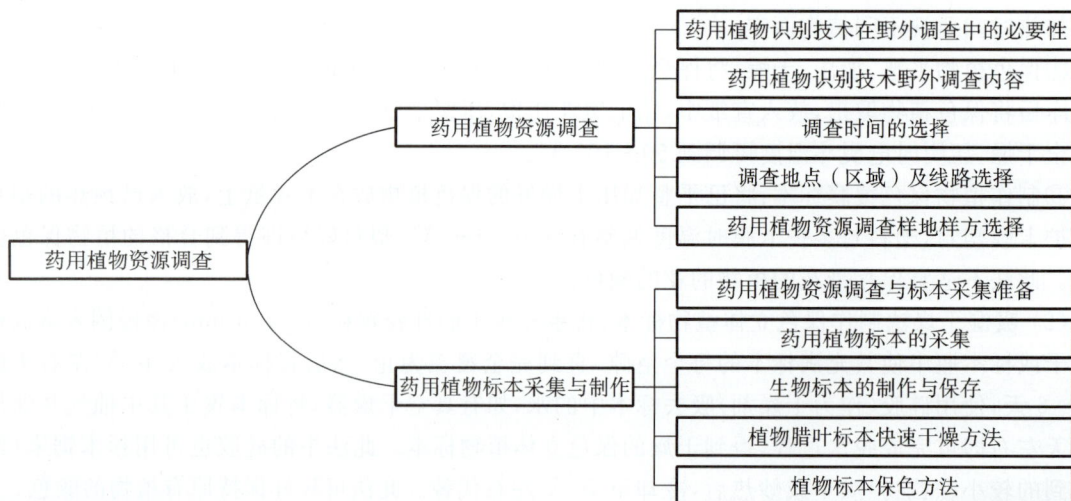

→ 目标检测

一、单项选择题

1. 每套样方中有6个样方,其中乔木(　　)个。

A. 1　　　　　　　　B. 2　　　　　　　　C. 3　　　　　　　　D. 4　　　　　　　　E. 5

习题答案

2. 一般情况下,每个样带设置样地( )个。

A. 4~10 B. 10~15 C. 15~20 D. 20~25 E. 25~30

二、名词解释

1.样地 2.标本压制

三、简答题

1. 药用植物识别野外调查的主要内容有哪些?

2. 如何选择药用植物资源野外调查区域、线路和地点?

3. 药用植物的分类鉴定的方法有哪些?

实训指导

任务一　光学显微镜的使用与植物细胞基本结构的观察

一、实训目的

（1）能初步掌握光学显微镜的使用方法和注意事项。

（2）初步学会使用显微镜观察植物细胞。

（3）学习表皮制片法及绘制植物图的基本方法。

二、实训准备

1. 仪器用品　显微镜、载玻片、盖玻片、蒸馏水、稀碘液、镊子、刀片、解剖针、培养皿、吸水纸、擦镜纸。

2. 实训材料　洋葱鳞叶、番茄果实、红辣椒。

三、实训内容

（一）光学显微镜的结构

光学显微镜由光学部分和机械部分构成（图 6-1）。

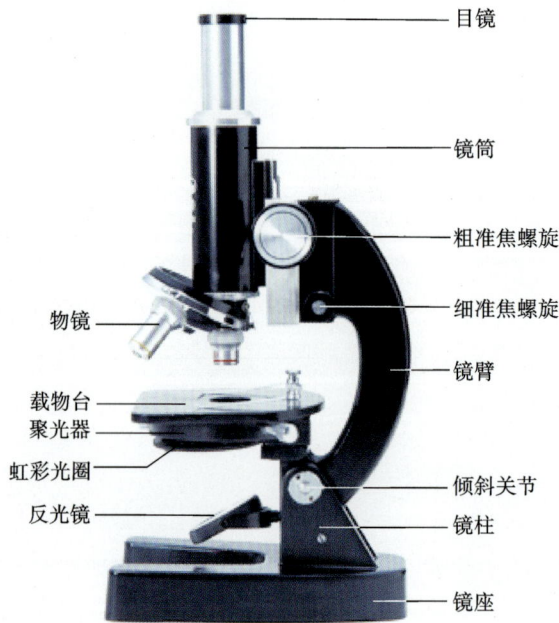

图 6-1　光学显微镜

　　1. 机械部分　主要由精巧的金属零件组成，作用是支持光学部分，使其充分发挥功效。主要有镜座、镜柱、镜臂、镜筒、载物台、转换器、调焦装置和聚光器调节螺旋等部分。

　　（1）镜座：显微镜的底座，用以支持镜体的平衡，使显微镜放置稳固。

（2）镜柱：镜座上面直立的短柱，连接镜臂，支持镜体上部的部分。

（3）镜臂：弯曲如臂，下连镜柱，上连镜筒，为取放显微镜时手握的部位。镜臂的下端与镜柱连接处有一活动关节，称倾斜关节，可使镜体在一定范围内向后倾，便于观察，但是，一般倾斜不宜超过30°。

（4）镜筒：显微镜上部圆形中空的长筒。其上端置目镜，下端与物镜转换器相连，并使目镜和物镜保持一定距离。

（5）载物台：放置玻片标本的平台，中央有一通光孔。两旁装有一对压片夹或推进器，可固定玻片标本，同时可以使标本向前后左右各方向移动。

（6）转换器：装在镜筒下端的圆盘，可自由转动。盘上有3～4个安装物镜的螺口，在螺口上面可按顺序安装不同倍数的物镜。旋转转换器时，物镜即可固定在使用的位置上，保证物镜与目镜的光线合轴。

（7）调焦装置：用以调节物镜和标本之间的距离，以得到清晰的物像。在镜臂两侧有粗准焦螺旋、细准焦螺旋各一对，旋转时可使镜筒上升或下降。

（8）聚光器调节螺旋：安装在镜柱的一侧，旋转时可使聚光器上下移动，借以调节光线强弱。

2. 光学部分 主要包括物镜、目镜、反光镜和聚光器四个部件。

（1）物镜：安装在镜筒下端的转换器上，可分为低倍物镜、高倍物镜和油浸物镜三种。它是确定显微镜分辨率的重要部件。

（2）目镜：安装在镜筒上端，可使物镜所成的像进一步放大，便于观察。

显微镜物像放大倍数＝物镜放大倍数×目镜放大倍数

（3）反光镜：一个圆形的两面镜。一面是平面镜，另一面是凹面镜。光线充足时使用平面镜，光线弱时使用凹面镜。

（4）聚光器：安装在载物台下，由聚光镜和虹彩光圈组成，它可使平行的光线汇集成束，集中于一点以增强被检物体的照明强度。聚光器可上下移动以调节视野的亮度。使用高倍物镜时，视野范围小，则需上升聚光器；使用低倍物镜时，视野范围大，则可下降聚光器。虹彩光圈装在聚光器内，拨动操作杆，可使光圈扩大或缩小，借以调节通光量。

（二）显微镜的使用

1. 取镜 从显微镜箱中取出显微镜时，右手握住镜臂，左手平托镜座，保持镜体直立。

2. 安放 放在桌上身体的左侧，距离桌边6～8 cm处，便于左眼观察和防止显微镜滑落。

3. 对光 反光镜对准光源，将低倍物镜转到中央，对准载物台上的通光孔，用左眼从目镜向下观察，同时转动反光镜，光强时用平面镜，光弱时用凹面镜，并利用聚光器或虹彩光圈调节光的强度，使视野内光线均匀而明亮。

4. 低倍物镜的使用 升高镜筒，把玻片标本置于载物台中央，使载玻片中的标本正对通光孔的中心，然后用压片夹压住载玻片的两端。两眼从侧面注视物镜，并慢慢按顺时针方向转动粗准焦螺旋，使镜筒徐徐下降至物镜距离玻片约5 mm处，接着用左眼从目镜处注视镜筒，同时逆时针方向慢慢转动粗准焦螺旋使镜筒上升，直到看清物像为止。这时可根据需要移动推进器，将需观察部分移到最适合位置，仔细观察。若视野太亮，可降低聚光器或缩小虹彩光圈；反之，则升高聚光器或放大虹彩光圈。

5. 高倍物镜观察 选好欲观察的目标，并移至视野中央，转动转换器，换上高倍物镜使之合轴，稍微调动细准焦螺旋，直到获得清晰的物像。

6. 油镜的使用 在使用油镜之前，也要先用低倍物镜找到被检部分，换成高倍物镜调整焦点，并将被检部分移到视野中心，然后再换用油镜。

使用油镜时，可先在盖玻片上滴加一滴香柏油才能使用。用油镜观察标本时，绝对不能使用粗准焦螺旋，只能用细准焦螺旋调节焦点。如盖玻片过厚，必须换成薄片方可聚焦，否则会压破玻片而损坏镜头。

油镜使用后,应立即用擦镜纸蘸少许清洁剂(乙醚和无水酒精(7∶3)的混合液)擦去镜头上的油迹。

7. 收镜 观察结束后,将镜筒升高,取下玻片标本,转动转换器,使镜头偏离通光孔,再下降镜筒,并将反光镜竖直,擦净显微镜,罩上绸布,收回镜箱。

(三)显微镜的使用和保护的注意事项

(1)显微镜应放在干燥的地方,避免强烈的日光照射。

(2)拿取显微镜时,应右手握镜臂,左手托镜座,使镜身竖直,切勿左右摇晃,以免碰坏或目镜滑出。

(3)保持显微镜的清洁,用擦镜纸擦拭镜头,不可用手指或纱布擦拭物镜和目镜;用纱布擦拭机械部分。

(4)观察时应由低倍物镜到高倍物镜再到油镜,决不可先用高倍物镜,以免损坏玻片而影响观察。

(5)观察临时装片时,一定要加盖盖玻片,还须将载玻片上溢出的液体擦干后再观察。

(6)保养显微镜要求做到防潮、防尘、防热、防震动,保持镜体清洁、干燥和转动灵活。

(四)植物细胞基本结构的观察

1. 洋葱表皮细胞的基本结构 用镊子撕取洋葱鳞片叶的内表皮一小块,内表皮朝上,平展于洁净载玻片的水滴中,盖上盖玻片,制成临时装片。覆上盖玻片时,用镊子夹起盖玻片,使其一边先接触到水,然后再轻轻放平;如果有气泡,可用镊子轻压盖玻片,将气泡赶出(或重新做一次)。如果水分过多,可用吸水纸吸除,至此临时水装片制成。低倍物镜下观察洋葱表皮细胞,可见表皮细胞呈长方形,排列整齐,紧密,细胞壁较透明,细胞质颜色均匀,细胞核扁球形,仔细观察可见其内有1~3个发亮的核仁。然后转高倍物镜下仔细观察。

为了更好地观察细胞的基本结构,可取下装片,从盖玻片的一侧加入1~2滴碘液,从另一侧用吸水纸吸引,使碘液浸透材料,再观察。这时,细胞质被染成浅黄色,细胞核被染成深黄色,染色较浅的部位则为液泡。

2. 果肉细胞的结构 用镊子夹取成熟的番茄近果皮的果肉少许,置于盛有水滴的载玻片中,用解剖针将果肉细胞分散,盖上盖玻片,观察。可见许多圆形离散的果肉细胞,细胞质中有橙红色的圆形小颗粒,即有色体。

3. 纹孔和胞间连丝 取一小块新鲜红辣椒果皮,用刀片刮去内面肥厚的果肉使之变薄,加碘液染色,制成装片观察。在高倍物镜下可见其表皮由不规则的细胞群组成,细胞中有淡黄色的细胞质,深黄色的细胞壁上有纹孔,纹孔间有胞间连丝穿过。

(五)植物绘图

植物绘图是学习和研究植物学必备的基本技能。具体注意事项如下。

植物绘图不同于美术图,是对实物的形象记录,首先要求科学性和准确性,即所绘图大小比例要求准确,形态逼真,结构清楚,不能做艺术上的随意夸张和任意涂影。因此,绘图前必须掌握植物学的有关理论知识,明确所需观察的结构,掌握各部分特征,画出结构中最本质和典型的部分,不需要有什么画什么。要依据实际观察到的图象绘图,不要凭假想,不要单纯以书本照抄、照画,以保证形态结构的准确性,满足植物图所具有的科学性。

绘图前,应根据绘图的数量和内容,合理布局图的位置。图要画在实验报告纸的稍偏左侧,对图中各部分结构在向右引出平行线末端予以标注,引线要整齐,标注要工整。在图的正下方注明图的名称,并注明放大倍数,如10×40;在绘图纸上方标明实验题目。

绘图时先用中软铅笔绘出轮廓,描轮廓时注意实物或标本各部分的正确比例。然后用B型铅笔绘出全图线条。绘图时,要一笔勾出,粗细均匀,光滑清晰,接头处无痕迹,切勿重复描绘;更不能用尺子、圆规、曲线板等工具代画,必须徒手作图以表示生物的自然形态。结构的明暗程度和颜色的深浅一般用圆点的疏密表示,切勿用涂抹阴影方法代替圆点。

绘图和文字标注一律用黑色铅笔,标注要尽可能简明扼要。

四、实训评价

(1)绘出洋葱表皮细胞结构图,并标注细胞各部分名称。

(2)绘出番茄果肉细胞结构图,并标注细胞各部分名称。

任务二 观察植物细胞后含物与细胞壁特化

一、实训目的

(1)能识别质体、淀粉粒、草酸钙结晶的形状及类型。

(2)能鉴别细胞壁的特化反应。

(3)学会徒手切片和粉末制片。

(4)学会组织制片透化的方法。

二、实训准备

1. 仪器用品 显微镜、载玻片、盖玻片、镊子、刀片、解剖针、培养皿、吸水纸、酒精灯、蒸馏水、稀甘油、水合氯醛、苏丹Ⅲ试液、间苯三酚试液、浓盐酸(或浓硫酸)。

2. 实训材料 紫鸭跖草叶、鲜绿叶、胡萝卜块根、马铃薯块茎、半夏粉末、桔梗根或党参根、大黄粉末、甘草粉末、广防己粉末、变叶木的叶;牛膝根横切片。

三、实训内容

(一)观察质体

1. 白色体 用镊子撕取紫鸭跖草叶片的一小块下表皮(0.5 cm×0.5 cm),内表皮朝上,平展于洁净载玻片的水滴中制成装片。先在低倍物镜下识别表皮细胞、保卫细胞和副卫细胞,再转换高倍物镜观察副卫细胞,并缩小光圈使视野变暗,可见其细胞核周围有一些无色透明、圆球状颗粒,即为白色体;也可见肾形的保卫细胞内有较多圆球形的绿色颗粒,即为叶绿体。

2. 叶绿体 用镊子夹取鲜绿叶的叶肉,置于洁净的载玻片水滴中,制成水装片,在低倍物镜下观察,可见近圆形的叶肉细胞内充满椭圆形的绿色颗粒,即为叶绿体。

3. 有色体 取胡萝卜块根一小块,长2~3 cm,用徒手切片法获得切片,即用左手的拇指、食指和中指夹住材料,为了防止切片时割伤手指,应使材料上端略高于食指,拇指略低于食指。右手的拇指和食指捏住刀片一端,置于左手食指之上,刀片与材料切片平行,刀刃放在材料左前方稍低于材料断面的位置,以均匀的力量和平稳的动作使刀刃自左前方向右后方斜滑拉切,拉切速度要快,切片时右手不动,只是右臂移动,用臂力拉切。将切下的切片用毛笔小心地移入盛有清水的培养皿中,漂洗切片。再用镊子将切片置于洁净载玻片的水滴中制成水装片,置于显微镜下观察。细胞质内可见许多橙红色,呈棒状、块状或针状的结构,即为有色体。

(二)观察淀粉粒

1. 马铃薯的淀粉粒 用刀片在马铃薯块茎上刮取少量白色浆液,置于载玻片的水滴中制成装片,观察。在低倍物镜下可见许多卵圆形或椭圆形颗粒,即淀粉粒。转换高倍物镜,并将光线调暗,可见淀粉粒的脐点偏向淀粉粒的一端和围绕脐点有许多明暗相间的偏心层纹。

2. 半夏的淀粉粒 取半夏粉末少许置于载玻片的水滴中,用解剖针分散开,制成粉末装片,置于显微镜下观察。可见众多的淀粉粒,其中单粒呈圆形、半圆形至多角形,通常较小,脐点呈点状、裂隙状;复粒较多,常由2~8个单粒组成。

3. 观察菊糖 取桔梗或党参的根浸于酒精中,一周后,制成纵切片,在低倍物镜下观察,可见薄壁细胞中呈球形或扇形并有放射状纹理的菊糖结晶。

（三）观察草酸钙结晶

1. 簇晶 取大黄粉末少许，分散开置于洁净的载玻片上，滴加水合氯醛1～2滴，在酒精灯上微热透化，注意不要煮沸或蒸干，再加稀甘油一滴，盖上盖玻片，在显微镜下观察草酸钙簇晶的形态。

2. 针晶 取半夏粉末少许，如上述方法透化，制成临时装片，在显微镜下可见散在或成束的草酸钙针晶。

3. 方晶 取甘草粉末少许，如上述方法透化，制成临时装片，在显微镜下可见细长成束的纤维束周围的薄壁细胞内含有方形、不规则形或斜方形的草酸钙方晶，这种纤维束及其薄壁细胞中的晶体合称为晶纤维。

4. 砂晶 观察牛膝根横切制片，可见类圆形的薄壁细胞中充满了细小三角形或箭头状的草酸钙砂晶。

（四）鉴别细胞壁的特化反应

1. 木质化细胞壁 取广防己粉末少许，加间苯三酚试液1～2滴，稍放置，再加浓盐酸或浓硫酸1滴，制成装片。在显微镜下可见石细胞呈樱桃红色或红紫色的细胞壁，为木质化。

2. 木栓化细胞壁 取党参根（带有栓皮）做横切片，置于载玻片上，加苏丹Ⅲ试液1～2滴，微热，制成装片。在显微镜下可见木栓化细胞壁呈橙红色至红色。

3. 角质化细胞壁 取变叶木的叶做徒手横切片，将切片置于洁净的载玻片上，加苏丹Ⅲ试液1～2滴，微热后加1滴稀甘油，封片。置于显微镜下可见叶片表皮细胞外的角质层被染成橙红色。

四、实训评价

（1）绘出各种质体的形态。

（2）绘出淀粉粒的形态，并标注各部分名称。

（3）绘制草酸钙结晶的形态图。

（4）描述、鉴别细胞壁的特化。

任务三 观察植物组织的显微特征

一、实训目的

（1）能识别植物各种组织的细胞形态和显微结构特征。

（2）能判别气孔和毛茸的各种类型。

（3）学会徒手切片和粉末制片。

（4）学会组织制片透化的方法。

二、实训准备

1. 仪器用品 显微镜、载玻片、盖玻片、蒸馏水、镊子、刀片、解剖针、培养皿、吸水纸、擦镜纸、酒精灯、稀甘油、水合氯醛。

2. 实训材料 鲜姜、新鲜薄荷叶或薄荷叶粉末、肖梵天花叶、艾叶、番泻叶、九里香叶、甘草粉末、肉桂粉末、梨的果肉制片、橘皮横切片、接骨木茎横切制片、南瓜茎横切制片、南瓜茎纵切制片、松茎纵切制片、松茎横切制片、小茴香果实横切制片、蒲公英茎的纵切片。

三、实训内容

（一）观察保护组织

1. 毛茸及气孔类型 用镊子撕取各种植物叶的下表皮一小块，注意其上表面朝上，置于载玻片的水滴中，展平，盖上盖玻片，置于显微镜下观察。注意观察表皮细胞形态、气孔类型，识别各种毛茸特征和着生情况。

薄荷叶:①多细胞单列非腺毛,常弯曲;②由 6～8 个细胞排列成辐射状的腺鳞;③由单细胞腺头和单细胞腺柄组成的腺毛;④直轴式气孔类型。

艾叶:①"丁"字形非腺毛;②"日"字形腺毛;③不定式气孔类型。

肖梵天花叶:①星状毛;②不等式气孔类型。

番泻叶:①单细胞非腺毛;②平轴式气孔类型。

九里香叶:①单细胞非腺毛;②环式气孔类型。

2. 观察薄荷叶粉末 取薄荷叶粉末少许,置于洁净的载玻片上,加水合氯醛透化,微热,再加稀甘油,盖上盖玻片,观察。在显微镜下可见腺鳞,扁圆球形,由 6～8 个分泌细胞组成,排列在同一平面上,周围有角质层,内储有挥发油。

3. 木栓 观察接骨木茎横切制片,区分木栓层、木栓形成层和栓内层的细胞形态,并可见皮孔。

（二）观察机械组织

1. 厚角组织 取南瓜茎,制徒手横切片或用南瓜茎横切制片永久装片,观察。在显微镜下可见茎的棱角处的表皮下方有数层细胞,其细胞只在角隅处增厚,增厚部分颜色较暗,相邻细胞数目不同而呈三角形或多边形,即厚角组织。

2. 厚壁组织 取肉桂粉末少许,加水合氯醛透化,微热,再加稀甘油,盖上盖玻片,观察。在显微镜下可见肉桂纤维多单个散在,呈长梭形、两头尖,胞腔线形,完整或折断;其石细胞呈类方形,有的三边厚、一边薄,孔沟明显,胞腔较大。

3. 观察石细胞 观察梨的果肉装片,可见类圆形或不规则形的石细胞,细胞壁厚,纹孔分枝或不分枝。

（三）观察输导组织

1. 导管类型

（1）观察南瓜茎纵切制片,可见被番红染成红色、具有增厚花纹的环纹导管、螺纹导管、梯纹导管和网纹导管。

（2）孔纹导管:取甘草粉末少许,分散开置于载玻片上,加水合氯醛透化,微热,稀甘油装片,观察。在显微镜下可见孔纹导管。

2. 管胞 取松茎纵切制片,低倍物镜下观察,可见许多两头斜尖的长形细胞,即为管胞。再转换高倍物镜,仔细观察细胞壁上的具缘纹孔。

3. 筛管及伴胞 取南瓜茎纵切制片,置低倍物镜下观察,找出被染成红色的木质部导管,在导管的内外两侧均有被染成绿色的韧皮部(南瓜茎为双韧维管束)。把韧皮部移至视野中央,可见筛管由许多管状细胞组成。然后换高倍物镜观察,两个筛管细胞连接的端部稍有膨大且染色较深处是筛板所在位置,筛管分子细胞质常收缩成一束,离开细胞的侧壁,两端较宽、中间较窄,通过筛板上的筛孔有较粗的原生质丝,称为联络索。在筛管侧面紧贴着一列染色较深的具有明显细胞核的细长薄壁细胞,即为伴胞。

取南瓜茎横切制片,置低倍物镜下移动玻片标本,在韧皮部中寻找多边形、口径较大、被固绿染成蓝绿色的薄壁细胞,即为筛管。它旁边往往贴生横切面呈三角形或半月形、具细胞核、着色较深的小型细胞,即为伴胞。然后再找出正好切在筛板处的筛管,转高倍物镜观察筛板,注意筛板结构的特点。

（四）观察分泌组织

1. 油细胞 取鲜姜做徒手横切片,制成水装片,观察。在显微镜下可见薄壁组织中有类圆形的油细胞,胞腔内含有淡黄色挥发油。

2. 油室 取橘皮横切片,观察。在显微镜下可见一些大而椭圆形的腔室,其周围有部分破裂的分泌细胞,该腔室即为油室。

3. 分泌道 取小茴香果实横切制片,显微镜下观察油管的数目、位置及形状。显微镜下观察松茎横切制片,可见在被番红染成红色的木质部中,有许多整齐排列的分泌细胞围绕成的树脂道,即为分泌道。

4. 乳汁管 观察蒲公英茎的纵切片,显微镜下可见在皮层薄壁细胞中有染色较深的分枝状的长管形乳汁管。

四、实训评价

(1) 绘出所观察的各种毛茸和气孔类型图。

(2) 绘出所观察的南瓜茎厚角组织、肉桂纤维和梨的石细胞图。

(3) 绘出所观察的各种导管类型图。

(4) 绘出松茎的管胞、南瓜茎的筛管和伴胞图。

(5) 绘出姜的油细胞、橘皮的油室图。

任务四 观察根的微观构造

一、实训目的

(1) 掌握双子叶植物根的初生构造和次生构造特点。

(2) 了解双子叶植物根的异常构造类型及特点。

二、实训准备

1. 仪器用品 光学显微镜、擦镜纸。

2. 实训材料 毛茛幼根横切片、防风根横切片、牛膝根横切片、何首乌根横切片。

三、实训内容

(一) 双子叶植物根的初生构造

取毛茛幼根横切片,置光学显微镜下由外向内观察,依次可见表皮、皮层、维管柱,注意观察每个部位细胞的结构特点。

1. 表皮 位于根的最外方,由一列排列整齐的细胞组成。细胞壁不角质化。少数表皮细胞壁向外突起形成根毛,但多数在制片过程中被损坏,有时可见其残体。

2. 皮层 位于表皮内方,占根的大部分体积,由多层大型、排列疏松的薄壁细胞组成,自外向内依次如下。

(1) 外皮层:紧贴表皮,为一列较小的排列较紧密的薄壁细胞。

(2) 皮层薄壁细胞:占皮层的绝大部分,细胞近圆形,排列比较疏松,含较多的淀粉粒。

(3) 内皮层:皮层最内方的一列细胞。细胞较小,近长方形,排列紧密,可见染成红色的凯氏点及没有增厚的通道细胞。

3. 维管柱 为内皮层内方的所有组织,包括中柱鞘和维管束。

(1) 中柱鞘:维管柱最外一层(有时也为二至多层)的细胞,紧贴内皮层,排列较紧密,细胞呈类圆形或多边形。

(2) 维管束:初生木质部和初生韧皮部间隔排列。初生木质部排列为四束(常染成红色),呈星芒状,为四原型,一直分化到根的中央,无髓。导管被染成红色,靠近中柱鞘的导管孔径较小,是原生木质部,靠近根的中央的导管孔径较大,是后生木质部。初生韧皮部位于两个初生木质部之间,为细胞排列紧密的团状结构。在初生木质部和初生韧皮部之间有几层薄壁细胞,在根进行次生生长时可转化为形成层的一部分。

(二) 双子叶植物根的次生构造

取防风根横切片,置光学显微镜下,由外至内观察,依次可见周皮和次生维管组织,注意每个部位细胞的特征。

1. 周皮 为最外方的数层细胞,由木栓层、木栓形成层和栓内层组成。

(1)木栓层:由8~12列排列整齐的扁方形细胞组成,细胞壁木栓化,常被染成红色。

(2)木栓形成层:由1层比木栓层细胞更扁的细胞组成,在切片中不易分辨。

(3)栓内层:由2~3列生活的薄壁细胞组成,排列疏松,其中分布有不规则长圆形的油管。

2. 次生维管组织

(1)次生韧皮部:处于周皮以内,细胞多层,可见多数大小不等的不规则裂隙,由筛管、伴胞、韧皮纤维和薄壁细胞等组成。韧皮射线弯曲,由1~2列径向延长的薄壁细胞组成,可见多数类圆形油管散布其中。

(2)形成层:在次生韧皮部内方,环状,由1列排列紧密的扁方形薄壁细胞组成。

(3)次生木质部:在形成层的内方,位于根的中央,由导管、木薄壁细胞、木纤维等组成。在显微镜下,导管孔径大小不一,被染成红色,呈放射状排列。木射线由1~2列径向延长的薄壁细胞组成,呈放射状排列,并与韧皮射线相连接,合称维管射线。最中央为初生木质部,导管孔径较细小,类圆形。

(三)双子叶植物根的异常构造

(1)取牛膝根横切片,置显微镜下观察,木栓层为4~8列扁平的木栓化细胞。栓内层较窄。维管组织占根的大部分,有多数异型维管束,断续排列成2~4轮,最外轮的维管束较小,有的仅具1至数个导管,内侧三轮的维管束较大。中央为正常维管束,为二原型。少数薄壁细胞中含有砂晶。

(2)取何首乌根横切片,置显微镜下观察,木栓层为数列细胞,充满红棕色物质。皮层内有数个大小不等的异型维管束,呈环状排列,形成云锦花纹。薄壁细胞中含有淀粉粒及草酸钙簇晶。

四、实训评价

(1)绘制毛茛根横切面简图及1/6详图,并注明各部分名称。

(2)绘制防风根次生构造简图,并注明各部分名称。

任务五 观察茎的微观构造

一、实训目的

(1)掌握双子叶植物茎的初生构造特点。

(2)熟悉双子叶植物木质茎的次生构造,双子叶植物草质茎、根状茎的构造特点。

(3)了解单子叶植物茎的结构特点。

二、实训准备

1. 仪器用品 光学显微镜、擦镜纸。

2. 实训材料 向日葵幼茎横切片、椴树茎横切片、薄荷茎横切片、石斛茎横切片、黄连根茎横切片、石菖蒲根茎横切片。

三、实训内容

(一)双子叶植物茎的初生构造

取向日葵幼茎横切片,置显微镜下观察,由外至内依次可见以下结构。

1. 表皮 由一层排列整齐、紧密的细胞组成,注意是否有非腺毛。

2. 皮层 由数层薄壁细胞组成,所占比例较小,具细胞间隙。靠近表皮下方的数层细胞在角隅处偶有加厚,其内面是数层薄壁细胞,其中散有少数分泌腔。皮层最内一层的细胞壁无凯氏带增厚,储藏有丰富的淀粉粒,称为淀粉鞘(但在永久制片中看不清楚)。

3. 初生维管束 多排成一轮束状,每个维管束由初生韧皮部、束中形成层、初生木质部组成。

(1)初生韧皮部:位于维管束外方,其外侧具初生韧皮纤维,横切面呈多角形,细胞壁明显加厚但尚未木化,故被染成绿色。初生韧皮纤维内方是筛管、伴胞和韧皮薄壁细胞。初生木质部是内始式发育。

(2)束中形成层:为2～3列排列紧密的扁平细胞,壁薄。

(3)初生木质部:包括原生木质部和后生木质部,靠近茎木中心的是原生木质部,导管口径小,形成较早,染色深;而接近束中形成层的为后生木质部,导管大,形成较晚,染色浅淡。故初生木质部是从内向外逐渐发育成熟的。

4. 髓射线 两个维管束之间的薄壁细胞,外连皮层,内接髓部,具有横向运输及储藏的功能。

5. 髓 位于茎中心的薄壁细胞,排列疏松,具有储藏功能。

(二)双子叶植物茎的次生结构

1. 双子叶植物木质茎的次生构造 取2～3年的椴树茎横切片,置显微镜下观察,由外至内依次可见以下结构。

(1)周皮:具有明显的木栓层、木栓形成层、栓内层,木栓层为排列紧密的多列细胞,周皮外面有残存的表皮。

(2)皮层:由数列类圆形薄壁细胞组成,细胞大而排列不规则,并含有草酸钙簇晶。

(3)维管束:多个外韧维管束排列成环状。次生韧皮部在皮层和形成层之间,细胞排成梯形,被漏斗状髓射线隔开。其中韧皮纤维被染成红色,与被染成绿色的筛管、伴胞和韧皮薄壁细胞呈横条状相间排列。次生韧皮部内可见韧皮射线。初生韧皮部通常被破坏而分辨不出。形成层是由束中形成层和束间形成层衔接而成的圆环,由数层扁方的薄壁细胞组成。次生木质部被染成红色,占较大体积。可见明显的年轮,每1轮环中,靠近外方的木质部染色较浅,细胞大而排列疏松,是早材;靠近内方的木质部染色较深,细胞小而排列紧密,是晚材,二者之间无明显界限。木质部内可见单列细胞的木射线,与韧皮射线相连,合称为维管射线。初生木质部已被挤压到靠近髓部的周围,导管孔径较小。

(4)髓:位于茎的中心,由薄壁细胞组成,有的细胞内含草酸钙簇晶或鞣质等物质,故染色较深。髓的周围有一圈排列紧密、较小而壁较厚的细胞,称为环髓带。

(5)髓射线:位于维管束之间,由薄壁细胞组成,外连皮层内通髓部。其中经过韧皮部的部分呈漏斗状,经过木质部的部分为1～2列细胞。

2. 双子叶植物草质茎的次生构造 观察薄荷茎横切制片,置显微镜下观察,薄荷茎呈方形,由外至内依次可见以下结构。

(1)表皮:由一层排列紧密的长方形细胞组成,外被角质层,并常见毛茸(腺毛、非腺毛或腺鳞)等附属物。

(2)皮层:位于表皮下方,由数层排列疏松的薄壁细胞组成。在四个棱角处靠近表皮的地方有多列厚角组织细胞,细胞的角隅处有明显增厚。内皮层为皮层最内方的一层长方形细胞,明显,可见径向壁上被染成红色的凯氏点。

(3)维管柱:由四个大型维管束(正对棱角处)和其间较小维管束呈环状排列而成,为无限外韧型。形成层的外方为韧皮部,内方为木质部。束中形成层和束间形成层连接成环,束间形成层明显。棱角处的大型维管束的木质部较发达,数行导管纵向排列,在导管列之间为薄壁细胞组成的木射线。

(4)髓射线:由维管束间的薄壁细胞组成,宽窄不一。

(5)髓:位于茎的中央,较发达,由大型薄壁细胞组成。

此外,在茎的各部薄壁细胞内,有时还可见到扇形具放射状纹理的橙皮苷结晶。

(三)单子叶植物茎的结构

取石斛茎横切片,置显微镜下观察,石斛茎呈方形,由外至内依次可见以下结构。

1. 表皮 为1列类方形细胞,细胞外壁稍厚,具发达的角质层。

2. 基本组织 表皮内由大型薄壁细胞组成的部分,无皮层、髓及髓射线的区别,其间散在分布着维管束。

3. 维管束 有限外韧维管束散在分布于基本组织中。韧皮部半圆形,位于木质部的外方,由多角形的筛管、伴胞及韧皮薄壁细胞组成。木质部由2～3个直径较大的导管组成。韧皮部外侧或维管束两端有壁增厚的纤维束,成鞘状围绕。

(四)根状茎的构造

1. 双子叶植物根茎的构造特点 取黄连根茎横切片置显微镜下观察,可见:木栓层为数列扁方形的细胞,表皮细胞多残留,有时可见外侧有鳞叶组织。皮层较发达,有染成红色的石细胞散在、单个或成群,根迹维管束或叶迹维管束斜向通过皮层。维管束无限外韧型,环状排列,束中形成层明显,束间形成层不明显;韧皮部外侧有初生韧皮纤维束,其间杂有石细胞。髓射线位于维管束之间,宽窄不一,具有发达的髓。

2. 单子叶植物根茎的结构特点 取石菖蒲根茎横切片置显微镜下观察,可见:皮层中散在多数外韧维管束,内皮层细胞的两个径向壁和内切向壁具有明显增厚的凯氏带,呈马蹄形,皮层内的维管束为周木型。

四、实训评价

(1)绘制椴树茎的横切面简图,并注明各部分名称。

(2)绘制黄连根茎的横切面简图,并注明各部分名称。

任务六　观察叶的微观构造

一、实训目的

掌握双子叶植物叶的构造特点。

二、实训准备

1. 仪器用品 光学显微镜、擦镜纸。

2. 实训材料 薄荷叶的横切片。

三、实训内容

取薄荷叶的横切片,置显微镜下观察,由外至内依次可见以下结构。

1. 表皮 分为上表皮和下表皮,均为1列扁方形细胞,上下表皮均有角质层,表面有气孔,表皮上可见多细胞非腺毛和腺头,腺柄均为单细胞的腺毛或腺鳞。

2. 叶肉 由栅栏组织和海绵组织组成。上表皮下有栅栏组织,由1列圆柱形、排列紧密的细胞组成,含较多叶绿体,且不通过主脉。海绵组织为4～5列类圆形或不规则形细胞,排列疏松,与下表皮相接。

3. 叶脉 无限外韧维管束,为上弯的类圆形,木质部靠近上表皮(向茎面),由2～5个导管纵列而成;木质部下方为数层扁平细胞,即束中形成层;形成层下方为较窄的韧皮部,细胞类方形或多角形,较小,排列紧密。韧皮部和下表皮之间具有发达的薄壁组织和机械组织。

四、实训评价

绘制薄荷叶横切面的结构简图,并注明各部分名称。

任务七　观察根茎叶的形态和类型

一、实训目的

（1）能准确描述根、茎、叶的外形特征。

（2）能准确判断根、茎、叶的正常类型和变态类型。

（3）学会观察植物根、茎、叶的基本方法。

二、实训准备

1. 仪器用品　放大镜、解剖板、镊子、剪刀、解剖针。

2. 实训材料

（1）人参、蒲公英、小麦、葱、胡萝卜、何首乌、玉米、吊兰、菟丝子、爬山虎、浮萍等植物根的标本或挂图。

（2）杨树或桃树的一段枝条，荸荠、忍冬、栝楼、络石、连钱草、马齿苋、竹节蓼、天门冬等植物的茎，栝楼的卷须，酸橙的枝刺，山药或黄独的珠芽，黄精根茎，生姜根茎，马铃薯块茎，荸荠球茎，莪术或姜黄的根茎和块根，百合或洋葱鳞茎等。

（3）油松、麦冬、柳、薄荷、桑、紫荆、野葛、银杏、蓖麻、芭蕉、菖蒲、棕榈、车前、月季、半夏、大麻（或五加）、决明、川楝、合欢、南天竹、橘等植物的叶。

（4）紫苏、夹竹桃、蒲公英、刺槐、菝葜、三角梅、猪笼草等植物的枝条。

三、实训内容

（一）观察根的形态和类型

1. 根与根系

（1）直根系：观察人参、蒲公英的根系，辨别主根、侧根、纤维根。

（2）须根系：观察小麦、葱的根系，描述其根系特点。

2. 根的变态　观察胡萝卜、何首乌、玉米、吊兰、菟丝子、爬山虎、浮萍等植物的根，判断其类型。

（二）观察茎的形态和类型

（1）观察杨树或桃树的一段枝条，描述茎的外形特征，找出节和节间、顶芽和侧芽、叶痕、皮孔等特征。

（2）观察荸荠、忍冬、栝楼、络石、连钱草、马齿苋等植物的茎，判断其茎的类型。

（3）观察竹节蓼、天门冬等植物的茎，栝楼的卷须、酸橙的枝刺、山药或黄独的珠芽，判断其地上变态茎的类型。

（4）观察黄精、生姜、马铃薯、荸荠、莪术或姜黄、百合或洋葱等植物地下变态茎，判断其类型。

（三）观察叶的形态和类型

（1）观察桃叶的组成，并绘图表示完全叶的组成部分。

（2）观察油松、麦冬、柳、薄荷、桑、紫荆、野葛、银杏等植物的叶，判别其叶形。

（3）观察芭蕉、菖蒲、棕榈、车前、银杏、蓖麻、桃的植物叶片，判断脉序类型。

（4）观察月季、半夏、大麻（或五加）、决明、川楝、合欢、南天竹、橘等植物的叶，判断其复叶类型。

（5）观察桃、紫苏、夹竹桃、蒲公英等植物的枝条，判断其叶序类型。

（6）观察刺槐、菝葜、百合、三角梅、猪笼草等植物叶片，判断其变态叶类型。

（7）观察以上各种植物的叶缘、叶尖、叶基及托叶，并加以描述。

四、实训评价

（1）判断根、茎、叶类型以及它们的变态类型。

（2）区别根与茎的外形特征。

（3）绘图表示完全叶的组成部分。

任务八 观察花和花序的形态与类型

一、实训目的

（1）掌握花的组成和花各部分的特征及类型。

（2）熟悉花序的类型。

（3）了解花程式的书写方法。

二、实训准备

1. 仪器用具 解剖镜（放大镜）、解剖针、镊子、手术刀。

2. 实训材料 油菜、木槿、紫茉莉、蚕豆、迎春花、牵牛、桔梗、南瓜、茄、蓖麻、桃、石竹、天葵等植物的花；车前、蒲公英、柳、女贞、向日葵、绣线菊、五加或八角金盘、茴香或白芷、无花果或薜荔、石竹、附地菜、益母草、鸢尾、大戟或泽漆等植物的花序。（建议根据本地植物特色及不同季节采集具有代表性的植物花进行观察。）

三、实训内容

1. 观察花的组成 取油菜花一朵，先进行整体观察，然后用解剖针和镊子由外向内解剖，可见下列部分。

（1）花梗：花朵与茎相连的部分，呈圆柱形。

（2）花托：花梗顶端的膨大部分，其上着生花萼、花冠、雄蕊群和雌蕊群。

（3）花被：包括花萼和花冠两部分。花萼由4枚萼片组成，离生，绿色或黄绿色，排成2轮。花冠由4枚黄色的花瓣组成，离生，十字形排列。

（4）雄蕊群：由6枚雄蕊组成，离生，排成2轮，外轮2枚较短，内轮4枚较长，为四强雄蕊。每枚雄蕊由细长的花丝和囊状的花药组成。

（5）雌蕊群：具有1个雌蕊，位于花的中央，由子房、花柱和柱头三部分组成。子房为膨大的囊状体，略呈扁圆柱形；花柱为子房上端的细小部分，较短；柱头为花柱顶端的膨大部分，略呈帽状。将子房作横切片置放大镜或解剖镜下观察，可见其由2心皮构成，由假隔膜分成假2室，侧膜胎座。

2. 观察花主要组成部分的形态和类型

（1）花萼类型：观察油菜、蒲公英、木槿、紫茉莉等植物的花，判断花萼类型。

（2）花冠形状及类型：观察油菜、蚕豆、向日葵、迎春花、牵牛、南瓜、茄、益母草等的花，判断花冠类型。

（3）雄蕊群类型：观察油菜、蚕豆、向日葵、木槿、益母草、蓖麻等的花，判断雄蕊群的类型。

（4）雌蕊群类型：观察天葵、桃和油菜的花，判断雌蕊群类型。

（5）子房位置：观察油菜、桃、桔梗、南瓜的花，判断子房位置及花位。

同时，注意观察判断花的类型。

3. 观察花序的类型 观察车前、柳、女贞、绣线菊、五加或八角金盘、茴香或白芷、向日葵、无花果或薜荔、石竹、附地菜、鸢尾、大戟或泽漆、益母草等植物的花序，判断花序的类型。

四、实训评价

（1）绘出油菜花的解剖图，注明各部分名称。

（2）写出两种所观察植物的花程式。

（3）写出所观察植物的花冠形状、雄蕊群与雌蕊群类型、子房位置，填写下表。

材料名称	花冠形状	雄蕊群类型	雌蕊群类型	子房位置

（4）写出所观察植物的花序类型，填写下表。

材料名称	花序类型	植物名称

任务九　观察果实和种子的形态与类型

一、实训目的

（1）掌握果实的类型和形态特征、种子的构造和种皮的结构。

（2）熟悉果实的一般内部构造，熟悉种子的类型。

二、实训准备

1. 仪器用具　解剖镜（放大镜）、刀片、镊子、解剖针、碘化钾碘试液。

2. 实训材料　番茄、橘、桃或杏、苹果或梨、黄瓜、芸薹或白菜、蓖麻、紫薇、牵牛、扁豆或豌豆、马兜铃、射干或百合、鸢尾、向日葵、玉米、板栗、槭树或白蜡树、小茴香、金樱子或蔷薇、八角茴香、桑椹、凤梨等的果实。蓖麻、蚕豆或黄豆、玉米等种子。（对于干果材料，建议根据本地植物特色及不同季节收集具有代表性的干果进行观察。）

三、实训内容

1. 单果的观察

（1）肉果的观察：取番茄、橘、桃或杏、黄瓜、苹果或梨的果实横切，注意观察其外、中、内各层果皮，其界限是否明显，质地、子房室数、胎座类型、种子的数目，并分辨真果与假果，判断肉果的类型。

（2）干果的观察。

①取芸薹或白菜、扁豆或豌豆、马兜铃、射干或百合、鸢尾、牵牛、紫薇、向日葵、玉米、板栗、槭树或白蜡树的果实，注意其成熟后是否开裂，开裂方式、心皮数目、果皮性质、种子数目等，判断干果的类型。

②取蓖麻和小茴香果实观察，注意成熟时是开裂还是分离，分为几个分果。

2. 聚合果的观察

①取金樱子或蔷薇果纵切后观察，可见凹陷的壶形花托内，聚生着多数骨质瘦果。

②取八角茴香观察，可见通常有8个蓇葖果轮状排列在花托上，下面有弯曲的果柄。

3. 聚花果的观察

①取桑椹观察,可见其为雌花发育而成,每朵花的子房各发育成一个小瘦果,包藏在肥厚多汁的花被中。

②取凤梨观察,注意可食部分是由什么部分发育而成的。

4. 蓖麻种子的观察 取蓖麻种子观察,可见下列部分。

(1)种皮:外种皮坚硬,表面具黑褐色花纹,有光泽。在种子较小一端有一浅色的海绵状突起,即为种阜。在种子腹面种阜内侧有一小突起,即种脐,在放大镜下更明显。种阜和种脐的下方有一条纵向的隆起为种脊。种孔被种阜覆盖,一般看不见。剥下坚硬的外种皮,可见内种皮紧附于外种皮内面,白色,薄膜质。仔细看内种皮的一端有一个小黑点,即合点。

(2)胚乳:将剥去种皮的种子剖开,可见乳白色的胚乳占种子的绝大部分,并包围着胚。

(3)胚:胚由胚根、胚轴、胚芽和子叶四部分组成。胚根在种子的下端(种阜端),呈锥状,锥尖垂直向下,所指方向便是种孔(不易看到);胚芽位于胚根上方,为细小的叶状体,白色;连接胚根和胚芽的部分为胚轴;子叶2枚,着生在胚轴上,白色,膜质,有较明显的脉纹,紧贴胚乳,在放大镜下观察,叶脉更清晰。

5. 蚕豆种子的观察 取浸泡的蚕豆种子观察,可见种子由种皮和胚两部分组成。

(1)种皮:外种皮和内种皮愈合,革质。在种皮表面,种脐呈眉状,种阜脱落,种脐一端的弓形背上有一深色点,即合点。种脐至合点之间为一较明显的纵棱,即种脊。种脐另一端,邻近种脐处有一细小孔隙,即种孔。

(2)胚:剥去种皮,剩下的主体部分即胚。可见2枚白色肥大的子叶,对合着生于胚轴上。胚轴一端为锥形的胚根。胚根尖对着种孔。胚轴另一端为细小叶状的胚芽。

6. 玉米种子的观察 取新鲜的玉米粒观察,可见其腹内隐有一白色倒心形的部分,即胚。以胚中央为准,将颖果纵切为两半,在切面上加碘化钾碘试液1滴,可见其最外层是由果皮和种皮愈合成的坚韧薄膜,里面呈蓝黑色的是胚乳,在胚乳稍下方的一侧是胚。胚由胚根、胚轴、胚芽和子叶四部分组成。在紧接胚乳处有一呈浅蓝色的斜条部分,即子叶,又称盾片。在盾片上半部的内下方,用解剖针轻轻挑动,可见有细小的幼叶,即胚芽,呈浅黄色,外面有薄片状的胚芽鞘包围。胚根位于胚芽下端,呈锥形,浅黄色,外面有胚根鞘包围。连接胚根和胚芽的部分,即为胚轴,其上着生子叶。

四、实训评价

(1)写出所观察植物果实的主要特征及类型。

材 料 名 称	主 要 特 征	判 断 类 型

(2)果实由哪几部分构成?

(3)聚合果是由何种类型的雌蕊发育而成?

(4)绘出蓖麻和蚕豆种子的外形和纵剖图,并注明各部分名称。

(5)蓖麻和蚕豆的种子在结构上有何不同?

任务十 识别药用低等植物

一、实训目的

（1）掌握藻类、菌类、地衣类植物的主要特征。

（2）熟悉藻类、菌类、地衣类的常见药用植物。

（3）学会使用藻类、菌类、地衣类植物分科检索表。

二、实训准备

1. 仪器用品 光学显微镜、体视显微镜、镊子、解剖针、解剖刀、载玻片、盖玻片、培养皿、吸水纸等。

2. 实训材料 ①蓝藻、绿藻、红藻、褐藻等植物标本。②冬虫夏草、香菇、灵芝、猪苓、茯苓等植物标本。③松萝、石蕊等植物标本。

三、实训内容

1. 藻类植物的观察

（1）地木耳（蓝藻）：蓝绿色胶质，片状。取一小块胶质，置于载玻片上，用另一片载玻片将材料压碎，滴水，加盖玻片。低倍物镜下：植物体外围有很厚的胶质鞘，内有念珠状细胞组成的单列藻丝。高倍物镜下：丝状体细胞中可见几个大型的异形细胞，细胞壁厚，与营养细胞相连处有球状加厚的节球，细胞质呈淡黄绿色，易区分。

（2）水绵（绿藻）：多细胞不分枝的丝状体，手触摸有滑腻感。取少量丝状体作临时制片观察，可见其由许多圆筒形细胞上下连接而成，每个细胞内有一至数条带状叶绿体，螺旋状悬浮于细胞质中，每条叶绿体上有一列发亮小颗粒，为蛋白核。细胞核不易辨认。

（3）紫菜（红藻）：取其标本观察，植物体由鲜紫红色的片状体组成。片状体边缘波状很薄，由单层或双层细胞组成。

（4）海带（褐藻）：①海带腊叶标本：植物体即孢子体，由固着器、柄和带片三部分组成。②孢子体叶片横切面：低倍物镜下可见外层表皮由 1～2 层排列整齐且紧密的细胞组成，外面有胶质层；皮层细胞较大，长方形或方形，皮层内有 1～2 层黏液腔；中部为髓，由无色短丝构成。③孢子体的孢子囊群制片：低倍物镜下可见孢子囊群是由单室孢子囊和隔丝相间组成。隔丝顶端有胶质冠，孢子囊内有 32 个孢子，孢子萌发成配子体。④雌雄配子体标本：高倍物镜下观察，雄配子体由十余个细胞构成分枝丝状体，每个顶端细胞可形成孢子囊，内含 1 精子。雌配子体由少数较大的细胞组成，少分枝。每一个顶端细胞形成一个卵囊，形成 1 卵，成熟的卵排在卵囊顶的小孔处，受精后形成合子，发育成孢子体。

2. 菌类植物的观察

（1）冬虫夏草：由虫体和真菌子座相连而成。真菌是寄生于蝙蝠蛾幼虫体上的子囊菌，本菌的子囊孢子侵入寄主幼虫体内，染菌幼虫钻土越冬，翌年夏天自虫体长出笔形的子座，伸出土层。外形特征：子座上部膨大，表层埋有一层子囊壳。子座横切面制片：子囊壳内有许多子囊，每个子囊具有 2～8 个细长而有多数横隔的子囊孢子。

（2）灵芝：子实体木栓质，菌盖半圆形或肾形，上面红褐色，有光泽，具环状横纹，菌盖下面密布细孔，内生担子及担子孢子；菌柄侧生，紫褐色，有漆样光泽。

（3）猴头菌：子实体鲜白色，肉质，中下表面生有无数下垂的圆柱形菌针，全体外形似猴头。

（4）猪苓：菌核为不规则块状或球状，表面棕褐色至灰褐色，内面白色或淡黄色。

（5）茯苓：菌核为不规则块状，表面粗糙，具皱纹或瘤状皱缩，灰黄色至黑褐色，内面白色或稍带粉红色。子实体无柄伞状。

（6）伞菌类的蘑菇、香菇或其他的子实体：分菌盖、菌柄和菌褶。取菌褶制片，中央为菌髓，由许多菌丝交织而成。菌髓两侧为子实层，由担子和隔丝排成栅状，担子呈棒状，顶端有 4 个小梗，每个小梗顶端有 1 个担子孢子。

3. 地衣类植物的观察

（1）地衣类植物的形态特征。

①壳状地衣：文字衣属植物扁平状，为有一定颜色的壳状物，紧贴基物上，不易剥落。

②叶状地衣：石耳、皱梅衣等扁平呈叶状，由菌丝形成的假根紧贴基物上，容易剥落。

③枝状地衣：松萝属和石蕊属植物体呈树枝状，直立或悬垂，仅基部附着在基物上。

（2）地衣类植物的微观构造：取松萝标本观察，松萝横切面最外层为皮层，由菌丝紧密交织而成，有上皮层和下皮层之分。皮层也称假厚壁组织。其特征为胞腔小，壁厚，常紧密黏合而胶质化。在皮层内侧是一层由藻类细胞聚集的藻胞层。藻胞层内方为髓层，由排列疏松的菌丝组成。

四、实训评价

（1）写出藻类植物的主要特征。

（2）写出菌类植物的主要特征。

（3）写出地衣类植物的主要特征。

任务十一　识别药用蕨类植物和裸子植物

一、实训目的

（1）识别蕨类植物和裸子植物的主要特征。

（2）识别蕨类植物和裸子植物的代表植物。

二、实训准备

1. 仪器用品　显微镜、放大镜、解剖器材、吸水纸、镊子、玻璃板。

2. 实训材料

（1）石松、卷柏、木贼、紫萁、槲蕨、凤尾草、海金沙、粗茎鳞毛蕨、石韦等蕨类植物的新鲜标本或腊叶标本。

（2）马尾松带花的枝条及松球果等新鲜标本、腊叶标本或浸制标本；侧柏带花的枝条及松球果的新鲜标本或腊叶标本；苏铁、银杏、草麻黄等的新鲜标本或腊叶标本。

三、实训内容

（一）观察解剖下列药用植物

1. 槲蕨

（1）植株：注意观察其根状茎的特点，能育叶与不育叶的形状、颜色、质地的区别，孢子囊群的着生位置、形状，有无囊群盖。

（2）孢子囊及孢子形态：用镊子刮下能育叶背面的少许孢子囊置于载玻片上，制成水装片，镜检，看清孢子囊的形状及孢子囊环带的形状，然后取出载玻片放在桌面上，用食指轻压盖玻片使孢子囊中的孢子散出，再置于显微镜下观察孢子的形状，并判断其类型。

2. 马尾松

（1）雄球花：取雄球花（小孢子叶球）置解剖镜或放大镜下观察外形，呈穗状，中间为主轴，由多数螺旋状排列的雄蕊（小孢子叶）组成。用镊子取一个雄蕊于载玻片上，置放大镜下，可见一双并列的长形花粉囊（小孢子囊），药隔扩大成鳞片状。用解剖针刺破花粉囊使花粉粒（小孢子）散出，将其余残片除去，做成水装片置低倍物镜下观察，注意花粉粒的形状，观察有无气囊。

（2）雌球花：取雌球花（大孢子叶球）用放大镜观察外形，其由多数螺旋状排列的珠鳞（心皮、大孢子叶）组成。用刀片将雌球花纵切，注意珠鳞排列情况。剥开一片完整的珠鳞，可见其腹面基部着生2枚胚珠，背面基部托生一小片苞鳞，与珠鳞分离。

（3）松球果：取成熟的马尾松球果观察，注意此时的珠鳞已长大，木质化，称种鳞，近长方形；其顶端加厚成菱形，称鳞盾，横脊微隆起，鳞盾中央是鳞脐，微凹陷，无刺尖，腹面的胚珠发育成种子，注意观察种子一侧是否具翅。苞鳞常不易见。

3. 侧柏

（1）雄球花：卵圆形，长约2 mm，黄色。摘取雄蕊置放大镜下，可见花药2～6枚，用镊子刺破花药，取出少许花粉粒制成水装片，置显微镜下观察，注意花粉粒形态，观察有无气囊。

（2）雌球花：近球形，蓝绿色，有4对交互对生的珠鳞，用镊子取位于中间的1枚珠鳞置于放大镜下，可见腹面基部有1～2枚胚珠。

（3）松球果：成熟松球果为卵圆形，开裂，注意种鳞的对数，种鳞的背部近顶端是否有反曲的尖头，种子有无翅。

（二）观察辨认下列药用植物标本

1. 石松 草本，蔓生匍匐茎，直立，茎高30 cm左右，二叉分枝。叶小，线状钻形，螺旋状排列。孢子枝高出营养枝。孢子叶聚生枝顶，形成孢子叶穗，孢子叶穗长2～5 cm，单生或2～6个着生于孢子枝顶端，孢子囊肾形。全草药用。

2. 卷柏 主茎较长，根系密集成茎干状，小枝丛生在主茎顶端，干旱时内卷成球状，叶为明显的二型，侧叶二行较大，长卵圆形，中叶二行较小，孢子叶集生茎顶成孢子囊穗。全草药用。

3. 木贼 茎不分枝或在基部有少数直立侧枝，直径可达8 mm。鞘齿早落，下部宿存；茎的脊棱上有小瘤2条。干燥地上部分入药。

4. 紫萁 根状茎短块状，叶二型，不育叶二回羽状，能育叶小羽片，狭，卷缩成条形，沿主脉两侧背面密生孢子囊。

5. 凤尾草 根状茎短，密被线形棕色鳞片。叶簇生，二型，单数，一回羽状，不育叶柄较短，能育叶柄长，二者的顶生羽片和侧生羽片基部均下延到叶轴上形成明显的翅。孢子囊群沿叶缘分布。全草药用。

6. 海金沙 草质藤本。叶柄具缠绕性，叶二型，不育羽片生于叶下部，二回羽状，能育羽片生于叶上部，形态与不育羽片相近，末回羽片边缘有突出的叶形齿，齿具两行孢子囊。孢子药用。

7. 粗茎鳞毛蕨 根状茎短。叶簇生，叶柄与根状茎具大鳞片，叶一回羽状。羽片镰状披针形。孢子囊群生于内藏小脉顶端，囊群盖大，圆盾形，带叶柄的根状茎药用。

8. 石韦 与有柄石韦近似，但本种的叶柄基部有关节，叶片干后不卷曲，孢子囊在能育叶背的侧脉间紧密而整齐排列，初为星状毛包被，熟时露出。叶入药。

9. 侧柏 小枝扁平，排成一平面，鳞叶对生，叶背中脉有槽，花单性同株。

10. 苏铁 植物体棕榈状，营养叶一回羽状深裂，裂片边缘向背面显著反卷。鳞叶小，密被粗糙毡毛。花单性异株；雄球花圆柱状，小孢子叶狭楔形，背面生多数花药（小孢子囊），大孢子叶卵形，密被褐色茸毛，边缘羽状分裂，叶柄上端两侧着生数个胚珠。种子熟后褐红色，核果状。

11. 银杏 有长、短枝之分，叶扇形，分叉脉序，在长枝上散生，在短枝上簇生。雌雄异株，雄球花呈荑黄花序状，雄蕊多数，花药通常2；雌球花有长梗，在梗端分成二叉，叉顶珠座上裸生直生胚珠，常1枚发育成种子。种子核果状，外种皮肉质，中种皮骨质，内种皮红色膜质；胚乳丰富。

12. 草麻黄 小灌木，小枝节间具细纵沟槽，叶退化成膜质鳞片状，下部合生，上部2裂。花单性异株。

四、实训评价

（1）列表记录实验观察的药用蕨类的名称、科名、孢子囊（群）着生的情况、药用部位。

(2) 绘制马尾松大、小孢子叶形态图(注明各部分名称)。

(3) 识别常见药用裸子植物。

任务十二　识别药用被子植物(一)

一、实训目的

(1) 能识别蓼科、苋科、毛茛科、木兰科、十字花科植物的主要特征。

(2) 识别常见药用植物种类。

(3) 学习查阅被子植物门分科检索表。

二、实训准备

1. 仪器用品　显微镜、放大镜、解剖器材、吸水纸、镊子、玻璃板。

2. 实训材料

(1) 新鲜或浸制材料:桑、青葙、毛茛、玉兰、薄菜。

(2) 腊叶标本:三白草科、桑科、马兜铃科、蓼科、苋科、石竹科、毛茛科、芍药科、小檗科、木兰科、樟科、十字花科等药用植物。

三、实训内容

1. 桑　落叶小乔木,有乳汁。单叶互生,卵形,有锯齿缘。穗状花序,单性花,雌雄异株。分别取雌花、雄花各一朵,解剖花,观察。雄花:被片 4,雄蕊 4,对瓣生长。雌花:花被片 4,果时变肉质,子房上位,内生胚珠 1,柱头极短,2 叉。聚花果。

2. 青葙　一年生草本,茎节膨大,单叶互生,叶片披针形,有明显的托叶鞘;花两性,穗状花序,花被片 6 枚,粉白色,干膜质,雄蕊 6 枚;胞果卵圆形,种子(青葙子)包于宿存的花被内。写出花程式并检索。

3. 毛茛　多年生草本,全株被白色粗毛。根茎短,多须根;基生叶,有长柄,叶片近五角形,三深裂,裂片披针形。顶生聚伞花序,聚合瘦果。

取一朵花观察:萼片、花瓣各 5 枚,离生;雄蕊、心皮多数,离生,螺旋状排列;子房上位,每室一个胚珠。写出花程式并检索。

4. 玉兰　落叶乔木,单叶互生,全缘,叶片倒卵状长圆形,叶面有光泽,叶背的叶脉上有柔毛,在叶柄基部的茎上具有环状托叶痕;花着生在小枝的顶端,花被白色,常排成 3 轮;雄蕊、心皮多数,离生,螺旋状排列在伸长的花托上;聚合蓇葖果,每心皮有 2 个胚珠。

仔细观察花,写出花程式并检索。

5. 薄菜　二年生草本,茎直立,近基部分枝。单叶互生,卵形至阔披针形。顶生总状花序,开小黄花。选一朵花仔细观察:萼片与花瓣各 4 枚;花瓣黄色,排成十字花冠;雄蕊 6,4 强雄蕊;内轮雄蕊之间有 4 个蜜腺,与萼片对生;雌蕊由 2 心皮合生。横切子房,注意子房室的数目和胎座类型。写出花程式并检索。

四、实训评价

(1) 写出蓼科、苋科、毛茛科、木兰科、十字花科植物的主要特征,并比较毛茛科植物与木兰科植物的异同点。

(2) 写出以上各种药用代表植物的检索路线。

(3) 识别以上各科的药用植物。

任务十三　识别药用被子植物(二)

一、实训目的

(1)掌握蔷薇科、豆科、五加科、伞形科、芸香科、大戟科、锦葵科植物的主要特征。

(2)熟悉蔷薇科、豆科、五加科、伞形科、芸香科、大戟科、锦葵科植物中常见药用植物的主要形态特征。

(3)学习查阅被子植物门分科检索表。

二、实训准备

1. 仪器用品　显微镜、放大镜、解剖器材、吸水纸、镊子、玻璃板。

2. 实训材料

(1)新鲜或浸制材料:蔷薇科、豆科、五加科、伞形科、芸香科、大戟科、锦葵科等植物新鲜材料。

(2)腊叶标本:蔷薇科、豆科、五加科、伞形科、芸香科、大戟科、锦葵科等药用植物。

三、实训内容

根据所采集的植物材料,运用分科检索表写出其所属科及科的特征。

1. 蔷薇科　观察单瓣黄刺玫带花植株的形态,注意根茎的形态、叶片的形状、花的形状和类型并解剖一朵花。纵切单瓣黄刺玫的一朵花,观察纵切面上花各部分的形状、排列方式及相互位置。

配合观察蔷薇科其他药用植物,总结蔷薇科植物的主要特征。

2. 豆科　观察槐的植株,注意茎的类型、叶序、叶的类型、托叶的有无及叶片的特征;解剖一朵花,观察花的对称性,萼片、花瓣的数目、形状及颜色,花冠的类型,雄蕊的数目及类型,雌蕊的类型,子房位置,绘制花的解剖图,绘花图式,写出花程式;观察果实,注意种子数目及着生位置、果实类型。

配合观察豆科其他药用植物,如龙爪槐、决明、合欢花枝和果实,总结豆科植物的主要特征。

3. 五加科　观察三七带花植株的形态,注意根茎的形态及气味、叶片的形态、花序的类型、花的形态和颜色。

解剖三七的花,注意花序、花萼及花冠的形态和颜色,花药的特征,子房室数以及胚珠数等。另取人参粉末,制临时水合氯醛试液装片,观察树脂道。

配合观察五加科其他药用植物,如五加、人参、西洋参和孔雀木等,总结五加科植物的主要特征。

4. 伞形科　观察野胡萝卜带花植株的形态,注意茎的形态特征,叶的分裂方式、叶柄基部特征及其他形态,花序的形状和类型、花的对称性、苞片特征;解剖一朵花,观察萼片,花瓣的数目、形状,雄蕊的数目,雌蕊的心皮数,子房位置;观察果实,注意双悬果形状,分果形状,每分果主棱与副棱数目。

也可以根据当地物种分布,就地取材,如观察短毛独活、白芷、柴胡花序,绘制花的解剖图,绘花图式,写出花程式;注意叶鞘的结构、双悬果。

配合观察伞形科其他药用植物标本,总结伞形科植物的主要特征。

5. 芸香科　观察芸香科植株和果实的形态,注意气味、叶的形态特征;解剖(纵剖)一朵花观察,注意花的对称性,萼片、花瓣的数目和排列方式,雄蕊是否相互结合,雄蕊和雌蕊心皮数目;注意观察子房基部花盘的形状和胎座的类型。

观察柑果的横剖面,区别外、中、内果皮,注意内果皮壁上布满肉质多汁的毛细胞。

6. 大戟科　泽漆花序的解剖观察:取一杯状聚伞花序观察。注意杯状总苞的形状和特点,雌花着生部位,有无花被,蜜腺位置。用解剖刀刻开杯状总苞,展开后置于实体镜下,观察瓣片之间的裂片。取1朵雄花观察雄蕊,有无花被,基部是否具线形苞片,描述雄花的其他特点。取一朵雌花观察,注意子房柄、花柱及柱头,柱头是否二分叉。横剖子房,注意心皮和胚珠的数目。

标本观察:该种植物生活时有白色乳汁。观察标本时,注意叶形特征及排列方式,区别叶及苞叶。

注意观察蒴果三分果的特点。

也可以根据当地物种分布,就地取材,如橡胶树、一品红、乌桕、木薯、蓖麻等,总结大戟科植物的主要特征。

7. 锦葵科　观察木芙蓉花,绘制花的解剖图,写出花程式。也可就地取材,观察锦葵科植物的花、果的构造。注意副萼、单体雄蕊、分果或蒴果。

四、实训评价

(1) 简述五加科植物和伞形科植物的异同点,并写出所观察的代表药用植物。

(2) 记录所观察的各科药用植物。

(3) 对上述植物的花进行解剖并记录。

(4) 阐述上述植物的药用部位及功效。

任务十四　识别药用被子植物(三)

一、实训目的

(1) 能识别唇形科、茄科、茜草科、葫芦科、菊科植物的主要特征。

(2) 能识别本实训中所提供的药用植物标本。

(3) 会使用被子植物门分科检索表。

二、实训准备

1. 仪器用品　放大镜、解剖板、镊子、剪刀、解剖针、培养皿、植物志、植物图鉴等。

2. 实训材料

(1) 新鲜材料或浸制标本:薄荷、龙葵、栀子、丝瓜、野菊花等带有花果的植株。

(2) 腊叶标本:夹竹桃科、旋花科、紫草科、马鞭草科、唇形科、茄科、玄参科、茜草科、忍冬科、葫芦科、桔梗科、菊科等药用植物标本。

三、实训内容

(一) 观察解剖下列药用植物的花

1. 薄荷　观察茎的形状,叶序、叶型及叶片形状,叶缘等。轮伞花序。取一朵花解剖观察:花萼钟状,5 裂齿;花冠淡紫色或白色,唇形,上唇顶端 2 裂,下唇 3 裂片近相等;雄蕊 4,2 强;子房上位,花柱着生于四裂子房的底部,柱头 2 叉。横切子房可见:心皮 2,合生成假 4 室,每室含 1 胚珠。

2. 龙葵　观察叶序、叶片形状、叶基及叶缘的特征,花序类型。取一朵花解剖观察:花萼 5 齿裂;花冠盘状,白色,冠筒隐藏在花萼内,顶端 5 裂;雄蕊 5,与花冠裂片互生,花丝中部以下着生在花冠筒内,上部分离;上位子房。横切子房,判断心皮数、子房室数、胎座类型、胚珠数目。浆果,带有宿存萼。

3. 栀子　常绿灌木,叶对生或三叶轮生,叶片椭圆状倒卵形或倒阔披针形,革质,全缘,托叶鞘状,膜质。取一朵花解剖观察:花萼 5～8 齿裂;花冠白色,芳香,高脚碟状,5～8 齿裂;雄蕊 5～8,与花冠互生;子房下位。横切子房,判断心皮数、子房室数、胎座类型、胚珠数目。

4. 丝瓜　攀援草本,具卷须,茎有纵棱及毛茸,叶互生,近心形,掌状 5 浅裂,单性花。取雌花、雄花各一朵,解剖观察:雄花,花萼及花冠裂片 5,雄蕊 5,花药呈"S"形;雌花,花萼 5 齿裂,花冠 5 裂片,柱头三角形,子房下位。横切子房,判断心皮数、子房室数、胎座类型、胚珠数目。

5. 野菊花　多年生草本,基部木质,全株被白色茸毛。单叶互生,叶片卵形至披针形,羽状深裂,裂片又有浅裂。头状花序,具 3～4 层总苞片;外围为雌性舌状花,淡黄色;中央为两性管状花,棕黄色。取舌状花、管状花各一朵,解剖观察:花冠合生,4～5 裂;雄蕊 5,聚药雄蕊;子房下位,柱头 2 叉,心皮 2,合生成 1 室,内含 1 胚珠。

写出以上5种植物的花程式并检索。

（二）观察识别下列药用植物标本

夹竹桃科(罗布麻、萝芙木、络石、长春花)；旋花科(裂叶牵牛、圆叶牵牛、菟丝子、丁公藤、甘薯、马蹄金)；紫草科(紫草)；马鞭草科(马鞭草、臭梧桐、蔓荆、牡荆、马樱丹、草大青、紫珠)；唇形科(薄荷、丹参、益母草、黄芩、藿香、紫苏、夏枯草、荆芥、半枝莲)；茄科(枸杞、白花曼陀罗、颠茄、莨菪、龙葵、酸浆)；玄参科(玄参、地黄、胡黄连、阴行草、洋地黄)；茜草科(栀子、茜草、钩藤、白花蛇舌草、巴戟天、红大戟、鸡矢藤、咖啡)；忍冬科(金银花、山银花、陆英、接骨木)；葫芦科(栝楼、木鳖、绞股蓝、罗汉果、丝瓜)；桔梗科(桔梗、党参、沙参、四叶参、半边莲)；菊科(野菊花、红花、白术、木香、苍术、茵陈蒿、艾蒿、牛蒡、苍耳、旋覆花、漏芦、土木香、紫菀、大蓟、蒲公英、苣荬菜、苦苣菜)。

四、实训评价

(1) 写出唇形科、葫芦科、菊科植物的主要特征。

(2) 写出薄荷、龙葵、栀子、丝瓜、野菊花的分科检索路线。

(3) 记录并识别以上的药用植物标本。

任务十五　识别单子叶植物

一、实训目的

(1) 掌握天南星科、百合科、姜科、兰科药用植物的主要形态特征。

(2) 熟悉天南星科、百合科、姜科、兰科中常见药用植物的花的结构。

(3) 了解上述常见药用植物的药用部位及功效。

二、实训准备

1. 仪器用品　放大镜、镊子、解剖刀和解剖针等。

2. 实训材料

(1) 天南星科:半夏带花果植株;还可选择天南星、掌叶半夏等新鲜植物或腊叶标本。

(2) 百合科:卷丹带花果植株;还可选择百合、黄精、玉竹、麦冬、天门冬等新鲜植物或腊叶标本。

(3) 姜科:姜带花植株;还可选择姜黄、砂仁等新鲜植物或腊叶标本。

(4) 兰科:白及带花植株;还可选择天麻、金钗石斛等新鲜植物或腊叶标本。

三、实训内容

1. 天南星科

(1) 观察半夏带花果植株的形态:注意块茎的形态、叶片的形状、佛焰苞的形状、花序的形状和类型、附属器的形状、果实的类型。

(2) 解剖半夏的花序:半夏为雌雄同株,雌花集中在花轴下部,雄花集中在花轴上部,注意雄蕊、雌蕊的数目,子房室数及胚珠数。

2. 百合科

(1) 观察卷丹带花果植株的形态:注意鳞茎、鳞叶的形态和质地,珠芽的形态,花的形态和颜色,果实的类型。

(2) 解剖卷丹的花:注意花被片与雄蕊的数目和排列方式、花药着生方式、子房室数及胎座类型。

3. 姜科

(1) 观察姜带花植株的形态:注意根状茎的形态及气味、叶片的形态、花序的类型、花的形态和颜色。

(2) 解剖姜的花:注意花萼及花冠的形态、唇瓣的形态和颜色、药隔的特征、子房室数及胚珠数。

4. 兰科

（1）观察白及带花植株的形态：注意块茎的形态、叶的形态、花序的形状和类型、花的对称性。

（2）解剖白及的花：注意花被片的排列、子房的位置、胎座的类型、合蕊柱和花粉块的形态。

四、实训评价

（1）阐述上述四个科植物的主要特征。

（2）对上述植物的形态进行观察并记录。

（3）对上述植物的花进行解剖并记录。

（4）阐述上述植物的药用部位及功效。

（5）使用植物分类检索表，选择其中一种植物，写出检索过程。

被子植物门分科检索表

1. 子叶 2 个,极稀可为 1 个或较多;茎具中央髓部;在多年生的木本植物且有年轮;叶片常具网状脉;花常为 5 出或 4 出数。······ **双子叶植物纲 Dicotyledoneae**

  2. 花无真正的花冠(花被片逐渐变化,呈覆瓦状排列成 2 至数层的,也可在此检索);有或无花萼,有时且可类似花冠。

    3. 花单性,雌雄同株或异株,其中雄花,或雌花和雄花均可呈荑黄花序或类似荑黄状的花序。

      4. 无花萼,或在雄花中存在。

        5. 雌花以花梗着生于椭圆形膜质苞片的中脉上;心皮 1 ······ **漆树科 Anacardiaceae**
                                              (九子母属 *Dobinea*)

        5. 雌花情形非如上述;心皮 2 或更多数。

          6. 多为木质藤本;叶为全缘单叶,具掌状脉;果实为浆果 ······ **胡椒科 Piperaceae**
          6. 乔木或灌木;叶可呈各种型式,但常为羽状脉;果实不为浆果。

            7. 旱生性植物,有具节的分枝和极退化的叶片,后者在每节上且连合成为具齿的鞘状物 ······ **木麻黄科 Casuarinaceae**
                                              (木麻黄属 *Casuarina*)

            7. 植物体为其他情形者。

              8. 果实为具多数种子的蒴果;种子有丝状毛茸 ······ **杨柳科 Salicaceae**
              8. 果实为仅具 1 种子的小坚果、核果或核果状的坚果。

                9. 叶为羽状复叶;雄花有花被 ······ **胡桃科 Juglandaceae**
                9. 叶为单叶(有时在杨梅科中可为羽状分裂)。

                  10. 果实为肉质核果;雄花无花被 ······ **杨梅科 Myricaceae**
                  10. 果实小坚果;雄花有花被 ······ **桦木科 Betulaceae**

      4. 有花萼,或在雄花中不存在。

        11. 子房下位。

          12. 叶对生,叶柄基部互相连合 ······ **金粟兰科 Chloranthaceae**
          12. 叶对生。

            13. 叶为羽状复叶 ······ **胡桃科 Juglandaceae**
            13. 叶为单叶。

              14. 果实为蒴果 ······ **金缕梅科 Hamamelidaceae**
              14. 果实为坚果。

                15. 坚果封藏于一变大呈叶状的总苞中 ······ **桦木科 Betulaceae**
                15. 坚果有一壳斗下托,或封藏在一多刺的果壳中 ······ **壳斗科 Fagaceae**

        11. 子房上位。

          16. 植物体中具白色乳汁。

            17. 子房 1 室;聚花果 ······ **桑科 Moraceae**
            17. 子房 2～3 室;蒴果 ······ **大戟科 Euphorbiaceae**
          16. 植物体中无乳汁,或在大戟科的重阳木属 *Bischofia* 中具红色汁液。

18. 子房为单心皮所组成;雄蕊的花丝在花蕾中向内屈曲 ············ **荨麻科 Urticaceae**

18. 子房为 2 枚以上的连合心皮所组成;雄蕊的花丝在花蕾中常直立(在大戟科的重阳木属 *Bischofia* 及巴豆属 *Croton* 中则向前屈曲)。

  19. 果实为 3 个(稀可 2~4 个)离果瓣所组成的蒴果;雄蕊 10 至多数,有时少于 10 ·· **大戟科 Euphorbiaceae**

  19. 果实为其他情形;雄蕊少数至多数(大戟科的黄桐树属 *Endospermum* 为 6~10),或和花萼裂片同数且对生。

    20. 雌雄同株的乔木或灌木。

      21. 子房 2 室;蒴果 ·················· **金缕梅科 Hamamelidaceae**

      21. 子房 1 室;坚果或核果 ·················· **榆科 Ulmaceae**

    20. 雌雄异株的植物。

      22. 草本或草质藤本;叶为掌状分裂或为掌状复叶 ············ **桑科 Moraceae**

      22. 乔木或灌木;叶全缘,或在重阳木属为 3 小叶所组成的复叶 ················ ·· **大戟科 Euphorbiaceae**

3. 花两性或单性,但并不呈葇荑花序。

  23. 子房或子房室内有数个至多数胚珠。

    24. 寄生性草本,无绿色叶片 ····························· **大花草科 Refflesiaceae**

  24. 非寄生性植物,有正常绿叶,或叶退化而以绿色茎代行叶的功能。

    25. 子房下位或部分下位。

      26. 雌雄同株或异株,如为两性花时,则呈肉质穗状花序。

        27. 草本。

          28. 植物体含大量液汁;单叶常不对称 ············ **秋海棠科 Begoniaceae** (秋海棠属 *Begonia*)

          28. 植物体不含大量液汁;羽状复叶 ············ **四数木科 Datiscaceae** (野麻属 *Datisca*)

        27. 木本。

          29. 花两性,呈肉质穗状花序;叶全缘 ·················· **金缕梅科 Hamamelidaceae** (假马蹄荷属 *Chunia*)

          29. 花单性,呈穗状、总状或头状花序;叶缘有锯齿或具裂片。

            30. 花呈穗状或总状花序;子房 1 室 ············ **四数木科 Datiscaceae** (四数木属 *Tetrameles*)

            30. 花呈头状花序;子房 2 室 ············ **金缕梅科 Hamamelidaceae** (枫香树亚科 *Liquidambaroideae*)

      26. 花两性,但不呈肉质穗状花序。

        31. 子房 1 室。

          32. 无花被;雄蕊着生在子房上 ············ **三白草科 Saururaceae**

          32. 有花被;雄蕊着生在花被上。

            33. 茎肥厚,绿色,常具棘针;叶常退化;花被片和雄蕊都多数;浆果 ·············· ·· **仙人掌科 Cactaceae**

            33. 茎不呈上述形状;叶正常;花被片和雄蕊皆为五出或四出数,或雄蕊数为前者的 2 倍;蒴果 ············ **虎耳草科 Saxifragaceae**

        31. 子房 4 室或更多室。

          34. 乔木;雄蕊为不定数 ·················· **海桑科 Sonneratiaceae**

          34. 草本或灌木。

　　　　35. 雄蕊 4 ···柳叶菜科 Onagraceae
　　　　　　　　　　　　　　　　　　　　　　　　　　　　　　　（丁香蓼属 *Ludwigia*）

　　　　35. 雄蕊 6 或 12 ·······································马兜铃科 Aristolochiaceae
25. 子房上位。
　　36. 雌蕊或子房 2 个，或更多数。
　　　　37. 草本。
　　　　　　38. 复叶或多少有些分裂，稀可为单叶（如驴蹄草属 *Caltha*），全缘或具齿裂；心皮
　　　　　　　　多数至少数 ·······································毛茛科 Ranunculaceae
　　　　　　38. 单叶，叶缘有锯齿；心皮和花萼裂片同数···········虎耳草科 Saxifragaceae
　　　　　　　　　　　　　　　　　　　　　　　　　　　　　　（扯根菜属 *Penthorum*）
　　　　37. 木本。
　　　　　　39. 花的各部为整齐的三出数 ·······················木通科 Lardizabalaceae
　　　　　　39. 花为其他情形。
　　　　　　　　40. 雄蕊数个至多数，连合成单体 ·············梧桐科 Sterculiaceae
　　　　　　　　　　　　　　　　　　　　　　　　　　　　　　（苹婆族 *Sterculieae*）
　　　　　　　　40. 雄蕊多数，离生。
　　　　　　　　　　41. 花两性；无花被 ·······················昆栏树科 Trochodendraceae
　　　　　　　　　　　　　　　　　　　　　　　　　　　　　（昆栏树属 *Trochodendron*）
　　　　　　　　　　41. 花雌雄异株，具 4 个小型萼片 ·········连香树科 Cercidiphyllaceae
　　　　　　　　　　　　　　　　　　　　　　　　　　　　　（连香树属 *Cercidiphyllum*）
　　36. 雌蕊或子房单独 1 个。
　　　　42. 雄蕊周位，即着生于萼筒或杯状花托上。
　　　　　　43. 有不育雄蕊，且和 8～12 能育雄蕊互生 ···········大风子科 Flacourtiaceae
　　　　　　　　　　　　　　　　　　　　　　　　　　　　　（山羊角树属 *Carrierea*）
　　　　　　43. 无不育雄蕊。
　　　　　　　　44. 多汁草本植物；花萼裂片呈覆瓦状排列，呈花瓣状，宿存；蒴果盖裂 ·······
　　　　　　　　　　··番杏科 Aizoaceae
　　　　　　　　　　　　　　　　　　　　　　　　　　　　　（海马齿属 *Sesuvium*）
　　　　　　　　44. 植物体为其他情形；花萼裂片不呈花瓣状。
　　　　　　　　　　45. 叶为偶数羽状复叶，互生；花萼裂片呈覆瓦状排列；果实为荚果；常绿乔木
　　　　　　　　　　　　··豆科 Leguminosae
　　　　　　　　　　　　　　　　　　　　　　　　　　　　　（云实亚科 *Caesalpinoideae*）
　　　　　　　　　　45. 叶为对生或轮生单叶；花萼裂片呈镊合状排列；非荚果。
　　　　　　　　　　　　46. 雄蕊为不定数；子房 10 室或更多室；果实浆果状 ················
　　　　　　　　　　　　　　··海桑科 Sonneratiaceae
　　　　　　　　　　　　46. 雄蕊 4～12（不超过花萼裂片的 2 倍）；子房 1 室至数室；果实蒴果状。
　　　　　　　　　　　　　　47. 花杂性或雌雄异株，微小，呈穗状花序，再呈总状或圆锥状排列 ······
　　　　　　　　　　　　　　　　··隐翼科 Crypteroniaceae
　　　　　　　　　　　　　　　　　　　　　　　　　　　　　（隐翼属 *Crypteronia*）
　　　　　　　　　　　　　　47. 花两性，中性，单生至排列成圆锥花序···········千屈菜科 Lythraceae
　　　　42. 雄蕊下位，即着生于扁平或突起的花托上。
　　　　　　48. 木本；叶为单叶。
　　　　　　　　49. 乔木或灌木；雄蕊常多数，离生；胚珠生于侧膜胎座或隔膜上 ············
　　　　　　　　　　··大风子科 Flacourtiaceae

49. 木质藤本；雄蕊 4 或 5，基部连合成杯状或环状；胚珠基生（即位于子房室的基底） ·················· 苋科 **Amaranthaceae**
（浆果苋属 *Deeringia*）

48. 草本或亚灌木。

50. 植物体沉没水中，常为一具背腹面呈原叶体状的构造，像苔藓 ·············
············· 川苔草科 **Podostemaceae**

50. 植物体非如上述情形。

51. 子房 3～5 室。

52. 食虫植物；叶互生；雌雄异抹 ············· 猪笼草科 **Nepenthaceae**
（猪笼草属 *Nepenthes*）

52. 非为食虫植物；叶对生或轮生；花两性 ············· 番杏科 **Aizoaceae**
（粟米草属 *Mollugo*）

51. 子房 1～2 室。

53. 叶为复叶或多少有些分裂 ············· 毛茛科 **Ranunculaceae**

53. 叶为单叶。

54. 侧膜胎座。

55. 花无花被 ············· 三白草科 **Saururaceae**

55. 花具 4 离生萼片 ············· 十字花科 **Cruciferae**

54. 特立中央胎座。

56. 花序呈穗状、头状或圆锥状；萼片多少为干膜 ·················
············· 苋科 **Amaranthaceae**

56. 花序呈聚伞状；萼片草质 ············· 石竹科 **CaryophylIaceae**

23. 子房或其子房室内仅有 1 至数个胚珠。

57. 叶片中常有透明微点。

58. 叶为羽状复叶 ············· 芸香科 **Rutaceae**

58. 叶为单叶，全缘或有锯齿。

59. 草本植物或有时在金粟兰科为木本植物；花无花被，常呈简单或复合的穗状花序，但在胡椒科齐头绒属 *Zippelia* 则呈疏松总状花序。

60. 子房下位；仅 1 室有 1 胚珠；叶对生，叶柄基部连合 ··· 金粟兰科 **Chloranthaceae**

60. 子房上位；叶如为对生时，叶柄也不在基部连合。

61. 雌蕊由 3～6 近于离生心皮组成，每心皮各有 2～4 胚珠 ·················
············· 三白草科 **Saururaceae**
（三白草属 *Saururus*）

61. 雌蕊由 1～4 合生心皮组成，仅 1 室，有 1 胚珠 ············· 胡椒科 **Piperaceae**
（齐头绒属 *Zippelia*，豆瓣绿属 *Peperomia*）

59. 乔木或灌木；花具一层花被；花序有各种类型，但不为穗状。

62. 花萼裂片常 3 片，呈镊合状排列；子房为 1 心皮所成，成熟时肉质，常以 2 瓣裂开；雌雄异株 ············· 肉豆蔻科 **Myristicaceae**

62. 花萼裂片 4～6 片，呈覆瓦状排列；子房为 2～4 合生心皮所组成。

63. 花两性；果实仅 1 室，蒴果状，2～3 瓣裂开 ············· 大风子科 **Flacourtiaceae**
（山羊角树属 *Casearia*）

63. 花单性，雌雄异株；果实 2～4 室，肉质或革质，较迟裂开 ·················
············· 大戟科 **Euphorbiaceae**
（白树属 *Gelonium*）

57. 叶片中无透明微点。

64. 雄蕊连为单体,至少在雄花中有这种现象,花丝互相连合成筒状或成一中柱。

65. 肉质寄生草本植物,具退化呈鳞片状的叶片,无叶绿素 ⋯ **蛇菰科 Balanophoraceae**

65. 植物体为非寄生性,有绿叶。

66. 雌雄同株,雄花成球形头状花序,雌花以 2 个同生于 1 个有 2 室而具钩状芒刺的果壳中 ⋯⋯⋯⋯⋯⋯⋯⋯⋯⋯⋯⋯⋯⋯⋯⋯ **菊科 Compositae**

(苍耳属 *Xanthium*)

66. 花两性,如为单性时,雄花及雌花也无上述情形。

67. 草本植物;花两性。

68. 叶互生 ⋯⋯⋯⋯⋯⋯⋯⋯⋯⋯⋯⋯⋯⋯⋯⋯ **藜科 Chenopodiaceae**

68. 叶对生。

69. 花显著,有连合成花萼状的总苞 ⋯⋯⋯⋯ **紫茉莉科 Nyctaginaceae**

69. 花微小,无上述情形的总苞 ⋯⋯⋯⋯⋯ **苋科 Amaranthaceae**

67. 乔木或灌木,稀可为草本;花单性或杂性;叶互生。

70. 萼片呈覆瓦状排列,至少在雄花中如此 ⋯⋯⋯⋯⋯ **大戟科 Euphorbiaceae**

70. 萼片呈镊合状排列。

71. 雌雄异株;花萼常具 3 裂片;雌蕊为 1 心皮所组成,成熟时肉质,且常以 2 瓣裂开 ⋯⋯⋯⋯⋯⋯⋯⋯⋯⋯⋯⋯⋯⋯ **肉豆蔻科 Myristicaceae**

71. 花单性或雄花和两性花同株;花萼具 4~5 裂片或裂齿;雌蕊为 3~6 近于离生的心皮所组成,各心皮于成熟时为革质或木质,呈蓇葖果状而不裂开 ⋯⋯⋯⋯⋯⋯⋯⋯⋯⋯⋯⋯⋯⋯⋯⋯⋯⋯ **梧桐科 Sterculiaceae**

(苹婆族 *Sterculieae*)

64. 雄蕊各自分离,有时仅为 1 个,或花丝成分枝的簇丛(如大戟科的蓖麻属 *Ricinus*)。

72. 每花有雌蕊 2 个至多数,近于或完全离生;或花的界限不明显时,则雌蕊多数,呈一球形头状花序。

73. 花托下陷,呈杯状或坛状。

74. 灌木;叶对生;花被片在坛状花托的外侧排列成数层 ⋯⋯⋯⋯⋯⋯⋯⋯⋯⋯⋯⋯⋯⋯⋯⋯⋯⋯⋯⋯⋯ **蜡梅科 Calycanthaceae**

74. 草本或灌木;叶互生;花被片在杯状或坛状花托的边缘排列成一轮 ⋯⋯⋯⋯⋯⋯⋯⋯⋯⋯⋯⋯⋯⋯⋯⋯⋯⋯⋯⋯⋯ **蔷薇科 Rosaceae**

73. 花托扁平或隆起,有时可延长。

75. 乔木、灌木或木质藤本。

76. 花有花被 ⋯⋯⋯⋯⋯⋯⋯⋯⋯⋯⋯⋯⋯⋯ **木兰科 Magnoliaceae**

76. 花无花被。

77. 落叶灌木或小乔木;叶卵形,具羽状脉和锯齿缘;无托叶;花两性或杂性,在叶腋中丛生;翅果无毛,有柄 ⋯⋯⋯⋯⋯ **昆栏树科 Trochodendraceae**

(领春木属 *Euptelea*)

77. 落叶乔木;叶广阔,掌状分裂,叶缘有缺刻或大锯齿;有托叶围茎成鞘,易脱落;花单性,雌雄同株,分别聚成球形头状花序;小坚果,围以长柔毛而无柄 ⋯⋯⋯⋯⋯⋯⋯⋯⋯⋯⋯⋯⋯⋯⋯⋯⋯⋯ **悬铃木科 Platanaceae**

(悬铃木属 *Platanus*)

75. 草本或稀为亚灌木,有时为攀援性。

78. 胚珠倒生或直生。

79. 叶片多少有些分裂或为复叶;无托叶或极微小;有花被(花萼);胚珠倒生;

花单生或呈各种类型的花序 …………………… 毛茛科 ranunculaceae

79. 叶为全缘单叶;有托叶;无花被;胚珠直生;花呈穗形总状花序 ………… ……………………………………………… 三白草科 Saururaceae

78. 胚珠常弯生;叶为全缘单叶。

80. 直立草本;叶互生,非肉质 …………………… 商陆科 Phytolaccaceae

80. 平卧草本;叶对生或近轮生,肉质 ………………… 番杏科 Aizoaceae

(针晶粟草属 Gisekia)

72. 每花仅有 1 个复合或单雌蕊,心皮有时于成熟后各自分离。

81. 子房下位或半下位。

82. 草本。

83. 水生或小型沼泽植物。

84. 花柱 2 个或更多;叶片(尤其沉没水中的)常呈羽状细裂或为复叶 ……… ……………………………………………… 小二仙草科 Haloragidaceae

84. 花柱 1 个;叶为线形全缘单叶 ………………… 杉叶藻科 Hippuridaceae

83. 陆生草本。

85. 寄生性肉质草本,无绿叶。

86. 花单性,雌花常无花被;无珠被及种皮 ……… 蛇菰科 Balanophoraceae

86. 花杂性,有一层花被,两性花有 1 雄蕊;有珠被及种皮 ………………… …………………………………………… 锁阳科 Cynomoriaceae

(锁阳属 Cynomorium)

85. 非寄生性植物,或于百蕊草属 Thesium 为半寄生性,但均有绿叶。

87. 叶对生,其形宽广而有锯齿缘 ……………… 金粟兰科 Chloranthaceae

87. 叶互生。

88. 平铺草本(限于我国植物),叶片宽,三角形,多少有些肉质 ………… …………………………………………… 番杏科 Aizoaceae

(番杏属 Tetragonia)

88. 直立草本,叶片窄而细长 ………………… 檀香科 Santalaceae

(百蕊草属 Thesium)

82. 灌木或乔木。

89. 子房 3～10 室。

90. 坚果 1～2 个,同生在一个木质且可裂为 4 瓣的壳斗里 ………………… ……………………………………………… 壳斗科 Fagaceae

(水青冈属 Fagus)

90. 核果,并不生在壳斗里。

91. 雌雄异株,呈顶生的圆锥花序,后者并不为叶状苞片所托 ………… ……………………………………………… 山茱萸科 Cornaceae

(鞘柄木属 Torricellia)

91. 花杂性,形成球形的头状花序,后者为 2～3 白色叶状苞片所托 ……… ……………………………………………… 珙桐科 Nyssaceae

(珙桐属 Davidia)

89. 子房 1 或 2 室,或在铁青树科的青皮木属 Schoepfia 中,子房的基部可为 3 室。

92. 花柱 2 个。

93. 蒴果,2 瓣裂开 ……………………… 金缕梅科 Hamamelidaceae

93. 果实呈核果状,或为蒴果状的瘦果,不裂开 ········ **鼠李科 Rhamnaceae**

92. 花柱 1 个或无花柱。

  94. 叶片下面多少有些具皮屑状或鳞片状的附属物 ····················

    ·· **胡颓子科 Elaeagnaceae**

  94. 叶片下面无皮屑状或鳞片状的附属物。

    95. 叶缘有锯齿或圆锯齿,稀可在荨麻科的紫麻属 *Oreocnide* 中有全缘者。

      96. 叶对生,具羽状脉;雄花裸露,有雄蕊 1~3 个 ·····················

      ·· **金粟兰科 Chloranthaceae**

      96. 叶互生,大都于叶基具三出脉;雄花具花被及雄蕊 4 个(稀可 3 或 5 个) ····································· **荨麻科 Urticaceae**

    95. 叶全缘,互生或对生。

      97. 植物体寄生在乔木的树干或枝条上;果实呈浆果状 ···············

      ·· **桑寄生科 Loranthaceae**

      97. 植物体大都陆生,或有时可为寄生性;果实呈坚果状或核果状,胚珠 1~5 个。

        98. 花多为单性;胚珠垂悬于基底胎座上 ········ **檀香科 Santalaceae**

        98. 花两性或单性;胚珠垂悬于子房室的顶端或中央胎座的顶端。

          99. 雄蕊 10 个,为花萼裂片的 2 倍数····· **使君子科 Combretaceae**

          (诃子属 *Terminalia*)

          99. 雄蕊 4 或 5 个,和花萼裂片同数且对生 ··················

          ··· **铁青树科 Olacaceae**

81. 子房上位,如有花萼时,和它相分离,或在紫茉莉科及胡颓子科中,当果实成熟时,子房为宿存萼筒所包围。

  100. 托叶鞘围抱茎的各节;草本,稀可为灌木 ·············· **蓼科 Polygonaceae**

  100. 无托叶鞘,在悬铃木科有托叶鞘但易脱落。

    101. 草本,或有时在藜科及紫茉莉科中为亚灌木。

      102. 无花被。

        103. 花两性或单性;子房 1 室,内仅有 1 个基生胚珠。

          104. 叶基生,由 3 小叶而成,穗状花序在一个细长基生无叶的花梗上

          ··· **小檗科 Berberidaceae**

          (裸花草属 *Achlys*)

          104. 叶茎生,单叶;穗状花序顶生或腋生,但常和叶相对生 ·······

          ··· **胡椒科 Piperaceae**

        103. 花单性;子房 3 或 2 室。

          105. 水生或微小的沼泽植物,无乳汁;子房 2 室,每室内含 2 个胚珠 ···

          ·· **水马齿科 Callitrichaceae**

          (水马齿属 *Callitriche*)

          105. 陆生植物;有乳汁,子房 3 室,每室内仅含 1 个胚珠 ·········

          ··· **大戟科 Euphorbiaceae**

      102. 有花被,当花为单性时,特别是雄花是如此。

        106. 花萼呈花瓣状,且呈管状。

          107. 花有总苞,有时总苞类似花萼 ········ **紫茉莉科 Nyctaginaceae**

        107. 花无总苞。

108. 胚珠 1 个,在子房的近顶端处 ·············· 瑞香科 Thymelaeaceae
108. 胚珠多数,生在特立中央胎座上 ··········· 报春花科 Primulaceae
(海乳草属 *Glaux*)
106. 花萼非如上述情形。
109. 雄蕊周位,即位于花被上。
110. 叶互生,羽状复叶而有草质的托叶;花无膜质苞片;瘦果 ·········
·································· 蔷薇科 Rosaceae
(地榆族 *Sanguisorbieae*)
110. 叶对生,或在蓼科的冰岛蓼属 *Koenigia* 为互生,单叶无草质托叶;
花有膜质苞片。
111. 花被片和雄蕊各为 5 或 4 个,对生;囊果;托叶膜质 ·········
································· 石竹科 CaryophyIlaceae
111. 花被片和雄蕊各为 3 个,互生;坚果;无托叶 ·········
································ 蓼科 Polygonaceae
(冰岛蓼属 *Koenigia*)
109. 雄蕊下位,即位于子房下。
112. 花柱或其分枝为 2 或数个,内侧常为柱头面。
113. 子房常为数个至多数心皮连合而成····· 商陆科 Phytolaccaceae
113. 子房常为 2 或 3(或 5)心皮连合而成。
114. 子房 3 室,稀可 2 或 4 室 ·············· 大戟科 Euphorbiaceae
114. 子房 1 或 2 室。
115. 叶为掌状复叶或具掌状脉而有宿存托叶 ·················
································· 桑科 Moraceae
(大麻亚科 Cannaboideae)
115. 叶具羽状脉,或稀可为掌状脉而无托叶,也可在藜科中叶退
化成鳞片或为肉质而形如圆筒。
116. 花有草质而带绿色或灰绿色的花被及苞片 ············
································· 藜科 Chenopodiaceae
116. 花有干膜质而常有色泽的花被及苞片 ·················
································ 苋科 Amaranthaceae
112. 花柱 1 个,常顶端有柱头,也可无花柱。
117. 花两性。
118. 雌蕊为单心皮;花萼由 2 膜质且宿存的萼片而成;雄蕊 2 个
································· 毛茛科 Ranunculaceae
(星叶草属 *Circaeaster*)
118. 雌蕊由 2 合生心皮而成。
119. 萼片 2 片;雄蕊多数 ·················· 罂粟科 Papaveraceae
(博落回属 *Macleaya*)
119. 萼片 4 片;雄蕊 2 或 4 ············· 十字花科 Cruciferae
(独行菜属 *Lepidium*)
117. 花单性。
120. 沉没于淡水中的水生植物;叶细裂成丝状 ·················
································· 金鱼藻科 Ceratophyllaceae
(金鱼藻属 *Ceratophyllum*)

120. 陆生植物;叶为其他情形。

   121. 叶含大量水分;托叶连接叶柄的基部;雄花的花被 2 片;雄蕊多数 ⋯⋯⋯⋯⋯⋯⋯⋯ **假牛繁缕科 Theligonaceae**
      (假牛繁缕属 *Theligonum*)

   121. 叶不含大量水分;如有托叶时,也不连接叶柄的基部;雄花的花被片和雄蕊均各为 4 或 5 个,二者相对生 ⋯⋯⋯⋯⋯⋯⋯⋯⋯⋯⋯⋯⋯⋯⋯⋯⋯⋯⋯⋯⋯⋯⋯⋯⋯⋯ **荨麻科 Urticaceae**

101. 木本植物或亚灌木。

  122. 耐寒耐旱性的灌木,或在藜科的琐琐属 *Haloxylon* 为乔木;叶微小,细长或呈鳞片状,也可有时(如藜科)为肉质而成圆筒形或半圆筒形。

   123. 雌雄异株或花杂性;花萼为三出数,萼片微呈花瓣状,和雄蕊同数且互生;花柱 1,极短,常有 6～9 放射状且有齿裂的柱头;核果;胚体劲直;常绿而基部偃卧的灌木;叶互生,无托叶 ⋯⋯ **岩高兰科 Empetraceae**
      (岩高兰属 *Empetrum*)

   123. 花两性或单性,花萼为五出数,稀可三出或四出数,萼片或花萼裂片草质或革质,和雄蕊同数且对生;或在藜科中雄蕊由于退化而数较少,甚或 1 个;花柱或花柱分枝 2 或 3 个,内侧常为柱头面;胞果或坚果;胚体弯曲如环或弯曲成螺旋形。

    124. 花无膜质苞片;雄蕊下位;叶互生或对生;无托叶;枝条常具关节 ⋯⋯⋯⋯⋯⋯⋯⋯⋯⋯⋯⋯⋯⋯⋯⋯⋯⋯⋯⋯ **藜科 Chenopodiaceae**

    124. 花有膜质苞片;雄蕊周位;叶对生,基部常互相连合;有膜质托叶;枝条不具关节 ⋯⋯⋯⋯⋯⋯⋯⋯⋯⋯ **石竹科 Caryophyllaceae**

  122. 不是上述的植物;叶片矩圆形或披针形,或宽广至圆形。

  125. 果实及子房均为 2 至数室,或在大风子科中为不完全的 2 至数室。

  126. 花常为两性。

   127. 萼片 4 或 5 片,稀可 3 片,呈覆瓦状排列。

    128. 雄蕊 4 个;4 室的蒴果 ⋯⋯⋯⋯⋯⋯⋯ **木兰科 Magnoliaceae**
      (水青树属 *Tetracentron*)

    128. 雄蕊多数;浆果状的核果 ⋯⋯⋯⋯⋯ **大戟科 Euphorbiaceae**

   127. 萼片多 5 片,呈镊合状排列。

    129. 雄蕊为不定数;具刺的蒴果 ⋯⋯⋯ **杜英科 Elaeocarpaceae**
      (猴欢喜属 *Sloanea*)

    129. 雄蕊和萼片同数;核果或坚果。

     130. 雄蕊和萼片对生,各为 3～6 ⋯⋯⋯ **铁青树科 Olacaceae**

     130. 雄蕊和萼片互生,各为 4 或 5 ⋯⋯ **鼠李科 Rhamnaceae**

  126. 花单性(雌雄同株或异株)或杂性。

   131. 果实各种;种子无胚乳或有少量胚乳。

    132. 雄蕊常 8 个;果实坚果状或为有翅的蒴果;羽状复叶或单叶 ⋯⋯⋯⋯⋯⋯⋯⋯⋯⋯⋯⋯⋯⋯⋯⋯⋯⋯ **无患子科 Sapindaceae**

    132. 雄蕊 5 或 4 个,且和萼片互生;核果有 2～4 个小核;单叶 ⋯⋯⋯⋯⋯⋯⋯⋯⋯⋯⋯⋯⋯⋯⋯⋯⋯⋯⋯ **鼠李科 Rhamnaceae**
      (鼠李属 *Rhamnus*)

   131. 果实多呈蒴果状,无翅;种子常有胚乳。

    133. 果实为具 2 室的蒴果,有木质或革质的外种皮及角质的内果皮

·· 金缕梅科 Hamamelidaceae

133. 果实纵为蒴果时,也不像上述情形。

　134. 胚珠具腹脊;果实有各种类型,但多为胞间裂开的蒴果 ······

　　·· 大戟科 Euphorbiaceae

　134. 胚珠具背脊;果实为胞背裂开的蒴果,或有时呈核果状 ······

　　·· 黄杨科 Buxaceae

125. 果实及子房均为 1 或 2 室,稀可在无患子科的荔枝属 *Litchi* 及韶子属 *Nephelium* 中为 3 室,或在卫矛科的十齿花属 *Dipentodon* 及铁青树科的铁青树属 *Olax* 中,子房的下部为 3 室,而上部为 1 室。

　135. 花萼具显著的萼筒,且常呈花瓣状。

　　136. 叶无毛或下面有柔毛;萼筒整个脱落 ······ 瑞香科 Thymelaeaceae

　　136. 叶下面具银白色或棕色的鳞片;萼筒或其下部永久宿存,当果实成熟时,变为肉质而紧密包着子房 ··········· 胡颓子科 Elaeagnaceae

　135. 花萼不是上述情形,或无花被。

　　137. 花药以 2 或 4 舌瓣裂开 ·························· 樟科 Lauraceae

　　137. 花药不以舌瓣裂开。

　　　138. 叶对生。

　　　　139. 果实为有双翅或呈圆形的翅果 ············ 槭树科 Aceraceae

　　　　139. 果实为有单翅而呈细长形兼矩圆形的翅果 ··················

　　　　　··· 木犀科 Oleaceae

　　　138. 叶互生。

　　　　140. 叶为羽状复叶。

　　　　　141. 叶为二回羽状复叶,或退化仅具叶状柄(特称为叶状叶柄)

　　　　　　··· 豆科 Leguminosae

　　　　　　　　　　　　　　　　　　　　(金合欢属 *Acacia*)

　　　　　141. 叶为一回羽状复叶。

　　　　　　142. 小叶边缘有锯齿;果实有翅 ··· 马尾树科 Rhoipteleaceae

　　　　　　　　　　　　　　　　　　　(马尾树属 *Rhoiptelea*)

　　　　　　142. 小叶全缘;果实无翅。

　　　　　　　143. 花两性或杂性 ··············· 无患子科 Sapindaceae

　　　　　　　143. 雌雄异株 ················· 漆树科 Anacardiaceae

　　　　　　　　　　　　　　　　　　(黄连木属 *Pistacia*)

　　　　140. 叶为单叶。

　　　　　144. 花均无花被。

　　　　　　145. 多为木质藤本;叶全缘;花两性或杂性,呈紧密的穗状花序 ·· 胡椒科 Piperaceae

　　　　　　　　　　　　　　　　　　　　(胡椒属 *Piper*)

　　　　　　145. 乔木;叶缘有锯齿或缺刻;花单性。

　　　　　　　146. 叶宽广,具掌状脉及掌状分裂,叶缘具缺刻或大锯齿;有托叶,围茎成鞘,但易脱落;雌雄同株,雌花和雄花分别呈球形的头状花序;雌蕊为单心皮而成;小坚果为倒圆锥形而有棱角,无翅也无梗,但围以长柔毛

　　　　　　　　··· 悬铃木科 Platanaceae

　　　　　　　　　　　　　　　　　　(悬铃木属 *Platanus*)

146. 叶椭圆形至卵形,具羽状脉及锯齿缘;无托叶;雌雄异株,雄花聚成疏松有苞片的簇丛,雌花单生于苞片的腋内;雌蕊为 2 心皮而成;小坚果扁平,具翅且有柄,但无毛 ·············· **杜仲科 Eucommiaceae**

（**杜仲属 *Eucommia***）

144. 花常有花萼,尤其在雄花。

147. 植物体内有乳汁 ·············· **桑科 Moraceae**

147. 植物体内无乳汁。

148. 花柱或其分枝 2 或数个,但在大戟科的核果木属 *Drypetes* 中则柱头几无柄,呈盾状或肾形。

149. 雌雄异株或有时为同株;叶全缘或具波状齿。

150. 矮小灌木或亚灌木;果实干燥,包藏于具有长柔毛而互相连合成双角状的 2 苞片中;胚体弯曲如环 ·············· **藜科 Chenopodiaceae**

（**优若藜属 *Eurotia***）

150. 乔木或灌木;果实呈核果状,常为 1 室含 1 种子,不包藏于苞片内;胚体颈直 ··················

·············· **大戟科 Euphorbiaceae**

149. 花两性或单性;叶缘多有锯齿或具齿裂,稀可全缘。

151. 雄蕊多数 ·············· **大风子科 Flacourtiaceae**

151. 雄蕊 10 个或较少。

152. 子房 2 室,每室有 1 个至数个胚珠;果实为木质蒴果 ·············· **金缕梅科 Hamamelidaceae**

152. 子房 1 室,仅含 1 胚珠;果实不是木质蒴果···

·············· **榆科 Ulmaceae**

148. 花柱 1 个,也有时(如荨麻属)不存在,而柱头呈画笔状。

153. 叶缘有锯齿;子房为 1 心皮所成。

154. 花两性 ·············· **山龙眼科 Proteaceae**

154. 雌雄异株或同株。

155. 花生于当年新枝上;雄蕊多数 ··················

·············· **蔷薇科 Rosaceae**

（**臭樱属 *Maddenia***）

155. 花生于老枝上;雄蕊和萼片同数 ··············

·············· **荨麻科 Urticaceae**

153. 叶全缘或边缘有锯齿,子房为 2 个以上连合心皮所成。

156. 果实呈核果状或坚果状,内有 1 种子;无托叶。

157. 子房具 2 或 2 个胚珠;果实于成熟后由萼筒包围 ·············· **铁青树科 Olacaceae**

157. 子房仅具 1 个胚珠;果实和花萼相分离,或仅果实基部由花萼托之 ····· **山柚子科 Opiliaceae**

156. 果实呈蒴果状或浆果状,内含 1 个至数个种子。

158. 花下位,雌雄异株,稀可杂性,雄蕊多数;果实呈

　　　　　　　浆果状；无托叶 ‥‥‥ **大风子科 Flacourtiaceae**

　　　　　　　　　　　　　　　（**柞木属 *Xylosma***）

158. 花周位，两性；雄蕊 5～12 个；果实呈蒴果状；有
　　　托叶，易脱落。

159. 花为腋生的簇丛或头状花序；萼片 4～6 片

‥‥‥‥‥‥‥‥‥‥ **大风子科 Flacourtiaceae**

159. 花为腋生的伞形花序；萼片 10～14 片 ‥‥

‥‥‥‥‥‥‥‥‥‥‥ **卫矛科 Celastraceae**

2. 花具花萼也具花冠，或有两层以上的花被片，有时花冠可为蜜腺叶所代替。

160. 花冠常为离生的花瓣所组成。

161. 成熟雄蕊（或单体雄蕊的花药）多在 10 个以上，通常多数，或其数超过花瓣的 2 倍。

162. 花萼和 1 个或更多的雌蕊多少有些互相愈合，即子房下位或半下位。

163. 水生草本植物，子房多室 ‥‥‥‥‥‥‥‥‥‥‥‥ **睡莲科 Nymphaeaceae**

163. 陆生植物；子房 1 至数室，也可心皮为 1 至数个，或在海桑科中为多室。

164. 植物体具肥厚的肉质茎，多有刺，常无真正叶片 ‥‥‥‥‥‥ **仙人掌科 Cactaceae**

164. 植物体为普通形态，不是仙人掌状，有真正的叶片。

165. 草本植物或稀可为亚灌木。

166. 花单性

167. 雌雄同株；花鲜艳，多呈腋生聚伞花序；子房 2～4 室 ‥‥‥‥‥‥‥

‥‥‥‥‥‥‥‥‥‥‥‥ **秋海棠科 Begoniaceae**

（**秋海棠属 *Begonia***）

167. 雌雄异株；花小而不显著，呈腋生穗状或总状花序 ‥‥‥‥‥‥‥‥‥‥

‥‥‥‥‥‥‥‥‥‥‥‥‥ **四数木科 Datiscaceae**

166. 花常两性。

168. 叶基生或茎生，呈心形，或在阿柏麻属 *Apama* 为长形，不为肉质；花为三出
　　数 ‥‥‥‥‥‥‥‥‥‥‥‥‥‥ **马兜铃科 Aristolochiaceae**

（**细辛族 *Asareae***）

168. 叶茎生，不呈心形，多少有些肉质，或为圆柱形；花不是三出数。

169. 花萼裂片常为 5，叶状；蒴果 5 室或更多室，在顶端呈放射状裂开 ‥‥‥

‥‥‥‥‥‥‥‥‥‥‥‥‥ **番杏科 Aizoaceae**

169. 花萼裂片 2；蒴果 1 室，盖裂 ‥‥‥‥‥‥ **马齿苋科 Portulacaceae**

（**马齿苋属 *Portulaca***）

165. 乔木或灌木（但在虎耳草科的银梅草属 *Deinanthe* 及草绣球属 *Cardiandra* 为亚
　　灌木，黄山梅属 *Kirengeshoma* 为多年生高大草本），有时以气生小根而攀援。

170. 叶通常对生（虎耳草科的草绣球属 *Cardiandra* 为例外），或在石榴科的石榴
　　属 *Punica* 中有时可互生。

171. 叶缘常有锯齿或全缘；花序（除山梅花属 *Philadelpheae* 外）常有不孕的边
　　缘花 ‥‥‥‥‥‥‥‥‥‥‥‥ **虎耳草科 Saxifragaceae**

171. 叶全缘；花序无不孕花。

172. 叶为脱落性；花萼呈朱红色 ‥‥‥‥‥‥ **石榴科 Punicaceae**

172. 叶为常绿性；花萼不呈朱红色。

173. 叶片中有腺体微点；胚珠常多数 ‥‥‥‥‥‥ **桃金娘科 Myrtaceae**

173. 叶片中无微点。

174. 胚珠在每子房室中为多数 ‥‥‥‥‥‥ **海桑科 Sonneratiaceae**

174. 胚珠在每子房室中仅 2 个,稀可较多 ········ **红树科 Rhizophoraceae**

170. 叶互生。

175. 花瓣细长形兼长方形,最后向外翻转 ············ **八角枫科 Alangiaceae**

175. 花瓣不呈细长形,或纵为细长形时,也不向外翻转。

176. 叶无托叶。

177. 叶全缘;果实肉质或木质 ············· **玉蕊科 Lecythidaceae**

（玉蕊属 *Barringtonia*）

177. 叶缘有些锯齿或齿裂;果实呈核果状,其形歪斜 ·············

················· **山矾科 Symplocaceae**

（山矾属 *Symplocos*）

176. 叶有托叶。

178. 花瓣呈旋转状排列;花药隔向上延伸;花萼裂片中 2 个或更多个在果实上变大而呈翅状 ·············· **龙脑香科 Dipterocarpaceae**

178. 花瓣呈覆瓦状或旋转状排列(如蔷薇科的火棘属 *Pyracantha*);花药隔并不向上延伸;花萼裂片也无上述变大情形。

179. 子房 1 室,内具 2~6 侧膜胎座,各有 1 个至多数胚珠;果实为革质蒴果,自顶端以 2~6 片裂开 ·············· **大风子科 Flacourtiaceae**

（天料木属 *Homalium*）

179. 子房 2~5 室,内具中轴胎座,或其心皮在腹面互相分离而具边缘胎座。

180. 花呈伞房、圆锥、伞形或总状等花序,稀可单生;子房 2~5 室,或心皮 2~5 个,下位,每室或每心皮有胚珠 1~2 个,稀可有时为 3~10 个或为多数;果实为肉质或木质假果;种子无翅 ·············

················· **蔷薇科 Rosaceae**

（梨亚科 *Pomoideae*）

180. 花呈头状或肉穗花序;子房 2 室,半下位,每室有胚珠 2~6 个;果为木质蒴果;种子有或无翅 ········ **金缕梅科 Hamamelidaceae**

（马蹄荷亚科 **Bucklandioideae**）

162. 花萼和 1 个或更多的雌蕊互相分离,即子房上位。

181. 花为周位花。

182. 萼片和花瓣相似,覆瓦状排列成数层,着生于坛状花托的外侧 ·····················

················· **蜡梅科 Calycanthaceae**

（洋蜡梅属 *Calycanthus*）

182. 萼片和花瓣有分化,在萼筒或花托的边缘排列成 2 层。

183. 叶对生或轮生,有时上部者可互生,但均为全缘单叶;花瓣常于蕾中呈皱褶状。

184. 花瓣无爪,形小,或细长;浆果 ············· **海桑科 Sonneratiaceae**

184. 花瓣有细爪,边缘具腐蚀状的波纹或具流苏;蒴果 ····· **千屈菜科 Lythraceae**

183. 叶互生;单叶或复叶;花瓣不呈皱褶状。

185. 花瓣宿存;雄蕊的下部连成一管 ············· **亚麻科 Linaceae**

（黏木属 *Ixonanthes*）

185. 花瓣脱落性;雄蕊互相分离。

186. 草本植物,具二出数的花朵;萼片 2 片,早落性;花瓣 4 个 ·············

················· **罂粟科 Papaveraceae**

（花菱草属 *Eschscholtzia*）

186. 木本或草本植物,具五出或四出数的花朵。

  187. 花瓣镊合状排列;果实为荚果;叶多为二回羽状复叶,有时叶片退化,而叶柄发育为叶状柄;心皮 1 个 ················· 豆科 Leguminosae

                                            (含羞草亚科 Mimosoideae)

  187. 花瓣覆瓦状排列;果实为核果、蓇葖果或瘦果,叶为单叶或复叶;心皮 1 个至多数 ················· 蔷薇科 Rosaceae

181. 花为下位花,或至少在果实时花托扁平或隆起。

  188. 雌蕊少数至多数,互相分离或微有连合。

    189. 水生植物。

      190. 叶片呈盾状,全缘 ················· 睡莲科 Nymphaeaceae

      190. 叶片不呈盾状,多少有些分裂或为复叶 ·········· 毛茛科 Ranunculaceae

    189. 陆生植物。

      191. 茎为攀援性。

        192. 草质藤本。

          193. 花显著,为两性花 ················· 毛茛科 Ranunculaceae

          193. 花小型,为单性,雌雄异株 ·········· 防己科 Menispermaceae

        192. 木质藤本或为蔓生灌木。

          194. 叶对生,复叶由 3 小叶组成,或顶端小叶形成卷须 ·················

                              ·········· 毛茛科 Ranunculaceae

                                (锡兰莲属 Naravelia)

          194. 叶互生,单叶。

            195. 花单性。

              196. 心皮多数,结果时聚生成一球状的肉质体或散布于极延长的花托上

                  ·········· 木兰科 Magnoliaceae

                      (五味子亚科 Schisandroideae)

              196. 心皮 3～6,果为核果或核果状 ·········· 防己科 Menispermaceae

            195. 花两性或杂性;心皮数个,果为蓇葖果 ·········· 五桠果科 Dilleniaceae

                      (锡叶藤属 Tetracera)

      191. 茎直立,不为攀援性。

        197. 雄蕊的花丝连成单体 ················· 锦葵科 Malvaceae

        197. 雄蕊的花丝互相分离。

          198. 草本植物,稀可为亚灌木;叶片多少有些分裂或为复叶。

            199. 叶无托叶;种子有胚乳 ················· 毛茛科 Ranunculaceae

            199. 叶多有托叶;种子无胚乳 ················· 蔷薇科 Rosaceae

          198. 木本植物;叶片全缘或边缘有锯齿,也稀有分裂者。

            200. 萼片及花瓣均为镊合状排列;胚乳具嚼痕 ····· 番荔枝科 Annonaceae

            200. 萼片及花瓣均为覆瓦状排列;胚乳无嚼痕。

              201. 萼片及花瓣相同,三出数,排列成 3 层或多层,均可脱落 ··········

                  ·········· 木兰科 Magnoliaceae

              201. 萼片及花瓣甚有分化,多为五出数,排列成 2 层,萼片宿存。

                202. 心皮 3 个至多数;花柱互相分离;胚珠为不定数 ·················

                  ·········· 五桠果科 Dilleniaceae

                202. 心皮 3～10 个;花柱完全合生;胚珠单生 ··· 金莲木科 Ochnaceae

                      (金莲木属 Ochna)

188. 雌蕊 1 个,但花柱或柱头为 1 至多数。

  203. 叶片中具透明微点。

    204. 叶互生,羽状复叶或退化为仅有 1 顶生小叶 ………… **芸香科 Rutaceae**

    204. 叶对生,单叶 ………………………………………… **藤黄科 Guttiferae**

  203. 叶片中无透明微点。

    205. 子房单纯,具 1 子房室。

      206. 乔木或灌木;花瓣呈镊合状排列;果实为荚果 ………… **豆科 Leguminosae**

        （**含羞草亚科 Mimosoideae**）

      206. 草本植物;花瓣呈覆瓦状排列;果实不是荚果。

        207. 花为五出数;蓇葖果 ……………………………… **毛茛科 Ranunculaceae**

        207. 花为三出数;浆果 …………………………………… **小檗科 Berberidaceae**

    205. 子房为复合性。

      208. 子房 1 室,或在马齿苋科的土人参属 *Talinum* 中子房基部为 3 室。

        209. 特立中央胎座。

          210. 草本;叶互生或对生;子房的基部 3 室,有多数胚珠 …………………

          …………………………………………… **马齿苋科 Portulacaceae**

          （**土人参属 *Talinum***）

          210. 灌木;叶对生;子房 1 室,内有成为 3 对的 6 个胚珠

          …………………………………………… **红树科 Rhizophoraceae**

          （**秋茄树属 *Kandelia***）

        209. 侧膜胎座。

          211. 灌木或小乔木(在半日花科中常为亚灌木或草本植物),子房柄不存在或极短;果实为蒴果或浆果。

            212. 叶对生;萼片不相等,外面 2 片较小,或有时退化,内面 3 片呈旋转状排列 …………………………………… **半日花科 Cistaceae**

            （**半日花属 *Helianthemum***）

            212. 叶常互生;萼片相等,呈覆瓦状或镊合状排列。

              213. 植物体内含有色泽的汁液;叶具掌状脉,全缘;萼片 5 片,互相分离,基部有腺体;种皮肉质,红色 ………… **红木科 Bixaceae**

              （**红木属 *Bixa***）

              213. 植物体内不含有色泽的汁液;叶具羽状脉或掌状脉;叶缘有锯齿或全缘;萼片 3～8 片,离生或合生;种皮坚硬,干燥…………

              …………………………………… **大风子科 Flacourtiaceae**

          211. 草本植物,如为木本植物时,则具有显著的子房柄;果实为浆果或核果。

            214. 植物体内含乳汁;萼片 2～3 片 ………… **罂粟科 Papaveraceae**

            214. 植物体内不含乳汁;萼片 4～8 片。

              215. 叶为单叶或掌状复叶;花瓣完整,长角果 …………

              …………………………………… **白花菜科 Capparidaceae**

              215. 叶为单叶,或为羽状复叶或分裂;花瓣具缺刻或细裂;蒴果仅于顶端裂开 …………………………………… **木犀草科 Resedaceae**

      208. 子房 2 室至多室,或为不完全的 2 至多室。

        216. 草本植物,具多少有些呈花瓣状的萼片。

          217. 水生植物;花瓣为多数雄蕊或鳞片状的蜜腺叶所代替 …………

          …………………………………………… **睡莲科 Nymphaeaceae**

217. 陆生植物;花瓣不为蜜腺叶所代替。

 218. 一年生草本植物;叶呈羽状细裂;花两性 …… **毛茛科 Ranunculaceae**

                      （黑种草属 *Nigella*）

 218. 多年生草本植物;叶全缘而呈掌状分裂;雌雄同株 ………………

  …………………………………………………… **大戟科 Euphorbiaceae**

                    （麻疯树属 *Jatropha*）

216. 木本植物,或陆生草本植物,常不具呈花瓣状的萼片。

 219. 萼片于蕾内呈镊合状排列。

  220. 雄蕊互相分离或连成数束。

   221. 花药1室或数室;叶为掌状复叶或单叶,全缘,具羽状脉 ………

    ……………………………………………… **木棉科 Bombacaceae**

   221. 花药2室;叶为单叶,叶缘有锯齿或全缘。

    222. 花药以顶端2孔裂开 ……………… **杜英科 Elaeocarpaceae**

    222. 花药纵长裂开 …………………………… **椴树科 Tiliaceae**

  220. 雄蕊连为单体,至少内层者如此,并且多少有些连成管状。

   223. 花单性;萼片2或3片 …………… **大戟科 Euphorbiaceae**

                    （油桐属 *Vernicia*）

   223. 花常两性;萼片多5片,稀可较少。

    224. 花药2室或更多室。

     225. 无副萼;多有不育雄蕊;花药2室;叶为单叶或掌状分裂 …

      ……………………………………… **梧桐科 Sterculiaceae**

     225. 有副萼;无不育雄蕊;花药数室;叶为单叶,全缘且具羽状脉

      ……………………………………… **木棉科 Bombacaceae**

    224. 花药1室。

     226. 花粉粒表面平滑;叶为掌状复叶 ……… **木棉科 Bombacaceae**

                   （木棉属 *Bombax*）

     226. 花粉粒表面有刺;叶有各种情形 ………… **锦葵科 Malvaceae**

 219. 萼片于蕾内呈覆瓦状或旋转状排列,或有时近于呈镊合状排列。

  227. 雌雄同株或稀可异株;果实为蒴果,由2~4个各自裂为2片的离果

   所成 …………………………………… **大戟科 Euphorbiaceae**

  227. 花常两性或在猕猴桃科的猕猴桃属 *Actinidia* 中为杂性或雌雄异

   株;果实为其他情形。

   228. 萼片在果实时增大且呈翅状;雄蕊具伸长的花药隔 …………

    ……………………………………… **龙脑香科 Dipterocarpaceae**

   228. 萼片及雄蕊二者不为上述情形。

    229. 雄蕊排列成二层,外层10个和花瓣对生,内层5个和萼片对生

    ……………………………………… **蒺藜科 Zygophyllaceae**

                  （骆驼蓬属 *Peganum*）

    229. 雄蕊的排列为其他情形。

     230. 食虫的草本植物;叶基生,呈管状,其上再具有小叶片 ……

      ……………………………………… **瓶子草科 Sarraceniaceae**

    230. 不是食虫植物;叶茎生或基生,但不呈管状。

     231. 植物体呈耐寒耐旱性;叶为全缘单叶。

      232. 叶对生或上部者互生;萼片5片,互不相等,外面2片较

小或有时退化,内面 3 片较大,呈旋转状排列,宿存;花瓣早落 ………………………… 半日花科 Cistaceae

232. 叶互生;萼片 5 片,大小相等;花瓣宿存;在内侧基部各有 2 舌状物 ………………… 柽柳科 Tamaricaceae

（琵琶柴属 *Reaumuria*）

231. 植物体不是耐寒耐旱性;叶常互生;萼片 2～5 片,彼此相等;呈覆瓦状或稀可呈镊合状排列。

233. 草本或木本植物;花为四出数,或其萼片多为 2 片且早落。

234. 植物体内含乳汁;无或有极短子房柄;种子有丰富胚乳 ……………………… 罂粟科 Papaveraceae

234. 植物体内不含乳汁;有细长的子房柄;种子无或有少量胚乳 ……… 白花菜科 Capparidaceae

233. 木本植物;花常为五出数,萼片宿存或脱落。

235. 果实为具 5 个棱角的蒴果,分成 5 个骨质各含 1 或 2 种子的心皮后,再各沿其缝线而 2 瓣裂开 …………

……………………………… 蔷薇科 Rosaceae

（白鹃梅属 *Exochorda*）

235. 果实不为蒴果,如为蒴果时则为胞背裂开。

236. 蔓生或攀援的灌木;雄蕊互相分离;子房 5 室或更多室;浆果,常可食 ……… 猕猴桃科 Actinidiaceae

236. 直立乔木或灌木;雄蕊至少在外层者连为单体,或连成 3～5 束而着生于花瓣的基部;子房 3～5 室。

237. 花药能转动,以顶端孔裂开;浆果;胚乳颇丰富

……………………………… 猕猴桃科 Actinidiaceae

（水东哥属 *Saurauia*）

237. 花药能或不能转动,常纵长裂开;果实有各种情形;胚乳通常量微小 ………… 山茶科 Theaceae

161. 成熟雄蕊 10 个或较少,如多于 10 个时,其数并不超过花瓣的 2 倍。

238. 成熟雄蕊和花瓣同数,且和它对生。

239. 雌蕊 3 个至多数,离生。

240. 直立草本或亚灌木;花两性,五出数 ………………… 蔷薇科 Rosaceae

（地蔷薇属 *Chamaerhodos*）

240. 木质或草质藤本;花单性,常为三出数。

241. 叶常为单叶;花小型;核果;心皮 3～6 个,呈星状排列,各含 1 胚珠 …………

……………………………… 防己科 Menispermaceae

241. 叶为掌状复叶或由 3 小叶组成;花中型;浆果;心皮 3 个至多数,轮状或螺旋状排列,各含 1 个或多数胚珠 ……………… 木通科 Lardizabalaceae

239. 雌蕊 1 个。

242. 子房 2 至数室。

243. 花萼裂齿不明显或微小;以卷须缠绕他物的灌木或草本植物 …………………

……………………………… 葡萄科 Vitaceae

243. 花萼具 4～5 裂片;乔木、灌木或草本植物,有时虽也可为缠绕性,但无卷须。

244. 雄蕊连成单体。

245. 叶为单叶;每子房室内含胚珠 2~6 个(或在可可树亚族 *Theobromineae* 中为多数) ················· 梧桐科 Sterculiaceae

245. 叶为掌状复叶;每子房室内含胚珠多数 ··············· 木棉科 Bombacaceae

(吉贝属 *Ceiba*)

244. 雄蕊互相分离,或稀可在其下部连成一管。

246. 叶无托叶;萼片各不相等,呈覆瓦状排列;花瓣不相等,在内层的 2 片常很小 ················· 清风藤科 Sabiaceae

246. 叶常有托叶;萼片同大,呈镊合状排列;花瓣均大小同形。

247. 叶为单叶 ·············· 鼠李科 Rhamnaceae

247. 叶为 1~3 回羽状复叶 ················ 葡萄科 Vitaceae

(火筒树属 *Leea*)

242. 子房 1 室(在马齿苋科的土人参属 *Talinum* 及铁青树科的铁青树属 *Olax* 中则子房的下部多少有些成为 3 室)。

248. 子房下位或半下位。

249. 叶互生,远缘常有锯齿;蒴果 ··············· 大风子科 Flacourtiaceae

249. 叶多对生或轮生,全缘;浆果或核果 ············· 桑寄生科 Loranthaceae

248. 子房上位。

250. 花药以舌瓣裂开 ·················· 小檗科 Berberidaceae

250. 花药不以舌瓣裂开。

251. 缠绕草本;胚珠 1 个;叶肥厚,肉质 ················· 落葵科 Basellaceae

(落葵属 *Basella*)

251. 直立草本,或有时为木本;胚珠 1 个至多数。

252. 雄蕊连成单体;胚珠 2 个 ·············· 梧桐科 sterculiaceae

252. 雄蕊互相分离;胚珠 1 个至多数。

253. 花瓣 6~9 片;雌蕊单纯 ·············· 小檗科 Berberidaceae

253. 花瓣 4~8 片;雌蕊复合。

254. 常为草本;花萼有 2 个分离萼片。

255. 花瓣 4 片;侧膜胎座 ·············· 罂粟科 Papaveraceae

(角茴香属 *Hypecoum*)

255. 花瓣常 5 片;基底胎座 ················ 马齿苋科 Portulacaceae

254. 乔木或灌木,常蔓生;花萼呈倒圆锥形或杯状。

256. 通常雌雄同株;花萼裂片 4~5 片;花瓣呈覆瓦状排列;无不育雄蕊;胚珠有 2 层珠被 ·············· 紫金牛科 Myrsinaceae

(信筒子属 *Embelia*)

256. 花两性;花萼于开花时微小,而具不明显的齿裂;花瓣多为镊合状排列;有不育雄蕊(有时代以蜜腺);胚珠无珠被。

257. 花萼于果时增大;子房的下部为 3 室,上部为 1 室,内含 3 个胚珠 ·············· 铁青树科 Olacaceae

(铁青树属 *Olax*)

257. 花萼于果时不增大;子房 1 室,内仅含 1 个胚珠 ··············· 山柚子科 Opiliaceae

238. 成熟雄蕊和花瓣不同数,如同数时则雄蕊和它互生。

258. 雌雄异株;雄蕊 8 个,不相同,其中 5 个较长,有伸出花冠外的花丝,且和花瓣相互生,另 3 个则较短而藏于花内;灌木或灌木状草本;互生或对生单叶;心皮单生;雌花无花

被,无梗,贴生于宽圆形的叶状苞片上 ·············· **漆树科 Anacardiaceae**

258. 花两性或单性,纵然为雌雄异株时,其雄花也无上述情形的雄蕊。

259. 花萼或其筒部和子房多少有些相愈合。

260. 每子房室内含胚珠或种子2至多数。

261. 花药以顶端孔裂;草本或木本植物;叶对生或轮生,大都于叶片基部具3~9脉 ················· **野牡丹科 Melastomaceae**

261. 花药纵长裂开。

262. 草本或亚灌木;有时为攀援性。

263. 具卷须的攀援草本;花单性 ··············· **葫芦科 Cucurbitaceae**

263. 无卷须的植物;花常两性。

264. 萼片或花萼裂片2片;植物体多少肉质而多水分 ···················· ················· **马齿苋科 Portulacaceae**

264. 萼片或花萼裂片4~5片;植物体常不为肉质。

265. 花萼裂片呈覆瓦状或镊合状排列;花柱2个或更多;种子具胚乳 ················· **虎耳草科 Saxifragaceae**

265. 花萼裂片呈镊合状排列;花柱1个,具2~4裂,或为1个呈头状的柱头;种子无胚乳 ··········· **柳叶菜科 Onagraceae**

262. 乔木或灌木,有时为攀援性。

266. 叶互生。

267. 花数朵至多数呈头状花序;常绿乔木;叶革质,全缘或具浅裂 ········ ················· **金缕梅科 Hamamelidaceae**

267. 花呈总状或圆锥花序。

268. 灌木;叶为掌状分裂,基部具3~5脉;子房1室,有多数胚珠;浆果 ················· **虎耳草科 Saxifragaceae** (茶藨子属 *Ribes*)

268. 乔木或灌木;叶缘有锯齿或细锯齿,有时全缘,具羽状脉;子房3~5室,每室内含2至数个胚珠,或在山茉莉属 *Huodendrom* 为多数;干燥或木质核果,或蒴果,有时具棱角或有翅 ············ ················· **野茉莉科 Styracaceae**

266. 叶常对生(使君子科的榄李树属 *Lumnitzera* 例外,同科的风车子属 *Combretum* 也可有时为互生,或互生和对生共存于一枝上)。

269. 胚珠多数,除冠盖藤属 *Pileostegia* 自子房室顶端垂悬外,均位于侧膜或中轴胎座上;浆果或蒴果;叶缘有锯齿或为全缘。但均无托叶;种子含胚乳 ··············· **虎耳草科 Saxifragaceae**

269. 胚珠2至数个,近于自房室顶端垂悬;叶全缘或有圆锯齿;果实多不裂开,内有种子1至数个。

270. 乔木或灌木,常为蔓生,无托叶,不多见于海岸林(榄李树属 *Lumnitzera* 例外);种子无胚乳,落地后始萌芽 ··················· ················· **使君子科 Combretaceae**

270. 常绿灌木或小乔木,具托叶;多见于海岸林;种子常有胚乳,在落地前即萌芽(胎生) ··············· **红树科 Rhizophoraceae**

260. 每子房室内仅含胚珠或种子1个。

271. 果实裂开为2个干燥的离果,并共同悬于一果梗上;花序常为伞形花序(在变豆菜属 *Sanicula* 及鸭儿芹属 *Cryptotaenia* 中为不规则的花序,在刺芫荽属

Eryngium 中,则为头状花序)·· 伞形科 Umbelliferae

271. 果实不裂开或裂开而不是上述情形;花序可为各种型式。

  272. 草本植物。

    273. 花柱或柱头 2~4 个;种子具胚乳;果实为小坚果或核果,具棱角或有翅

      ·· 小二仙草科 Haloragidaceae

    273. 花柱 1 个,具有 1 头状或呈 2 裂的柱头;种子无胚乳。

      274. 陆生草本植物,具对生叶;花为二出数;果实为一具钩状刺毛的坚果

      ·· 柳叶菜科 Onagraceae

      (露珠草属 *Circaea*)

      274. 水生草本植物,有聚生而漂浮水面的叶片;花为四出数,果实为具 2~4 刺的坚果(栽培种果实可无显著的刺)·········· 菱科 Trapaceae

      (菱属 *Trapa*)

  272. 木本植物。

    275. 果实干燥或为蒴果状。

      276. 子房 2 室;花柱 2 个 ·················· 金缕梅科 Hamamelidaceae

      276. 子房 1 室;花柱 1 个。

        277. 花序伞房状或圆锥状 ···················· 莲叶桐科 Hernandiaceae

        277. 花序头状 ···················· 珙桐科 Nyssaceae

    275. 果实核果状或浆果状。

      278. 叶互生或对生;花瓣呈镊合状排列;花序有各种型式,但稀为伞形或头状,有时且可生于叶片上。

        279. 花瓣 3~5 片,卵形至披针形;花药短 ·········· 山茱萸科 Cornaceae

        279. 花瓣 4~10 片,狭窄形并向外翻转;花药细长 ···············

        ·· 八角枫科 Alangiaceae

        (八角枫属 *Alangium*)

      278. 叶互生;花瓣呈覆瓦状或镊合状排列;花序常为伞形或呈头状。

        280. 子房 1 室;花柱 1 个;花杂性兼雌雄异株,雌花单生或以少数朵至数朵聚生,雌花多数,腋生为有花梗的簇丛 ·········· 珙桐科 Nyssaceae

        280. 子房 2 室或更多室;花柱 2~5 个;如子房为 1 室而具 1 花柱时(例如马蹄参属 *Diplopanax*),则花两性,形成顶生类似穗状的花序 ······

        ·· 五加科 Araliaceae

259. 花萼和子房相分离。

  281. 叶片中有透明微点。

    282. 花整齐,稀可两侧对称;果实不为荚果 ·············· 芸香科 Rutaceae

    282. 花整齐或不整齐;果实为荚果 ·············· 豆科 Leguminosae

  281. 叶片中无透明微点。

    283. 雌蕊 2 个或更多,互相分离或仅有局部的连合;也可子房分离而花柱连合成 1 个。

      284. 多水分的草本,具肉质的茎及叶 ·············· 景天科 Crassulaceae

      284. 植物体为其他情形。

        285. 花为周位花。

          286. 花的各部分呈螺旋状排列,萼片逐渐变为花瓣;雄蕊 5 或 6 个;雌蕊多数 ·············· 蜡梅科 Calycanthaceae

          (蜡梅属 *Chimonanthus*)

286. 花的各部分呈轮状排列,萼片和花瓣甚有分化。

 287. 雌蕊 2~4 个,各有多数胚珠;种子有胚乳;无托叶 ················
  ················ **虎耳草科 Saxifragaceae**

 287. 雌蕊 2 个至多数,各有 1 至数个胚珠;种子无胚乳;有或无托叶 ···
  ················ **蔷薇科 Rosaceae**

285. 花为下位花,或在悬铃木科中微呈周位。

288. 草本或亚灌木。

 289. 各子房的花柱互相分离。

  290. 叶常互生或基生,多少有些分裂;花瓣脱落性,较萼片为大,或于天葵属 *Semiaquilegia* 稍小于呈花瓣状的萼片 ················
  ················ **毛茛科 Ranunculaceae**

  290. 叶对生或轮生,为全缘单叶;花瓣宿存性,较萼片小 ···············
  ················ **马桑科 Coriariaceae**
   (**马桑属 *Coriaria***)

 289. 各子房合具 1 个共同的花柱或柱头;叶为羽状复叶;花为五出数;花萼宿存;花中有和花瓣互生的腺体;雄蕊 10 个 ················
  ················ **牻牛儿苗科 Geraniaceae**
   (**熏倒牛属 *Biebersteinia***)

288. 乔木、灌木或木本的攀援植物。

291. 叶为单叶。

 292. 叶对生或轮生 ················ **马桑科 Coriariaceae**
   (**马桑属 *Coriaria***)

 292. 叶互生。

  293. 叶为脱落性,具掌状脉;叶柄基部扩张成帽状以覆盖腋芽 ······
  ················ **悬铃木科 Platanaceae**
   (**悬铃木属 *Platanus***)

  293. 叶为常绿性或脱落性,具羽状脉。

   294. 雌蕊 7 个至多数(稀可少至 5 个);直立或缠绕性灌木;花两性或单性 ················ **木兰科 Magnoliaceae**

   294. 雌蕊 4~6 个;乔木或灌木;花两性。

    295. 子房 5 或 6 个,以 1 共同的花柱而连合,各子房均可成熟为核果 ················ **金莲木科 Ochaceae**
     (**赛金莲木属 *Ouratea***)

    295. 子房 4~6 个,各具 1 花柱,仅有 1 子房可成熟为核果 ···
    ················ **漆树科 Anacardiaceae**

291. 叶为复叶。

 296. 叶对生 ················ **省沽油科 Staphyleaceae**

 296. 叶互生。

  297. 木质藤本;叶为掌状复叶或三出复叶 ················
  ················ **木通科 Lardizabalaceae**

  297. 乔木或灌木(有时在牛栓藤科中有缠绕性者);叶为羽状复叶。

   298. 果实为 1 含多数种子的浆果,状似猫屎 ················
  ················ **木通科 Lardizabalaceae**
   (**猫儿屎属 *Decaisnea***)

298. 果实为其他情形。

  299. 果实为蓇葖果 ·················· 牛栓藤科 Connaraceae

  299. 果实为离果,或在臭椿属 *Ailanthus* 中为翅果 ··············

    ·· 苦木科 Simaroubaceae

283. 雌蕊 1 个,或至少其子房为 1 个。

 300. 雌蕊或子房确是单纯的,仅 1 室。

  301. 果实为核果或浆果。

   302. 花为三出数,稀可二出数;花药以舌瓣裂开 ·············· 樟科 Lauraceae

   302. 花为五出或四出数;花药纵长裂开。

    303. 落叶具刺灌木;雄蕊 10 个,周位,均可发育 ········ 蔷薇科 Rosaceae

    303. 常绿乔木;雄蕊 1～5 个,下位,常仅其中 1 或 2 个可发育 ··········

      ··· 漆树科 Anacardiaceae

        （杧果属 *Mangifera*）

  301. 果实为蓇葖果或荚果。

   304. 果实为蓇葖果。

    305. 落叶灌木;叶为单叶;蓇葖果内含 2 至数个种子 ··· 蔷薇科 Rosaceae

      （绣线菊亚科 *Spiraeoideae*）

    305. 常为木质藤本;叶多为单数复叶或具 3 小叶,有时因退化而只有 1 小

     叶;蓇葖果内仅含 1 个种子 ·············· 牛栓藤科 Connaraceae

   304. 果实为荚果 ·································· 豆科 Leguminosae

 300. 雌蕊或子房并非单纯者,有 1 个以上的子房室或花柱、柱头、胎座等部分。

  306. 子房 1 室或因有 1 假隔膜而成 2 室,有时下部 2～5 室,上部 1 室。

   307. 花下位,花瓣 4 片,稀可更多。

    308. 萼片 2 片 ·································· 罂粟科 Papaveraceae

    308. 萼片 4～8 片。

     309. 子房柄常细长,呈线状 ················ 白花菜科 Capparidaceae

     309. 子房柄极短或不存在。

      310. 子房为 2 个心皮连合组成,常具 2 子房室及 1 假隔膜 ·········

       ·································· 十字花科 Cruciferae

     310. 子房 3～6 个心皮连合组成,仅 1 子房室。

      311. 叶对生,微小,为耐寒旱性;花为辐射对称;花瓣完整,具瓣爪,

       其内侧有舌状的鳞片附属物 ········ 瓣鳞花科 Frankeniaceae

      311. 叶互生,显著,非为耐寒旱性;花为两侧对称;花瓣常分裂,但

       其内侧并无鳞片状的附属物 ··········· 木犀草科 Resedaceae

   307. 花周位或下位,花瓣 3～5 片,稀可 2 片或更多。

    312. 每子房室内仅有胚珠 1 个。

     313. 乔木,或稀为灌木;叶常为羽状复叶。

      314. 叶常为羽状复叶,具托叶及小托叶····· 省沽油科 Staphyleaceae

       （银鹊树属 *Tapiscia*）

      314. 叶为羽状复叶或单叶,无托叶及小托叶 ··············

       ·································· 漆树科 Anacardiaceae

     313. 木本或草本;叶为单叶。

      315. 通常均为木本,稀可在樟科的无根藤属 *Cassytha* 则为缠绕性寄

       生草本;叶常互生,无膜质托叶。

316. 乔木或灌木;无托叶;花为三出或二出数,萼片和花瓣同形,稀可花瓣较大;花药以舌瓣裂开;浆果或核果 ⋯⋯⋯⋯⋯⋯
⋯⋯⋯⋯⋯⋯⋯⋯⋯⋯⋯⋯⋯⋯⋯⋯⋯ **樟科 Lauraceae**

316. 蔓生性的灌木,茎为合轴型,具钩状的分枝;托叶小而早落;花为五出数,萼片和花瓣不同形,前者且于结实时增大成翅状;花药纵长裂开;坚果 ⋯⋯⋯⋯ **钩枝藤科 Ancistrocladaceae**
(钩枝藤属 *Ancistrocladus*)

315. 草本或亚灌木;叶互生或对生,具膜质托叶 ⋯⋯⋯⋯⋯⋯
⋯⋯⋯⋯⋯⋯⋯⋯⋯⋯⋯⋯⋯⋯⋯⋯⋯ **蓼科 Polygonaceae**

312. 每子房室内有胚珠 2 个至多数。

317. 乔木、灌木或木质藤本。

318. 花瓣及雄蕊均着生于花萼上 ⋯⋯⋯⋯⋯ **千屈菜科 Lythraceae**

318. 花瓣及雄蕊均着生于花托上(或于西番莲科中雄蕊着生于子房柄上)。

319. 核果或翅果,仅有 1 种子。

320. 花萼具显著的 4 或 5 裂片或裂齿,微小而不能长大 ⋯⋯⋯
⋯⋯⋯⋯⋯⋯⋯⋯⋯⋯⋯⋯⋯⋯⋯⋯ **茶茱萸科 Icacinaceae**

320. 花萼呈截平头或具不明显的萼齿,微小,但在果实上增大 ⋯⋯⋯⋯⋯⋯⋯⋯⋯⋯⋯⋯⋯⋯⋯⋯⋯⋯ **铁青树科 Olacaceae**
(铁青树属 *Olax*)

319. 蒴果或浆果,内有 2 个至多数种子。

321. 花两侧对称。

322. 叶为 2～3 回羽状复叶;雄蕊 5 个 ⋯⋯⋯⋯⋯⋯
⋯⋯⋯⋯⋯⋯⋯⋯⋯⋯⋯⋯⋯⋯⋯⋯ **辣木科 Moringaceae**
(辣木属 *Moringa*)

322. 叶为全缘的单叶;雄蕊 8 个 ⋯⋯⋯⋯ **远志科 Polygalaceae**

321. 花辐射对称;叶为单叶或掌状分裂。

323. 花瓣具有直立而常彼此衔接的瓣爪 ⋯⋯⋯⋯⋯⋯⋯⋯
⋯⋯⋯⋯⋯⋯⋯⋯⋯⋯⋯⋯⋯⋯⋯ **海桐花科 Pittosporaceae**
(海桐花属 *Pittosporum*)

323. 花瓣不具细长的瓣爪。

324. 植物体为耐寒旱性,有鳞片状或细长形的叶片;花无小苞片 ⋯⋯⋯⋯⋯⋯⋯⋯⋯⋯⋯⋯⋯ **柽柳科 Tamariceae**

324. 植物体非为耐寒耐旱性,具有较宽大的叶片。

325. 花两性。

326. 花萼和花瓣不甚分化,且前者较大 ⋯⋯⋯⋯⋯⋯
⋯⋯⋯⋯⋯⋯⋯⋯⋯⋯⋯⋯⋯ **大风子科 Flacourtiaceae**
(红子木属 *Erythrospermum*)

326. 花萼和花瓣分化明显,前者很小 ⋯⋯⋯⋯⋯⋯
⋯⋯⋯⋯⋯⋯⋯⋯⋯⋯⋯⋯⋯⋯⋯⋯ **堇菜科 Violaceae**
(三角车属 *Rinorea*)

325. 雌雄异株或花杂性。

327. 乔木;花的每一花瓣基部各具位于内方的一鳞片;

无子房柄 ·············· 大风子科 Flacourtiaceae

（大风子属 *Hydnocarpus*）

327. 多为具卷须而攀援的灌木；花常具一为 5 鳞片所
成的副花冠，各鳞片和萼片相对生；有子房柄
·················· 西番莲科 Passifloraceae

（蒴莲属 *Adenia*）

317. 草本或亚灌木。

328. 胎座位于子房室的中央或基底。

329. 花瓣着生于花萼的喉部 ·············· 千屈菜科 Lythraceae

329. 花瓣着生于花托上。

330. 萼片 2 片；叶互生，稀可对生 ······ 马齿苋科 Portulacaceae

330. 萼片 5 或 4 片；叶对生·············· 石竹科 Caryophyllaceae

328. 胎座为侧膜胎座。

331. 食虫植物，具生有腺体刚毛的叶片 ··· 茅膏菜科 Droseraceae

331. 非为食虫植物，也无生有腺体毛茸的叶片。

332. 花两侧对称。

333. 花有一位于前方的距状物；蒴果 3 瓣裂开 ··············
·································· 董菜科 Violaceae

333. 花有一位于后方的大型花盘；蒴果仅于顶端裂开 ······
·································· 木犀草科 Resedaceae

332. 花整齐或近于整齐。

334. 植物体为耐寒旱性；花瓣内侧各有 1 舌状的鳞片 ······
································ 瓣鳞花科 Frankeniaceae

（瓣鳞花属 *Frankenia*）

334. 植物体非为耐寒旱性；花瓣内侧无鳞片的舌状附属物。

335. 花中有副花冠及子房柄 ······ 西番莲科 Passifloraceae

（西番莲属 *Passiflora*）

335. 花中无副花冠及子房柄 ······ 虎耳草科 Saxifragaceae

306. 子房 2 室或更多室。

336. 花瓣形状彼此极不相等。

337. 每子房室内有数个至多数胚珠。

338. 子房 2 室 ·············· 虎耳草科 Saxifragaceae

338. 子房 5 室 ·············· 凤仙花科 Balsaminaceae

337. 每子房室内仅有 1 个胚珠。

339. 子房 3 室；雄蕊离生；叶盾状，叶缘具棱角或波纹 ··············
·································· 旱金莲科 Tropaeolaceae

（旱金莲属 *Tropaeolum*）

339. 子房 2 室（稀可 1 或 3 室）；雄蕊连合为一单体；叶不呈盾状，全缘
·································· 远志科 Polygalaceae

336. 花瓣形状彼此相等或微有不等，且有时花也可为两侧对称。

340. 雄蕊数和花瓣数既不相等，也不是它的倍数。

341. 叶对生。

342. 雄蕊 4～10 个，常 8 个。

343. 蒴果 ·········· 七叶树科 Hippocastanaceae

343. 翅果 ·········· 槭树科 Aceraceae

342. 雄蕊 2 或 3 个,也稀可 4 或 5 个。

344. 萼片及花瓣均为五出数;雄蕊多为 3 个 ············

·········· 翅子藤科 Hippocrateaceae

344. 萼片及花瓣常均为四出数;雄蕊 2 个,稀可 3 个 ············

·········· 木犀科 Oleaceae

341. 叶互生。

345. 叶为单叶,多全缘,或在油桐属 Aleurites 中可具 3~7 裂片;花

单性 ·········· 大戟科 Euphorbiaceae

345. 叶为单叶或复叶;花两性或杂性。

346. 萼片为镊合状排列;雄蕊连成单体 ····· 梧桐科 Sterculiaceae

346. 萼片为覆瓦状排列;雄蕊离生。

347. 子房 4 或 5 室,每子房室内有 8~12 胚珠;种子具翅 ······

·········· 楝科 Meliaceae

(香椿属 Toona)

347. 子房常 3 室,每子房室内有 1 至数个胚珠;种子无翅。

348. 花小型或中型,下位,萼片互相分离或微有连合 ·········

·········· 无患子科 Sapindaceae

348. 花大型,美丽,周位,萼片互相连合成一钟形的花萼 ···

·········· 钟萼木科 Bretschneideraceae

(钟萼木属 Bretschneidera)

340. 雄蕊数和花瓣数相等,或是它的倍数。

349. 每子房室内有胚珠或种子 3 个至多数。

350. 叶为复叶。

351. 雄蕊连合成为单体 ·········· 酢浆草科 Oxalidaceae

351. 雄蕊彼此相互分离。

352. 叶互生。

353. 叶为 2~3 回的三出叶,或为掌状叶 ·········

·········· 虎耳草科 Saxifragaceae

(落新妇亚族 Astilbinae)

353. 叶为 1 回羽状复叶 ·········· 楝科 Meliaceae

(香椿属 Toona)

352. 叶对生。

354. 叶为双数羽状复叶 ·········· 蒺藜科 Zygophyllaceae

354. 叶为单数羽状复叶 ·········· 省沽油科 Staphyleaceae

350. 叶为单叶。

355. 草本或亚灌木。

356. 花周位;花托多少有些中空。

357. 雄蕊着生于杯状花托的边缘 ··· 虎耳草科 Saxifragaceae

357. 雄蕊着生于杯状或管状花萼(或花托)的内侧 ·········

·········· 千屈菜科 Lythraceae

356. 花下位;花托常扁平。

358. 叶对生或轮生,常全缘。

359. 水生或沼泽草本,有时为亚灌木;有托叶 ……………
………………………… 沟繁缕科 Elatinaceae
359. 陆生草本;无托叶………… 石竹科 Caryophyllaceae
358. 叶互生或基生;稀可对生,边缘有锯齿,或叶退化为无绿
色组织的鳞片。
360. 草本或亚灌木;有托叶;萼片呈镊合状排列,脱落性
………………………… 椴树科 Tiliaceae
(黄麻属 *Corchorus*,田麻属 *Corchoropsis*)
360. 多年生常绿草本,或为腐生草本而无绿色组织;无托
叶;萼片呈覆瓦状排列,宿存 …………………………
………………………… 鹿蹄草科 Pyrolaceae
355. 木本植物。
361. 花瓣常有彼此衔接或其边缘互相依附的柄状瓣爪 ………
………………………… 海桐花科 Pittosporaceae
(海桐花属 *Pittosporum*)
361. 花瓣无瓣爪,或仅具互相分离的细长柄状瓣爪。
362. 花托空凹;萼片呈镊合状或覆瓦状排列。
363. 叶互生,边缘有锯齿,常绿性 …………………………
………………………… 虎耳草科 Saxifragaceae
363. 叶对生或互生,全缘,脱落性。
364. 子房 2～6 室,仅具 1 花柱;胚珠多数生于中轴胎座
上 ………………………… 千屈菜科 Lythraceae
364. 子房 2 室,具 2 花柱;胚珠数个垂悬于中轴胎座
………………………… 金缕梅科 Hamamelidaceae
362. 花托扁平或微突起,萼片呈覆瓦状或于杜英科中呈镊合
状排列。
365. 花为四出数;果实呈浆果状或核果状;花药纵长裂开或
顶端舌瓣裂开。
366. 穗状花序腋生于当年新枝上;花瓣先端具齿裂 …
………………………… 杜英科 Elaeocarpaceae
(杜英属 *Elaeocarpus*)
366. 穗状花序腋生于昔年老枝上;花瓣完整 …………
………………………… 旌节花科 Stachyuraceae
(旌节花属 *Stachyurus*)
365. 花为五出数;果实呈蒴果状;花药顶端孔裂。
367. 花粉粒单纯,子房 3 室 ……… 山柳科 Clethraceae
(山柳属 *Clethra*)
367. 花粉粒复合,成为四合体;子房 5 室 ………………
………………………… 杜鹃花科 Ericaceae
349. 每子房室内有胚珠或种子 1 或 2 个。
368. 草本植物,有时基部呈灌木状。
369. 花单性、杂性,或雌雄异株。
370. 具卷须的藤本;叶为二回三出复叶 ……… 叶为二回三出复叶 …
………………………… 无患子科 Sapindaceae

（倒地铃属 *Cardiospermum*）

370. 直立草本或亚灌木；叶为单叶 ····· **大戟科 Euphorbiaceae**

369. 花两性。

371. 萼片呈镊合状排列；果实有刺············· **椴树科 Tiliaceae**

（刺蒴麻属 *Triumfetta*）

371. 萼片呈覆瓦状排列，果实无刺。

372. 雄蕊彼此分离；花柱互相连合 ·························

····························· **牻牛儿苗科 Geraniaceae**

372. 雄蕊互相连合；花柱彼此分离·········· **亚麻科 Linaceae**

368. 木本植物。

373. 叶肉质，通常仅为 1 对小叶所组成的复叶 ·················

····························· **蒺藜科 Zygophyllaceae**

373. 叶为其他情形。

374. 叶对生；果实为 1、2 或 3 个翅果所组成。

375. 花瓣细裂或具齿裂；每果实有 3 个翅果 ·············

····························· **金虎尾科 Malpighiaceae**

375. 花瓣全缘；每果实具 2 个或连合为 1 个的翅果 ·········

····························· **槭树科 Aceraceae**

374. 叶互生，如为对生时，则果实不为翅果。

376. 叶为复叶，或稀可为单叶而有具翅的果实。

377. 雄蕊连为单体。

378. 萼片及花瓣均为三出数；花药 6 个，花丝生于雄蕊管

的口部 ····························· **橄榄科 Burseraceae**

378. 萼片及花瓣均为四出至六出数；花药 8～12 个，无花

丝，直接着生于雄蕊管的喉部或裂齿之间 ·········

····························· **楝科 Meliaceae**

377. 雄蕊各自分离。

379. 叶为单叶；果实为一具 3 翅而其内仅有 1 个种子的

小坚果····························· **卫矛科 Celastraceae**

（雷公藤属 *Tripterygium*）

379. 叶为复叶；果实无翅。

380. 花柱 3～5 个；叶常互生，脱落性 ···············

····························· **漆树科 Anacardiaceae**

380. 花柱 1 个；叶互生或对生。

381. 叶为羽状复叶，互生，常绿性或脱落性；果实有

各种类型 ············· **无患子科 Sapindaceae**

381. 叶为掌状复叶，对生，脱落性；果实为蒴果 ···

····················· **七叶树科 Hippocastanaceae**

376. 叶为单叶；果实无翅。

382. 雄蕊连成单体，或如为 2 轮时，至少其内轮者如此，有

时其花药无花丝（例如大戟科的三宝木属

Trigonastemon）。

383. 花单性；萼片或花萼裂片 2～6 片，呈镊合状或覆瓦

状排列····················· **大戟科 Euphorbiaceae**

383. 花两性；萼片 5 片，呈覆瓦状排列。

  384. 果实呈蒴果状；子房 3～5 室，各室均可成熟 …… …………………………………… 亚麻科 Linaceae

  384. 果实呈核果状；子房 3 室，大都其中的 2 室为不孕性，仅另 1 室可成熟，而有 1 或 2 个胚珠 ……… …………………………… 古柯科 Erythroxylaceae

    （吉柯属 *Erythroxylum*）

382. 雄蕊各自分离，有时在毒鼠子科中可和花瓣相连合而形成 1 管状物。

  385. 果呈蒴果状。

    386. 叶互生或稀可对生；花下位。

      387. 叶脱落性或常绿性；花单性或两性；子房 3 室，稀可 2 或 4 室，有时可多至 15 室（例如算盘子属 *Glochidion*）……… 大戟科 Euphorbiaceae

      387. 叶常绿性；花两性；子房 5 室 ………………… ………………… 五列木科 Pentaphylacaceae

    386. 叶对生或互生；花周位 …… 卫矛科 Celastraceae

  385. 果呈核果状，有时木质化，或呈浆果状。

    388. 种子无胚乳，胚体肥大而多肉质。

      389. 雄蕊 10 个 ………… 蒺藜科 Zygophyllaceae

      389. 雄蕊 4 或 5 个。

        390. 叶互生；花瓣 5 片，各 2 裂或分成 2 部分 ………………… 毒鼠子科 Dichapetalaceae

        （毒鼠子属 *Dichapetalum*）

        390. 叶对生；花瓣 4 片，均完整 ………………… ………………… 刺茉莉科 Salvadoraceae

        （刺茉莉属 *Azima*）

    388. 种子有胚乳，胚体有时很小。

      391. 植物体为耐寒旱性；花单性，三出或二出数 ………………… 岩高兰科 Empetraceae

      391. 植物体为普通形状；花两性或单性，五出或四出数。

        392. 花瓣呈镊合状排列。

          393. 雄蕊和花瓣同数 … 茶茱萸科 Icacinaceae

          393. 雄蕊为花瓣的倍数。

            394. 枝条无刺，而有对生的叶片 ………… ………………… 红树科 Rhizophoraceae

            （红树族 *Gynotrocheae*）

            394. 枝条有刺，而有互生的叶片 ………… ………………… 铁青树科 Olacaceae

            （海檀木属 *Ximenia*）

        392. 花瓣呈覆瓦状排列，或在大戟科的小束花属 *Microdesmis* 中为扭转兼覆瓦状排列。

          395. 花单性，雌雄异株，花瓣较小于萼片 ……

………………………… 大戟科 Euphorbiaceae

（小盘木属 Microdesmis）

395. 花两性或单性；花瓣常较大于萼片。

396. 落叶攀援灌木，雄蕊 10 个；子房 5 室，每室内有胚珠 2 个 …………………………

………………………… 猕猴桃科 Actinidiaceae

（藤山柳属 Clematoclethra）

396. 多为常绿乔木或灌木；雄蕊 4 或 5 个。

397. 花下位，雌雄异株或杂性；无花盘

………………………… 冬青科 Aquifoliaceae

（冬青属 Ilex）

397. 花周位，两性或杂性；有花盘 ………

………………………… 卫矛科 Celastraceae

160. 花冠为多少有些连合的花瓣所组成。

398. 成熟雄蕊或单体雄蕊的花药数多于花冠裂片。

399. 心皮 1 个至数个，互相分离或大致分离。

400. 叶为单叶或有时可为羽状分裂，对生，肉质 ………………… 景天科 Crassulaceae

400. 叶为二回羽状复叶，互生。不呈肉质 ………………… 豆科 Leguminosae

（含羞草亚科 Mimosoideae）

399. 心皮 2 个或更多，连合成一复合性子房。

401. 雌雄同株或异株，有时为杂性。

402. 子房 1 室；无分枝而呈棕榈状的小乔木 ………………… 番木瓜科 Caricaceae

（番木瓜属 Carica）

402. 子房 2 室至多室；具分枝的乔木或灌木。

403. 雄蕊连成单体，或至少内层者如此；蒴果 ………………… 大戟科 Euphorbiaceae

（麻疯树科 Jatropha）

403. 雄蕊各自分离；浆果 ………………………… 柿树科 Ebenaceae

401. 花两性。

404. 花瓣连成一盖状物，或花萼裂片及花瓣均可合成为 1 或 2 层的盖状物。

405. 叶为单叶，具有透明微点 ………………… 桃金娘科 Myrtaceae

405. 叶为掌状复叶，无透明微点 ………………… 五加科 Araliaceae

（多蕊木属 Tupidanthus）

404. 花瓣及花萼裂片均不连成盖状物。

406. 每子房室中有 3 个至多数胚珠。

407. 雄蕊 5～10 个或其数不超过花冠裂片的 2 倍，稀可在野茉莉科的银钟花属 Halesia 其数可达 16 个，而为花冠裂片的 4 倍。

408. 雄蕊连成单体或其花丝于基部互相连合；花药纵裂；花粉粒单生。

409. 叶为复叶；子房上位；花柱 5 个 ………………… 酢浆草科 Oxalidaceae

409. 叶为单叶；子房下位或半下位；花柱 1 个；乔木或灌木，常有星状毛 ……

………………………… 野茉莉科 Styracaceae

408. 雄蕊各自分离；花药顶端孔裂；花粉粒为四合型 ……… 杜鹃花科 Ericaceae

407. 雄蕊为不定数。

410. 萼片和花瓣常各为多数，而无显著的区分；子房下位；植物体肉质，绿色，常具棘针，而其叶退化 ………………… 仙人掌科 Cactaceae

410. 萼片和花瓣常各为 5 片,而有显著的区分;子房上位。
　411. 萼片呈镊合状排列;雄蕊连成单体 ·················· 锦葵科 Malvaceae
　411. 萼片呈显著的覆瓦状排列。
　　412. 雄蕊连成 5 束,且每束着生于 1 花瓣的基部;花药顶端孔裂开;浆果
　　　················· 猕猴桃科 Actinidiaceae
　　　(水东哥属 *Saurauia*)
　　412. 雄蕊的基部连成单体;花药纵长裂开;蒴果 ·········· 山茶科 Theaceae
　　　(紫茎木属 *Stewartia*)
406. 每子房室中常仅有 1 或 2 个胚珠。
　413. 花萼中的 2 片或更多片于结实时能长大成翅状 ·····················
　　················· 龙脑香科 Dipterocarpaceae
　413. 花萼裂片无上述变大的情形。
　　414. 植物体常有星状毛茸 ························· 野茉莉科 Styracaceae
　　414. 植物体无星状毛茸。
　　　415. 子房下位或半下位;果实歪斜 ·················· 山矾科 Symplocaceae
　　　(山矾属 *Symplocos*)
　　　415. 子房上位。
　　　　416. 雄蕊相互连合为单体;果实成熟时分裂为离果 ····· 锦葵科 Malvaceae
　　　　416. 雄蕊各自分离;果实不是离果。
　　　　　417. 子房 1 或 2 室;蒴果 ·················· 瑞香科 Thymelaeaceae
　　　　　(沉香属 *Aquilaria*)
　　　　　417. 子房 6~8 室;浆果 ·················· 山榄科 Sapotaceae
　　　　　(紫荆木属 *Madhuca*)
398. 成熟雄蕊并不多于花冠裂片或有时因花丝的分裂则可过之。
　418. 雄蕊和花冠裂片为同数且对生。
　　419. 植物体内有乳汁 ························· 山榄科 Sapotaceae
　　419. 植物体内不含乳汁。
　　　420. 果实内有数个至多数种子。
　　　　421. 乔木或灌木;果实呈浆果状或核果状 ·········· 紫金牛科 Myrsinaceae
　　　　421. 草本;果实呈蒴果状 ·················· 报春花科 Primulaceae
　　　420. 果实内仅有 1 个种子。
　　　　422. 子房下位或半下位。
　　　　　423. 乔木或攀援性灌木;叶互生 ·············· 铁青树科 Olacaceae
　　　　　423. 常为半寄生性灌木;叶对生 ·········· 桑寄生科 Loranthaceae
　　　　422. 子房上位。
　　　　　424. 花两性。
　　　　　　425. 攀援性草本;萼片 2;果为肉质宿存花萼所包围 ········· 落葵科 Basellaceae
　　　　　　(落葵属 *Basella*)
　　　　　　425. 直立草本或亚灌木,有时为攀援性;萼片或萼裂片 5;果为蒴果或瘦果,不为
　　　　　　花萼所包围 ·············· 蓝雪科 Plumbaginaceae
　　　　　424. 花单性,雌雄异株;攀援性灌木。
　　　　　　426. 雄蕊连合成单体;雌蕊单纯性 ·········· 防己科 Menispermaceae
　　　　　　(锡生藤亚族 *Cissampelinae*)
　　　　　　426. 雄蕊各自分离;雌蕊复合性·············· 茶茱萸科 Icacinaceae

（微花藤属 *Iodes*）

418. 雄蕊和花冠裂片为同数且互生,或雄蕊数较花冠裂片为少。

　　427. 子房下位。

　　　　428. 植物体常以卷须而攀援或蔓生;胚珠及种子皆为水平生长于侧膜胎座上 ·········

　　　　　　······························ 葫芦科 Cucurbitaceae

　　　　428. 植物体直立,如为攀援时也无卷须,胚珠及种子并不为水平生长。

　　　　　　429. 雄蕊互相连合。

　　　　　　　　430. 花整齐或两侧对称。呈头状花序,或在苍耳属 *Xanthium* 中,雌花序为一仅含

　　　　　　　　　　2 花的果壳,其外生有钩状刺毛;子房 1 室,内仅有 1 个胚珠 ·················

　　　　　　　　　　························· 菊科 Compositae

　　　　　　　　430. 花多两侧对称,单生或呈总状或伞房花序;子房 2 或 3 室,内有多数胚珠。

　　　　　　　　　　431. 花冠裂片呈镊合状排列;雄蕊 5 个,具分离的花丝及连合的花药 ··········

　　　　　　　　　　　　····················· 桔梗科 Campanulaceae

　　　　　　　　　　　　　　　　（半边莲亚科 *Lobelioideae*）

　　　　　　　　　　431. 花冠裂片呈覆瓦状排列;雄蕊 2 个,具连合的花丝及分离的花药 ··········

　　　　　　　　　　　　····················· 花柱草科 Stylidiaceae

　　　　　　　　　　　　　　　　（花柱草属 *Stylidium*）

　　　　　　429. 雄蕊各自分离。

　　　　　　　　432. 雄蕊和花冠相分离或近于分离。

　　　　　　　　　　433. 花药顶端孔裂开;花粉粒连合成四合体,灌木或亚灌木 ·····················

　　　　　　　　　　　　····················· 杜鹃花科 Ericaceae

　　　　　　　　　　　　　　　　（乌饭树亚科 *Vaccinioideae*）

　　　　　　　　　　433. 花药纵长裂开,花粉粒单纯;多为草本。

　　　　　　　　　　　　434. 花冠整齐;子房 2~5 室,内有多数胚珠 ·········· 桔梗科 Campanulaceae

　　　　　　　　　　　　434. 花冠不整齐;子房 1~2 室,每子房室内仅有 1 或 2 个胚珠 ··············

　　　　　　　　　　　　　　···················· 草海桐科 Goodeniaceae

　　　　　　　　432. 雄蕊着生于花冠上。

　　　　　　　　　　435. 雄蕊 4 或 5 个,和花冠裂片同数。

　　　　　　　　　　　　436. 叶互生;每子房室内有多数胚珠 ················ 桔梗科 Campanulaceae

　　　　　　　　　　　　436. 叶对生或轮生;每子房室内有 1 个至多数胚珠。

　　　　　　　　　　　　　　437. 叶轮生,如为对生时,则有托叶存在················ 茜草科 Rubiaceae

　　　　　　　　　　　　　　437. 叶对生,无托叶或稀可有明显的托叶。

　　　　　　　　　　　　　　　　438. 花序多为聚伞花序 ················ 忍冬科 Caprifoliaceae

　　　　　　　　　　　　　　　　438. 花序为头状花序 ················ 川续断科 Dipsacaceae

　　　　　　　　　　435. 雄蕊 1~4 个,其数较花冠裂片为少。

　　　　　　　　　　　　439. 子房 1 室。

　　　　　　　　　　　　　　440. 胚珠多数,生于侧膜胎座上 ················ 苦苣苔科 Gesneriaceae

　　　　　　　　　　　　　　440. 胚珠 1 个,垂悬于子房的顶端 ················ 川续断科 Dipsacaceae

　　　　　　　　　　　　439. 子房 2 室或更多室,具中轴胎座。

　　　　　　　　　　　　　　441. 子房 2~4 室,所有的子房室均可成熟;水生草本 ··················

　　　　　　　　　　　　　　　　···················· 胡麻科 Pedaliaceae

　　　　　　　　　　　　　　　　　　（茶菱属 *Trapella*）

　　　　　　　　　　　　　　441. 子房 3 或 4 室,仅其中 1 或 2 室可成熟。

　　　　　　　　　　　　　　　　442. 落叶或常绿的灌木;叶片全缘或边缘有锯齿 ·················

······························· 忍冬科 Caprifoliaceae

　　442. 陆生草本;叶片常有很多的分裂············· 败酱科 Valerianaceae

427. 子房上位。

　　443. 子房深裂为 2～4 部分;花柱或数花柱均自子房裂片之间伸出。

　　　　444. 花冠两侧对称或稀可整齐;叶对生 ··············· 唇形科 Labiatae

　　　　444. 花冠整齐;叶互生。

　　　　　　445. 花柱 2 个;多年生匍匐性小草本;叶片呈圆肾形 ····· 旋花科 Convolvulaceae

　　　　　　　　　　　　　　　　　　　　　　　　　　　　（马蹄金属 Dichondra）

　　　　　　445. 花柱 1 个 ···························· 紫草科 Boraginaceae

　　443. 子房完整或微有分割,或为 2 个分离的心皮所组成;花柱自子房的顶端伸出。

　　446. 雄蕊的花丝分裂。

　　　　447. 雄蕊 2 个,各分为 3 裂 ·············· 罂粟科 Papaveraceae

　　　　　　　　　　　　　　　　　　　　　　　　（紫堇亚科 Fumarioideae）

　　　　447. 雄蕊 5 个,各分为 2 裂 ·············· 五福花科 Adoxaceae

　　　　　　　　　　　　　　　　　　　　　　　　（五福花属 Adoxa）

　　446. 雄蕊的花丝单纯。

　　　　448. 花冠不整齐,常多少有些呈二唇状。

　　　　449. 成熟雄蕊 5 个。

　　　　　　450. 雄蕊和花冠离生 ···················· 杜鹃花科 Ericaceae

　　　　　　450. 雄蕊着生于花冠上 ·················· 紫草科 Boraginaceae

　　　　449. 成熟雄蕊 2 或 4 个,退化雄蕊有时也可存在。

　　　　　　451. 每子房室内仅含 1 或 2 个胚珠（如为后一情形时,也可在次 451 项检索之）。

　　　　　　　　452. 叶对生或轮生;雄蕊 4 个,稀可 2 个;胚珠直立,稀可垂悬。

　　　　　　　　　　453. 子房 2～4 室,共有 2 个或更多的胚珠········ 马鞭草科 Verbenaceae

　　　　　　　　　　453. 子房 1 室,仅含 1 个胚珠 ············· 透骨草科 Phrymaceae

　　　　　　　　　　　　　　　　　　　　　　　　（透骨草属 Phryma）

　　　　　　　　452. 叶互生或基生;雄蕊 2 或 4 个,胚珠垂悬;子房 2 室,每子房室内仅有 1 个胚珠 ··················· 玄参科 scrophulariaceae

　　　　　　451. 每子房室内有 2 个至多数胚珠。

　　　　　　　　454. 子房 1 室具侧膜胎座或特立中央胎座（有时可因侧膜胎座的深入而为 2 室）。

　　　　　　　　　　455. 草本或木本植物,不为寄生性,也非食虫性。

　　　　　　　　　　　　456. 多为乔木或木质藤本,叶为单叶或复叶,对生或轮生,稀可互生,种子有翅,但无胚乳 ············· 紫葳科 Bignoniaceae

　　　　　　　　　　　　456. 多为草本;叶为单叶,基生或对生;种子无翅,有或无胚乳 ········ ···························· 苦苣苔科 Gesneriaceae

　　　　　　　　　　455. 草本植物,为寄生性或食虫性。

　　　　　　　　　　　　457. 植物体寄生于其他植物的根部,而无绿叶存在;雄蕊 4 个;侧膜胎座 ·························· 列当科 Orobanchaceae

　　　　　　　　　　　　457. 植物体为食虫性,有绿叶存在;雄蕊 2 个,特立中央胎座;多为水生或沼泽植物,且有具距的花冠 ········· 狸藻科 Lentibulariaceae

　　　　　　　　454. 子房 2～4 室,具中轴胎座,或于角胡麻科中为子房 1 室而具侧膜胎座。

　　　　　　　　　　458. 植物体常具分泌黏液的腺体毛茸,种子无胚乳或具一薄层胚乳。

459. 子房最后成为 4 室;蒴果的果皮质薄而不延伸为长喙;油料植物 ·········· **胡麻科 Pedaliaceae**
（**胡麻属 *Sesamum***）

459. 子房 1 室;蒴果的内皮坚硬而呈木质,延伸为钩状长喙;栽培花卉 ·········· **角胡麻科 Martyniaceae**
（**角胡麻属 *Proboscidea***）

458. 植物体不具上述的毛茸;子房 2 室。

460. 叶对生;种子无胚乳,位于胎座的钩状突起上 ······················· **爵床科 Acanthaceae**

460. 叶互生或对生;种子有胚乳,位于中轴胎座上。

461. 花冠裂片具深缺刻;成熟雄蕊 2 个 ·············· **茄科 Solanaceae**
（**蝴蝶花属 *Schizanthus***）

461. 花冠裂片全缘或仅其先端具一凹陷;成熟雄蕊 2 或 4 个 ······ ······················· **玄参科 Scrophulariaceae**

448. 花冠整齐,或近于整齐。

462. 雄蕊数较花冠裂片为少。

463. 子房 2～4 室,每室内仅含 1 或 2 个胚珠。

464. 雄蕊 2 个 ····················· **木犀科 Oleaceae**

464. 雄蕊 4 个。

465. 叶互生,有透明腺体微点存在 ·············· **苦槛蓝科 Myoporaceae**

465. 叶对生,无透明微点 ·············· **马鞭草科 Verbenaceae**

463. 子房 1 或 2 室,每室内有数个至多数胚珠。

466. 雄蕊 2 个;每子房室内有 4～10 个胚珠垂悬于室的顶端 ············· ······················· **木犀科 Oleaceae**

466. 雄蕊 4 或 2 个;每子房室内有多数胚珠着生于中轴或侧膜胎座上。

467. 子房 1 室,内具分歧的侧膜胎座,或因胎座深入而使子房成 2 室 ······················· **苦苣苔科 Gesneriaceae**

467. 子房为完全的 2 室,内具中轴胎座。

468. 花冠于蕾中常折叠;子房 2 心皮的位置偏斜 ····· **茄科 Solanaceae**

468. 花冠于蕾中不折叠,而呈覆瓦状排列;子房的 2 心皮位于前后方 ······················· **玄参科 Scrophulariaceae**

462. 雄蕊和花冠裂片同数。

469. 子房 2 个,或为 1 个而成熟后呈双角状。

470. 雄蕊各自分离;花粉粒也彼此分离 ·············· **夹竹桃科 Apocynaceae**

470. 雄蕊互相连合;花粉粒连成花粉块 ·············· **萝藦科 Asclepiadaceae**

469. 子房 1 个,不呈双角状。

471. 子房 1 室或因 2 侧膜胎座的深入而成 2 室。

472. 子房为 1 心皮所成。

473. 花显著,呈漏斗形而簇生;果实为 1 瘦果,有棱或有翅 ············· ······················· **紫茉莉科 Nyctaginaceae**
（**紫茉莉属 *Mirabilis***）

473. 花小型而形成珠形的头状花序;果实为 1 瘦果,成熟后则裂为仅含 1 种子的节荚 ·················· **豆科 Leguminosae**
（**含羞草属 *Mimosa***）

472. 子房为 2 个以上连合心皮所成。

474. 乔木或攀援性灌木,稀可为一攀援性草本,而体内具有乳汁(例如心翼果属 *Cardiopteris*);果实呈核果状(但心翼果属则为干燥的翅果),内有 1 个种子 ························ 茶茱萸科 Icacinaceae

474. 草本或亚灌木,或于旋花科的丁公藤属 *Erycibe* 中为攀援灌木,果实呈蒴果状或于麻辣仔藤属中呈浆果状),内有 2 个或更多的种子。

475. 花冠裂片呈覆瓦状排列。

476. 叶茎生,羽状分裂或为羽状复叶 ····························· ···················· 田基麻科 Hydrophyllaceae (水叶族 *Hydrophylleae*)

476. 叶基生,单叶,边缘具齿裂 ········· 苦苣苔科 Gesneriaceae (苦苣苔属 *Conandron*,黔苣苔属 *Tengia*)

475. 花冠裂片常呈旋转状或内折的镊合状排列。

477. 攀援性灌木;果实浆果状,内有少数种子 ·················· ···················· 旋花科 Convolvulaceae (麻辣仔藤属 *Erycibe*)

477. 直立陆生或漂浮水面的草本;果实呈蒴果状,内有少数至多数种子 ···························· 龙胆科 Gentianaceae

471. 子房 2～10 室。

478. 无绿叶而为缠绕性的寄生植物 ·············· 旋花科 Convolvulaceae (菟丝子亚科 *Cuscutoideae*)

478. 不是上述的无叶寄生植物。

479. 叶常对生,且多在两叶之间具有托叶所组成的连接线或附属物 ···························· 马钱科 Loganiaceae

479. 叶常互生,或有时基生,如为对生时,其两叶之间也无托叶所组成的连系物,有时其叶也可轮生。

480. 雄蕊和花冠离生或近于离生。

481. 灌木;花药顶端孔裂;花粉粒为四合体;子房常 5 室 ········· ···························· 杜鹃花科 Ericaceae

481. 一年或多年生草本,常为缠绕性,花药纵长裂开;花粉粒单纯;子房常 3～5 室 ···················· 桔梗科 Campanulaceae

480. 雄蕊着生于花冠的筒部。

482. 雄蕊 4 个,稀可在冬青科为 5 个或更多。

483. 无主茎的草本,具由少数至多数花朵所形成的穗状花序生于一基生花葶上 ···················· 车前科 Plantaginaceae (车前属 *Plantago*)

483. 乔木、灌木,或具有主茎的草本。

484. 叶互生,多常绿 ···················· 冬青科 Aquifoliaceae (冬青属 *Ilex*)

484. 叶对生或轮生。

485. 子房 2 室,每室内有多数胚珠 ·························· ···························· 玄参科 Scrophulariaceae

485. 子房 2 室至多室,每室内有 1 或 2 个胚珠 ············

·············· 马鞭草科 Verbenaceae

482. 雄蕊常 5 个,稀可更多。

486. 每子房室内仅有 1 或 2 个胚珠。

487. 子房 2 或 3 室;胚珠自子房室近顶端垂悬;木本植物;叶全缘。

488. 每花瓣 2 裂或 2 分;花柱 1 个;子房无柄,2 或 3 室,每室内各有 2 个胚珠;核果;有托叶 ····················

·············· 毒鼠子科 Dichapetalaceae

(毒鼠子属 *Dichapetalum*)

488. 每花瓣均完整;花柱 2 个;子房具柄,2 室,每室内仅有 1 个胚珠;翅果;无托叶 ········ 茶荣萸科 Icacinaceae

487. 子房 1~4 室;胚珠在子房室基底或中轴的基部直立或上举;无托叶;花柱 1 个,稀可 2 个,有时在紫草科的破布木属 *Cordia* 中其先端两次 2 分。

489. 果实为核果;花冠有明显的裂片,并在蕾中呈覆瓦状或旋转状排列;叶全缘或有锯齿;通常均为直立木本或草本,多粗壮或具刺毛 ·············· 紫草科 Boraginaceae

489. 果实为蒴果;花瓣完整或具裂片;叶全缘或具裂片,但无锯齿缘。

490. 通常为缠绕性,稀可为直立草本,或为半木质的攀援植物至大型木质藤本(例如盾苞藤属 *Neuropeltis*);萼片多互相分离;花冠常完整而几无裂片,于蕾中呈旋转状排列,也可有时深裂而其裂片呈内折的镊合状排列(例如盾苞藤属)····· 旋花科 Convolvulaceae

490. 通常均为直立草本;萼片连合成钟形或筒状;花冠有明显的裂片,唯于蕾中也呈旋转状排列··············

·············· 花荵科 Polemoniaceae

486. 每子房室内有多数胚珠,或在花荵科中有时为 1 至数个;多无托叶。

491. 高山区生长的耐寒旱性低矮多年生草本或丛生亚灌木;叶多小型,常绿,紧密排列成覆瓦状或莲座式;无花盘;花单生至聚集成头状花序;花冠裂片呈覆瓦状排列;子房 3 室;花柱 1 个;柱头 3 裂;蒴果室背开裂 ··········

·············· 岩梅科 Diapensiaceae

491. 草本或木本,不为耐寒旱性;叶常为大型或中型,脱落性。疏松排列而各自展开;花多有位于子房下方的花盘。

492. 花冠不于蕾中折叠,其裂片呈旋转状排列,或在田基麻科中为覆瓦状排列。

493. 叶为单叶,或在花荵属 *Polemonium* 为羽状分裂或为羽状复叶;子房 3 室;花柱 1 个;柱头 3 裂;蒴果多室背开裂 ·················· 花荵科 Polemoniaceae

493. 叶为单叶,且在田基麻属 *Hydrolea* 为全缘,子房 2 室;花柱 2 个;柱头呈头状;蒴果室间开裂 ·············

·············· 田基麻科 Hydrophyllaceae

（田基麻族 *Hydroleeae*）

492. 花冠裂片呈镊合状或覆瓦状排列,或其花冠于蕾中折叠,且呈旋转状排列;花萼常宿存;子房2室,或在茄科中为假3室至假5室;花柱1个;柱头完整或2裂。

494. 花冠多于蕾中折叠,其裂片呈覆瓦状排列;或在曼陀罗属 *Datura* 呈旋转状排列,稀可在枸杞属 *Lycium* 和颠茄属 *Atropa* 等属中,并不于蕾中折叠,而呈覆瓦状排列,雄蕊的花丝无毛;浆果,或为纵裂或横裂的蒴果 ·············· 茄科 **Solanaceae**

494. 花冠不于蕾中折叠,其裂片呈覆瓦状排列;雄蕊的花丝具毛茸。

495. 室间开裂的蒴果 ········ 玄参科 **Scrophulariaceae**
（毛蕊花属 *Verbascum*）

495. 浆果,有刺灌木 ············ 茄科 **Solanaceae**
（枸杞属 *Lycium*）

1. 子叶1个;茎无中央髓部,也无呈年轮状的生长;叶多具平行叶脉;花为三出数,有时为四出数,但极少为五出数 ·············· 单子叶植物纲 **Monocotyledoneae**

496. 木本植物,或其叶于芽中呈折叠状。

497. 灌木或乔木;叶细长或呈剑状,在芽中不呈折叠状 ·············· 露兜树科 **Pandanaceae**

497. 木本或草本;叶甚宽,常为羽状或扇形的分裂,在芽中呈折叠状而有强韧的平行脉或射出脉。

498. 植物体多甚高大,呈棕榈状,具简单或分枝少的主干;花为圆锥或穗状花序,托以佛焰状苞片 ·············· 棕榈科 **Palmae**

498. 植物体常为无主茎的多年生草本,具常深裂为2片的叶片;花为紧密的穗状花序 ·············· 环花科 **Cyclanthaceae**
（巴拿马草属 *Carludovica*）

496. 草本植物或稀可为木质茎,但其叶于芽中不呈折叠状。

499. 无花被或在眼子菜科中很小。

500. 花包藏于或附托以呈覆瓦状排列的壳状鳞片(特称为颖)中,由1花至多花形成小穗。

501. 秆多少有些呈三棱形,实心;茎生叶呈三行排列;叶鞘封闭;花药以基底附着花丝;果实为瘦果或囊果 ·············· 莎草科 **Cyperaceae**

501. 秆常呈圆筒形;中空;茎生叶呈二行排列;叶鞘常在一侧纵裂开;花药以其中部附着花丝;果实通常为颖果 ·············· 禾本科 **Gramineae**

500. 花虽有时排列为具总苞的头状花序,但并不包藏于呈壳状的鳞片中。

502. 植物体微小,无真正的叶片,无茎而具漂浮水面或沉没水中的叶状体 ·············· 浮萍科 **Lemnaceae**

502. 植物体常具茎,也具叶,其叶有时可呈鳞片状。

503. 水生植物,具沉没水中或漂浮水面的叶片。

504. 花单性,不排列成穗状花序。

505. 叶互生,花呈球形的头状花序 ·············· 黑三棱科 **Sparganiaceae**
（黑三棱属 *Sparganium*）

505. 叶多对生或轮生;花单生,或在叶腋间形成聚伞花序。

506. 多年生草本,雌蕊为1个或更多而互相分离的心皮所组成;胚珠自子房室顶端垂悬 ·············· 眼子菜科 **Potamogetonaceae**
（角果藻族 *Zannichellieae*）

231

506. 一年生草本;雌蕊 1 个,具 2～4 柱头,胚珠直立于子房室基底 ……………
……………………………………………………… 茨藻科 Najadaceae

（茨藻属 *Najas*）

504. 花两性或单性,排列成简单或分歧的穗状花序。

507. 花排列于 1 扁平穗轴的一侧。

508. 海水植物;穗状花序不分歧,但具雌雄同株或异株的单性花;雄蕊 1 个,具无花丝而为 1 室的花药;雌蕊 1 个,具 2 柱头;胚珠 1 个,垂悬于子房室的顶端…
……………………………………………… 眼子菜科 Potamogetonaceae

（大叶藻属 *Zostera*）

508. 淡水植物;穗状花序常分为二歧而具两性花;雄蕊 6 个或更多,具极细长的花丝和 2 室的花药;雌蕊为 3～6 个离生心皮所成;胚珠在每室内 2 个或更多,基生 ………………………………………………… 水蕹科 Aponogetonaceae

（水蕹属 *Aponogeton*）

507. 花排列于穗轴的周围,多为两性花;胚珠常仅 1 个 ……………………………
……………………………………………… 眼子菜科 Potamogetonaceae

503. 陆生或沼泽植物,常有位于空气中的叶片。

509. 叶有柄,全缘或有各种形状的分裂,具网状脉,花形成一肉穗花序,后者常有一大型而常具色彩的佛焰苞片 …………………… 天南星科 Araceae

509. 叶无柄,细长形、剑形,或退化为鳞片状,其叶片常具平行脉。

510. 花形成紧密的穗状花序,或在帚灯草科为疏松的圆锥花序。

511. 陆生或沼泽植物;花序为由位于苞腋间的小穗所组成的疏散圆锥花序;雌雄异株;叶多呈鞘状 …………………… 帚灯草科 Restionaceae

（薄果草属 *Leptocarpus*）

511. 水生或沼泽植物;花序为紧密的穗状花序。

512. 穗状花序位于一呈二棱形的基生花葶的一侧,而另一侧则延伸为叶状的佛焰苞片;花两性 ………………………………… 天南星科 Araceae

（石菖蒲属 *Acorus*）

512. 穗状花序位于一圆柱形花梗的顶端,形如蜡烛而无佛焰苞;雌雄同株 ……
……………………………………………………… 香蒲科 Typhaceae

510. 花序有各种形式。

513. 花单性,呈头状花序。

514. 头状花序单生于基生无叶的花葶顶端;叶狭窄,呈禾草状,有时叶为膜质
……………………………………………… 谷精草科 Eriocaulaceae

（谷精草属 *Eriocaulon*）

514. 头状花序散生于具叶的主茎或枝条的上部,雄性者在上,雌性者在下;叶细长,呈扁三棱形,直立或漂浮水面,基部呈鞘状 … 黑三棱科 Sparganiaceae

（黑三棱属 *Sparganium*）

513. 花常两性。

515. 花序呈穗状或头状,包藏于 2 个互生的叶状苞片中;无花被,叶小,细长形或呈丝状;雄蕊 1 或 2 个;子房上位,1～3 室,每子房室内仅有 1 个垂悬胚珠
……………………………………………… 刺鳞草科 Centrolepidaceae

515. 花序不包藏于叶状的苞片中;有花被。

516. 子房 3～6 个,至少在成熟时互相分离 ………… 水麦冬科 Juncaginaceae

（水麦冬属 *Triglochin*）

516. 子房 1 个,由 3 心皮连合所组成 ……………… **灯心草科 Juncaceae**

499. 有花被,常显著,且呈花瓣状。

517. 雌蕊 3 个至多数,互相分离。

518. 腐生草本,叶退化成鳞片状。无绿色叶片。

519. 花两性,具 2 层花被片;心皮 3 个,各有多数胚珠………………… **百合科 Liliaceae**
(无叶莲属 *Petrosavia*)

519. 花单性或稀可杂性,具一层花被片;心皮数个,各仅有 1 个胚珠 …………………
…………………………………………………… **霉草科 Triuridaceae**
(喜阴草属 *Sciaphila*)

518. 不是腐生草本,常为水生或沼泽植物,具有发育正常的绿叶。

520. 花被片彼此相同;叶细长,基部具鞘 …………… **水麦冬科 Juncaginaceae**
(芝菜属 *Scheuchzeria*)

520. 花被片分化为萼片和花瓣 2 轮。

521. 叶呈细长形,直立;花单生或呈伞形花序;蓇葖果 ………… **花蔺科 Butomaceae**
(花蔺属 *Butomus*)

521. 叶呈细长兼披针形至卵圆形,常为箭镞状而具长柄;花常轮生,呈总状或圆锥花序;
瘦果 …………………………………………… **泽泻科 Alismataceae**

517. 雌蕊 1 个,复合性或于百合科的岩菖蒲属 *Tofieldia* 中其心皮近于分离。

522. 子房上位,或花被和子房相分离。

523. 花两侧对称;雄蕊 1 个,位于前方,即着生于远轴的 1 个花被片的基部 ……………
…………………………………………………… **田葱科 Philydraceae**
(田葱属 *philydrum*)

523. 花辐射对称,稀可两侧对称;雄蕊 3 个或更多。

524. 花被分化为花萼和花冠 2 轮,后者于百合科的重楼族中,有时为细长形或线形的花
瓣所组成,稀可缺如。

525. 花形成紧密而具鳞片的头状花序;雄蕊 3 个;子房 1 室 ··· **黄眼草科 Xyridaceae**
(黄眼草属 *Xyris*)

525. 花不形成头状花序;雄蕊数在 3 个以上。

526. 叶互生,基部具鞘,平行脉;花为腋生或顶生的聚伞花序;雄蕊 6 个,或因退化
而较少 …………………………………… **鸭跖草科 Commelinaceae**

526. 叶以 3 个或更多个生于茎的顶端而成一轮,网状脉而于基部具 3～5 脉,花单
独顶生;雄蕊 6 个、8 个或 10 个 ………………………… **百合科 Liliaceae**
(重楼族 *Parideae*)

524. 花被裂片彼此相同或近于相同,或于百合科的白丝草属 *Chinographis* 中则极不相
同,又在同科的油点草属 *Tricyrtis* 中其外层 3 个花被裂片的基部呈囊状。

527. 花小型,花被裂片绿色或棕色。

528. 花位于一穗形总状花序上;蒴果自一宿存的中轴上裂为 3～6 瓣,每果瓣内仅
有 1 个种子 …………………………………… **水麦冬科 Juncaginaceae**
(水麦冬属 *Triglochin*)

528. 花位于各种型式的花序上;蒴果室背开裂为 3 瓣,内有多数至 3 个种子 ……
…………………………………………………… **灯心草科 Juncaceae**

527. 花大型或中型,或有时为小型,花被裂片多少有些具鲜明的色彩。

529. 叶(限于我国植物)的顶端变为卷须,并有闭合的叶鞘;胚珠在每室内仅为 1
个;花排列为顶生的圆锥花序 ………………… **须叶藤科 Flagellariaceae**

(须叶藤属 *Flagellaria*)

529. 叶的顶端不变为卷须;胚珠在每子房室内为多数,稀可仅为 1 个或 2 个。

530. 直立或漂浮的水生植物;雄蕊 6 个,彼此不相同,或有时有不育者 ………
…………………………………………………………… **雨久花科 Pontederiaceae**

530. 陆生植物;雄蕊 6 个,4 个或 2 个,彼此相同。

531. 花为四出数,叶(限于我国植物)对生或轮生,具有显著纵脉及密生的横脉
………………………………………………………… **百部科 Stemonaceae**

(百部属 *Stemona*)

531. 花为三出或四出数;叶常基生或互生………………… **百合科 Liliaceae**

522. 子房下位,或花被多少有些和子房相愈合。

532. 花两侧对称或为不对称形。

533. 花被片均呈花瓣状;雄蕊和花柱多少有些互相连合 …………… **兰科 Orchidaceae**

533. 花被片并不是均呈花瓣状,其外层者形如萼片;雄蕊和花柱相分离。

534. 后方的 1 个雄蕊常为不育性,其余 5 个则均发育而具有花药。

535. 叶和苞片排列成螺旋状;花常因退化而为单性;浆果;花管呈管状,其一侧不久
即裂开 ………………………………………………… **芭蕉科 Musaceae**

(芭蕉属 *Musa*)

535. 叶和苞片排列成 2 行;花两性,蒴果。

536. 萼片互相分离或至多可和花冠相连合;居中的 1 花瓣并不成为唇瓣 ……
…………………………………………………………… **芭蕉科 Musaceae**

(鹤望兰属 *Strelitzia*)

536. 萼片互相连合成管状;居中(位于远轴方向)的 1 花瓣并不成为唇瓣 ……
…………………………………………………………… **芭蕉科 Musaceae**

(兰花蕉属 *Orchidantha*)

534. 后方的 1 个雄蕊发育而具有花药,其余 5 个则退化,或变形为花瓣状。

537. 花药 2 室;萼片互相连合为一萼筒,有时呈佛焰苞状 …… **姜科 Zingiberaceae**

537. 花药 1 室;萼片互相分离或至多彼此相衔接。

538. 子房 3 室,每子房室内有多数胚珠位于中轴胎座上;各不育雄蕊呈花瓣状,
互相于基部简短连合 ………………………………… **美人蕉科 Cannaceae**

(美人蕉属 *Canna*)

538. 子房 3 室或因退化而成 1 室,每子房室内仅含 1 个基生胚珠;各不育雄蕊也
呈花瓣状,唯多少有些互相连合 ………………… **竹芋科 Marantaceae**

532. 花常辐射对称,即花整齐或近于整齐。

539. 水生草本,植物体部分或全部沉没水中 ……………… **水鳖科 Hydrocharitaceae**

539. 陆生草本。

540. 植物体为攀援性;叶片宽广,具网状脉(还有数主脉)和叶柄 …………………
………………………………………………………… **薯蓣科 Dioscoreaceae**

540. 植物体不为攀援性;叶具平行脉。

541. 雄蕊 3 个。

542. 叶 2 行排列,两侧扁平而无背腹面之分,由下向上重叠跨覆,雄蕊和花被的
外层裂片相对生 ………………………………… **鸢尾科 Iridaceae**

542. 叶不为 2 行排列;茎生叶呈鳞片状;雄蕊和花被的内层裂片相对生 ………
………………………………………………………… **水玉簪科 Burmanniaceae**

541. 雄蕊 6 个。

543. 果实为浆果或蒴果,花被残留物多少和它相合生,或果实为聚花果;花被的内层裂片各于其基部有 2 舌状物;叶呈带形,边缘有刺齿或全缘 ………………………………………………………………………… 凤梨科 **Bromeliaceae**

543. 果实为蒴果或浆果,仅为 1 花所成;花被裂片无附属物。

  544. 子房 1 室,内有多数胚珠位于侧膜胎座上;花序为伞形,具长丝状的总苞片 …………………………………………………… 蒟蒻薯科 **Taccaceae**

  544. 子房 3 室,内有多数至少数胚珠位于中轴胎座上。

    545. 子房部分下位 ……………………………………… 百合科 **Liliaceae**
      (肺筋草属 *Aletris*,沿阶草属 *Ophiopogon*,球子草属 *Peliosanthes*)

    545. 子房完全下位 …………………………………… 石蒜科 **Amaryllidaceae**

（张建海　王向平）

主要参考文献

[1] 郑小吉,金虹.药用植物学[M].4 版.北京:人民卫生出版社,2018.

[2] 林美珍,张建海.药用植物学[M].2 版.北京:中国医药科技出版社,2019.

[3] 姚振生.药用植物学[M].北京:中国中医药出版社,2018.

[4] 国家中医药管理局《中华本草》编委会.中华本草[M].上海:上海科学技术出版社,1999.

[5] 国家药典委员会.中华人民共和国药典 2020 年版一部[S].北京:中国医药科技出版社,2020.

[6] 中国科学院中国植物志编辑委员会.中国植物志[M].北京:科学出版社,2001.

[7] 黄宝康.药用植物学[M].7 版.北京:人民卫生出版社,2016.

[8] 王德群,谈献和.药用植物学[M].北京:科学出版社,2016.